家電製品協会 認定資格シリーズ

家電製品 アドバイザー 資格

生活家電 商品知識と取扱い

2022 年版

一般財団法人 家電製品協会 編

NHK出版

ADVISER

まえがき

コロナ禍が日常となり、はや２年の月日が過ぎようとしています。今なお続くこの未曽有の災禍は、人々を恐怖に陥れるとともに、働き方から子育てや教育、休日の過ごし方に至るまで、私たちの生活を一変させました。そして、テレワークやオンライン、ソーシャルディスタンスなどの新たなスタイルは社会に浸透しつつあり、近年著しい進化を遂げているIoT・AI、ロボット、ビッグデータ、さらに5G（第５世代移動通信システム）などの革新的な技術は、さまざまな分野の変化に即応すべく、よりいっそうの広がりを見せ、社会全体におけるDX（Digital Transformation）化を加速させています。

このような変化の波は、家電製品においても例外なく押し寄せています。かつての製品のほとんどが単独で使用されていたのに対し、現在では多くの製品が、IoTが意味する『つながる』ことにより新たな価値を生み出し、さらにはAIやビッグデータ、5Gなどの活用で、より人に優しく、利便性の高いサービスを提供する製品へと進化を続けています。私たちは家電関連ビジネス業界に携わる一員として、この変化の中に身を投じ、そして先導していくことで顧客からの信頼と期待を得ることができ、ひいては将来的なビジネスの拡大、発展へとつながるのではないでしょうか。

「家電製品アドバイザー」は、知識面で『今、知っておくべきこと』を追求する資格です。その知識は、「①原理・基本構造などの普遍的な基礎知識」、「②普遍化しつつある新知識」、「③注目すべき新知識」という３層構造として捉えています。本書は家電製品の販売や設置、あるいは顧客からの相談業務等に従事される方々などの実践力向上を目指し、より効率的・効果的に学習していただけるように、エアコン、冷凍冷蔵庫、洗濯乾燥機などの基幹製品をはじめ、調理、理美容関連の小型家電やヒートポンプ給湯機、さらには、太陽光発電システムなどの住宅設備機器まで、暮らしに密着した製品を幅広く網羅しています。また、前述のIoT・AIおよびクラウドなどを活用した、先進の『つながる』生活家電、再生可能エネルギーの自立化に向けたFIP制度の導入や関連制度・法規の改正などについても分かりやすく解説し、体系的かつ簡潔に編集しています。ぜひご精読いただき、資格取得の一助にされるとともに、現場での実践にお役立ていただければ幸いです。

なお、本書の発行時期（2021年12月）においての、最新の技術・製品情報、あるいは法規の情報を盛り込むように努めましたが、ご承知のとおり、変化のスピードはすさまじいものがあります。日頃よりメーカー、関連省庁、あるいは弊会から発信いたしますさらなる情報などを自ら収集され、学習、実践されますようお願いします。

2021年12月
一般財団法人 家電製品協会

家電製品アドバイザー資格

生活家電　商品知識と取扱い　2022 年版

編集委員・執筆委員・監修

【編集委員】

パナソニック株式会社	岩井　伸夫
東芝コンシューママーケティング株式会社	齋藤　正明
シャープ株式会社	村上　哲也
日立グローバルライフソリューションズ株式会社	菅原　利彦

【執筆委員】

一般財団法人　家電製品協会	原　　浩也

【監修】

一般財団法人　家電製品協会	西崎　義信

[目次]

1章 エアコン・床暖房

家庭用エアコンは、室内機と室外機が分離して設置され、冷媒を循環させるための管でつながっている「壁掛形」が主流となっている。冷媒は、かつてのフロンガスからオゾン層破壊係数0の代替フロン（R410Aなど）へ、さらに2012年以降は地球温暖化係数も小さいR32へと切り替えが進んでいる。

最近のエアコンは、下記のような機能が搭載されるようになっている。

(a) 各種センサーで床・壁などの温度や人の位置・活動量を検知し、一人一人の体感温度（温冷感）に応じて快適かつ効率的な気流制御を行う。

(b) 外出先からスマートフォンでエアコンの運転状態の「見える化」や電源ON/OFF、温度設定などの遠隔操作が行える。

(c) IoTやAI、クラウドなどの技術により操作履歴をクラウドに蓄積・学習して設定温度を自動調整したり、クラウドから入手した天気予報や花粉・PM2.5情報を基に音声でアドバイスしたりできる。

(d) エアコン付属の各種センサーで居室の温度・湿度や人の生活リズム・睡眠状態などの情報を収集して見守る側に通知したり、見守る側が遠隔操作で温度調整を行えるようにしたりする。

近年、各メーカーとも冷房能力および暖房能力を高めた製品を開発している。例えば、外気温50℃や－25℃でも運転できると訴求した製品が販売され、年間約1000万台が出荷されている（**図1-1**参照）。エアコン需要のピークは6月～7月であるが、最近は冬季の需要も増えてきた（**図1-2**参照）。

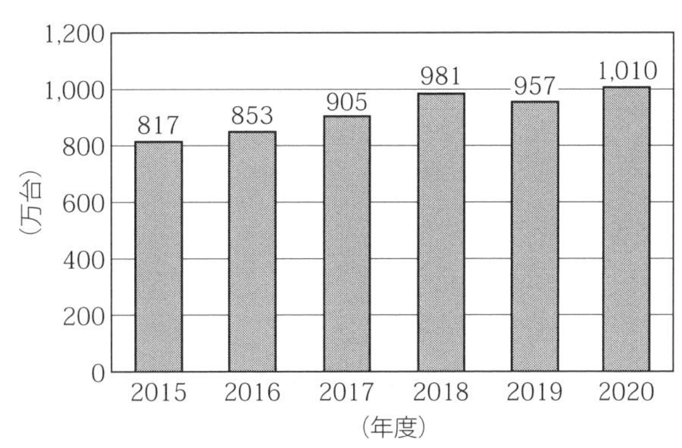

出典：一般社団法人 日本冷凍空調工業会「家庭用（ルーム）エアコンの国内出荷台数と輸出台数の推移」による

図1-1　家庭用エアコン国内出荷台数（年度別）

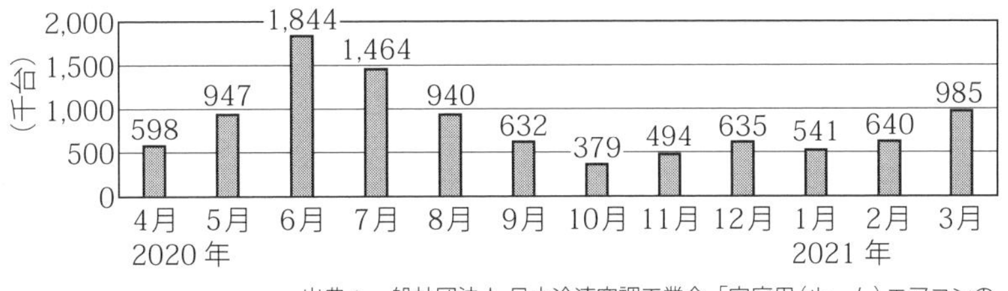

出典：一般社団法人 日本冷凍空調工業会「家庭用（ルーム）エアコンの国内出荷台数と輸出台数の推移」による

図1-2　家庭用エアコン国内出荷台数（2020年度 月別）

1.1 種類

1. 室内機の形態による分類

表 1-1　室内機の形態による分類

分類	特徴
壁掛形	現在主流の形態で、室内機を壁面に据え付ける。
床置形	室内機を床面に置くように据え付ける。
壁埋込形	室内機を壁に埋め込んで据え付ける。吸い込み口と吹き出し口のみが壁面から露出している。
天井カセット形	室内機を天井に埋め込んで据え付ける。吸い込み口と吹き出し口のみが天井面から露出している。
天井埋込形	室内機を下がり天井や天井に埋め込んで据え付け、ダクトを使って吸い込み口と吹き出し口を離して設置できる。

図 1-3　床置形エアコン

図 1-4　壁埋込形エアコン

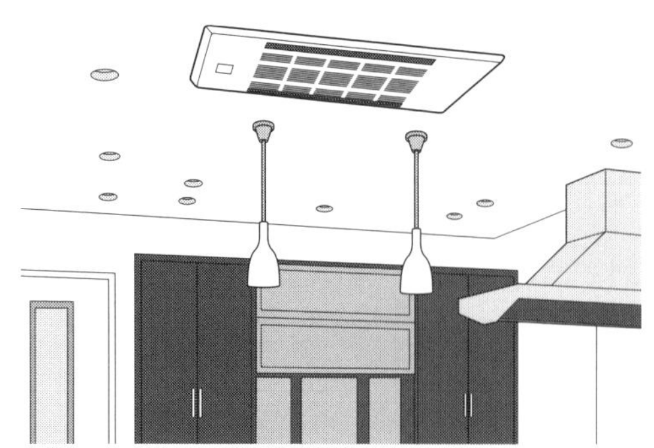

図 1-5　天井カセット形エアコン

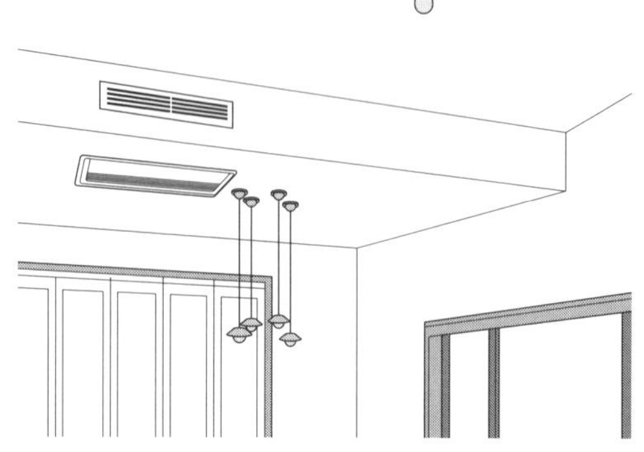

図 1-6　天井埋込形エアコン

2. 室内機の数による分類

■ シングル 1 対 1 エアコン

室内機が 1 台、室外機が 1 台のセパレートエアコン

■ マルチエアコン

室内機が複数台、室外機が 1 台のセパレートエアコン

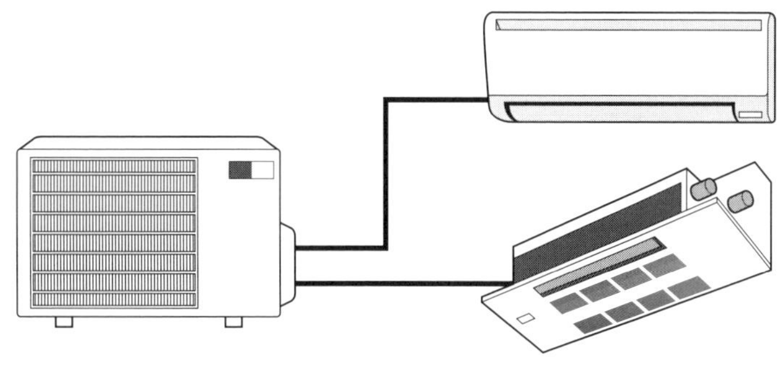

図 1-7　マルチエアコン

1.2 仕組み

1. 冷房運転

冷房時は、冷媒が液体から気体に変化する際の蒸発熱（気化熱）を利用して部屋を冷やす。以下に各部の働きを説明する。

■ 圧縮機（コンプレッサー）

蒸発器で蒸発した気体の冷媒を吸い込んで圧縮機で圧縮して圧力を高くする。気体は圧縮されると温度が上がる。

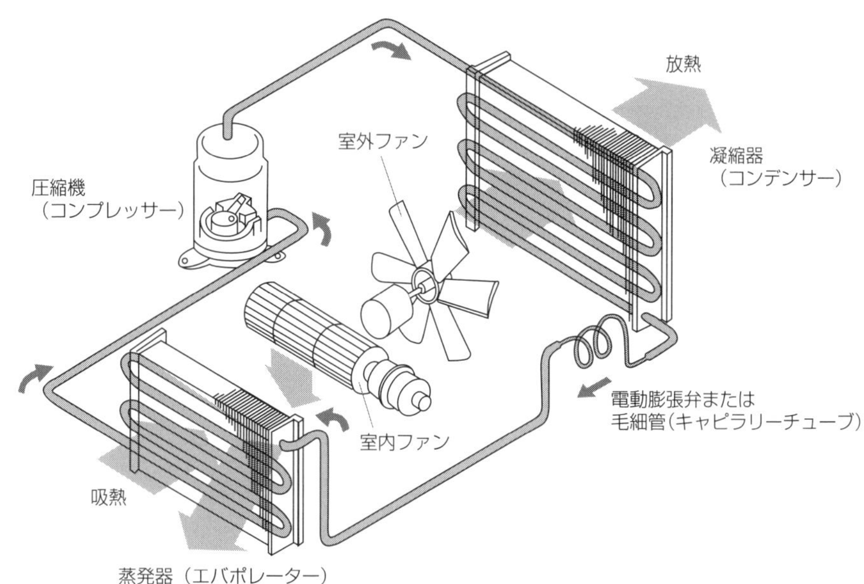

図 1-8　エアコンの冷凍サイクル（冷房運転時）

■ 凝縮器（コンデンサー）

圧縮されて高温、高圧になった気体は、凝縮器で放熱すると温度が下がり、中温（常温）、高圧の液冷媒になる。

■ 電動膨張弁または毛細管（キャピラリーチューブ）

中温（常温）、高圧の液冷媒を蒸発しやすくするため、電動膨張弁で圧力を下げている。電動膨張弁により減圧量を変えることで、温度条件が変化しても効率の良い運転が行える。

電動弁でなく、毛細管を使用している製品もある。

■ 蒸発器（エバポレーター）

電動膨張弁（または毛細管）を出た低圧の液冷媒は、室内の空気から熱を奪って蒸発する。この作用により室温が下がることから蒸発器のことを冷却器ともいう。低温、低圧の気体冷媒は、圧縮機に吸い込まれる。

2. 暖房運転

暖房時は、四方弁により冷媒の流れを冷房時と逆にし、外気の熱を室外機で吸収して凝縮熱を室内に放出することにより部屋を暖める。

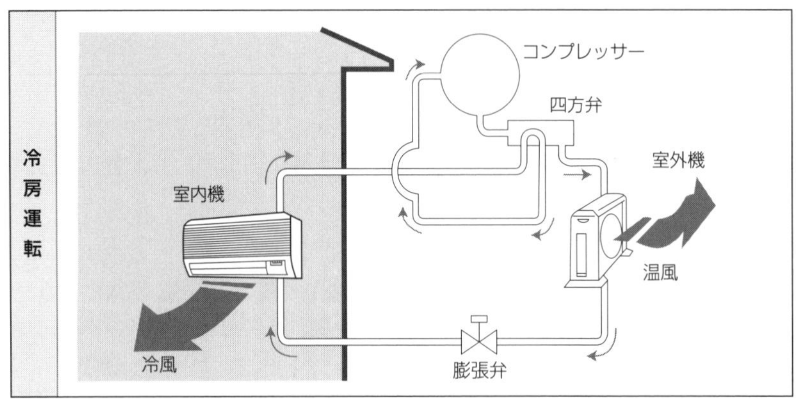

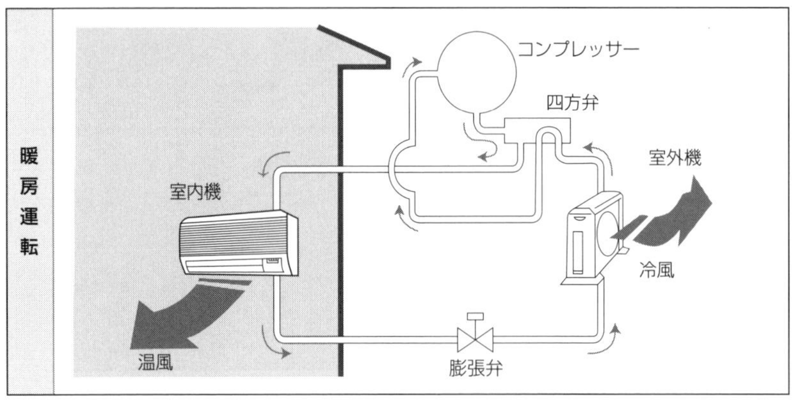

図 1-9　冷房運転と暖房運転の冷媒の流れ

3. 除湿（ドライ）運転

除湿運転は、室温をできるだけ変えずに除湿する運転であり、風量や冷却能力をマイコンでコントロールする弱冷房除湿方式と、再熱除湿方式などがある。

(1) 弱冷房除湿方式

冷房能力とは室温を下げる能力と除湿をする能力の合計である。送風量を下げることにより、除湿をする能力の割合が増え、

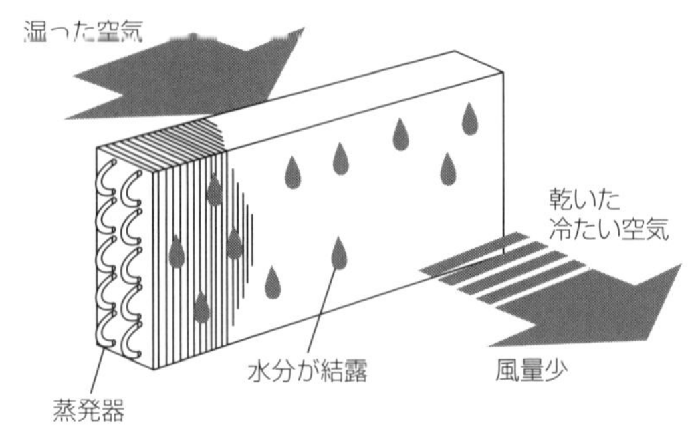

図 1-10　弱冷房除湿方式

室温を下げる能力の割合が減る。このことを利用してマイコンでコントロールする方式では、運転開始時の室温を基に一定温度下げる冷房運転を行う。送風量と冷房能力をマイコンでコントロールし、室温を下げる能力を極力抑え除湿優先にしている。弱冷房運転なので、室温は若干下がる。

(2) 再熱除湿方式

二方弁により室内機の熱交換器を再熱器と冷却器に分けて使用する。再熱器では室外に排出する熱の一部を利用して空気を暖め、冷却器では空気を冷やして除湿する。暖かい空気と冷えた空気を混合して適温の乾いた空気として吹き出し口から吹き出す。弱冷房除湿方式よりも電気代はかかるが、除湿量は多く室温を下げずに除湿運転ができる。

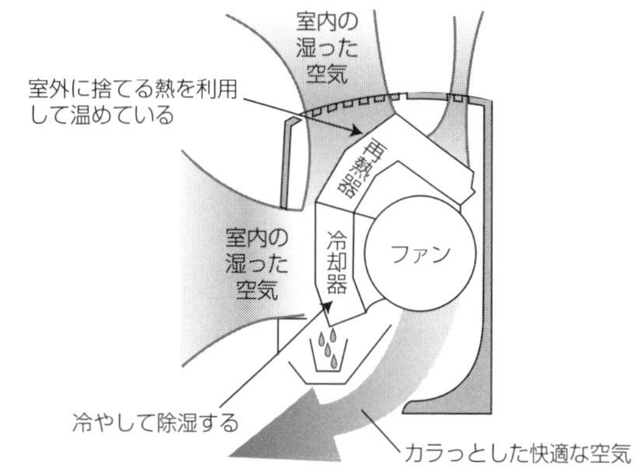

図 1-11 再熱除湿方式

1.3 インバーター制御

エアコンの能力は、主に圧縮機の大きさで決まる。そのうえで圧縮機モーターの回転数が高ければ能力が上がり、低いと能力が下がる。モーターの回転数は、モーターの極数と電源周波数によって決まり、50Hz、60Hz でそれぞれ一定の回転数となる。一定速エアコンは、電源周波数に応じて回転数が決まり、一定の能力でしか運転できないため、(一定速エアコンは) 圧縮機の ON/OFF によって室温を調節する。

これに対し、インバーターエアコンは、インバーターでモーターの回転数を変えて能力を調整できる製品である。現在、主流となっているインバーターエアコンには回転数を自由に変える回路が組み込まれており、回転数を変えて圧縮機からの冷媒流量を変化させることで、冷房・暖房能力を調整する。インバーターによる圧縮機モーターの速度制御方式として、インバーターの電流流通率を変えて出力電圧を制御する PWM 方式（Pulse Width Modulation、パルス幅変調）と、電圧そのものを変える PAM 方式（Pulse Amplitude Modulation、パルス電圧振幅波形変調）がある。両方の良いところを組み合わせた製品もある。インバーターエアコンは、以下の特徴を持つ。

(1) 室温変化が少ない

インバーターエアコンは、圧縮機モーターの回転数を変化させて能力を調整し、室温を設定温度に保つようにするため、室温変化を小さく抑えることができる。

(2) 立ち上がりが早い

運転開始時に圧縮機モーターの回転数を上げることにより大きい能力を出せるので、一定速エアコンより早く設定の温度に達する。また、室温が設定温度に近づくにつれて回転数を下げるので、省エネ性にも優れている。

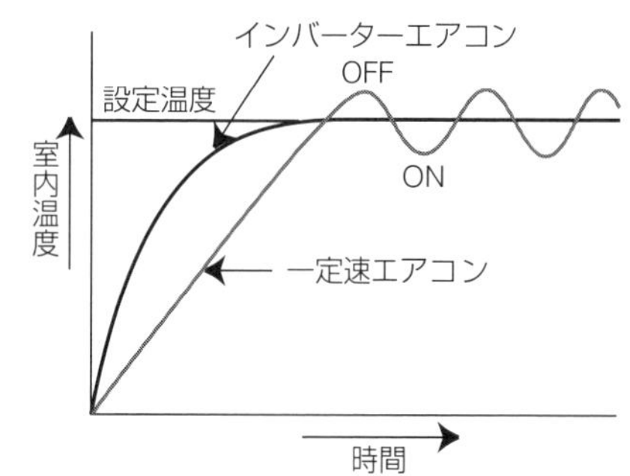

図 1-12 一定速エアコンとインバーターエアコンの違い

(3) 外気温度低下時の能力改善

一定速エアコンでは室外温度が0℃になると定格能力（室温20℃、外気温7℃時の能力）の約80％程度まで低下するが、インバーターエアコンは、圧縮機モーターの回転数を上げることで、低温下での能力を上げることができる。寒冷地向けとして、外気温度－30℃でも暖房可能な製品もある。

1.4 機種選定

エアコンの選定にあたっては、冷房（または暖房）しようとする部屋の負荷（大きさなど）に見合った能力を持つ機種を選ぶことが重要である。例えば、部屋の負荷を100として、エアコンの能力が90しかない場合、エアコンを運転しても部屋は十分に冷えない（暖まらない）ばかりか、効率の悪い運転になるので電気代が余計にかかる。逆に、エアコンの能力が150の場合、商品の購入金額は高くなるが、能力が大きいので、暖房冷房時の立ち上がりスピードは速くなる。負荷見積もりから据え付けまでの手順を図1-13に示す。

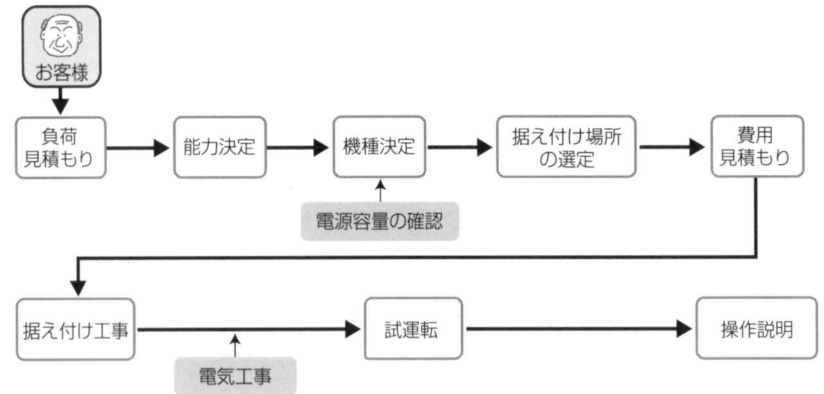

図1-13　負荷見積もりから据え付けまでの手順

1. カタログによる機種の選び方

エアコンのカタログには設置したい部屋に適したエアコンを選ぶポイントが記載されている。

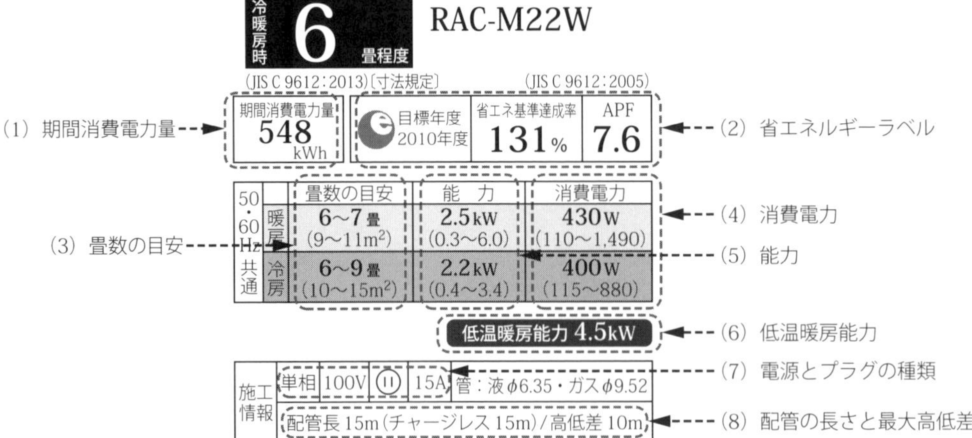

図1-14　カタログにおける機種ごとの仕様表示（例）

表 1-2 仕様一覧表の表記（例）

項目 / 形名	電源	暖房性能								冷房性能						電源プラグ		消費電力量			通年エネルギー消費効率（APF）	冷媒			定格冷房エネルギー消費効率	エネルギー消費効率定格冷房区分（いろは）
		暖房能力	外気温2℃時 暖房能力	外気温2℃時 暖房消費電力	電気特性 運転電流	電気特性 消費電力	電気特性 力率	運転音（音響パワーレベル） 室内	運転音（音響パワーレベル） 室外	冷房能力	電気特性 運転電流	電気特性 消費電力	電気特性 力率	運転音（音響パワーレベル） 室内	運転音（音響パワーレベル） 室外	形状	容量	暖房時期間合計	冷房時期間合計	期間合計		種類	封入量	地球温暖化係数（GWP）		
	相-V	kW	kW	W	A	W	%	dB		kW	A	W	%	dB			A	kWh					kg			
RAM-M22W	単相 100	2.5（0.3～6.0）	4.5	1,360	4.9（15.0）	430（110～1,490）	88	60	54	2.2（0.4～3.4）	4.6	400（115～880）	87	59	57	⑪	15	392	156	548	7.6	R32	0.50	675	6.36	は

（9）運転音

（10）定格冷房エネルギー消費効率と区分

カタログに共通して記載されている例（**図 1-14**、**表 1-2** 参照）を基に説明する。

(1) 期間消費電力量

期間消費電力量（kWh）は、エアコンの省エネ性を表す指標としてカタログなどに記載されている。エアコン購入時には、この値をランニングコストの目安として確認するとよい。期間消費電力量は、JIS C 9612：2013「ルームエアコンディショナ」に基づく通年エネルギー消費効率（APF）から算出される。また、期間消費電力量は、下記の算出基準に基づく試算値であり、実際の消費電力量は地域、気象条件、使用条件などにより変わる。

■ 算出基準

- 外気温度　　：東京をモデルとしている
- 室内設定温度：冷房時 27℃／暖房時 20℃
- 期間　　　　：冷房期間（5月23日～10月4日）暖房期間（11月8日～4月16日）
- 時間　　　　：6：00～24：00の18時間
- 住宅　　　　：JIS C 9612による平均的な木造住宅（南向き）
- 部屋の広さ　：機種に見合った部屋の広さ（**表 1-3** 参照）

表 1-3 能力と広さ

冷房能力ランク（kW）	～2.2	2.5	2.8	～3.6	～4.5	5.0	5.6	6.3	7.1	8.0	9.0	10.0
畳数（畳）	6	8	10	12	14	16	18	20	23	26	29	32

(2) 省エネルギーラベル

個々の機器について、その省エネルギー基準達成状況を表示し、省エネ性能の識別と比較を可能にするものとして、省エネルギーラベリング制度が設けられている（JIS C 9901）。エアコンも表示対象になっており、製造事業者等はカタログ・製品本体・包装などに「省エネルギーラベル」を表示する。エアコンの省エネルギーラベルには、「省エネ性マーク」、「目標年度」、「省エネ基準達成率」、「通年エネルギー消費効率（APF）」が記載されている。

■ 省エネ基準達成率

省エネ基準達成率は次式で表され、トップランナー基準を達成した（省エネ基準達成率100%以上）製品にはグリーンの省エネ性マークを表示し、未達成（100%未満）の製品にはオレンジ色のマークを表示する。目標年度はトップランナー基準を達成すべき年度であり、製品ごとに設定されている。

$$\text{省エネ基準達成率}(\%) = \frac{\text{通年エネルギー消費効率}(\text{APF})}{\text{基準目標値}(\text{APF})} \times 100$$

■ 通年エネルギー消費効率（APF）

通年エネルギー消費効率は、「年間を通じてエアコンを使用したとき1年間に必要な冷暖房能力の総和」を「1年間でエアコンが消費する期間消費電力量」で割った数値である。この値が大きいほど省エネ性が高い。「1年間に必要な冷暖房能力の総和」とは期間消費電力量と同じ基準で算出した理論計算値である。

$$\text{APF} = \frac{\text{1年間に必要な冷暖房能力総和（kWh）}}{\text{機種ごとの期間消費電力量（kWh）}}$$

一口メモ　期間消費電力量、通年エネルギー消費効率（APF）のカタログ表示

家庭用エアコンの日本産業規格が2013年に改正され、JIS C 9612：2013が発効された。この改正に伴って、カタログなどでは、表示項目ごとに、適用JISが異なることに注意が必要である。

表示項目	適用基準
期間消費電力量	新JIS（JIS C 9612：2013）に基づいて表示
省エネルギーラベルの省エネ基準達成率、省エネ性マーク	改正前のJIS（JIS C 9612：2005）による通年エネルギー消費効率（APF）に基づいて表示
統一省エネラベルの目安電気料金	改正前のJISによる期間消費電力量に基づいて表示

なお、カタログの仕様一覧表には期間消費電力量、通年エネルギー消費効率ともに新JISに基づいた数値が記載されているが、改正前のJISによる数値を記載した一覧表も別表で掲示されている。

（3）畳数の目安

カタログなどには製品の能力に応じた部屋の広さの目安が、**図1-15**のように「畳数の目安」として表示されている。畳数の目安に幅があるのは、同じ能力のエアコンを同じ広さの部屋で使用しても、部屋の構造、向きなどの条件によって冷暖房効果（負荷）が異なるためである。

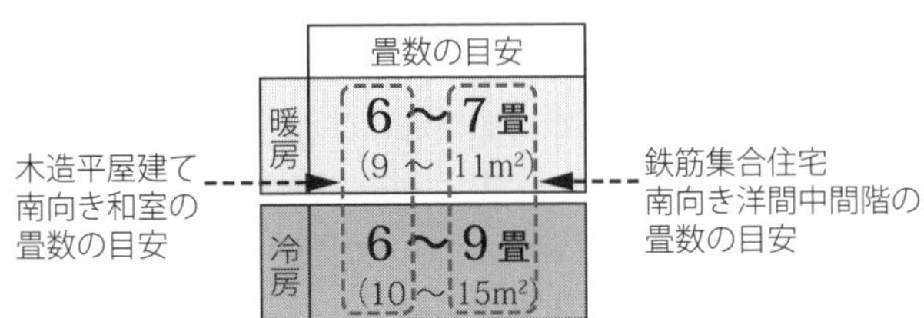

図1-15　畳数の目安

設置する地域や日当たりなどの条件により部屋の負荷は異なるので、正確に知るためには冷暖房負荷計算が必要となるが、カタログなどでは（簡易計算法として）JIS C 9612 に記載の**表 1-4** に基づいて冷房または暖房しようとする部屋の種類、窓の位置に応じた単位床面積当たりの負荷を選んで次式で負荷計算を行い、畳数の目安を表示している。

部屋の負荷（W）＝単位面積当たりの負荷（W/m^2）×部屋の床面積（m^2）

表 1-4 単位床面積当たりの冷暖房負荷（JIS C 9612：2013 抜粋）

室条件			負荷及び算出条件					
			単位床面積当たりの負荷（W/m^2）		単位床面積当たりの冷暖房負荷算出の条件			
			冷房	ヒートポンプ暖房空冷式	換気回数（回/時）	窓面積/床面積（%）	床面積 10m^2 当たりの在室者数（人/10m^2）	照明（蛍光灯）（W/m^2）
住宅（木造・平屋）	和室	南向き	220	275	1.5	40	3	0
		北向き	160	265	1.5	20	3	10
	洋室	南向き	190	265	1	30	3	0
		西向き	230	265				
集合住宅（鉄筋）南向き洋間		最上階	185	250	1	30	3	10
		中間階	145	220				

例えば、図 1-15 の冷房の目安は、表 1-4 の下記条件で計算した値を基に「6 畳～9 畳」と表示したものであり、木造平屋建て南向き和室の場合は 6 畳までの広さ、鉄筋集合住宅南向き洋間中間階の場合は 9 畳までの広さが適していることを示す。部屋の負荷を計算したら、負荷に見合った必要能力を決定する。冷房負荷、暖房負荷のどちらか大きいほうを基準に決定する。

■ 部屋の条件が木造平屋、和室、南向きの場合

220W/m^2 × 9.3m^2 （＝1.548m^2 × 6 畳）※1 ＝2046W

■ 部屋の条件が集合住宅（鉄筋）南向き洋間、中間階の場合

145W/m^2 × 13.9m^2 （＝1.548m^2 × 9 畳）＝2016W

(4) 消費電力

定格能力で運転するときの消費電力を示す。インバーターエアコンは（ ）内に最小と最大の消費電力値を示している。

(5) 能力

JIS で定められている条件で測定した、冷房・暖房の運転能力（定格能力）を表す数値である。この値が大きいほど広い部屋に設置できる。なお、インバーターエアコンの場合、能力可変のため、カタログなどには定格能力とともに能力範囲（最小能力～最大能力）を（ ）内に表示している。

- 冷房能力：外気温度 35℃、室内温度 27℃で運転した場合の能力
- 暖房能力：外気温度 7 ℃、室内温度 20℃で運転した場合の能力

※1：江戸間＝880mm × 1760mm ＝ 1.548m^2

(6) 低温暖房能力（または暖房低温能力。外気温度 2℃時の暖房能力）

外気温度が下がると暖房能力が低下し、温度により室外熱交換器に霜が付き、除霜運転が必要になる。JIS で定められている低温暖房能力とは、外気温度 2℃、室内温度 20℃における暖房能力である。

(7) 電源とプラグの種類

100V と 200V の誤接続を防止するため、**表 1-5** に示すとおりコンセント形状が規格化されている。取り付ける部屋の電源やプラグの形状が合わない場合には、契約種別および容量の変更、工事などが必要になる場合があるので、あらかじめ確認する必要がある。

表 1-5　電源とプラグの種類

	単相 100V 15A	単相 100V 20A	単相 200V 15A	単相 200V 20A
プラグ形状	平行形	アイエル（IL）形	タンデム形	エルバー形
コンセント形状		または		
マーク				

(8) 配管の長さと最大高低差

室内機と室外機をつなぐ配管の長さ、および室内機と室外機の高低差の最大値である。

(9) 運転音

運転音は、JIS C 9612：2005 に基づいて音圧レベル（騒音レベル）で表示してきたが、同 JIS が 2013 年に改正され、音響パワーレベルでの表示に変更された。音響パワーレベルとは、音源が発する音響エネルギーの大きさを基にした量であり、音源との距離や方向などの位置関係によらず、運転音の大きさで一義的に決まる。

(10) 定格冷房エネルギー消費効率（冷房 COP）と区分

省エネ法に基づき、エアコンは APF を省エネ基準値として使用しているが、ZEH 補助金申請などでは COP 値を使用するケースがある。COP 値は次式で表され、値の大きい順に 3 段階の区分（「い」・「ろ」・「は」）が設定されている。補助金の対象要件となるためには、“主たる居室”には区分「い」を満たす製品を選ぶ必要がある。

定格冷房エネルギー消費効率＝定格冷房能力（W）÷定格冷房消費電力（W）

2. 小売事業者表示制度

小売事業者が製品の省エネ情報を表示するための制度であり、省エネルギーラベルとともに、市販されている製品のなかで相対的に位置づけた多段階評価、年間の目安電気料金（または目安燃料使用量）などを、製品本体またはその近傍に表示するものである。統一省エネルギーラベルが表示される家電製品は、エアコン、電気冷蔵庫、電気冷凍庫、テレビ、電気便座、照明器具、エコキュートである。統一省エネルギーラベルの読み方を**図 1-16** に示す。

■ 目安電気料金

カタログなどに表示されている電気製品の電気料金の目安は、公益社団法人 全国家庭電気製品公正取引協議会が規定した電力料金目安単価 27 円（税込）/kWh を用いて算出される。

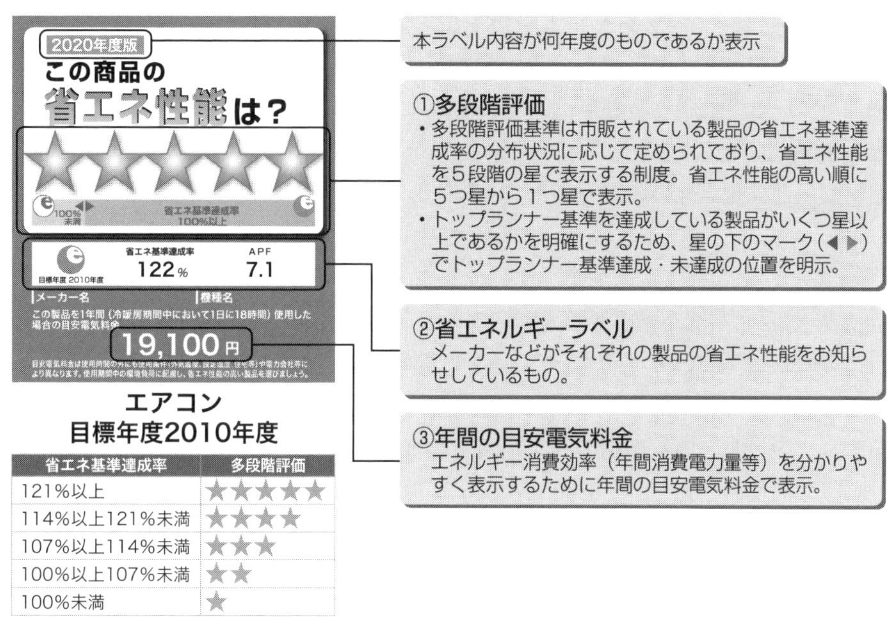

図 1-16　統一省エネルギーラベルの読み方

電気料金の目安（円）＝電力量（kWh）× 27 円

実際の家庭の電気代は、電力量計で積算された電力使用量を基に、各電力会社の料金メニューにより算出される。

3.　エアコンの省エネ目標

「エネルギーの使用の合理化等に関する法律」（1999 年 4 月施行の改正省エネ法）によって省エネルギー基準が定められ、目標年度までに達成することが義務づけられた。その後 2006 年 9 月には新たな基準が決まり運用が開始された。新たな基準は目標年度を 2010 年とし冷房能力 4.0kW 以下の冷暖房（壁掛形）エアコンについて、新評価基準である通年エネルギー消費効率（APF）で設定された。

表 1-6　壁掛形エアコンの省エネ目標値（APF）

冷房能力		～3.2kW	～4.0kW	～5.0kW	～6.3kW	～7.1kW	～28.0kW
目標年度		2010 年度					
壁掛形	寸法規定	5.8	4.9	5.5	5	4.5	4.5
	寸法フリー	6.6	6.0				

表 1-7　壁掛形以外のセパレートエアコンとマルチエアコンの省エネ目標値（APF）

冷房能力	～3.2kW	～4.0kW	～5.0kW	～6.3kW	～7.1kW	～28.0kW
目標年度	2012 年度					
壁掛形以外のもの	5.2	4.8	4.3			
マルチタイプ	5.4		5.4			5.4

2009年5月からは4.0kWを超える壁掛形エアコンと、それ以外の形態のエアコンにも新評価基準である通年エネルギー消費効率（APF）が適用されるようになった。目標年度は冷暖房壁掛形が2010年度であり、壁掛形以外のセパレートエアコンとマルチエアコンは2012年度である。寸法規定とは室内機の横幅寸法800mm以下、かつ高さ295mm以下の機種であり、寸法フリーとは規定以外の機種である。

4.　検定制度

一般社団法人 日本冷凍空調工業会では、ルームエアコンとパッケージエアコンの品質について、一定の基準に基づいて検定を行う「冷凍空調機器性能検定制度」を設けている。この検定に合格するためには、下記3つの基準に適合する必要がある。

- 対象製品を製造している工場の性能品質管理体制の検査、ならびに試験設備の検査
- 製品の機種登録
- 製品検査

検定に合格した製品には、1台ごとに**図1-17**に示すような検定証を貼付して出荷する。検定合格品は、同工業会のホームページにある「ルームエアコン登録リスト」、「パッケージエアコン登録リスト」で確認できる。

図1-17　日本冷凍空調工業会検定証

1.5　地球温暖化防止の取り組み

（1）HFC冷媒の採用

かつてエアコン用冷媒としてR22（HCFC冷媒）が使用されていたが、その後、（塩素を含まず）オゾン層を破壊しないR410A（HFC冷媒）が代替冷媒として採用された。さらに、2012年以降はオゾン層破壊係数[※2]が0で、かつ地球温暖化係数[※3]がR410Aに比べて約1/3であるR32（HFC冷媒）を使用したエアコンが販売され始めた。R410AやR32は作動圧力

表1-8　冷媒の特性

冷媒	R32	R410A	R22
構成分子	HFC	HFC	HCFC
化学式	CH_2F_2	CH_2F_2/CHF_2CF_3	$CHClF_2$
組成	単一冷媒	R32/R125の混合冷媒	単一冷媒
沸点（℃）	－51.7	－51.4	－40.8
凝縮圧力（MPa）	3.14	3.07	1.94
オゾン層破壊係数	0	0	0.055
地球温暖化係数	675	2090	1810
燃焼性	微燃	不燃	不燃

※2：オゾン層破壊係数とは、CFC11を1とした場合の相対的なオゾン層破壊への影響力。
※3：地球温暖化係数とは、二酸化炭素を1とした場合の相対的な温暖化への影響力。

がR22の約1.6倍と高く、各要素部品は高圧力化に対応した専用部品や、専用の据え付け工具・機材が必要になる。

次世代冷媒及び次世代冷媒に対応した冷凍空調機器等の開発

2020年7月「フロン類の製造業者等の判断の基準となるべき事項の一部を改正する告示」が公布され、フロン類の製造業者等がフロン類の消費量の低減に取り組むための使用合理化計画を策定するにあたり参考としている「国内で使用されるHFC消費量の使用見通し値」が改定された（**表1-A**参照）。

表1-A　改定後のフロン類使用見通し

（単位：万t-CO2）

対象年	使用見通しの従来値	改定値
2020年度	4,340	—
2025年度	3,650	2,840
2030年度	—	1,450

この見通しの達成に向け、ノンフロンや革新的に低GWP化を図る冷媒及び機器技術の開発、冷媒の性能・安全性評価を加速させる必要がある。NEDO（国立研究開発法人 新エネルギー・産業技術総合開発機構）では、以下の調査事業を実施し、今後の技術開発に向けたプロジェクト立案等に活用していく予定である。事業期間は2022年3月18日までとされている。

a）次世代冷媒*及び次世代冷媒に対応した冷凍空調機器等の開発を想定した、国内外の技術動向、開発課題の抽出。

b）次世代冷媒及び次世代冷媒に対応した冷凍空調機器等の開発にあたり成果の速やかな普及を可能とする研究開発体制の調査、提案。

＊：自然冷媒を含むノンフロン冷媒や低GWPのフロン類（混合物を含む）

（2）フロンの見える化

図1-18は、家庭用エアコンに温暖化ガス（フロン類）が封入されていることを示すための冷媒の「見える化」表示である。この「見える化」表示には、エアコンに含まれる冷媒の温暖化の影響度合いをCO2（二酸化炭素）に換算した値とともに、廃棄時などの適切な処理を呼びかける注意喚起が記載されている。

図1-18　フロンの見える化表示（例）

（3）フロン排出抑制法

2015年4月1日から「フロン類の使用の合理化及び管理の適正化に関する法律」（フロン排出抑制法）が施行された。フロン排出抑制法は、政令で指定する指定製品について、冷媒のノンフロン・低GWP化とフロン製造から破棄までのライフサイクル全体にわたる包括的な対策を行うものである。フロン排出抑制法では、家庭用機器でも大量に使用され、相当量のフロン類が使用されているものであって、低GWP冷媒への転換が技術的に可能な製品を指定製品に指定している。例えば、エアコンはR32への冷媒転換が可能なため、指定製品になっているが、除湿機は（現在）低 GWP 冷媒への転換技術がないため、指定製品にはなっていない。

なお、フロン排出抑制法はフロンの回収・破壊を求めているが、家庭用エアコンについては家電リサイクル法でフロンの回収・破壊を義務づけているため、フロン排出抑制法では冷媒の低 GWP 化だけを求めている。家庭用エアコンは、出荷台数で加重平均した「環境影響度として用いられている地球温暖化係数」の値が目標年度（2018 年度）において目標値（750）を上回らないことが製造事業者等に義務づけられている。

(4) フロンラベル

フロンラベルは、フロン排出抑制法に基づく指定製品の環境影響度として用いられている地球温暖化係数（GWP）について、定められた目標への達成度を多段階表示で表したもので、製品を選択する際に参考にするとよい。フロンラベル（例）を**図 1-19** に示す。多段階表示の区分は、指定製品ごとに JIS Z 7161 で規定されている（**表 1-9** 参照）。フロンラベルは、カタログ・ウェブサイト・製品本体・包装などに表示されている。また、簡易フロンラベルには、目標への達成度のみ多段階表示で表されている。

■ R32 冷媒使用機種

■ R410A 冷媒使用機種

図 1-19　フロンラベル（例）

表 1-9　フロンラベルにおける多段階表示の区分（家庭用エアコン）

目標値	目標年度	目標の達成度				
750	2018	B	A	AA	AAA	S（ノンフロン）
		751 以上	750 ～ 376	375 ～ 101	100 以下	フロン類を使用していない

1.6 エアコンの付加機能

1. フィルター自動清掃

エアコンの運転により（室内機の吸い込み口に設けた）フィルターに付着したゴミやホコリを自動的に除去する機能であり、ゴミやホコリを定期的にブラシでかき取りダストボックスの中にためる。排気とともにホコリを室外へ自動排出する製品もある。ブラシが動いてフィルターの上のホコリをかき集める方式と、フィルターがブラシの上を動いてホコリをかき集める方式がある。また、10 年間フィルターの掃除不要としている機種もある。

2.　内部を清潔にする機能

エアコン室内機内部を清潔にする方式として、以下が挙げられる。

①熱交換器フィンの表面処理剤が冷房・除湿運転時に徐々に溶け出し、熱交換器に付着した汚れを除湿水とともに洗い流す。

②低濃度オゾンを発生させることにより、カビの発生を抑える。

③冷房運転後に自動的に送風運転を行う機能により、室内機の熱交換器や送風ファンを乾燥させてカビの発生を防ぐ。

④超弱風で暖房運転を行い、内部乾燥をする。

ファンの自動掃除／熱交換器の自動洗浄

最近、以下に記述するファンの自動掃除機能や熱交換器の自動洗浄機能を持つ製品が販売されている。

■ ファンの自動掃除

室内機の中に組み込まれているクロスフローファンは、回転によって羽根の先端部分にホコリが付着・堆積していき、風量が低下する。この機能は、ファンを（通常運転時とは）逆向きに回転させてファンの羽根先端に付着したホコリをブラシで落とす仕組みである。落としたホコリは熱交換器や水受け皿に移動させる。熱交換器に付着したホコリは、下記「熱交換器の自動洗浄」において、熱交換器を凍らせて溶かすというメカニズムを利用し、（ブラシの汚れとともに）洗い流すようになっている。

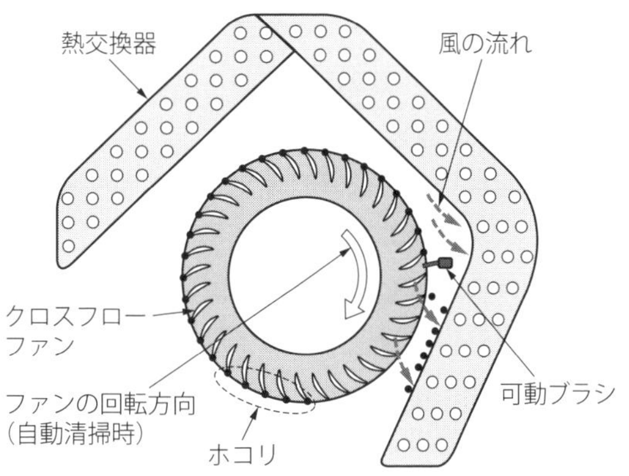

図 1-A　ファンの自動掃除機能

■ 熱交換器の自動洗浄（凍結洗浄）

この機能は、急速冷却で熱交換器フィンに大量に着霜させ、一気に溶かして汚れを洗い流し、熱交換器を乾燥させたあとでイオンを内部に充満させて除菌することにより内部を清潔に保つとともに、フィンの目詰まりによる能力の低下を抑えるものである。フィンに付着した油汚れは、その上に氷が隙間（すきま）なく形成されるため、氷が溶けるときに汚れごと落ちやすくなる。また、ホコリは、水が凍るときに熱交換器の表面から剥がれて浮き上がり、氷が溶けるときに流されやすくなる。この機能は、カメラで部屋の様子を見て人が居ないときに自動洗浄できるほか、タイマー洗浄や手動洗浄も選べるようになっている。

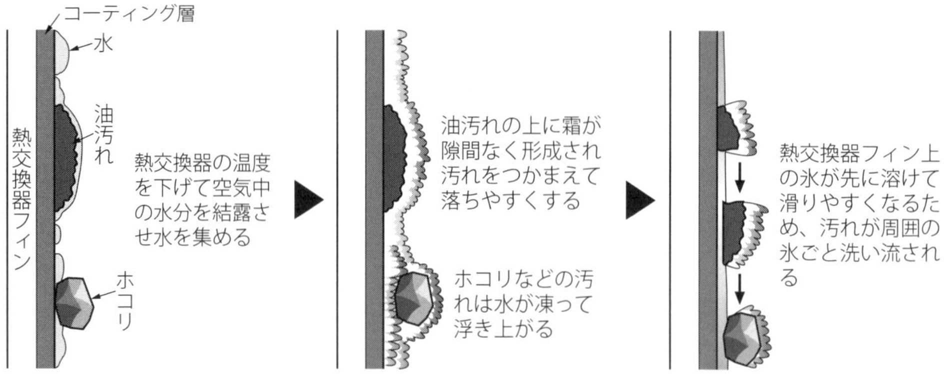

図 1-B　熱交換器ファンの自動掃除機能

3.　空気清浄および換気に関する機能

空気清浄の方式として、以下の方式などがある。

①プラズマ空気清浄機で花粉やホコリを除去する方式

②抗菌・除菌フィルターで除菌する方式

③イオンを発生させ浮遊しているアレル物質、ウイルス、カビなどを分解抑制し、ニオイ成分を分解脱臭する方式

④脱臭フィルター、低濃度オゾンで消臭する方式

⑤長寿命脱臭抗菌フィルターを搭載して 10 年間交換不要とした

また、新鮮な外気を取り込んで室内に送り出す“給気換気”機能を有する製品がある。給気換気の際、室外機に設けた除湿・加湿ユニットで外気中の水分を除去し、乾いた外気を室内機に送り出したり、逆に外気中の水分を上記ユニットで取り込み、室内機に送り出して室内の加湿に利用（加湿用の給水不要）したりすることができる。

ほかには、エアコンと空調換気扇（全熱交換器）が連携運転する製品もある。この製品は、エアコンのセンサーが検知した在室人数に応じて空調換気扇の換気風量を自動調整する。

4.　センサーと気流制御

温度センサー、赤外線センサー、湿度センサー、明かりセンサーやカメラなどにより床や壁の温度、人の位置や活動量を検知し、この情報に気流制御を組み合わせて人の居るエリアを快適に空調する。気流に当たりたくないときは人を避けて風を送ることもできる。また、人が部屋に居ないときは「省エネ運転」に切り替わり、さらに不在が長くなると自動で電源が切れるなど、むだな空調をしないことで省エネができる機種もある。気流制御とは冷風、温風を必要

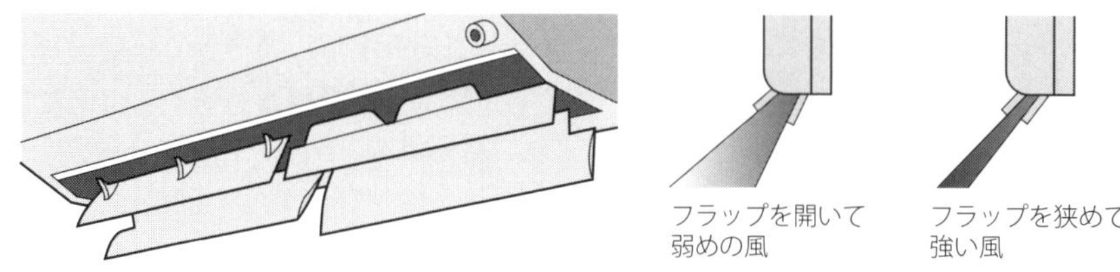

図 1-20　フラップによる風向・風速の制御

なところに必要な強さで送ることである。エアコンの風向変更機構は、左右方向に風向を変えられるルーバーと、上下方向に風向を変えられるフラップで構成されている。フラップによる風向・風速の制御例を**図1-20**に示す。部屋の隅々まで気流が届くようにワイド気流、ロング気流が選べたり、フラップが左右方向に２分割や３分割になっていて、人の位置や姿勢などに応じて前後方向・横方向にきめ細かい気流制御を行えたりする製品もある。

センサーと気流制御の事例を下記に示す。

■ 事例１

気流を壁と床に沿わせる“垂直気流”機能を搭載した製品が販売されている。この製品は、例えば、暖房開始時には天井方向に風を吹き出して部屋全体を暖め、次に斜めに吹き出して床面を暖め、部屋と足元が暖まると（設定温度到達後）、垂直気流に移行して風を身体に直接感じにくくする。風が直接当たらなければ、肌も乾燥しにくいため快適に感じられる。

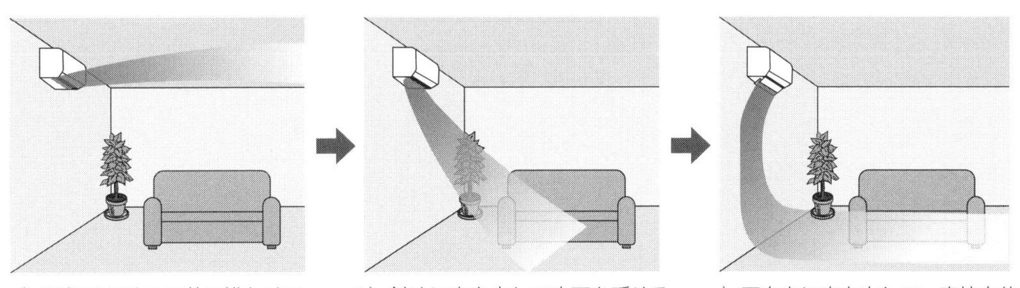

図1-21　暖房運転のステップ（例）

冷房開始時には、サーキュレーション気流と垂直気流を組み合わせて部屋の温度むらを素早く抑える。窓から侵入した熱で生じた温度むらをセンサーが検知すると、垂直気流に切り替えて窓周辺に冷気を集中させる。なお、温度むらは検出されなくても、定期的に撹拌(かくはん)運転を行う。

■ 事例２

一般的に、エアコンの室内機にはクロスフローファン（「5章 5.2節」参照）を搭載しているが、左右独立駆動のプロペラファン２つを搭載した製品もある。この製品は、高精度の赤外線センサーで個人の手先・足先など細部までの温度を0.1℃単位で測定し、左右のプロペラファンで異なる風量の風を別々の場所に向けて吹き分けることにより、それぞれの人の状態に合わせた温度空間をつくることができるという特徴を持つ。さらに、日々の運転のなかで住宅の暖まりやすさ、冷えやすさを分析し、外気温・日射熱の変化の影響を判断して、体感温度の上昇あるいは低下を防ぐように先読み運転を行うことができる。

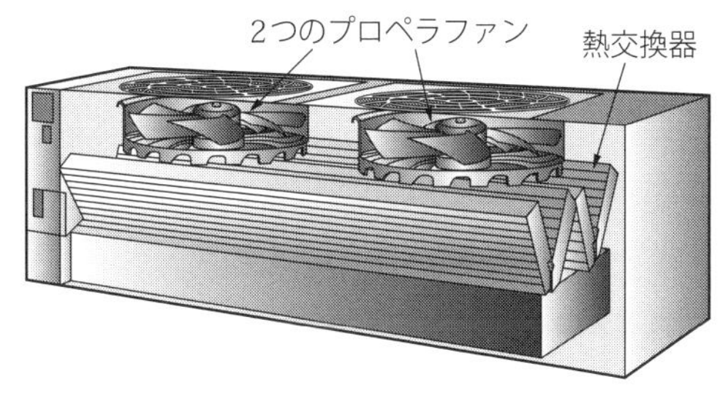

図1-22　プロペラファンを搭載した室内機の構造（例）

人の状態に合わせた気流制御のイメージを表す図を**図1-23**に示す。

① 立っているときは縦の風

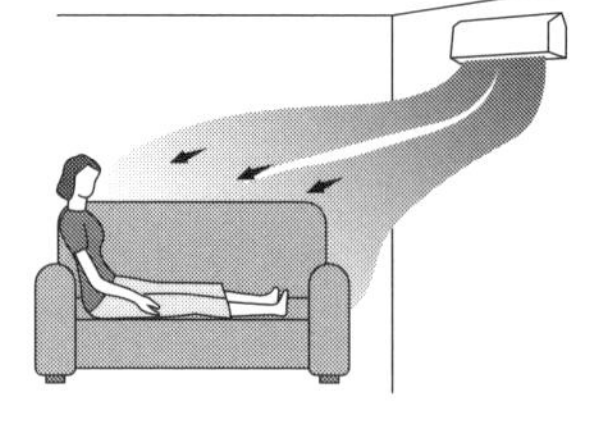

② 座っているときは横の風

③ 2人同時に風を届ける

図 1-23　人に合わせた気流制御（例）

1.7 AI および IoT 技術を活用した省エネ・快適性の追求

室内機本体のセンサーやクラウドからの情報に加え、AI を活用して室温の好みや生活パターンなどを分析し、住人好みの快適な空間をつくり出せる製品が販売されている。以下にその事例を示す。なお、スマートフォンで機器を遠隔操作するためには、一般的に、利用者がインターネット上のクラウドサービスに接続し、専用アプリをスマートフォンにインストールする必要がある。最近のエアコンは、無線 LAN アクセスポイントなどのインターネット接続機器と通信を行うためのアダプターを内蔵しているものがある。

■ 事例 1

冷えやすさ・暖まりやすさといった「部屋の性能」や 1 日の「生活パターン」を学習し、自動的に省エネ制御運転を行う。また、後述する空気清浄機と連携し、より快適な空間を提供できる。

(a) 室温の変化や設定温度までの到達時間などから冷えやすさ・暖まりやすさといった「部屋の性能」を、リモコンの操作情報から外出時間や帰宅時間および起床時間や就寝時間といった「生活パターン」を分析し学習する。この学習結果を基に、例えば、住人の帰宅時間に合わせて効率の良いタイミングで運転を開始できる（図 1-24 参照）。

図 1-24　帰宅時に合わせた制御イメージ

従来は、帰宅前に遠隔操作したタイミングで一気に冷やす（暖める）運転を行っていた。

(b) 学習した外出時間に合わせて自動的に運転をゆるめ、外出前の冷やしすぎや暖めすぎを自動的に抑制する。運転をゆるめたあと、運転が停止されるとアプリ画面を通して、室温変化が気になったかどうかを使用者に問いかけ、その回答に合わせて制御を見直す（使用者のフィードバックを反映する）（図 1-25 参照）。

(c) 「運転履歴画面」にてエアコンの運転内容と合わせて室温変化や電力量を一目で比較できるので、例えば、設定温度を変えたときの電力量変化が分かり、節電意識の向上につなげられる。また、アドバイス機能により、その月のエアコンの電気代が一定額を超えたことを知らせる機能も有している。

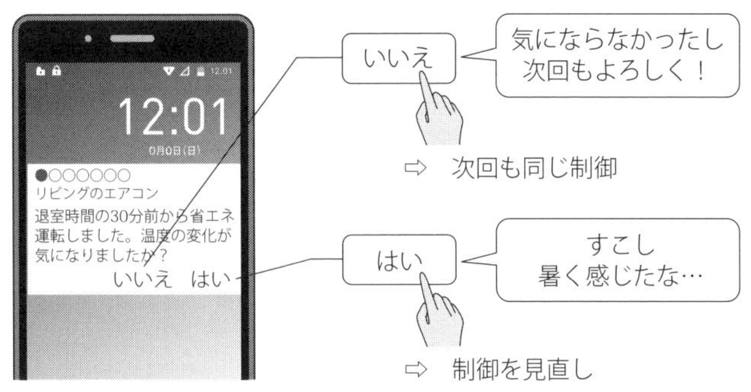

図 1-25　制御見直しのイメージ

(d) 室温が設定範囲から外れた場合やエアコンの人感センサーに反応があった場合などに、スマートフォンに通知する「見守り機能」を有している（図 1-26 参照）。これにより、宅内の高齢者や子ども、ペットに配慮した温度管理を外出先から行えるとともに、人の在室状況を確認できる。

図 1-26　見守り機能の例

■ 事例2

(a) 外出先からスマートフォンを用いて各部屋のエアコンごとに ON/OFF 操作ができる。運転モード（冷房・暖房・除湿・送風）や温度・湿度、タイマーなどの設定もできる。

(b) 運転停止中に設定温度より室温が上がる（下がる）と、自動で運転を開始し、スマートフォンにメールで通知する。

(c) 部屋の温度分布（熱画像）をスマートフォンで確認でき（図 1-27 参照）、熱画像をタッチすると好みの場所に気流を届けることができる。

(d) あらかじめ決めたエアコンの電気代設定金額を超えた場合もメールで通知する。

(e) スマートスピーカーによる操作もできる。

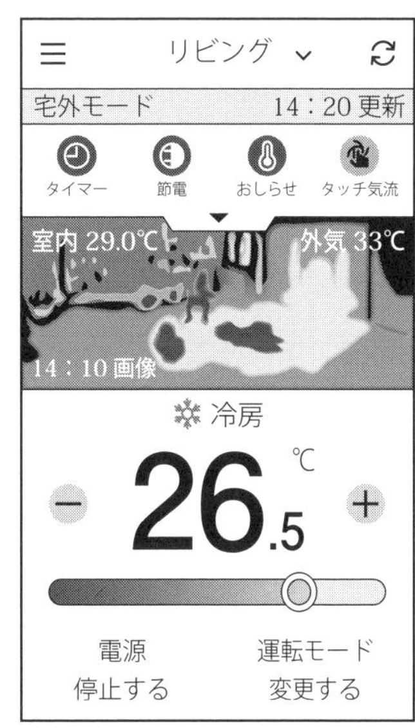

図 1-27　温度分布表示（熱画像）表示例

■ 事例3

(a) AIが、気象情報会社から気象予報データ（PM2.5や花粉の飛散予測など）を自動で取得し、部屋の空気が汚れる前に（いつ、どれぐらいの侵入量があるかを）先読みして空気清浄を自動的に開始する。事前の予測値と実際に（PM2.5などが）侵入した実績値に差があった場合、AIがその差から住宅の気密性を判定して予測を補正し、予測の精度を高めていく。

(b) 帰宅時、自宅周辺エリアに近づいた時点で、室温が事前に設定した温度範囲から外れているとスマートフォンにポップアップ通知する。この機能により、外から運転ONしておき快適な部屋にできる。

(c) 人感センサーで人の動きを検知し、反応数をグラフで表示するモニター機能により宅外から家族の様子を確認できる。また、室温が31℃以上もしくは15℃以下になったら自動で通知する「見張り機能」などを有している。

図 1-28　気象予報データを取り込む自動運転（例）

■ 事例4

エアコンとマイクロ波方式センサー（ドップラーセンサー）※4を連動させることにより、例えば、離れて暮らす親の生活を見守るための、以下の機能を有する（図1-29参照）。

(a) 人の動きや脈拍、呼吸などのわずかな動きをセンサーで検知し、在室／不在、入眠・睡眠のタイミング、平均睡眠時間などやエアコンの運転状況をスマートフォンで確認できる。また、見守る側は状況を確認しつつスマートフォンでエアコンのON/OFFや温度設定などの操作ができる。

(b) 人が在室時に部屋が高温高湿状態になると、自動的に冷房運転を行う。

(c) センサーが就寝を検知し、睡眠に適した空調に自動で切り替える。

(d) 赤外線でエアコンと連動している室内空気質センサー（IAQセンサー）機器で室内のCO2濃度を検知し、濃度が高くなると自動的に“給気換気”を行う※5。

※4：ドップラーセンサーは、発射したマイクロ波の反射波を受信し、発射した周波数と受信した周波数の差から動体を検出するドップラー効果を利用している。このセンサーは、暗い寝室の布団にいても（布団や衣服を透過して）人の脈拍・体動・呼吸などのわずかな動きを検知し、解析できる。

※5：屋外の新鮮な空気を取り込み、熱交換器で適温にして室内に供給する機能を“給気換気”としている。この製品は、例えば、室内機のセンサーが人の在室を検知すると給気量をアップしたり、給気中、自然給気口から冷たい空気やすきま風が侵入しにくくしたりすることができる。ただし、この機能だけで建築基準法に定められた住宅の必要換気量を満たすことはできないので、メーカーは定期的に窓を開けて換気する方法を併用するよう求めている。

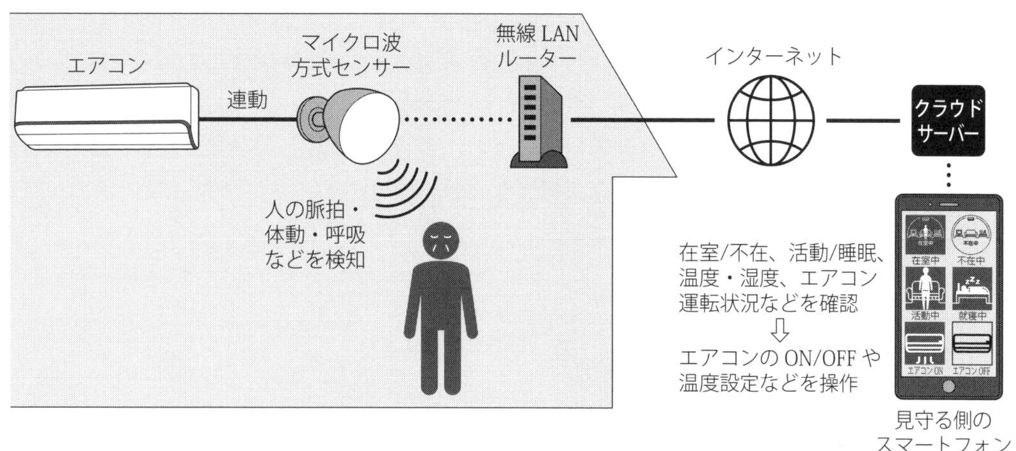

図 1-29　見守り機能付きエアコンのシステム概要

1.8　据え付け上の注意

1.　工事全般

据え付けは、国または各都道府県に電気工事業者として登録された業者に依頼する。工事不備があると故障、水漏れや感電、火災の原因になる。

2.　電源工事

①電源電圧を確認する。故障や火災の原因になる。

②電源プラグは、必ずエアコン専用のコンセントに直接差し込む。途中で接続したり、延長コードの使用やたこ足配線などをしたりすると、感電や火災の原因になる。

③電源コードは加工して使用しない。電源コードは、束ねたり、引っ張ったり、重いものを載せたり、加熱したり、加工したりすると感電、火災の原因になる。

④アース工事を行う。エアコンには、安全のためＤ種接地工事が義務づけられている。

⑤漏電ブレーカーを取り付ける。漏電ブレーカーが取り付けられていないと、感電・火災の原因になる。

3.　設置場所

設置場所の選定に際しては、以下の事柄に注意する必要がある。また、寒冷地や降雪・積雪地には寒冷地仕様製品※6 を選定する。

①室外機、室内機の吸い込み口、吹き出し口に十分なスペースを確保する。スペースが不足していると、能力が低下するばかりでなく故障の原因となる。

②寒冷地では、室外機は北側や西側など冬場に季節風の冷たい風が当たる場所は（暖房能力が発揮されにくいので）避け、安定した能力を発揮できるよう東側や南側に設置する。適切な場所がない場合は、防雪フードなどを取り付ける。

※6：室外機の底板の凍結防止ヒーター（ドレンパンヒーター）や熱交換器への着霜防止機能などが付加されている。

③寒冷地では、除霜水が室外機のベース表面（底面）に氷結して排水できなくなることがあるため、室外機の水抜き穴にブッシュ、ドレンパイプは取り付けない。また、水抜き穴と地面との距離を十分確保する。

④降雪・積雪地では、室外機は高置き台に設置し、さらに防雪フードを取り付ける。室外機の周囲に雪が積もり囲まれるような状態になると、吹き出した空気が再び吸い込まれ熱交換効率が下がり、暖房能力が低下する。

■地上に設置する場合：
高置台と（必要に応じて）防雪フードを利用

■上階に設置する場合：
壁掛金具と（必要に応じて）防雪フードを利用

図 1-30　降雪・積雪地における室外機の設置

4. その他

①ドレンホースは確実に排水できるように配管し、必ず排水の確認を行う。（配管が逆こう配になっているなど）排水工事が不完全な場合、屋内に浸水し家具などをぬらす原因になる。

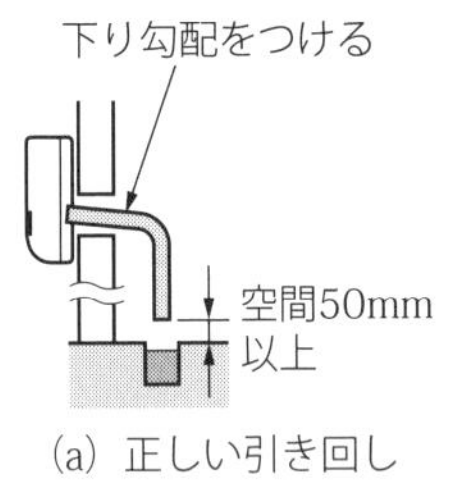

(a) 正しい引き回し

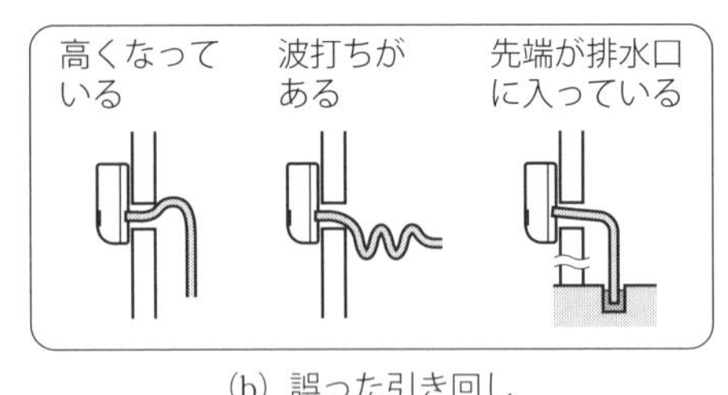

(b) 誤った引き回し

図 1-31　ドレンホースの引き回し方

②浄化槽など、腐食性ガス（硫化水素、アンモニアなど）が発生する場所へドレンホースを導かない。腐食性ガスがドレンホースから室内機に逆流し、銅配管を腐食させたり、室内の異臭の原因になったりすることがある。

③高層住宅や高気密住宅などで、換気扇を使用したときや屋外に強風が吹いているときにドレンホースから進入した空気が逆流し、室内機のドレンパンを通過する際、“ポコポコ”と異音がする場合がある。その場合、部屋に吸気口を設けて室内が負圧にならないようにするか、ドレンホースに逆流防止部品（図 1-32 参照）を取り付け、空気の吸い込みを防ぐようにするとよい。

④硫化水素濃度の高い温泉地※7 等に設置する場合は、銅パイプのろう付け部などに防錆塗料を塗布する。

⑤室外機には圧縮機や弁などの摩耗する部品があり、長年使うと摩耗した部品から鉄粉などのゴミや劣化したオイルにより配管内が汚染されていることがある。エアコン交換時に、汚染された配管を再利用すると新しいエアコンを壊してしまうこともある。また、長年の使用により配管が劣化して折れやすくなっていることもあるため、再利用に際しては十分注意する必要がある。

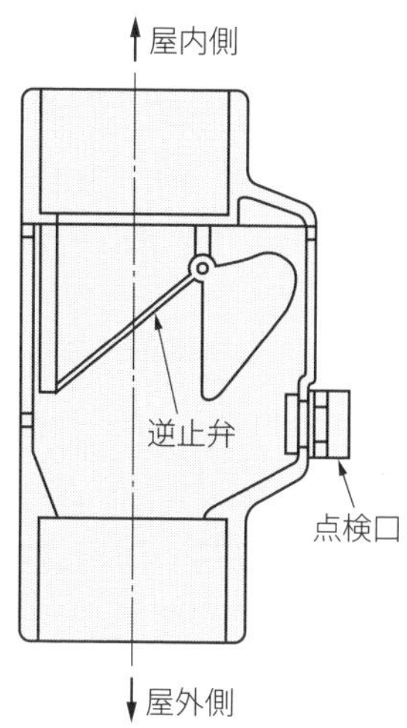

図 1-32　逆流防止部品（例）

一口メモ

既設配管の再利用／ポンプダウン

■ 既設配管の再利用

エアコン交換時に既設配管を再利用する場合の注意事項として、カタログなどには以下が記載されている。

- 古いエアコン取り外しの際には必ずポンプダウンを行い、冷媒・冷凍機油の回収を行うこと。
- 配管の厚みが 0.8mm 以上（JIS 規格の配管）であること。
- フレアは新冷媒対応に再加工し、φ12.7mm の既設配管の場合はフレアナットの変更が必要。
- エアコンの故障などによりポンプダウンができない場合、配管内が極端に汚れている場合には配管洗浄するか新しい配管に交換する。
- 配管工具は R32 または R410A 用を使用する。
- 一部の機種では、接続配管径の仕様が異なるので、その場合、交換後のエアコンに合った新しい配管を使用する。

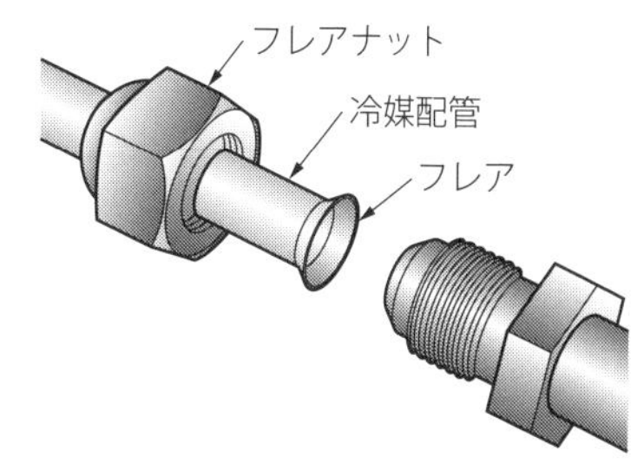

図 1-C　フレア接続部

※7：該当地区例　北海道：川湯温泉等、東北：鳴子温泉等、関東：草津温泉等、首都圏：箱根温泉等、九州：別府温泉、霧島温泉等

■ ポンプダウン

エアコンを取り外すときに、冷媒を大気に放出しないよう室外機に冷媒を回収することをポンプダウンという。ポンプダウン作業でミスなどにより配管内に空気が入ると、異常な温度上昇と空気圧縮によりコンプレッサーが破裂する危険性がある（ディーゼル爆発）。エアコン取り外しは、据付工事説明書などに記載された所定の手順に沿って作業する必要がある。

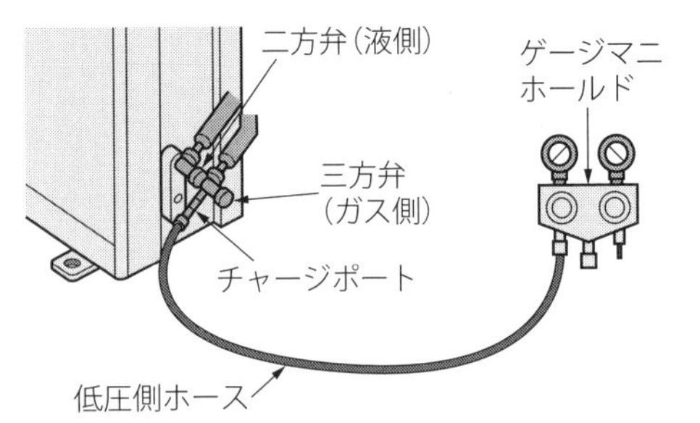

図 1-D　ポンプダウンの作業方法（例）

一口メモ

冷媒ガス排出抑制の取り組み

家庭用エアコンの冷媒は、生産時には使用量の削減を図り、廃棄時には家電リサイクル法による回収を実施している。工事にあたっても、据え付け時・取り外し時の大気放出を抑え、全体として排出抑制を進めていく必要がある。家庭用エアコンの据付工事にあたって、内外接続配管（室内機と室外機をつなぐ冷媒配管）の空気を取り除く必要がある（エアパージ）。家庭用エアコン業界では、真空ポンプを使用して接続配管内の空気を抜き取り、冷媒を大気に放出しないエアパージの方法を「エコロジー工事」と名付け、業界全体で推奨している。これに従ってメーカー各社の据付工事説明書には、真空ポンプでエアパージを行うよう記載されている。エコロジー工事には専門の技術と時間を要するが、環境保護のため確実に行う必要がある。

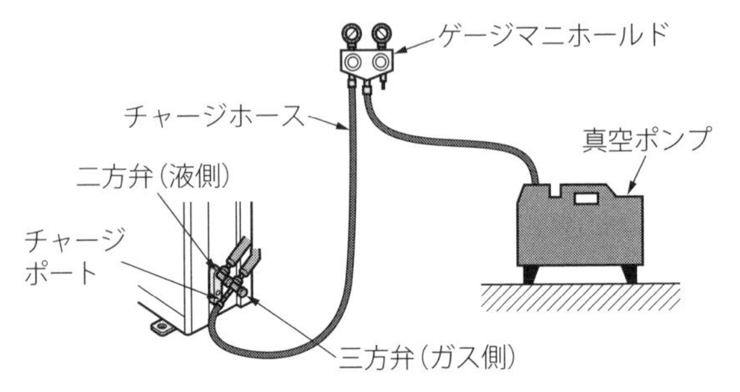

図 1-E　エアパージの作業方法（例）

1.9 省エネ対策

①室内温度は適切に設定する。政府は、室内温度の目安として夏の冷房時 28℃、冬の暖房時 20℃を推奨している（28℃および 20℃はエアコンの設定温度ではない）。冷房の場合、設定温度は少し高めでも、扇風機を併用し空気の流れを作ると過ごしやすくなる。夏場は、熱中症予防のため、室温をこまめにチェックし室温 28℃を超えないようにエアコンや扇風機を上手に使う必要がある。

②風向調節を適切に行う。冷気は下に、暖気は上に集まるので、風向調節を冷房時は水平に、暖房時は下向きにすると室内温度のむらが少なくなる。

③いわゆる冷房病を防ぐには、室外との温度差を 5℃以内に設定するとよいといわれている。

冷風を直接体に当てない工夫も必要である。

④フィルターをこまめに掃除する。シーズン中は2週間に一度の頻度で行う。フィルターの汚れは冷房・暖房能力を低下させる原因になり、消費電力量も多くなる。また、汚れの状態にもよるが、異常音や水漏れ、室内機の吹き出し口に露付きなどが発生する。

⑤熱の出入りを防ぐために窓にカーテンを掛けたりブラインドを用いたりするとよい。また窓やドアの開閉の回数を少なくする。

⑥室外機の周囲を塞がない。室外機の吹き出し口や吸い込み口の近くに障害物があると、冷・暖房効果を弱め、故障の原因にもなる。

⑦シーズン前に試運転をする。特に冷房シーズン前に、冷え具合、ドレンホースの詰まりによる水漏れ、室内機の吹き出し口などに露付きなどがないか確認する。

⑧定期的に機器の点検清掃を行う。数シーズン使用すると、室内機内部の汚れなどにより性能が低下したり、ニオイや水漏れが発生したりすることがある。内部洗浄は正しく行わないと、故障したり、最悪の場合は発煙・発火につながったりするおそれがあるので、専門の業者に依頼するのがよい。取扱説明書などでは、通常の手入れとは別に、点検整備（有料）を行うよう推奨している。

一口メモ

家電リサイクル法（特定家庭用機器再商品化法）

一般家庭や事務所から排出された家電製品から有用な部分や材料をリサイクルし、廃棄物を減量するとともに資源の有効活用を推進するための法律であり、2001年からスタートした。対象機器は①エアコン、②テレビ（ブラウン管式、液晶・プラズマ）、③冷蔵庫・冷凍庫、④洗濯機・衣類乾燥機である。以下のとおり、消費者・家電小売店・家電メーカーなどに対し、それぞれの役割が定められている。

■ **消費者の役割**

- 不要になった対象機器の適正な引き渡し
- 収集・運搬、再商品化などにかかる費用の支払い

■ **家電小売店の役割**

- 自らが過去に販売した対象機器の引き取り
- 買い替えの際に引き取りを求められた同種の対象機器の引き取り
- 家電メーカーなどへの対象機器の引き渡し

■ **家電メーカーなどの役割**

- 自らが過去に製造・輸入した対象機器の引き取り
- 引き取った対象機器の再商品化など（リサイクル）

1.10 安全上の注意

①吸い込み口・吹き出し口に指や棒などを入れない。フィン（熱交換器）や回転している送風ファンでけがをするおそれがある。

②運転中は電源プラグを抜かない。電源プラグを抜いたり、電源コードを引っ張ったりして

エアコンを停止すると、プラグやコンセントが傷み、感電や火災の原因になる。

③電源プラグの差し込みは確実に行う。差し込みが不完全な場合、感電や火災の原因になる。

④電源プラグ刃間のホコリを掃除する。ホコリがたまっているとトラッキングによる発煙・発火の原因になる。

⑤古いコンセントは新しいものと交換する。コンセントの刃受けが緩んでいたり結露などで腐食したりしていると、接触抵抗が大きくなり発煙・発火の原因になる。

⑥特殊用途には使用しない。精密機械、食品、美術品の保存、動植物の飼育用など特殊用途には使用しない。

1.　経年劣化に係る安全上の注意

エアコンは、「長期使用製品安全表示制度」の対象製品※8であり、2009年4月1日以降に製造・輸入された製品には、製造年、設計上の標準使用期間、経年劣化についての注意喚起が製品本体や取扱説明書などに表示されている。設計上の標準使用期間が過ぎたら、異常な音や振動、においなど、製品の変化に十分注意する必要がある。長年使用のエアコンで次のような症状がみられる場合は、電源スイッチを切り、コンセントから電源プラグを抜いて、販売店またはメーカーに相談する。（経済産業省「長期使用家電製品５品目の注意喚起チラシ」による）

①電源コードやプラグが異常に熱い。

②電源プラグが変色している。

③焦げくさいにおいがする。

④ブレーカーが頻繁に落ちる。

⑤架台や吊り下げ等の取付部品が腐食していたり、取り付けが緩んでいる。

⑥室内機から水漏れがする。

一口メモ

設計上の標準使用期間

電気用品安全法に基づき、標準的な使用条件の下で使用した場合に安全上支障なく使用することができる標準的な期間として設計上設定された期間＊である。製品の故障や機能低下の無料修理等を行う無償保証期間とは異なる。また、偶発的な一般的な故障を保証するものでもない。対象製品には、電気用品安全法で義務づけられた右の表示を本体の銘板近傍に行っている。

＊：JIS C 9921-3「ルームエアコンディショナの設計上の標準使用期間を設定するための標準使用条件」によって規定されている。

【設計上の標準使用期間】　10年
設計上の標準使用期間を超えてお使いいただいた場合は、経年劣化による発火・けが等の事故に至るおそれがあります。

図 1-F　設計上の標準使用期間の表示（例）

※8：扇風機、換気扇、洗濯機（全自動洗濯機・２槽式洗濯機）、エアコン、ブラウン管テレビの５品目が対象製品となっている。

1.11 ヒートポンプ式温水床暖房

床暖房には電気式と温水式があり、温水式にはヒートポンプ式やガス式がある。ヒートポンプ式のなかには床暖房専用タイプ、エアコンとの組み合わせタイプ、エコキュートで作るお湯を床暖房にも使うタイプなどがある。

ここでは、ヒートポンプ式温水床暖房とエアコンとを組み合わせた冷暖房システム（例）を**図 1-33** に示す。このシステムでは、1 台の室外機で集めた大気中の熱を床暖房とエアコンの両方に供給する。床暖房ユニット（水熱交換器）で作った温水を温水配管に通し、床暖房パネルに送り込む構造になっている。

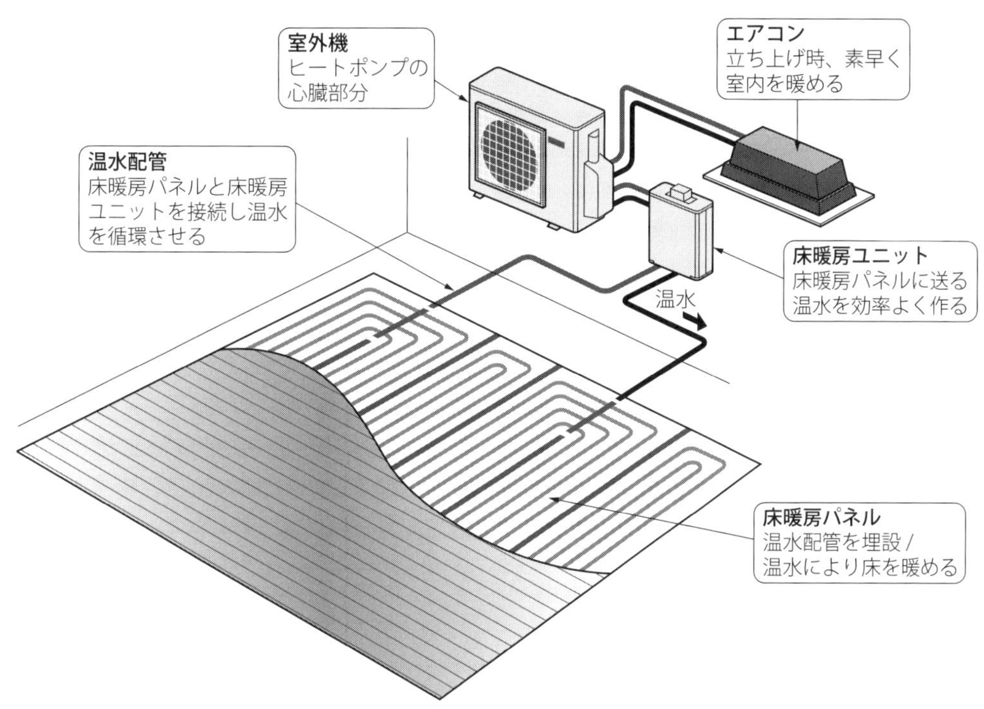

図 1-33　ヒートポンプ式温水床暖房システム（エアコンとの組み合わせ例）

床暖房の特徴を以下にまとめる。床暖房は、健康のために良いとされる“頭寒足熱”の考え方に合った暖房方法といえる。

①床暖房は「輻射暖房※9」のため、風による不快感がなく静かである。温風を吹き出す「対流暖房」と異なり、暖かい空気が室内上方にたまることがないので、室内上下の温度むらが小さい（**図 1-34** 参照）。

②輻射熱が直接身体に作用するため、室温は低めでも体感温度を上げられる。また、冷えやすい足元を直接暖めることができるので、温感効果が高い。これより室温を低く抑えられるので、室内の空気は乾燥しにくい。

※9：床を加熱し、そこから周りへ放射・伝達される輻射熱によって暖かさを得られる暖房。

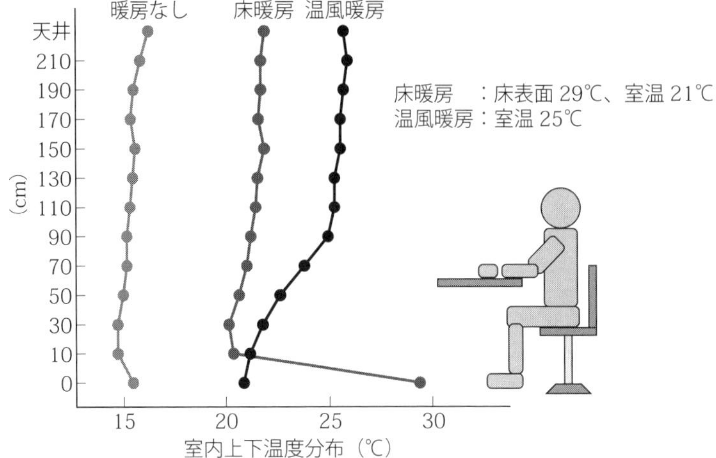

●床暖房の室内温度は温風暖房に比べ最大 4℃低く設定しても平均皮膚温、直腸温の有意な差はみられない。

九州大学大学院 栃原研究室の実験結果
出典：空気調和・衛生工学会学術講演会講演論文集（2003.9.17～19（松江））G-59

図 1-34　床暖房と温風暖房の違い

③「対流暖房」と異なり、空気を動かさないので、ちりやホコリを舞い上げることがなく、燃焼しないので室内の空気を汚さない。

④暖房立ち上げ時にエアコンで素早く部屋を暖め、室温の上昇に合わせて温度むらが小さい床暖房で足元から暖めるなど、効率的で効果的な連動運転ができる。床暖房パネルの製品断面および施工断面図を図 1-35 に示す。パネルの中に温水配管が埋設されている。パネル上面には、熱伝導率の高いアルミニウム箔を張って効率的に放熱するとともに、下面側には断熱材を設置し放熱を抑えている。

■製品断面図

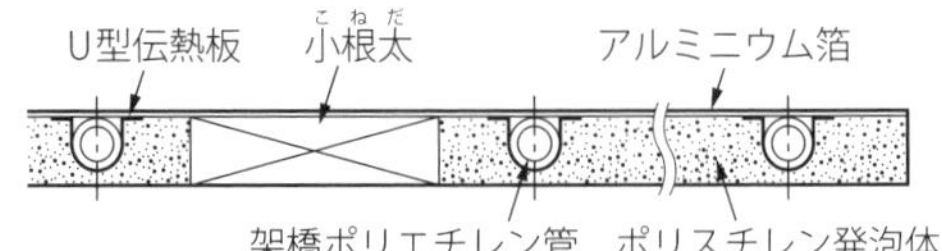

■施工断面図（例）

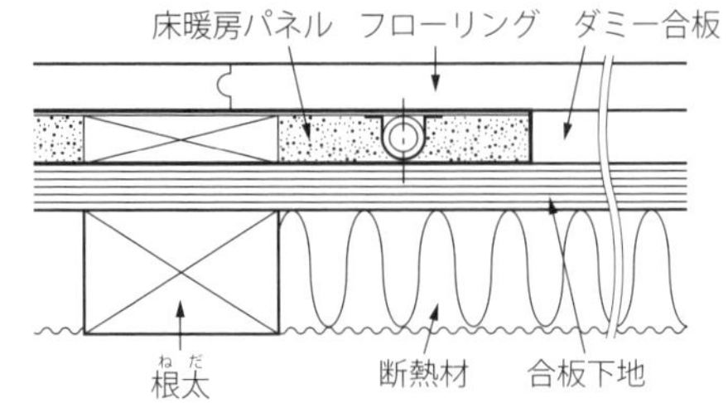

図 1-35　床暖房パネル断面図（例）

この章でのポイント!!

エアコンによる冷房・暖房の仕組み、インバーターエアコンの特徴、機種選定やカタログの見方、据え付け上の注意、省エネ対策について述べました。また、エアコンとヒートポンプ式温水床暖房を一体化させた冷暖房システムについても理解しておく必要があります。

キーポイントは

- **エアコンの冷凍サイクル**
- **インバーターエアコンの特徴**
- **負荷見積もりと機種選定**
- **カタログの見方**
- **エアコンに使用されている冷媒の種類と特徴**
- **エアコンの付加機能**
- **エアコン据え付け上の注意**
- **省エネ対策**
- **ヒートポンプ式温水床暖房**

キーワードは

- 圧縮機、凝縮器、電動膨張弁（キャピラリーチューブ）、蒸発器
- 再熱除湿方式
- インバーターエアコン、一定速エアコン
- 検定制度
- 通年エネルギー消費効率、期間消費電力量
- 省エネルギーラベリング制度、小売事業者表示制度
- オゾン層破壊係数、地球温暖化係数
- フィルター自動清掃
- フロン排出抑制法、フロンラベル
- 気流制御
- 遠隔操作
- 直流家電
- ポンプダウン
- 家電リサイクル法
- 長期使用製品安全表示制度
- 輻射暖房、対流暖房、頭寒足熱

2章 空気清浄機

空気清浄機は、空気中に浮遊する目に見えない花粉やハウスダストなどの粒子を集じんしたり、ニオイを脱臭したりする装置であり、住宅の高気密化や健康志向の高まりに伴って需要が伸びている。イオンを発生・拡散させることにより浮遊ウイルス・浮遊菌・浮遊アレル物質の作用を抑制したり、浮遊カビ菌・付着カビ菌の増殖を抑制したり、ニオイ（タバコ臭・ペット臭・生ゴミ臭・洗濯物の生乾き臭など）を分解・消臭する効果を訴求した製品も販売されている。近年は、空気清浄機能に加えて加湿機能や除湿機能を併せ持つ複合機もある。外出先から室内の空質情報を確認してスマートフォンで遠隔操作したり、居住地域の花粉やPM2.5、黄砂、温度・湿度などの空質情報（予報）をクラウドのAIが分析し、自動的に風量を切り替えたりできる製品も販売されている。

2.1 種類・仕組み

空気清浄機の種類は、機械式と電気式に大別される。

1. 機械式（ファン式）

機械式は、パネル・プレフィルター・集じんフィルター・脱臭フィルター・ファンなどで構成されており（図2-1参照）、ファンにより室内空気を吸い込み、各種フィルターを通過させることで空気中のホコリやニオイを除去し、清浄化する仕組みである。現在販売されている家庭用空気清浄機のほとんどは機械式である。各部品の機能について、以下にまとめる。

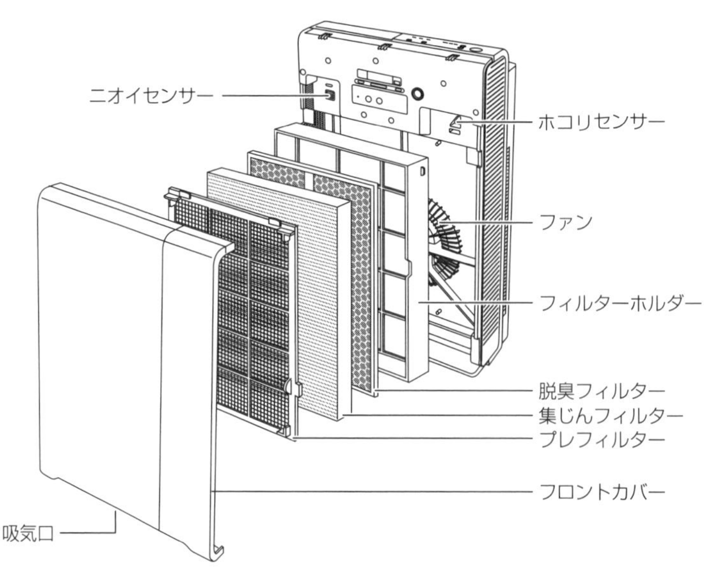

図2-1　機械式の構造（例）

各種フィルターは、使用時間経過とともに汚れて効果が低下する。フィルターの手入れの方法や交換については、メーカーの取扱説明書に従うこと。

（1）プレフィルター

比較的大きなゴミを除去するフィルター。

（2）抗菌フィルター

カテキンなどで菌やウイルスの繁殖を抑える処理を施したフィルター。集じんも行う。

（3）集じんフィルター

静電気を帯電させた繊維材により捕集する静電フィルター、細い繊維層で物理的に捕集するガラス繊維フィルターなど、微細粒子を捕集できる集塵効率の高いフィルターである。クリーンルームのメインフィルターとして使用されているHEPAフィルター※1を採用した製品もある。静電気を帯電させた静電HEPAフィルターは、非帯電のHEPAフィルターに比べ、目詰まりしにくく集じん力が長持ちするという特徴がある。

（4）脱臭フィルター

脱臭フィルターは、空気中のニオイを吸着して除去するものであり、一般的には活性炭を用いたものが多く使われている。活性炭は化学処理を施し、さまざまなニオイに対応させている。また、光触媒（酸化チタン）に波長380nm（ナノメートル＝10億分の1メートル）以下の紫外線を当てることにより、水分を反応させ、OHラジカル※2を発生させてニオイ成分を分解したり、菌、ウイルス、アレル物質などを分解したりして脱臭する方式のフィルターもある。

（5）イオン発生装置

イオン※3や水に包まれたイオンを発生させ、空気中に拡散させて、浮遊している汚れを浄化する装置である。イオンや水に包まれたイオンなどの呼称や発生方式は、各社さまざまであるが、イオンや水に包まれたイオンなどに含まれるOHラジカルは酸化力が非常に強く、イオンを発生・拡散させることにより下記の効果が期待できる。

- 浮遊ウイルス・浮遊菌・浮遊アレル物質の作用を抑制する。
- 浮遊カビ菌・付着カビ菌の増殖を抑制する。
- タバコ臭・ペット臭・生ごみ臭・洗濯物の生乾き臭などのニオイを分解・消臭する。

一口メモ

プレフィルターの自動掃除機能

十分な集じん性能を維持しつつ、手入れの手間を軽減するためのプレフィルターの自動掃除機能を搭載した製品が販売されている。一定の運転時間が経過するごとに、「自動掃除ユニット」がプレフィルターを上下に動きながらブラシでホコリを取り除く方式や、プレフィルター自体が上下に動き、ブラシでホコリを取り除く方式などがある。いずれも、

※1：HEPAフィルター（High Efficiency Particulate Air filter）は、JIS Z 8122によって「定格流量で粒径が0.3μmの粒子に対して99.97％以上の粒子捕集率を持ち、かつ初期圧力損失が245Pa以下の性能を持つエアフィルター」と規定されている。

※2：OHラジカルは、通常は対になっている電子が1個足りない原子や分子の状態をラジカルという。非常に酸化する力が強く、ほかの分子と結合して安定しようとする。OHラジカルはいわゆる活性酸素と呼ばれる分子で、最も反応性が強く酸化力が強い。接触した物質から水素原子を奪って水になる。

※3：イオンとは、分子または原子で電荷を持ったものをいう。

除去されたホコリなどはダストボックスに集められ、半年ないしは1年に1回程度ゴミ捨てすればよいとされている。

2. 電気式

電気式は、高圧放電によりちりやホコリを帯電させて集じん極で捕集したり、帯電しイオン化したちりやホコリなどを集じんフィルター（帯電処理したフィルターなど）で捕集したりする。また、ちりやホコリを帯電させる方式には、プラス（+）帯電させるものとマイナス（−）帯電させるものとがある。ちりやホコリをプラス（+）帯電させて集じんする電気式の仕組みを図2-2に示す。また、集じんプロセスを以下にまとめる。

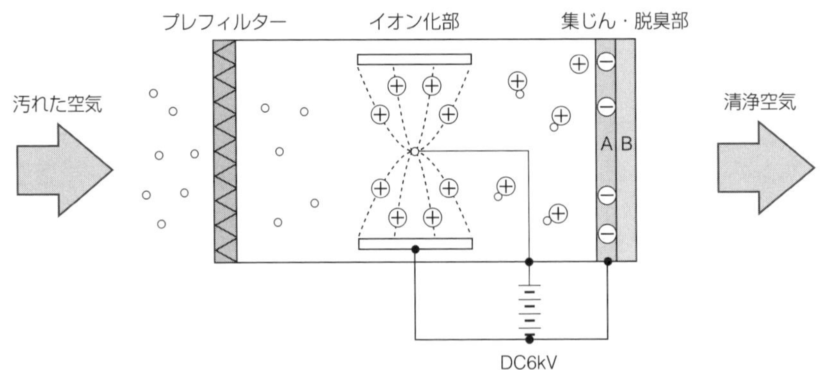

図2-2　電気式の仕組み

(1) 集じん（プレフィルター）

大きなちりやホコリはプレフィルターで取り除く。

(2) イオン化

高圧放電させることにより、目に見えない小さな煙粒子やホコリなどは、イオン化部でプラス（+）に帯電する。

(3) 集じん

プラス（+）に帯電した煙粒子やホコリは、マイナス（−）極性を持たせた集じんフィルターに吸着する。集じんフィルターとして、静電HEPAフィルターを使用している製品もある。

(4) 脱臭

ニオイは脱臭フィルターで吸着する。

摩擦帯電方式による集じん

摩擦帯電による静電気を利用し、PM2.5や花粉・ホコリなどを捕集する方式の空気清浄デバイスが開発された。このデバイスによる集じんメカニズムを以下にまとめる。

- プラスチック製の捕集板と不織布ブラシの摩擦により、静電気を発生
- プラス（+）に帯電したPM2.5や花粉・ホコリなどがマイナス（−）に帯電した捕集板に付着

このデバイスは自動清掃と再帯電を同時に行えるため、捕集性能の低下が抑えられてフィルターの目詰まりが起こりにくく、約10年間の継続使用が可能となる。また、一般的な電気集塵機とは異なり放電しないため、火災のリスクやオゾン・窒素酸化物の発生を低減できる。今後、換気空調システムへの搭載が期待される。

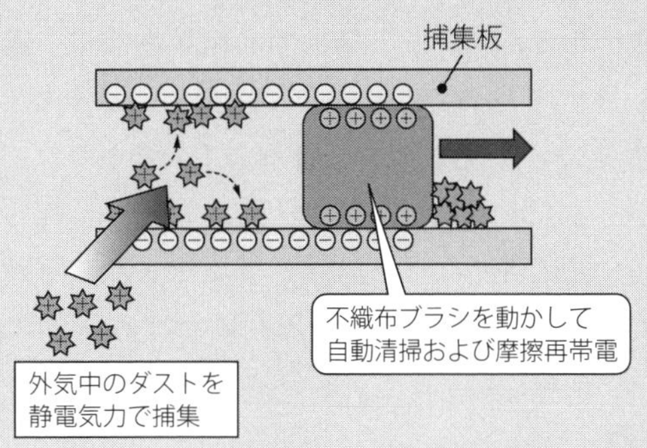

図 2-A 摩擦帯電方式（イメージ）

3. センサーによる自動運転

空気清浄機には各種センサー（ニオイセンサー、ホコリセンサーなど）が搭載されているものがあり、自動運転に設定するとセンサーが検知した情報を基に運転を開始したり、ファンの回転数を制御したり、運転を停止したりする。センサーで検知できるものと検知できないものを表 2-1 に示す。

表 2-1 センサーの検知物質（例）

	ニオイセンサー	ホコリセンサー
検知できるもの （反応するもの）	・たばこの煙のニオイ ・化粧品、アルコール ・スプレー類 ※無臭ガスや温度、湿度の変化で反応する場合もある	・煙（たばこ、線香） ・加湿器の蒸気 ・ホコリ、花粉、ハウスダストなどの粉じん ※花粉、ハウスダストなどは、たばこの煙に比べて粉じん量が非常に少ないため反応しない場合がある
検知できないもの （反応しないもの）	・ホコリ ・花粉 ・ハウスダスト ・菌やウイルスなど	・ニオイ ・アルコール ・ガス類 ・菌やウイルスなど

一口メモ

細菌とウイルスの違いとは？

細菌は栄養・温度・湿度などの条件がそろえば、細胞分裂で自己増殖する能力を持つ微生物である。ウイルスは細胞ではなく自己増殖できないため、生物の細胞に入り込む。その細胞に自分のコピーを作らせて、コピーが増えるとその細胞は破裂する。細菌の大きさ 1μm～5μm（マイクロメートル＝100 万分の 1 メートル）に比べて、ウイルスは 20nm～300nm（nm は μm の 1000 分の 1）と非常に小さい。細菌には抗生物質が効くが、ウイルスには効果がない。

2.2 集じん性能と脱臭性能

1. 除去できる粉じん

集じんできる粉じんは、カビ、ウイルス、菌、ダニの死がい、ホコリ、花粉、たばこの煙などで、機種により集じんできない粉じんもある。たばこの煙に含まれる一酸化炭素は除去できない※4ので、換気が必要である。建材から発生する化学物質や、飼っているペットのニオイなどは常に発生しており、すべて除去できるわけではない。除去できないものに対して、業界ではカタログに統一表示として、下記の文章を表示している。

＜カタログの統一表示＞

「たばこの有害物質（一酸化炭素など）は除去できません。常時発生し続けるニオイ成分（建材臭・ペット臭など）はすべて除去できるわけではありません。」

2. 集じん性能と脱臭性能

集じん性能と脱臭性能は、一般社団法人 日本電機工業会規格JEM1467により、次のように決められている※5。

(1) 集じん性能

表2-2は、空気清浄機の捕集可能範囲と粉じんの粒子径を示したものである。集じん効率の測定には、粒子径が小さいたばこの煙（平均約0.3μm）を試験粉じんとして採用している。集じん性能は、上記規格による試験を行ったとき、初期の集じん効率が70％以上でなければならない。

表2-2　空気清浄機の捕集可能範囲

種類	粒子の大きさ
紙たばこ	0.01～1μm程度
PM2.5	2.5μm程度
ダニのフン・死がい	5μm以上
黄砂	4μm程度
カビ	2～100μm程度
花粉	10～100μm程度

(2) 脱臭性能

ペット臭、生ゴミ臭、たばこ臭などの脱臭ができる。脱臭性能※6の測定には、紙たばこを試験臭として用いている。脱臭性能は、上記規格による試験を行ったとき、運転開始30分後の除去率が50％以上でなければならない。

(3) 適用床面積の目安

空気清浄機を選ぶ目安のひとつは、部屋の床面積である。これは、紙たばこ5本を吸ったときに相当する空気の汚れを、30分できれいにできる広さを表している。適用床面積は自然換気回数（1回/時間）の条件下において、粉じん濃度1.25mg/m³の空気の汚れを、30分でビル衛生管理法に定める0.15mg/m³まで清浄できる部屋※7の大きさを基準に算出している。

- 例：18畳以下…18畳の部屋を30分で上記条件を満たす機種

※4：たばこの煙を構成する粒子とガス成分のうち、ニコチンやタールなどの粒子、アセトアルデヒド、アンモニア、酢酸などのニオイは除去できるが、一酸化炭素などは除去できない。

※5：JEM1467において、「浮遊ウイルスに対する除去性能」、「室内付着ウイルスに対する除去性能」、「フィルタに捕捉したウイルスに対する抑制性能」、「微小粒子状物質（PM2.5）に対する除去性能」の4つの性能が規定されている。

※6：脱臭性能測定では、紙たばこの煙に含まれるガス成分のうち、アセトアルデヒド（化学式CH_3CHO）、アンモニア（化学式NH_3）、酢酸（化学式CH_3COOH）の3種類が測定対象ガスとして用いられる。

※7：天井の高さ2.4mで算出。

3. PM2.5（微小粒子状物質）への対応

（1）PM2.5とは

PM2.5とは、粒子径がおおむね2.5μm以下の微小粒子状物質の総称である。PM2.5は非常に小さいため（髪の毛の太さの1/30程度）、肺の奥深くまで入りやすく、呼吸系への影響に加え、循環器系への影響が心配されている。

市販のマスクではすり抜けるため除去できない。PM2.5と髪の毛などとの大きさの比較（イメージ）を**図2-3**に示す。

PM2.5の発生源として、火山活動や黄砂などの自然が発生源のものと、工場・焼却炉などの施設の排煙や自動車・船舶・航空機の排気ガスなどの人工的な発生源のものがある。

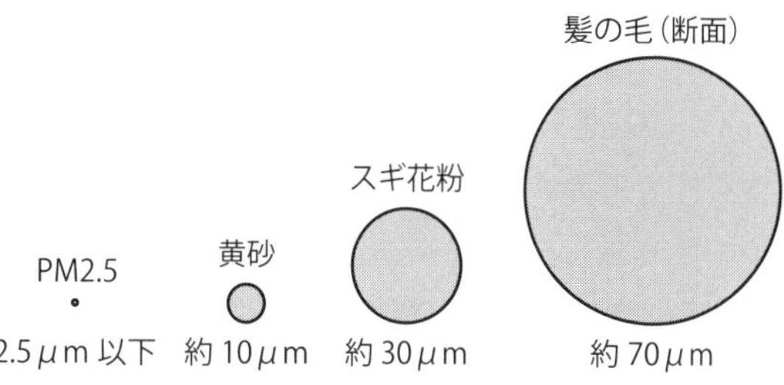

図2-3 大きさ比較（イメージ）

（2）空気清浄機でのPM2.5への対応

公益社団法人 全国家庭電気製品公正取引協議会の要請に応じて、日本電機工業会では自主基準『家庭用空気清浄機の微小粒子状物質（PM2.5）に対する除去性能試験方法及び算出方法』を制定した。その結果に基づき、各メーカーのカタログなどでは、**図2-4**のような統一的な表示をしている。

> 空気清浄機本体で「PM2.5」への対応
>
> 0.1μm～2.5μmの粒子を99%キャッチ
>
> 換気等による屋外からの新たな粒子の侵入は考慮しておりません。
>
> ・PM2.5とは2.5μm以下の微小粒子状物質の総称です。
>
> ・この空気清浄機では0.1μm未満の微小粒子状物質について、除去の確認ができていません。また、空気中の有害物質すべてを除去できるものではありません。
>
> ・32m^3（約8畳）の密閉空間での効果であり、実使用空間での結果ではありません。
>
> ※日本電機工業会規格(JEM1467)判定基準：0.1μm～2.5μmの微小粒子状物質を32m^3（約8畳）の密閉空間で99%除去する時間が90分以内であること。
>
> ＜32m^3（約8畳）の試験空間に換算した値です＞

図2-4 PM2.5除去性能の表示（例）

4. スマートフォン連携の事例

専用アプリを用いた遠隔操作により、（各種センサーで取得した情報を基に）空気の汚れ度合いを「見える化」したり、手入れ情報を知らせたり、自動的に運転を切り替えたりする製品がある。

- 室内のハウスダスト・PM2.5・ニオイの度合いを5段階のレベルで表示し、花粉の有無を表示する。また、汚れの度合い・湿度・運転音を5段階で設定できる。
- 手入れが必要な部品、手入れの頻度（目安）、前回の手入れ日、手入れの方法（動画）などを確認できる。
- 人感センサーで留守（不在）を検知し、自動的に運転を開始する。

- 照度センサーで就寝を検知し、風量・表示ランプの明るさ・運転音をセーブした運転モードに自動的に切り替わる。

2.3 使用上・安全上の注意

①本体内に指や物を入れないこと。特に子供に注意する。
②浴室など湿気の多い場所で使用しない。
③キッチンなどで換気扇がわりに使用してはいけない。
④閉め切った部屋で燃焼器具と併用するときは時々、換気を行う。一酸化炭素中毒を起こすおそれがあるため。
⑤スプレー・ベンジン・殺虫剤などの可燃性のものを吹きかけないこと。
⑥機械油など油成分が浮遊している場所では使用しない。
⑦フィルターは定期的に清掃、交換する。清掃や交換の時期は、フィルターの種類により異なるので取扱説明書に従う。なお、取扱説明書に記載されている交換時期は標準的条件下でのものであり、交換時期になっていなくても臭気が取れなくなったり、集じんフィルターが基準以上に汚れたりしたら交換する。
⑧電気式は、放電部を定期的に清掃する。特に電気式は、高圧放電を行っているが、方式により清掃方法が異なるので取扱説明書に従って清掃する。

一口メモ

空間除菌脱臭機

空気清浄機は、空気中に浮遊するハウスダストや花粉などの集じんを主な目的としており、部屋（ドアノブ・家具・カーテンなど）に付着した菌やウイルスの抑制には時間がかかる。また、発生し続けるニオイについては脱臭効果を実感しにくい。これに対し、次亜塩素酸を生成して放出し、菌やウイルスの表層だけでなく内部まで浸透して、有機物の分解を行うことで除菌効果を発揮する家庭用の除菌脱臭機が販売されている。この製品は、水道水と塩から電気分解により次亜塩素酸を生成する仕組みであり、次亜塩素酸が浸透した除菌フィルターを通過させることで、汚れた空気の除菌・脱臭も行える。

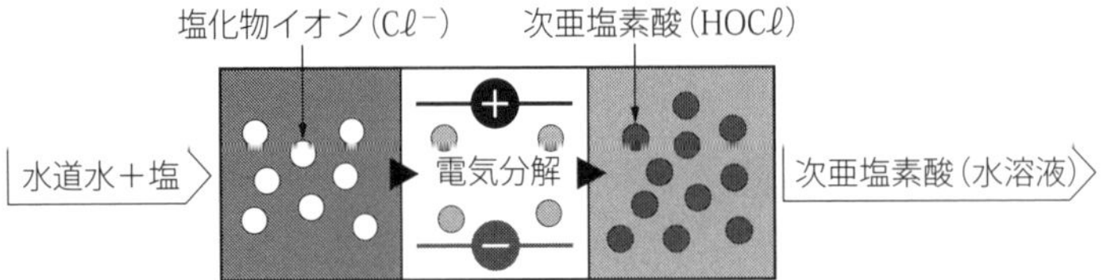

図 2-B　次亜塩素酸の生成

この章でのポイント!!

空気清浄機の種類と仕組み、集じん性能と脱臭性能などについて述べました。また、PM2.5への対応について、カタログなどの記載内容を理解しておく必要があります。

キーポイントは

- **空気清浄機の種類と仕組み**
- **集じん性能と脱臭性能**

キーワードは

- 機械式、電気式
- HEPAフィルター、静電HEPAフィルター
- 摩擦帯電方式
- ニオイセンサーとホコリセンサー
- 適用床面積
- PM2.5
- 空間除菌脱臭機、次亜塩素酸

ADVISER

3章 除湿機

梅雨時は高温、多湿により体調不良を起こしやすい。また、冬季は室内外の温度差から室内に水滴ができ、カビや細菌を発生させる原因になる。このようなとき、除湿機を使用することで快適で清潔な環境をつくることができる。近年、除湿機は除湿機能に加え、部屋干しの洗濯物を効率的に乾燥するための衣類乾燥機能を高めた製品が主流となっている。除湿方式としてコンプレッサー式とデシカント式（ゼオライト式）があるが、この２つの方式を組み込んだハイブリッド式除湿機も販売されている。

3.1 種類・仕組み

1. コンプレッサー式除湿機

冷たい水をコップに入れておくと、コップ表面に水滴が付く。これは、空気の水分がコップ表面で冷やされ、結露（凝縮）するからである。コンプレッサー式除湿機は、冷たい水の代わりに冷蔵庫やエアコンなどに使われている冷凍サイクルをコンパクトにまとめたものである。コンプレッサー式除湿機の仕組みを図 3-1 に示す。

(1) コンプレッサー式除湿機の除湿行程

①湿気を含んだ空気は、冷やされた蒸発器（エバポレーター）で水分が凝縮し水滴になる。

②水滴はドレンパンに集まり、タンクへ落下する。

③除湿されて乾いた冷たい空気は、凝縮器（コンデンサー）を通り暖められる。

④吹き出し口からは、吸い込んだ温度より少し高い温度の乾燥した空気が排出され、部屋は除湿される。

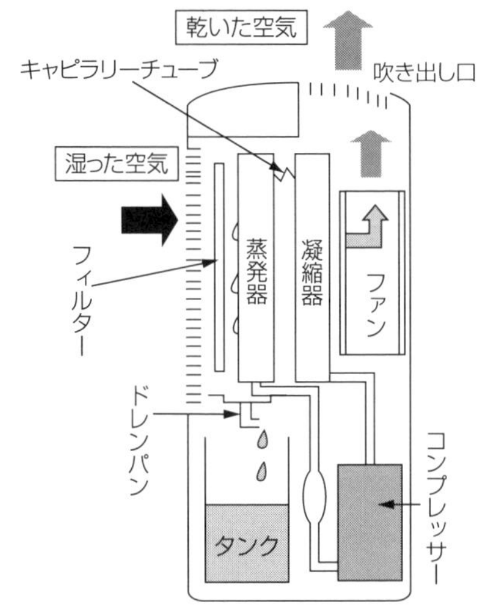

図 3-1　コンプレッサー式除湿機の仕組み

コンプレッサー式は、蒸発器で冷やされた空気を凝縮器で暖めて（機外へ）排出するので、条件によるが室温は若干（1℃～5℃）高くなる。

(2) 霜取り運転

室温が低いと蒸発器の温度が氷点下になり、凝縮した水分が霜となって蒸発器に付着する。霜が蓄積すると霜が熱交換を妨げるため除湿能力は低下する。蒸発器の温度センサーが一定温度以下を検知

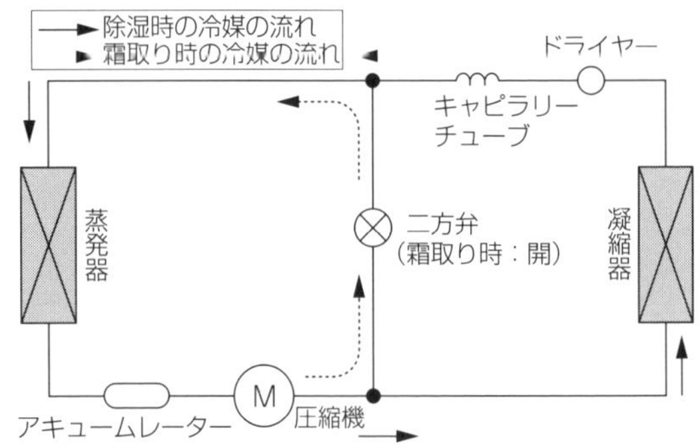

図 3-2　霜取り時の冷媒の流れ

し、霜取りタイマーの時間が一致したとき霜取り運転を開始する。霜取り運転時は冷媒回路内の二方弁を切り替え、蒸発器へ高温高圧の冷媒を流して霜を溶かす。蒸発器の温度センサーが一定温度以上になると、霜取り運転を終了し除湿運転を再開する。霜取り時の冷媒の流れを図3-2に示す。

2.　デシカント式除湿機

デシカント式除湿機の仕組みを図3-3に示す。

デシカント式は、コンプレッサー式のように冷媒を使用せず、吸着剤（ゼオライト）で空気中の水分を吸着する方式であり、デシカントとは乾燥剤あるいは吸湿剤という意味である。吸着剤は多孔質で微細な穴に水分を吸着し、加熱すると水分を放出する特性を持っている。デシカント式除湿機の除湿工程を以下にまとめる。

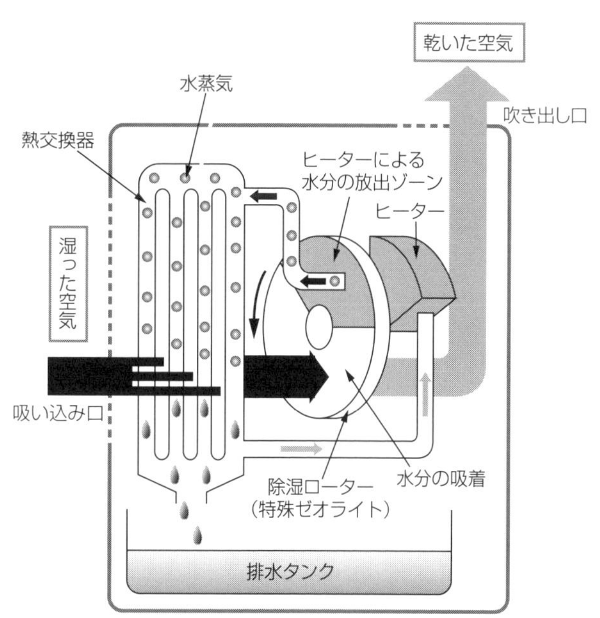

図3-3　デシカント式除湿機の構造

（1）デシカント式除湿機の除湿行程

①湿った空気が除湿ローター（ゼオライト）を通過するとき、水分（湿気）が除湿ローターに吸着される。

②除湿ローターが回転し、水分を吸着した部分がヒーターで加熱されると、吸着された水分は蒸発して水蒸気となる。

③水蒸気は、（樹脂製の）熱交換器内で室内空気によって冷やされ、凝縮して水になる。水は、排水タンクに流れ落ち貯水される。

④ヒーターで乾燥した除湿ローターは、再び水分を吸着する。

デシカント式では、吸い込んだ空気は、ヒーターで加熱された除湿ローターを通過するため、排出される空気の温度は高くなる。その結果、（条件によるが）室温は3℃～8℃高くなる。デシカント式の消費電力は、ヒーターを使用するためコンプレッサー式に比べて大きい。一方、製品質量は、コンプレッサーを搭載しているコンプレッサー式に比べると小さい。

3.2　除湿特性

1.　コンプレッサー式除湿機

コンプレッサー式除湿機は、部屋の湿度を一定にした場合、室温によって除湿量が変化する。そのためカタログでは、室温27℃、相対湿度60％を維持する部屋で1日運転した場合の除湿量を（L/日）で記載している。コンプレッサーのモーターは単相誘導モーターを使用しているので、回転数が60Hzより50Hzのほうが低い。このため除湿能力は、60Hzより50Hzのほうが小さい。

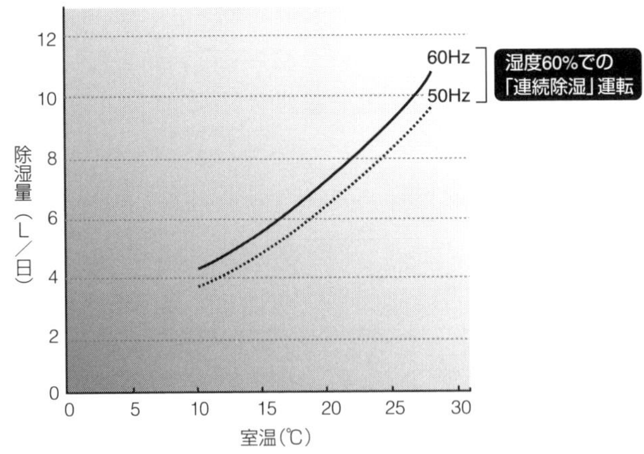

図 3-4　コンプレッサー式除湿機の除湿特性（例）

2. デシカント式除湿機

デシカント式除湿機の除湿能力は、室温20℃、相対湿度60％を維持する部屋で１日運転した場合の除湿量を（L/日）で表示している。デシカント式の除湿特性は、コンプレッサー式と比較すると、低温下での除湿能力の低下が少ない。

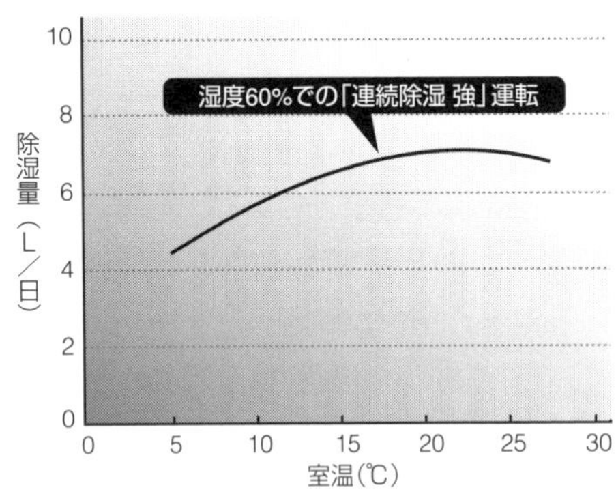

図 3-5　デシカント式除湿機の除湿特性（例）

3.3　除湿可能面積の目安

カタログなどにある除湿可能面積の目安は、除湿能力と**表 3-1** に示す単位床面積当たりの除湿負荷から算出して表示されている。例えば、除湿能力（50/60Hz）が 9.0/10.0（L/日）の除湿機を、一戸建て（木造住宅）和室で使用する場合の除湿可能面積の目安（50Hz）は、次式で計算される。

$$\text{除湿可能面積の目安}=\frac{\text{除湿能力}}{1\text{日}1\text{m}^2\text{当たり必要な除湿量}}=\frac{9.0}{0.480}=18.75\,\text{m}^2\fallingdotseq 11\text{畳}$$

また、表 3-1 の数値から部屋の面積と構造が分かれば、次式でその部屋の１日当たりの必要除湿量が算出でき、機種選定の目安としても使用できる。

部屋の必要除湿量＝１日に 1m^2 当たり必要な除湿量（表の数値）×部屋の面積（m^2）

例えば、１戸建て木造 13m^2（約８畳）和室の部屋の場合、表 3-1 の 0.480L/日 m^2 を使用して計算する。

部屋の必要除湿量＝13（m^2）×0.480（L/日 m^2）＝6.24（L/日）

これから 13m^2 の部屋での１日当たりの必要除湿量が分かり、カタログから機種を選ぶ際の目安にできる。

表 3-1　単位面積当たりの除湿負荷（JIS C 9617 附属書 1 抜粋）

		1日1m^{2}当たり必要な除湿量（L/日m^2）	単位床面積当たりの除湿負荷算出の条件		
			換気回数（回/h）	壁体などの材質	
				壁・天井	床
集合住宅 コンクリート造り 軽量コンクリート造り	和室	0.330	0.5	条件記載あるが省略	条件記載あるが省略
	洋室	0.240			
一戸建て住宅 （プレハブ住宅）	和室	0.405	0.75		
	洋室	0.315			
一戸建て住宅 （木造住宅）	和室	0.480	1.0		
	洋室	0.390			

3.4 衣類乾燥

雨の日や湿度の高い日は、洗濯物が乾くのに時間がかかるし、風の強い日に屋外に干すと花粉やホコリが衣類に付着する。屋外に洗濯物を干すスペースがなかったり、干したり取り込んだりする時間がない場合もある。このようなときは除湿機を利用して屋内干しをするとよい。ほとんどの除湿機には衣類乾燥モードがあるので、このモードを使う。衣類乾燥モードを使用する際には、次の点に注意する。

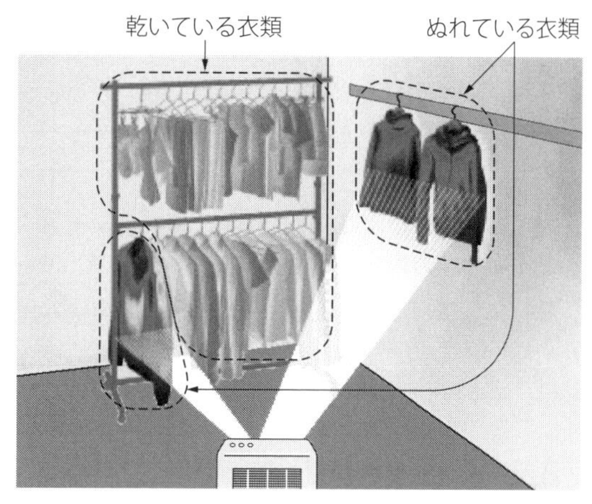

図 3-6　赤外線センサーを使った気流制御（例）

①洗濯物は風がよく通るように間隔をあけて干す。また洗濯物全体に風が当たるようにするとよい。
②小さい部屋で閉め切って除湿運転をするとよい。
③室温が低いときは暖房機を併用して室温を上げると乾きやすくなる。

赤外線センサーにより洗濯物の乾きむらをチェックして、湿った洗濯物だけを狙って風を当てるようにした製品も販売されている。ただし、窓や壁などが冷たいと、赤外線センサーが洗濯物と誤検知する場合があるので、窓にカーテンをかけるなどの工夫をするとよい。

3.5 上手な使い方

①除湿機は、移動が可能なので部屋の湿度を下げるだけでなく、室内干しした衣類の乾燥、サニタリー部分の除湿、押入れの乾燥、壁・窓の結露対策などに活用できる。
②近くに排水できる場所がある場合、排水ホースを機器の排水口に接続すると、連続排水できる。ただし、このときタンクは機器に装着しておくこと。
③除湿タンクやフィルターは定期的に清掃する。

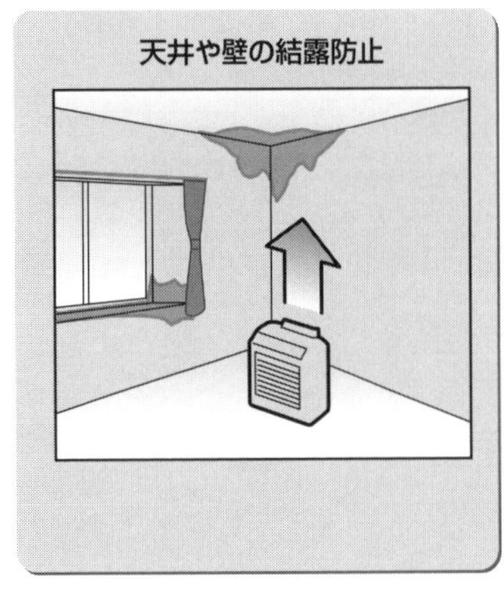

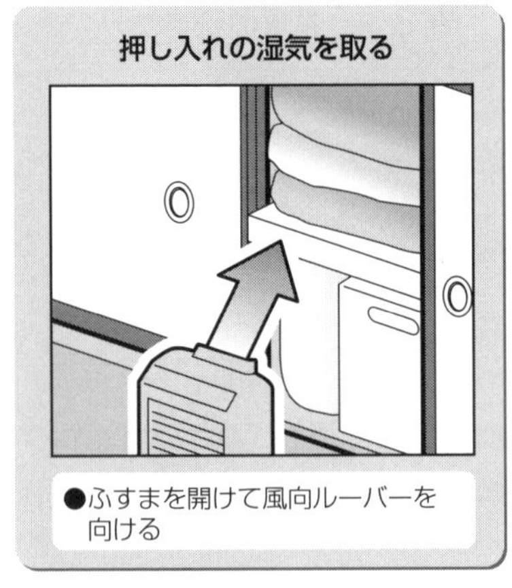

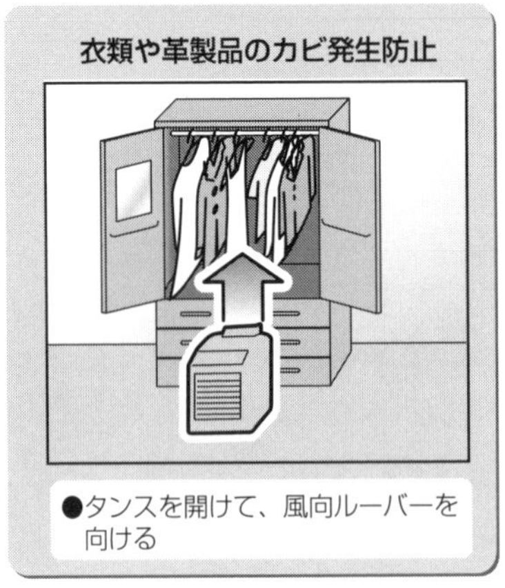

図 3-7　上手な使い方

3.6 使用上の注意

①コンプレッサー式・デシカント式ともに、メーカー・製品によって運転可能な温度範囲は異なるので、注意が必要である。

除湿方式	運転可能な室温の範囲	動作
コンプレッサー式	約 7℃～約 40℃	室温が約 35℃を超えると（本体内部の温度が上がり保護装置が働くため）送風運転になったり、風量が増えたりする場合がある。室温が 7℃未満になると、除湿した水の凍結防止のため送風運転になる。
デシカント式	約 1℃～約 40℃	左記以外の温度では、除湿運転は停止し、送風運転に切り替わる。

②温度・湿度が下がると除湿量は少なくなる。気温が低い冬期は除湿量が大幅に減る。

③コンプレッサー式では、霜取り運転になると風が出ない。室温が低いと蒸発器に霜が付き、除湿できなくなる。霜がある程度付着すると、自動的に霜取り運転を行うが、そのときはファンを停止させるためである。

④コンプレッサー式・デシカント式ともに運転によって室温は上昇する。（除湿機に冷房機能はない）

3.7 安全上の注意

①長期間使用しない場合は、安全のため電源プラグをコンセントから抜く。感電や漏電火災の原因になることがある。

②空気の吹き出し口や吸い込み口を布などで塞がない。通風が悪くなり、発熱・発火の原因になることがある。

③本体を水洗いしない。感電・漏電の原因になることがある。

④無人で長時間使用するときは、特にフィルターや排水ホース（連続排水の場合）などを定期的に点検する。過熱や漏水の原因になることがある。

⑤本体から風が直接当たる所に燃焼器具を置かない。燃焼器具の不完全燃焼の原因になることがある。

⑥本体の上に乗ったり腰掛けたりしない。本体の破損や落下、転倒により、けがの原因になることがある。

⑦除湿機をほかの部屋などに移動するときは、必ず運転を停止し、タンクの水を捨ててから行う。タンクの水が漏れ、家財を濡らしたり感電などの原因になったりすることがある。

⑧美術品や学術資料などの保存、特殊用途には使用しない。

一口メモ　相対湿度と絶対湿度／乾球温度と湿球温度

■ 相対湿度と絶対湿度

相対湿度とは、ある気温で大気が含むことのできる最大の水蒸気量（飽和水蒸気量）を100とし、実際の水蒸気量の割合を百分率（パーセンテージ）で表したものである。相対湿度100％で大気中の水蒸気は飽和し、それ以上の水蒸気は凝縮して結露する。絶対湿度とは、湿り空気中の渇き空気1kg当たりの水蒸気量をkgで表した値である。通常、気象予報や日常生活のなかで使われるのは「相対湿度」のほうであり、体感温度にも相対湿度の大小が影響する。絶対湿度は、水蒸気そのものの量が分かるので「除湿や加湿の効果」を知ることができる。

■ 乾球温度と湿球温度

乾球温度とはいわゆる空気の温度のことである。湿球温度とは、球部を湿ったガーゼで包んだ温度計で測定される温度である。図3-Aに乾湿球温度計を示す。ガーゼは毛細管現象により常に湿った状態に保たれ、湿球は水分が蒸発するときに気化熱が奪われて温度は下がる。相対湿度が100％のとき、湿球温度は乾球温度と一致するが、100％未満では（水が球部から蒸発する分）、湿球温度は乾球温度より低くなる。例えば、相対湿度65％、乾球温度25℃のとき湿球温度は20℃であるが、相対湿度50％、乾球温度25℃のときの湿球温度は18℃となる。

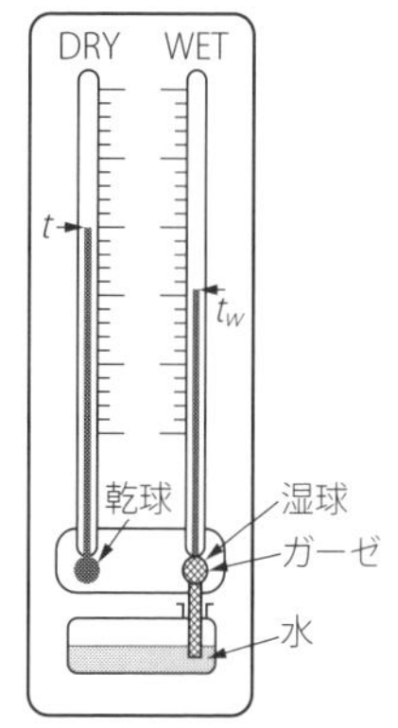

図3-A 乾湿球温度計

3.8 修理時・廃棄時の注意

家庭用除湿機（コンプレッサー式）には、R134a などのフロン類が封入されている。オゾン層の破壊防止及び地球温暖化防止のため、家庭用除湿機（コンプレッサー式）の修理・廃棄等にあたっては、冷媒フロン類の適切な処理が必要なので、居住地の自治体の方法に従って廃棄する必要がある。

1. 小型家電リサイクル法

小型家電リサイクル法※1 は、デジタルカメラやゲーム機などの使用済小型電子機器等の再資源化を促進するため、それらの回収を行ってリサイクルから資源を得ることを目的とし、2013年4月1日に施行が開始された。同法の対象となるのは96品目であり、その中に除湿機はじめ、電子レンジ・炊飯器・ジャーポット・食器洗い乾燥機など多くの生活家電製品が含まれる。家電リサイクル法※2 との違いを表 3-2 に示す。

表 3-2　小型家電リサイクル法と家電リサイクル法の違い

	小型家電リサイクル法	家電リサイクル法
対象品目	96品目（具体的に回収・リサイクルする品目は市町村ごとに決定する）	テレビ、エアコン、冷蔵庫・冷凍庫、洗濯機・乾燥機
使用済み家電の回収方法	市町村が回収ボックスなどを設置して回収する（回収方法は市町村ごとに決定）小売業者も回収に協力する	小売業者が消費者から回収し製造メーカーがリサイクルする
再資源化の実施	認定事業者など	製造メーカー
消費者の費用負担	市町村によって異なる	対象品目によって数千円程度＋運搬料金

2. 特定フロン・代替フロン・ノンフロンの違い

(1) 特定フロン

特定フロンとは、1987年に採択された「オゾン層破壊物質に関するモントリオール議定書」で、オゾン層を破壊する物質として、国際的に全廃が約束されたCFC（クロロフルオロカーボン）およびHCFC（ハイドロクロロフルオロカーボン）のことである。特定フロンを大気中に放出すると、対流圏で分解されずに成層圏に達し、そこで分解されて塩素原子を放出しオゾン層を破壊する。その結果、地表に到達する有害紫外線の量が増加し、皮膚ガンや白内障などの発生率が高くなると考えられている。

(2) 代替フロン

代替フロンとは、特定フロンの代替として利用されている合成化合物（ガス）であり、HFC（ハイドロフルオロカーボン）などがある。HFC-134a、HFC-32 などが知られている。HFC は、特定フロンと違って塩素を含まないためオゾン層破壊の危険はないが、温室効果は非常に高いので地球温暖化防止の観点から大気中への放出は避けるべきである。

※1：正式名称は、「使用済小型電子機器等の再資源化の促進に関する法律」
※2：正式名称は、「特定家庭用機器再商品化法」

(3) ノンフロン

ノンフロンとは、文字どおり、特定フロンや代替フロンではない冷媒を使ったものである。例えば、イソブタンを使った冷蔵庫をノンフロン冷蔵庫という。

この章でのポイント!!

除湿機の種類・仕組み、除湿特性、修理時・廃棄時の注意などについて述べました。小型家電リサイクル法と家電リサイクル法の違いについても、理解しておく必要があります。

キーポイントは

- **コンプレッサー式とデシカント式の除湿行程、除湿特性の違い**
- **赤外線センサーと気流制御、上手な使い方**
- **修理時、廃棄時の注意**

キーワードは

- コンプレッサー式、デシカント式
- 除湿特性
- 相対湿度、絶対湿度
- 小型家電リサイクル法
- 特定フロン、代替フロン、ノンフロン
- 乾球温度、湿球温度

4章 加湿器

空気調和の４要素は「温度」・「湿度」・「気流」・「清浄」である。「湿度」は、高すぎるとカビの発生などをもたらし、低すぎると肌の乾燥や木製品のひび割れなどを引き起こす。適度な加湿は、肌の潤いを保ったり、喉の痛みを解消したり、風邪・インフルエンザの予防に効果がある。旧来、日本の家屋は木造であり、暖房も室内で燃料を燃やすものが多く、燃焼によって発生した水分により湿度を補っていた。しかし、近年は家屋の気密性が向上するとともに、エアコンなどの温風暖房が普及し、室内が乾燥しやすい※ため、加湿器の担う役割は大きくなっている。特に、太平洋側の地域では冬季は湿度が低くなりやすいため、注意が必要である。また、付加機能として、イオンを発生させ空中の浮遊菌やハウスダストなどの活動を抑制する製品やアロマオイルが使える製品がある。加湿機能付き空気清浄機も販売されている。

4.1 種類・仕組み

加湿器は加湿方法により、スチームファン式（ヒートファン式ともいう）、フィルター気化式（ヒーターレスファン式ともいう）、ハイブリッド式、超音波式の４方式に大別される。

1. スチームファン式加湿器

蒸発皿の水を電気ヒーターで加熱して沸騰させ、送風ファンで水蒸気を室内に送り出す方式である。加湿能力は家庭用で 300mL/h ～ 700mL/h 程度である。この方式は、水が沸騰するときに雑菌やカビの胞子などが殺菌されるため衛生的である。ただし、水中に含まれるミネラル分は水あかとなって蒸発皿に残留し、蒸発皿の伝熱面積を狭めて加湿量が低下する原因とな

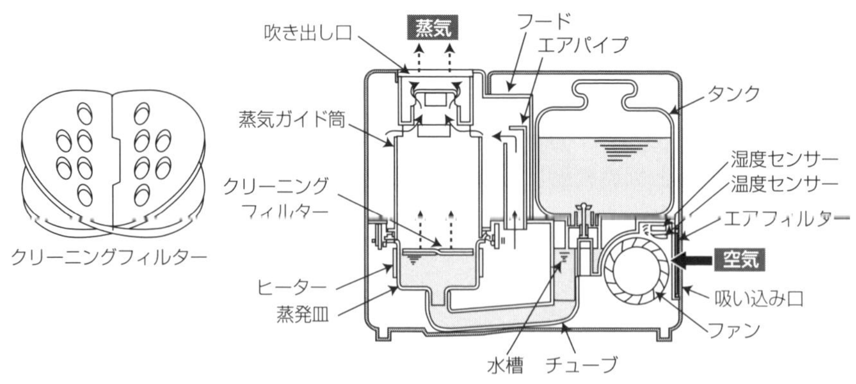

図 4-1　スチームファン式加湿器の構造（例）

※：エアコンの温風で室温が上昇することにより飽和水蒸気量が増えるが、水蒸気量は変化しない。そのため相対湿度が下がり室内が乾燥する。これに対し、石油ストーブやガスファンヒーターなどは、燃焼により水分が発生するため、室内が乾燥することはない。

るので、こまめな手入れが必要である。このため、化学繊維を成形したクリーニングフィルターを搭載した機種が多い。

クリーニングフィルターは蒸発皿の30倍～50倍の表面積を持ち、析出したミネラル分が繊維でろ過され、蒸発皿への付着を抑制できることを利用したものである。加熱用の電気ヒーターは200W～500W程度である。また、水をヒーターで加熱する器具なので、転倒させたり、蒸気に触れたりしてやけどしないように注意する。最近では部屋の空気と蒸気を混合し、放出温度を下げ、やけどを防止している機種もある。

(1) 取り扱い上の注意事項

①消費電力が最大500W程度あるため、コンセントは単独で使用する。

②内部の水は沸騰しているので、転倒しにくい安定した場所に設置する。

③電源コードはマグネットプラグ式になっているものが多いが、コードの引っ掛けが起こらないように設置する。

④タンクの水は毎日新しい水道水と交換する。本体内部に残った水は毎日捨てる。

⑤クリーニングフィルターは、週に2回程度水道水で軽く水洗いする。清掃を怠ると蒸発皿の汚れが取れにくくなり、悪臭や故障の原因になる。また、消耗部品のため定期的に交換する。

(2) 加湿量の基準

スチームファン式加湿器の加湿量は、一般社団法人 日本電機工業会規格（JEM1426）に基づき、室温20℃で湿度40%～60%時の能力を表示している。

2.　フィルター気化式加湿器

送風ファンにより空気取り入れ口から室内空気を取り入れ、水分を含ませた気化フィルターを通過させ、加湿空気（エア）として室内に送り出す方式である。気化フィルターには吸水しやすい材料（繊維質）が使われており、毛細管現象によって水だめトレイの水を吸い上げる。気化フィルターは常に水を含むため雑菌やカビが繁殖しやすく、ニオイの発生源にもなる可能性がある。そのため抗菌剤を塗布した気化フィルターや水そのものを除菌する除菌装置を備えているものもある。

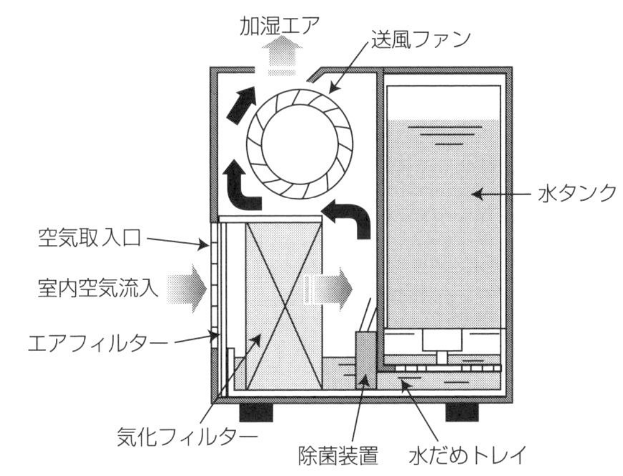

図4-2　フィルター気化式加湿器の構造（例）

なお、気化フィルターは定期的に交換が必要である。また、空気取り入れ口のエアフィルターは、室内の塵埃（じんあい）が気化フィルターに付着するのを防止するためのものであり、定期的に清掃する必要がある。フィルター気化式加湿器の気化フィルターの代わりに円盤状のディスクを用いるディスク式加湿器では、（20枚程度重ね合わせた）円盤状のディスクを回転させて水をかき上げる。ディスク表面は、水をかき上げやすいように親水加工処理されるとともに凹凸が形成されており、送風ファンで風をディスク表面へ送り、加湿空気を作る。複数枚

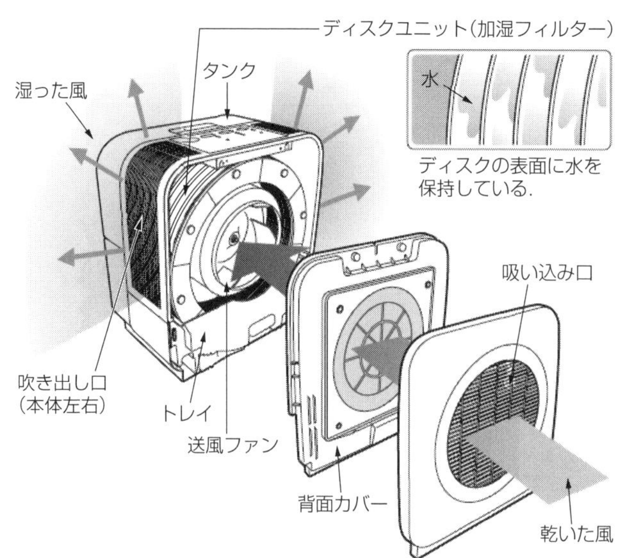

図 4-3　ディスク式加湿器の構造（例）

のディスクを重ね合わせてあるので、蒸発面積が広く効率よく加湿できる。ディスクは定期的に清掃すれば交換する必要はない。

（1）フィルター気化式加湿器の特徴

①ヒーターを使用しないので、低消費電力である。

②加湿空気は室温より低いので、やけどの危険がなく安全性が高い。

③送風量が多いので運転音は高いが、室内の湿度分布は良い。

④使用する部屋の温度と湿度による加湿量の影響度が大きく、加湿量に制約がある。

（2）加湿量の基準

気化式加湿器の加湿量は、一般社団法人 日本電機工業会規格（JEM1426）に基づき、室温20℃で湿度30%時の能力を表示している。

（3）気化フィルター（加湿フィルター）の交換の目安

加湿フィルターの交換の目安は、取扱説明書に従って正しく手入れを行ったうえで、一般社団法人 日本電機工業会の自主基準による「1日8時間、1シーズンは6ヶ月間使用し、定格加湿能力に対して、加湿能力が50%まで低下するまでの期間」と決められ、カタログなどに記載されている。ただし、水質や使用環境によって交換時期は早くなることがあるので、注意が必要である。

3.　ハイブリッド式加湿器（加熱気化式）

ハイブリッド式は、基本的にはフィルター気化式の送風経路にヒーターを設けた構造で、温風を気化フィルターに当てることで加湿量を増すことを可能にした方式である。ヒーターONによる温風気化加湿と、ヒーターOFFの送風気化加湿の2パターンで加湿するため、ハイブリッド式といわれている。部屋の湿度が低いときは温風気化加湿で加湿量を増やし、部屋の湿度が設定値に近づくと、自動的にヒーターをOFFにして送風気化加湿に切り替わる。加湿量を調整しながら運転するので、電気代を節約できる。なお、ヒーターには発熱量が250W～350Wのニクロム線ヒーターが使用されている。

(1) ハイブリッド式加湿器の特徴

①消費電力量はフィルター気化式より多く、スチームファン式より少ない。

②ヒーターを使用しているが、気化フィルターに熱を奪われるので吹き出す加湿空気の温度は室温並みで、安全性は高い。

③温風を使用するので、フィルター気化式に比べて気化フィルター面積が小さく、本体がコンパクトにできる。また、送風量をフィルター気化式より少なくできるので、運転音は小さい。

④加湿空気の温度が低いため、スチームファン式よりも湿度分布は良い。

⑤フィルター気化式と同様、部屋の温度と湿度によって加湿量が影響を受ける。

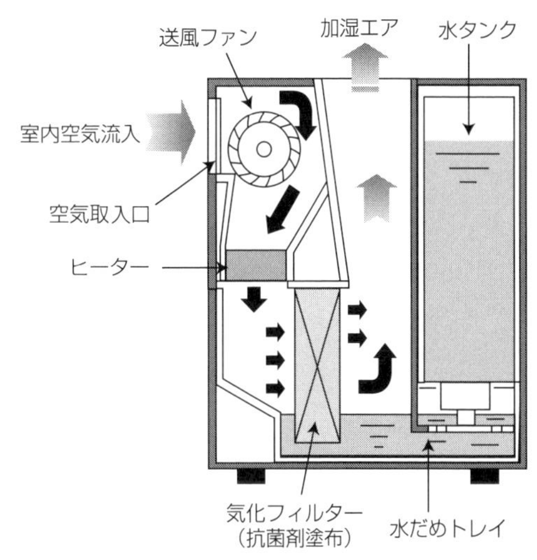

図 4-4　ハイブリッド式加湿器の構造（例）

4.　超音波式加湿器

超音波振動子を振動させて約 25kHz の超音波を発生させ、その振動エネルギーによって水面の水を細分化（微細な水滴にすること）して、送風ファンで送り出す方式である。超音波振動子を駆動する回路と送風機モーターが消費する電力は小さいので、小電力で大量の加湿ができること、温度や湿度に関係なく加湿することができるなどの特徴がある。しかし、水中に含まれているカルシウムやマグネシウムなどのミネラル分がそのまま室内に放出されるため、窓ガラスやテレビの画面にそのミネラル分が白粉（しろこ）となって付着し、白い曇りを生じさせることがある。また、給水タンクや水だめトレイの中の水の管理を怠ると、水中に発生したカビの胞子や雑菌がそのまま室内に放出され、衛生上問題となることもある。そのため、製品の取扱説明書に従って適切な手入れを行う必要がある。

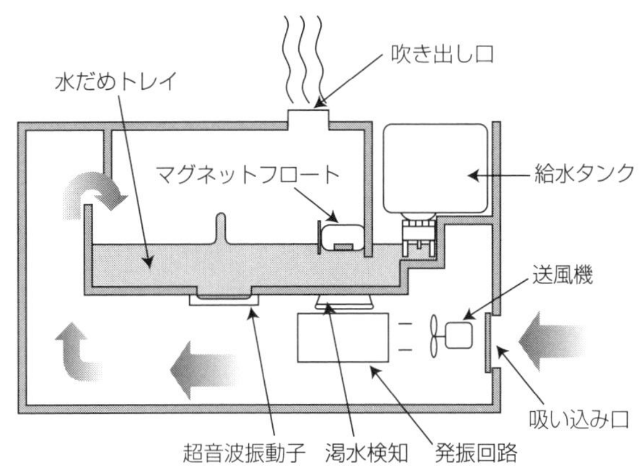

図 4-5　超音波加湿器の構造（例）

4.2 機種選定

加湿器を選定する目安として、一般社団法人 日本電機工業会規格 JEM1426「電気加湿器」に記載されている「定格加湿能力と適用床面積」を表 4-1 に示す。

表 4-1　定格加湿能力と適用床面積

定格加湿能力（mL/h）	適用床面積			
	一戸建て住宅（木造）和室		一戸建て住宅（プレハブ住宅）洋室	
	m^2	畳	m^2	畳
200	6	3	9	6
250	7	4	11	7
300	8	5	14	8
350	10	6	16	10
400	11	7	18	11
450	13	8	21	13
500	14	8.5	23	14
550	15	9	25	15
600	17	10	27	17
700	20	12	32	19
800	22	13.5	37	22

カタログなどに記載されている「適用床面積の目安」は、日本電機工業会規格（JEM1426）に基づき、プレハブ住宅洋室の場合を最大適用面積とし、木造住宅和室の場合を最小適用面積として表示したものである（表 4-2 参照）。ただし、壁・床の材質、部屋の構造、使用暖房器具などによって適用床面積は異なるので注意が必要である。

表 4-2　カタログ表示例

品番		型名 A	型名 B
適用床面積	プレハブ洋室	19 畳（$32m^2$）	14 畳（$23m^2$）
	木造和室	12 畳（$20m^2$）	8.5 畳（$14m^2$）
定格加湿能力	強	700mL/h	500mL/h
	中	500mL/h	420mL/h
	弱	330mL/h	330mL/h
	静か	150mL/h	150mL/h

4.3 上手な使い方

①加湿器を石油ファンヒーターやガスファンヒーターなどと併用する場合、灯油またはガスが燃焼することにより発生する水分が室内に放出されるため、加湿しすぎることがある。加湿しすぎると壁や床に大量の結露を起こし、カビの原因になるので注意が必要である。そのため、湿度センサー付きの自動運転をするタイプもある。

②フィルター気化式およびハイブリッド式の気化フィルターは、2週間に1回程度の頻度で水あかを取り除く。また、吸水性能が低下するため一般的に気化フィルターは1シーズンで交換する必要があるが、材質や構造の改善により2シーズン〜4シーズン使用できるフィルターを搭載した機種もある。

③水だめトレイに水が残っていると、雑菌やカビが繁殖する。スチームファン式を除く加湿器は、運転の際に雑菌やカビが飛散することがある。これを防ぐため常に新しい水と入れ替えるなど清潔に保つ。

この章でのポイント!!

加湿器の種類・仕組み、上手な使い方などについて述べました。加湿器の種類による構造・特徴の違いについて理解しておく必要があります。

キーポイントは

- **スチームファン式、フィルター気化式、ハイブリッド式、超音波式の構造、特徴の違い**
- **定格加湿能力と適用床面積の関係**
- **上手な使い方**

キーワードは

- **スチームファン式、フィルター気化式、ハイブリッド式、超音波式**
- **加湿量の基準**
- **定格加湿能力**
- **適用床面積**

5章 扇風機・サーキュレーター

扇風機は、モーターに取り付けた羽を回転させて風を発生させる機器である。DCモーターを搭載した低消費電力の高価格帯の製品や、外観上、羽根が見えない扇風機など新しい形態の製品も出ている。また、2011年に発生した東日本大震災以降は節電意識の高まりもあり、経済産業省やエアコンメーカー各社は、エアコンだけで冷暖房を行うのではなく、扇風機やサーキュレーターを併用して冷暖房を効率的に行う方法を推奨している。

5.1 種類

扇風機にはさまざまな種類がある（図5-1参照）ので、居室や生活様式に合わせて選ぶとよい。一般的なプロペラファン扇風機の構成を図5-2に、タワー型扇風機（例）を図5-3に示す。

扇風機の風を身体に当てると涼感が得られるのは、皮膚の表面付近の湿った暖かい空気を飛ばし、汗の蒸発を促進する（蒸発により身体から熱が奪われる）ためである。また、扇風機やサーキュレーターはエアコンと併用することにより、部屋の空気を循環させて快適性を向上させるとともに、省エネにも貢献できる。すなわち、冷房時は、扇風機を使ってエアコンの冷気を部屋中に循環させることにより、体感温度を下げることができ、涼しく感じられる。暖房時は、扇風機を使って天井にたまった暖かい空気を循環させることにより、冷えがちな足元を暖めることができる。リビングに続く和室にも、扇風機を使ってエアコンの風を届かせることができる。

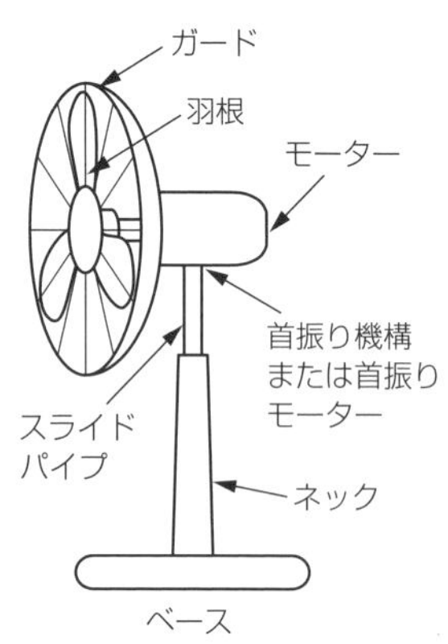

図5-2　プロペラファン扇風機の構成（例）

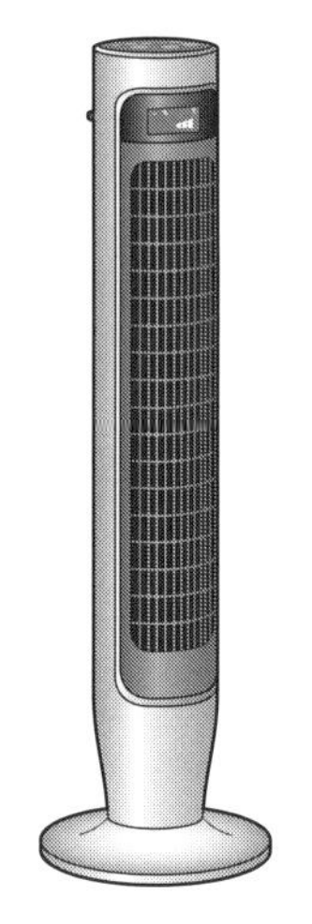

図5-3　タワー型扇風機（例）

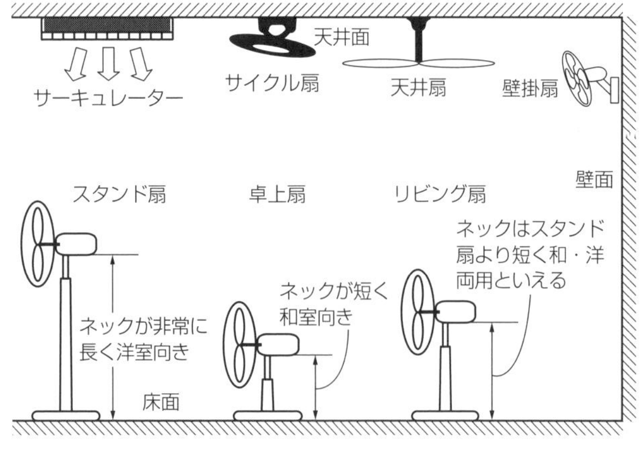

図5-1　扇風機の種類

一口メモ

扇風機とサーキュレーターの違い

扇風機の風は大きく外側に広がりながら吹き、サーキュレーターの風はまっすぐ正面に向かって吹き出し、遠くまで届く。扇風機は、風を身体に当てて涼を取るための製品であり、どこにいても風が当たるようにするため首振り機能を備えている。扇風機のファンは、回転方向に対して角度のついた羽根が付いていて、ファンの回転によって羽根が空気を押し出すことで風を起こす。

一方、サーキュレーターは、人に風を当てるのではなく、室内の空気を循環させて温度むらを解消することが目的であり、室内の空気を効率的に動かせるように直進性のある強い風を起こせるようにしている。すなわち、ファン周囲の幅広の枠とファン前方にはめ込んだカバー（風切り羽根）で、外に向かって広がろうとする風の向きを変え、らせんを描きながら直線状に空気が動くように誘導する。ファンの回転は扇風機より速く、かつ前方の風切り羽根に風が当たるため、音は扇風機に比べて大きい。サーキュレーターは、真横から真上まで首の角度を大きく変えることができる。

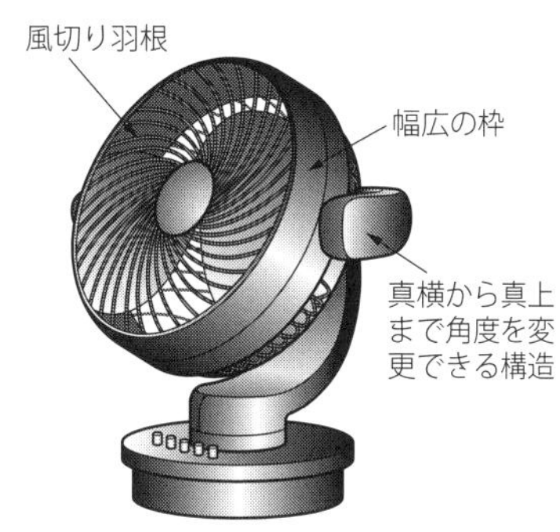

図 5-A　サーキュレーター（例）

サーキュレーターのなかには、無線 LAN 接続機能を搭載し、エアコンと連動して起動・停止ができる製品もある。レイアウトや用途に応じて、壁掛けや床置き設置にも対応可能な製品もある。この製品は、室内空気を循環（サーキュレーション）させる

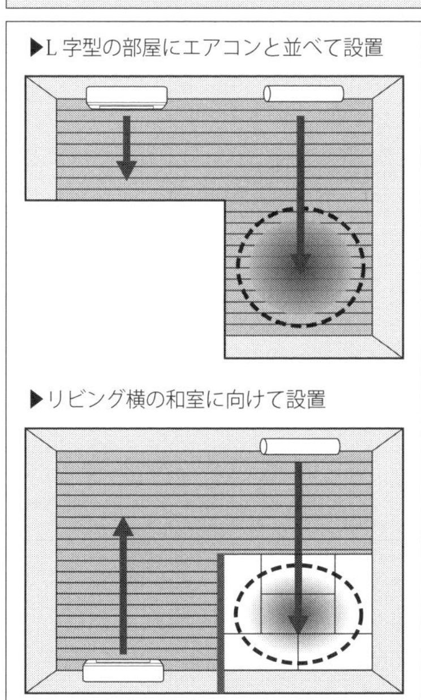

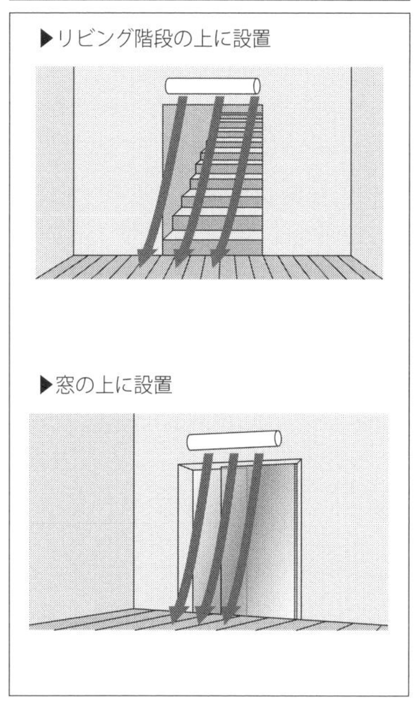

図 5-B　サーキュレーターの用途（例）

ほか、エアコンの死角ゾーンに気流を届かせたり、エアカーテンとして廊下や階段、窓際からの熱や冷気の侵入を抑えたりする目的にも使われる（図 5-B 参照）。

一口メモ　**暖かい空気は上方に、冷たい空気は下方に**

気体は、温度が上がれば膨張して密度が低くなる。そのため暖かい空気は、周囲の空気に比べて軽くなって上に上がる。逆に、気体の温度が下がれば収縮して密度が高くなるので、冷たい空気は下方にたまることになる。

5.2 仕組み

1.　羽根

扇風機に使用されている羽根は大別すると、図 5-4 に示すように、軸流ファン（プロペラファン）と貫流ファン（クロスフローファン）の 2 種類がある。

(1) 軸流ファン（プロペラファン）

プロペラファンは大風量で、音が静かなため多くの扇風機で使われている。羽根から遠ざかるに従って周囲の空気を引き込んで広がり、風速は減少していく。最近は、DC モーター化と併せて、羽根形状を工夫したり、羽根枚数を増やしたりすることで滑らかな風を発生させることを特長としている機種が販売されている。運転音も従来機種に比べて小さくなっている。

(2) 貫流ファン（クロスフローファン）

貫流ファンはクロスフローファンとも呼ばれ、エアコンの室内機や居室の空気を撹拌（かくはん）するサーキュレーターなどに使用されており、風速が速く、遠くまで到達させるのに適している。

軸流ファン(プロペラファン)

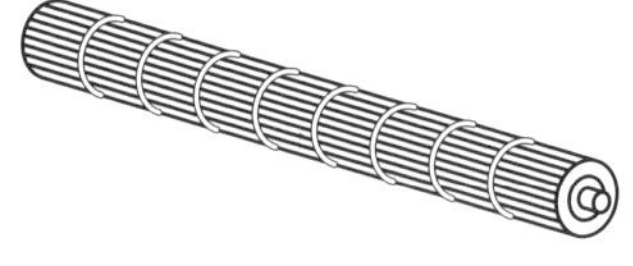

貫流ファン(クロスフローファン)

図 5-4　ファンの種類

2.　モーター（速度調節含む）

従来、扇風機には主に単相誘導モーター（コンデンサーモーター）が使われてきた。単相誘導モーターは、始動時の回転磁界を発生させるためにコンデンサーを用いているが、構造が簡単で起動トルクが大きく効率が良いなどの特徴がある。扇風機は使用する場所、条件、人数などによって風量を変える必要があり、モーターの速度調節は一般的に次の方式を採用している。

(1) 補助コイルタップ制御方式

補助コイルの巻数を変えて回転数を変える方式。ただし、段階的な変化しかできない。

(2) 電子制御方式

半導体スイッチによりきめ細かく制御する方式。マイコンからの信号でモーターのON/OFF制御を行えるなど、切り替えスイッチを押す手動式ではできない風量制御が可能である。DC（直流）モーターが搭載された製品は、AC（交流）モーターを使った製品に比べて高価格であるが、消費電力は小さく、ACモーターでは実現できなかった（超微風などの）細かい制御ができるという特徴がある。

3.　首振り機構

従来はモーターの回転をギアで減速し、クランクにより左右の往復運動に変えて首振りを行うものが一般的であったが、機構が複雑になるため、近年では小型の首振り用モーターを備えた製品も増えている。また、左右の首振りだけでなく、上下の首振りを組み合わせた立体首振りができる製品が増えている。

4.　付加機能

付加機能として、下表に示すようなものがある。

機能	内容
タイマー機能	設定時間になると電源を切り停止させる機能で、従来は機械式タイマーが主流であったが、近年ではマイコン搭載によるタイマー機能を持たせている。
ゆらぎ機能	モーターの速度調節をマイコンが行うことにより〈強風・弱風⇔超微風⇔一時停止〉などの組み合わせを連続的に行い、自然に近い風を再現させる。
リモコン機能	赤外線リモコンにより、ON/OFF、風量調節、首振り、タイマーなどの各機能を操作できる。
風量自動調節機能	温度センサーで室温を感知し、風量を自動調節する。

5.3　安全上の注意

1.　経年劣化に係る安全上の注意について

扇風機は、「長期使用製品安全表示制度」の対象製品であり、2009年4月1日以降に製造・輸入された製品には、製造年、設計上の標準使用期間、経年劣化についての注意喚起が製品本体および取扱説明書などに表示されている。設計上の標準使用期間が過ぎたら、異常な音や振動、においなど、製品の変化に十分注意する必要がある。長年使用の扇風機で次のような症状がみられる場合は、電源スイッチを切り、コンセントから電源プラグを抜いて、販売店またはメーカーに相談する。(経済産業省「長期使用家電製品5品目の注意喚起チラシ」による)

①スイッチを入れてもファンが回らない。

②ファンが回っても、異常に回転が遅かったり不規則。

③回転するときに異常な音や振動がする。

④モーター部分が異常に熱かったり、焦げくさいにおいがする。

⑤電源コードが折れ曲がったり破損している。

⑥電源コードを触れると、ファンが回ったり、回らなかったりと不安定。

ADVISER

6章 換気扇

換気扇には、換気・脱臭・除湿・除塵・排煙・室温調節などの効果がある。2003年7月施行の建築基準法の改正により、シックハウス対策として、新築や改築の住宅には24時間換気が可能な換気設備の設置が義務づけられた。従来、トイレ・洗面所・浴室・キッチンなどの換気には、その空間だけの換気を行う「局所換気」が主流であったが、上記の法改正以降、住宅全体をひとつの空間として換気を行う「全体換気」システムが普及してきた。

一口メモ

シックハウス対策と24時間換気

住宅の高気密化、高断熱化、高層化および空調設備の普及などにより家全体の換気量が減少するとともに、化学物質を発散する建築材料や家庭用品が普及し、化学物質が部屋に滞留することが起きている。これらにより発生するめまい、吐き気、頭痛、眼・鼻・のどの痛みなどの症状（シックハウス症候群）やアレルギーへの対策として次の3点が法規制として設けられ、2003年7月1日（着工ベース）から施行された。

①クロルピリホスを添加した建材の使用禁止

②ホルムアルデヒドを発散するおそれのある建材の使用面積制限

③ホルムアルデヒドを発散する建築材料を使用しない場合でも、家具からの発散があるため、居室には「換気設備」「空気を浄化して供給する方式の機械換気設備」「中央管理方式の空気調和設備」のいずれかに適合する構造の換気設備の設置の義務づけ。

ここでいう換気設備とは、有効換気量が次式によって計算した必要有効換気量以上のものでなければならない。

必要有効換気量（m^3/h）＝換気回数（回/h）×居室の床面積（m^2）×居室の高さ（m）

この改正では24時間換気が可能な換気設備の設置が義務づけられ、住宅の居室などの換気回数は0.5回/h（1時間で居室の空気の半分が入れ替わること）以上と定められた。

なお、住宅の居室以外の換気回数は0.3回/h以上となっている。

一口メモ

酸素濃度と酸素欠乏症

空気には窒素78%、酸素21%、アルゴン1%、二酸化炭素0.03%などが含まれている。しかし、密閉された室内で、長時間、燃焼器具を使用し続けたりすると酸素が消費され酸素不足になる。酸素濃度が18%未満になると、酸素欠乏症でたいへん危険な状態になるので、十分注意する必要がある（表6-A参照）。

表 6-A　酸素濃度と酸素欠乏症

酸素濃度	症　状
21%	通常の空気の状態
18%	安全限界だが連続換気が必要
16%	頭痛、吐き気
11%	めまい、筋力低下
8%	失神昏倒、7～8 分以内に死亡
6%	瞬時に昏倒、呼吸停止、死亡

6.1 種類・仕組み

家庭用換気扇を大別すると、**表 6-1** のような種類があり、そのほかに用途別換気扇がある。

表 6-1　換気扇の種類

種　類	特　徴
標準換気扇	一般家庭の台所などで使用されるプロペラ式換気扇である。
レンジフードファン	ガスコンロやクッキングヒーターの上方に設置され、油煙などをフードで捕集しダクトで排気する。
浴室用換気扇	浴室やトイレ、洗面所などの多湿環境に適用できるように、電気部品、回路が耐湿保護されている。
ダクト用換気扇	換気をする部屋の給排気口と外部が離れている場合に使用する。
空調換気扇	給排気時に外気と空調された部屋の空気を熱交換させることができ、熱を無駄にしないので省エネができる。

1.　標準換気扇

一般家庭の台所で多く使用されているプロペラ式換気扇は、シャッター開閉方法の違いにより**表 6-2** に示した 3 タイプがあり、用途や場所に応じて選定する。標準換気扇の場合、プロペラファンが露出しているので、人の手が届く場所では、格子付きタイプを選定するなど安全に配慮する。

2.　レンジフードファン

レンジフードファンは、キッチンコンロの上方に設置され、換気扇をフードで囲い油煙などを効率的に捕集し、ダクトを使用して屋外に排気する換気扇である。熱交換機能を備えた製品やリモコン操作をできるようにした機種もある。また、IH クッキングヒーターの運転信号や調理物の温度を検知して自動的に換気風量を制御する“連動運転機能”を持つ機種もある（工事不要）。なお、レンジフードファンは局所換気用であり、台所全体の換気にはほかの換気扇を併用する必要がある。

レンジフードファンの種類と特徴を**図 6-1** および**表 6-3** にまとめる。メーカー各社で取付場所や用途に応じてさまざまな種類・名称があるので、条件に適合する機種を選択するとよい。

表 6-2　標準換気扇の種類と特徴

種類	連動式	電気式	風圧式
イメージ図	M SW 引きひも	M シャッター開閉装置 壁スイッチ	風圧 M 壁スイッチ
シャッター開閉方法	・引きひもを引くことにより機械的に屋外側のシャッターが開き、同時にスイッチが入る ・排気専用タイプと給排気タイプがある	・電源を入れると、プロペラのモーターが回るとともに、シャッター開閉装置の力によりシャッターが開く ・電源が切れるとバネの力でシャッターを閉じる仕組みになっている。本体に引きひもは付いていない	・プロペラの回転による風圧でシャッターを開く
長所	・壁スイッチなど不要 ・換気扇の使用場所で操作可能	・壁スイッチで遠隔および複数台の操作が可能 ・風圧式のようなシャッターのバタツキは少ない	・壁スイッチによる遠隔操作が可能 ・構造が簡単
短所	・シャッターを開くとき力を要する	・構造が複雑で価格が高い	・強風のときなど外風圧によりシャッターのバタツキ音が発生する場合がある

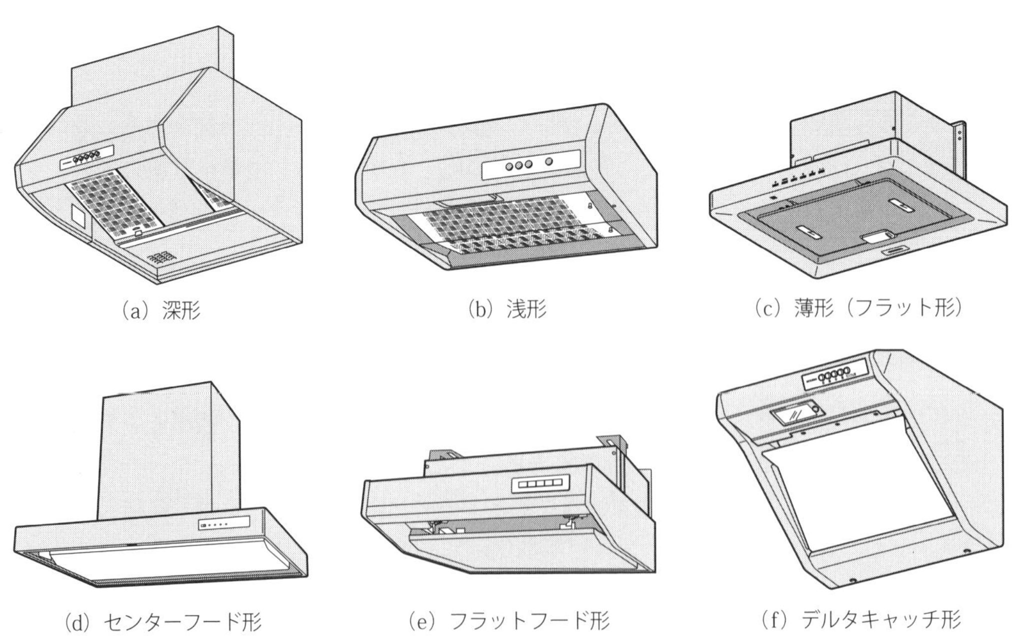

(a) 深形　(b) 浅形　(c) 薄形（フラット形）
(d) センターフード形　(e) フラットフード形　(f) デルタキャッチ形

図 6-1　レンジフードファンの種類・名称（例）

表 6-3　レンジフードファンの種類による長所と短所

種　類	適　用
深形	・本体上部にダクト接続口などが収納されていて、本体のパネルは天井面まである。システムキッチンとのデザインが統一できるが、上部につり戸棚などが設置されている場合は不向き。 ・排気専用のタイプ以外に同時給排気ができるタイプがある。
浅形	・天井が低い場合や梁・キッチンのつり戸棚などで取付位置の高さが確保できない場合に対応可能 ・深形タイプのように同時給排気はできない。
薄形（フラット形）	・システムキッチンで最近主流となりつつある
センターフード形	・天井排気式であり、アイランドキッチン・対面式キッチンに対応

3.　空調換気扇（全熱交換器）

空調換気扇は、汚れた室内空気の排気を行うと同時に、（フィルターを通した）新鮮な外気の給気を行うことができる。この際、熱交換器を通すことにより外気を室温に近づけて取り入れるため、冷暖房の熱ロスを少なくして常時換気ができる換気扇である。冬期における一般換気と空調換気の違いを図 6-2 に示す。一般換気では換気すると熱も放出されるが、空調換気では屋内の熱の一部を熱交換器で室内に戻しつつ、換気を行うことができる。

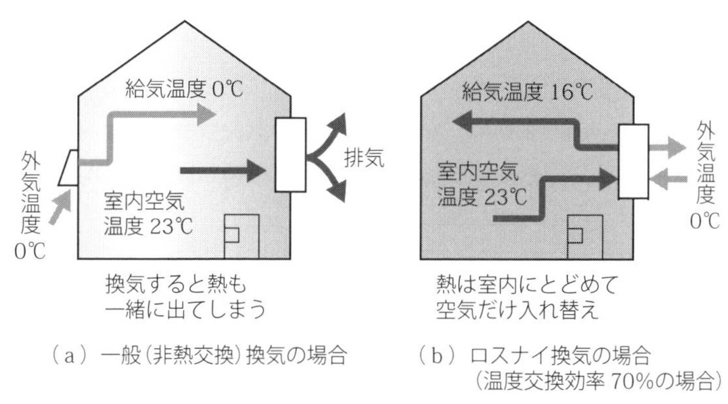

図 6-2　一般換気と空調換気の違い（冬期）

空調換気扇（全熱交換器）の熱交換の仕組みを図 6-3 に示す。全熱交換器では、排気される汚れた室内空気と給気される新鮮な外気が全熱交換器を通過する際に、温度（顕熱）と湿度

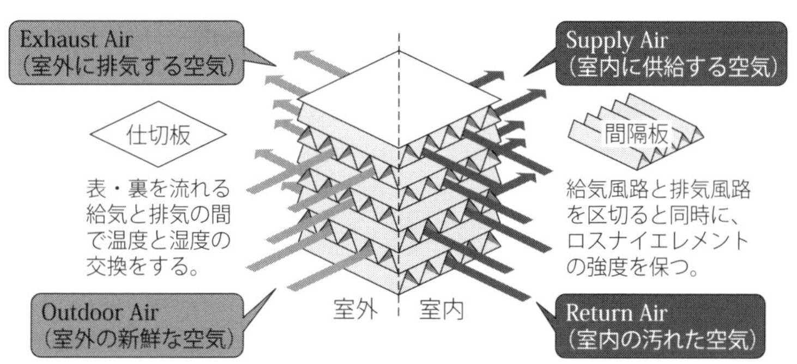

図 6-3　熱交換の仕組み

(潜熱）の交換を行う。全熱交換器の給気風路と排気風路は仕切られているため、給気と排気が混ざることはなく、かつ、紙でできているため温度と湿度は仕切りを透過して交換されるという特徴を有する。熱交換効率は70%程度である。

全熱交換器と同様に熱交換をする方式として、顕熱交換器がある。顕熱交換器は温度（顕熱）だけを交換し、湿度（潜熱）は交換しないので、省エネ効果は全熱交換器のほうが高い。なお、全熱交換器では温度や湿度とともにニオイも戻してしまうため、湿度の高い浴室やニオイの発生するトイレについては、局所換気を行う必要がある。

6.2 換気を行う範囲

1. 局所換気

臭気・湿気・煙・燃焼ガスなどの汚染物質が発生する場所（トイレ・洗面所・浴室・キッチンなど）を局所的にかつ集中的に換気する方式である。人感センサー付きの換気設備を設置することにより、人の出入りを感知して自動的にニオイや湿気を排気できる。

2. 全体換気

一戸の住宅全体の空気の入れ替えを行う換気方式であり、換気風量・換気経路・省エネなどの視点で設計および商品選定を行う必要がある。汚染空気やニオイが長時間滞留しないように、住宅内の換気経路を明確化する必要がある。居室には常に新鮮な空気を供給できるように、汚染空気は居室を出てトイレ・洗面所へと流れるように換気設計を行う。そのため、居室には給気用換気扇や給気口を設け、トイレ・洗面所には排気用の換気設備を選定するのが一般的である。

6.3 計画換気の種類

換気扇を設置するときは、給気と排気の空気の流れを考慮し、給気口または排気口を設ける必要がある。単に換気扇から室内の空気を追い出すだけでは室内の気圧が下がり、天井や排水口などから空気が流入して悪臭の原因となったり、エアコンのドレン出口からポコポコ音がし

表6-4　計画換気の種類と特徴

換気の種類	イメージ図	換気方式	換気方式の特徴
第1種換気（給排気型）	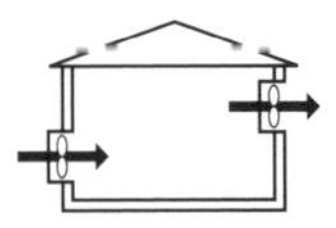	給気・排気とも機械換気で、強制的に行う	機械換気の中でもっとも確実な給排気が可能。給気量と排気量のバランスをとる必要があるが，空気の流れの制御がしやすい。コストがかかる。
第2種換気（給気型）	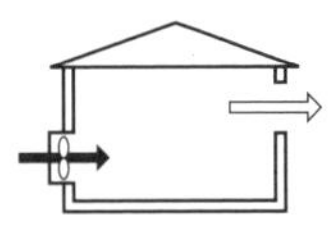	給気は機械換気で強制的に行い、排気は排気口から自然に行う	建物の気密度によっては室内の湿気が壁内に浸入し、内部結露が発生するおそれがある。
第3種換気（排気型）	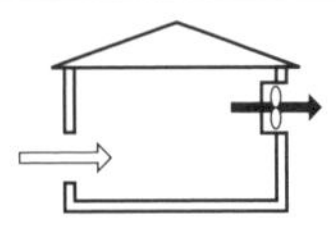	排気は機械換気で強制的に行い、給気は給気口から自然に行う	高気密住宅では低コストで、計画換気が可能。

たり、気圧差でドアの開閉が重く困難になったりすることがある。計画換気の種類と特徴を**表 6-4** にまとめる。

6.4 据え付け上の注意

1. 設置場所

換気扇を設置する際は、給気と排気の空気の流れを考慮して給気口や排気口を設ける必要がある。例えば、**図 6-4** に示すように給気口と排気口を部屋の対角の位置になるように設置するのがよい。**図 6-5** に示すように、給気口と排気口の位置が近いと、空気の流れが少なく換気が不十分になるおそれがある。

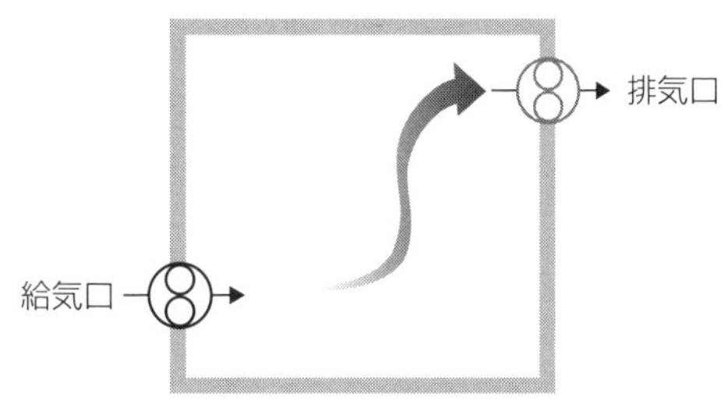

図 6-4　良い設置例

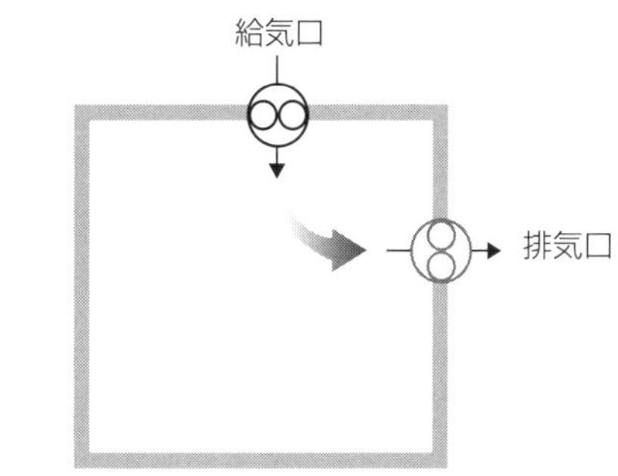

図 6-5　悪い設置例

2. 防雨処置

換気扇の排気・給気口には、雨水の侵入を防ぐために外壁にウェザーカバーなどを必ず取り付ける。

3. ガスコンロからの距離

ガスコンロの真上に取り付ける場合は 1m（レンジフードファンの場合 80cm）以上離す。また、ガス湯沸器がある場合は、ガス湯沸器の真上は避けて横に 50cm 以上離すとともに、近接する壁や天井とは 5cm 以上離して取り付ける（**図 6-6** 参照）。いずれの場合も換気扇の吸い込み温度（基準周囲温度）が 40℃以下になるようにする。

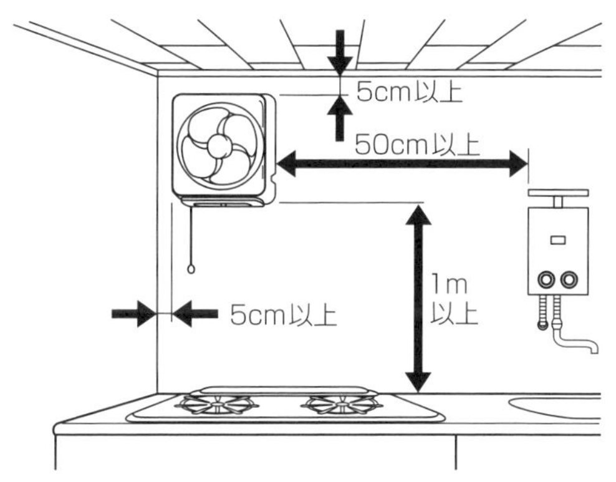

図 6-6　熱源からの距離

6.5 上手な使い方

①都市ガスやプロパンガスなどの可燃性ガスが漏れた場合は、室内の空気の入れ替えは窓を開けて行い、決して換気扇を作動させてはいけない。これは、電源スイッチの接点から出る火花により引火の可能性があるためである。

②部屋の汚れた空気を排出するには、新鮮な外気が入るところが必要である。同時給排気タイプ以外の換気扇の場合、必ず部屋の換気扇と反対側に給気口を設けるか、窓を開けるなどして給気を行う。

③キッチンなどで火気を使用したあとはすぐに停止せずに、5 分～ 10 分程度運転して室内の熱気や湿気を排出するよう心がける。

6.6 安全上の注意

1. 経年劣化に係る安全上の注意

換気扇は、「長期使用製品安全表示制度」の対象製品であり、2009年4月1日以降に製造・輸入された製品には、製造年、設計上の標準使用期間、経年劣化についての注意喚起が製品本体および取扱説明書などに表示されている。設計上の標準使用期間が過ぎたら、異常な音や振動、においなど、製品の変化に十分注意する必要がある。長年使用の換気扇で次のような症状がみられる場合は、電源スイッチを切り、コンセントから電源プラグを抜いて、販売店またはメーカーに相談する。(経済産業省「長期使用家電製品5品目の注意喚起チラシ」による)

①スイッチを入れてもファンが回らない。
②ファンが回っても、異常に回転が遅かったり不規則。
③回転するときに異常な音や振動がする。
④モーター部分が異常に熱かったり、焦げくさいにおいがする。
⑤電源コードが折れ曲がったり破損している。
⑥電源コードを触れると、ファンが回ったり、回らなかったりと不安定。

6.7 手入れ

①清掃時は、感電防止のために電源プラグをコンセントから必ず抜く。
②汚れの付着が少ないうちに、こまめに手入れすることにより汚れを簡単に落とすことができる。
③羽根、カバーなどは外して、中性または弱アルカリ洗剤で洗う。ガソリン、ベンジン、アルコール、磨き粉などは使わない。
④モーター、スイッチなど電気部品に水をかけない。

この章でのポイント!!

換気扇の種類、換気を行う範囲（局所換気と全体換気）、換気の種類（第1種～第3種換気）、換気扇の効果、長期使用製品安全表示制度などについて述べました。換気扇については、24時間換気の必要性、換気扇の種類とそれぞれの特徴、換気を行う範囲、換気の種類とそれぞれの特徴など、基本的な内容を理解しておく必要があります。

キーポイントは

- **シックハウス対策と24時間換気**
- **換気扇の種類**
- **換気を行う範囲**
- **換気の種類**
- **換気扇の効果**
- **長期使用製品安全表示制度**

キーワードは

- シックハウス対策、24時間換気
- 標準換気扇、レンジフードファン、浴室用換気扇、ダクト換気扇、空調換気扇
- 連動式、電気式、風圧式
- 局所換気、全体換気
- 第1種換気、第2種換気、第3種換気
- 酸素濃度、酸素欠乏症
- 長期使用製品安全表示制度

7章 浴室換気暖房乾燥機

浴室換気暖房乾燥機は暖房・換気・乾燥・涼風の機能を持つ。メーカーによって浴室換気乾燥機、浴室乾燥暖房機、バス乾燥・暖房・換気システムなどとも呼ばれ、下記のとおり快適な浴室の環境づくりに欠かせないものとして注目されている。

- 予備暖房　　　：冬場、寒い脱衣所や浴室を暖めて、急激な身体の温度変化を防止する（下記「一口メモ」参照）
- 涼風、入浴暖房：入浴や湯上がりをさわやかにする
- 浴室乾燥　　　：浴室の湿気を素早く除去し、カビの発生を防止する
- 衣類乾燥　　　：花粉アレルギーや排気ガス対策として、洗濯物を浴室で室内干しする

浴室換気暖房乾燥機には電気ヒーター式とヒートポンプ式がある。シックハウス（部屋に滞留した化学物質によって、めまい、吐き気、頭痛などの症状が発生する）対策として、2003年に施行された改正建築基準法に基づく24時間換気機能を組み込んだ機器もある。

一口メモ　ヒートショックとその防止策

ヒートショックとは、急激な温度変化により血圧が大きく変動することで起こる健康被害（脳出血・脳梗塞・心筋梗塞など）の総称である。特に高齢・高血圧・糖尿病・動脈硬化などの症状のある人は気をつける必要がある。ヒートショック死は、冬場、血圧が大きく変化する入浴時に発生することが多い（図7-Aおよび図7-B参照）。死亡者の年齢別割合は60歳以上が94%を占める（図7-C参照）。

消費者庁は、ヒートショックの防止策として下記の注意喚起を行っている。

①入浴前に脱衣所や浴室を暖める。
②湯温は41度以下、湯につかる時間は10分までを目安にする。
③浴槽から急に立ち上がらないようにする。
④食後すぐの入浴や、飲酒後、医薬品服用後の入浴は避ける。

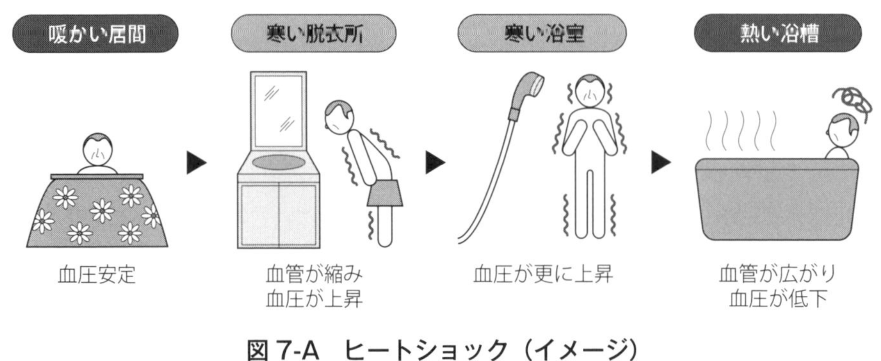

図7-A　ヒートショック（イメージ）

⑤入浴する前に同居者に一声掛けて、意識してもらう。

上記②は、暖かい居間との温度差を小さくするためであり、入浴前に浴室換気暖房乾燥機の暖房のスイッチを入れ、浴室や脱衣所の温度を上げておくとよい。

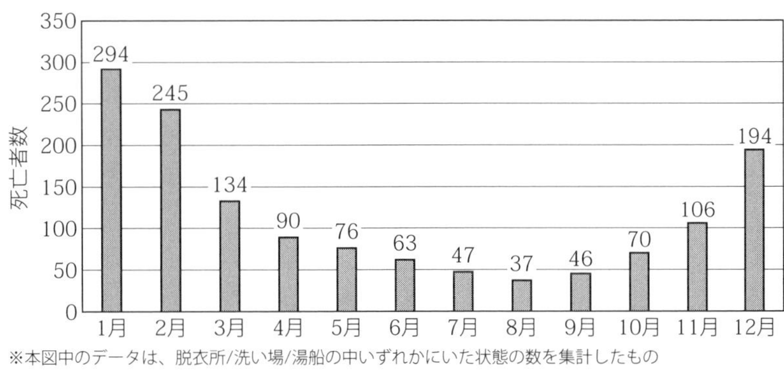

図 7-B　入浴中の死亡者数の月別推移（平成 30 年／東京都 23 区）

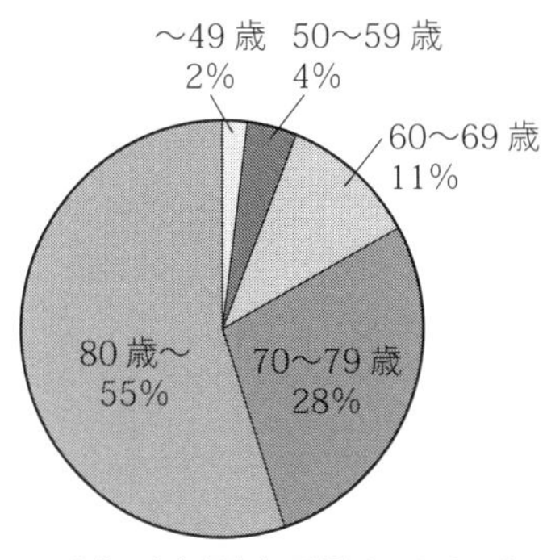

図 7-C　入浴中の死亡者の年齢別割合（平成 30 年／東京都 23 区）

7.1 構造

壁掛けタイプの構造図（例）を**図 7-1** に示す。本体は排気用送風機、循環用送風機、ヒーター（クォーツランプヒーター・カーボンランプヒーター）、リモコンからの操作信号の受光部および運転制御部などで構成されている。天井取付けタイプもある。また、電気ヒーター式のほかに、省エネ性に優れるヒートポンプ式も販売されている。

■ クォーツランプヒーター

ガラスチューブとフィラメントを使った赤外線ランプで、赤外線の輻射効率が良く、速熱性も良い。熱による膨張係数が小さいため、水がかかっても割れにくいなどの特長があり、電気こたつなどにも使われている。

■ カーボンランプヒーター

発熱体に炭素系材料を用いて、遠赤外線の放射量を増加させたもの。また、点灯時の明るさも特長である。

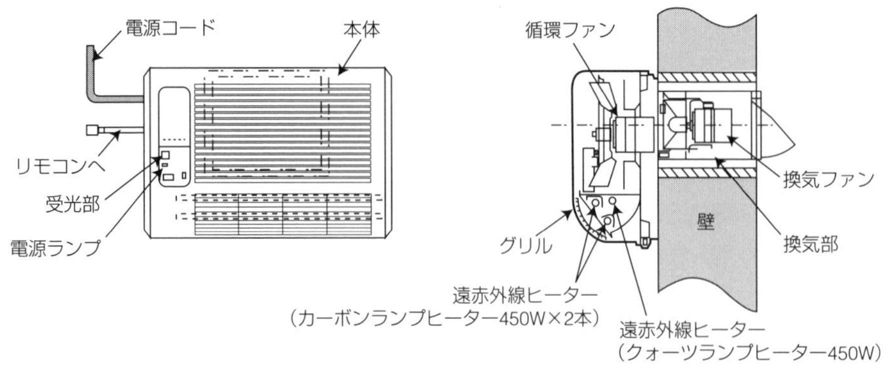

図 7-1　壁掛けタイプの構造（例）

7.2 働きと運転の仕組み

ファンとヒーターの運転状態を組み合わせた各種の運転モードが設定されている。**表 7-1** に示すように換気ファンの運転停止、循環ファンの強弱停止、ヒーターの強弱停止の組み合わせで、それぞれの運転モードになる。

表 7-1　運転モードにおける部品の運転状態

運転モード	働き	部品の運転状態			備考
		換気ファン	循環ファン	ヒーター	
換気	浴室を換気する	運転	停止	停止	温湿度センサーにより最適な換気風量で自動運転する
浴室乾燥	入浴後、浴室を速やかに乾燥してカビの発生を抑える	運転	弱運転	弱通電	循環ファンを回して、換気運転に比べ約1/3の時間で湿気を除去する
予備暖房	入浴前、浴室の寒さを緩和するため、暖房する	停止	強運転	強通電	入浴の 30～60 分くらい前からタイマー運転を行うとよい
入浴中暖房	入浴中に温度を下げないよう暖房する	停止	弱運転	弱通電	入浴中は、予備暖房のまま循環ファンを強運転とすると肌寒く感じるので、弱運転に切り替えて使用する
涼風	入浴中や湯上がりに風を送り、湯あたりを解消する	運転	強運転	停止	主に夏場に使用する。冷房ではない
衣類乾燥	雨天時や花粉対策のため、浴室で衣類を乾燥する	運転	強運転	強通電	洗濯物は必ずつり下げパイプに掛けて乾燥させる
24時間換気	常時、結露の原因となる過剰な湿気を排出する	運転	停止	—	湿気および建築材料から出る化学物質の除去を行う

浴室換気暖房乾燥機には換気、暖房、乾燥の基本機能のほかに、浴室内にミスト（微細水滴）を発生させてミスト浴ができる機種がある。微細水滴の量と温度をコントロールして高湿度高温に保ち発汗を促進したり、低湿度でミスト浴をしたりしながらリラックスできるモードなどがある。湿度と温度の組み合わせをさまざまに変えることができる。

7.3 据え付け上の注意

①空気取り入れ口（給気口）が設けられていることを確認する（図 7-2 参照）。
②浴室内への温風吹出口および空気吸込口の前方 100mm 未満の範囲内に造営物（洗濯物やつり下げパイプ）を設けない（図 7-3 参照）。
③リモコンは浴室の外（脱衣室など）に取り付ける。
④スチームサウナ付き浴室や高温になる場所には取り付けない。
⑤温泉の浴室やプールなどには取り付けない。
⑥密閉性や断熱性の悪い浴室では、乾燥・暖房の性能が十分に発揮できない場合がある。

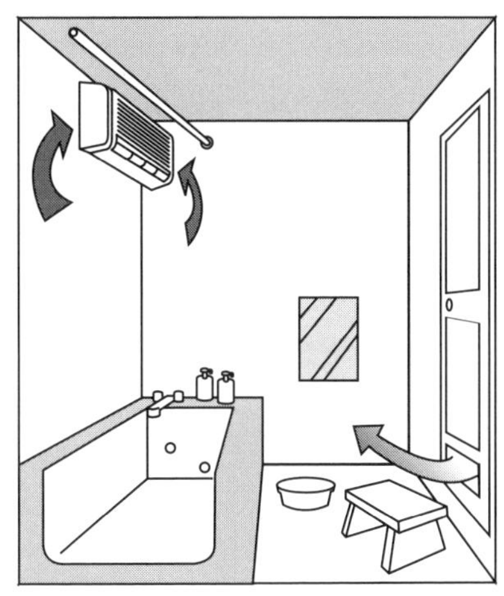
図 7-2　空気取り入れ口の設置

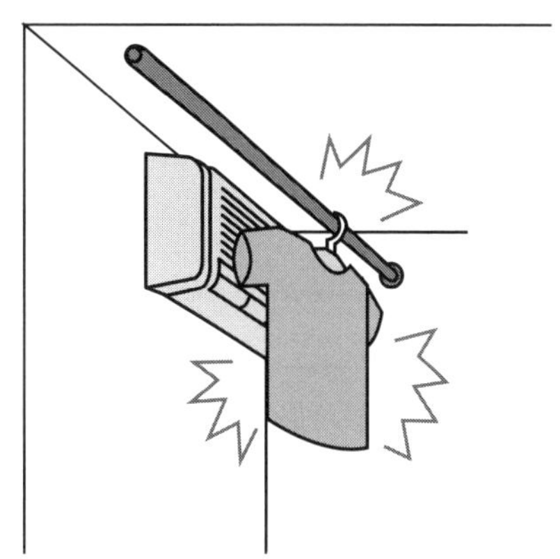
図 7-3　本体からの離隔距離

7.4 上手な使い方

1.　浴室暖房

(1) 予備暖房（タイマーを使用する。設定時間は 30 分～ 60 分）

- 浴槽のふたをしておく。（湯はり中でもふたは少なめの開き加減で）
- ドアなどにあるシャッター付きの給気口の場合は閉じておく。

(2) 入浴中暖房

- 輻射効果により肌に暖かさを感じるが、長く使うとのぼせる原因となるので控えめにする。

(3) 入浴後の乾燥・換気

- お湯を抜くか、浴槽のふたをする。
- 給気口を開けておく。

2.　衣類を早く乾燥させるには

①浴槽のふたをする。入浴後であればお湯を抜く。
②浴室のドアは必ず閉じる（給気口は開ける）。
③洗濯物は十分に脱水する。
④洗濯物は必ずつり下げパイプに掛けて乾燥させる。一度に乾燥させる衣類の量は、つり下げパイプの許容範囲内にする。

7.5 24時間換気設備

24時間換気設備として、個々の部屋を単独に換気するものと住宅全体を換気するものがある。24時間換気対応浴室換気暖房乾燥機は、一般的な浴室換気暖房乾燥機の機能のほかに、24時間換気システムのための集中排気ユニットとして使用できる。

1. 24時間換気扇（単体）

寝室、リビング、浴室、洗面所などの居室に機器単体で設置し、24時間（常時）換気を行う。通常の換気扇に比べて、低風量、低騒音、低消費電力量となっている。

2. 24時間換気システム

浴室換気暖房乾燥機と、ほかの居室に設置した給気口または給気用換気扇などをシステム化することにより、複数の居室と浴室、洗面所、トイレまたは住宅全体の24時間換気を行う。**図7-4**は、浴室の暖房換気機能に加えて、洗面所、トイレなどの換気を、システム本体のダンパーの開閉によって行っている応用例を示したものである。

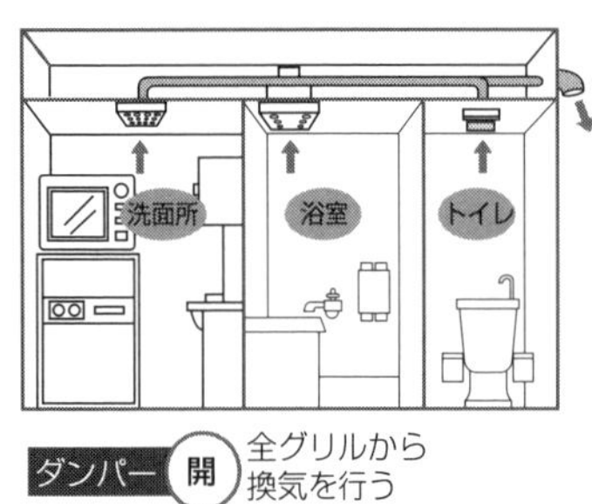

図7-4　24時間換気システム応用（例）

7.6 安全上の注意

浴室換気暖房乾燥機は、「長期使用製品安全点検制度」（2009年４月施行）の対象製品のひとつとして特定保守製品に指定されていたが、技術基準強化などの経年劣化対策が進展し、事故率が制度創設時に比べて大きく低下したことから、2021年８月１日施行の政令改正により指定製品から外れた。

8章 冷蔵庫

冷蔵庫は、近年、構造面・機能面・省エネ性など大幅に改善されてきた。例えば、かつて冷蔵庫の冷媒としてフロンガスが使用されていたが、現在は、環境への配慮から冷媒や断熱発泡ガスにフロンを使用しない「ノンフロン冷蔵庫」が主流となった。また、断熱性向上や大容量化などのために真空断熱材が搭載され、省エネ性の向上（年間消費電力量の低減）につながっている。現在の冷蔵庫は、冷蔵室、冷凍室のほかに野菜室、製氷室、チルド室などを備えており、野菜の新鮮保存、脱臭・除菌、急速冷凍などの食品保存機能を有している。

最近は、LEDによる食品の収納量検知、HEMS連携・クラウド連携など新たな機能を持つ製品も出てきた。デザイン的には、従来の片開きドアに加え、一定容量以上の機種において観音開きタイプ（フレンチドア）が販売されている。さらに従来の鋼板仕上げのドアに替えて、高級感と光沢感を持たせた強化ガラス製のドアを付けた製品も販売されている。

近年の冷蔵庫市場規模の推移を図8-1に示す。

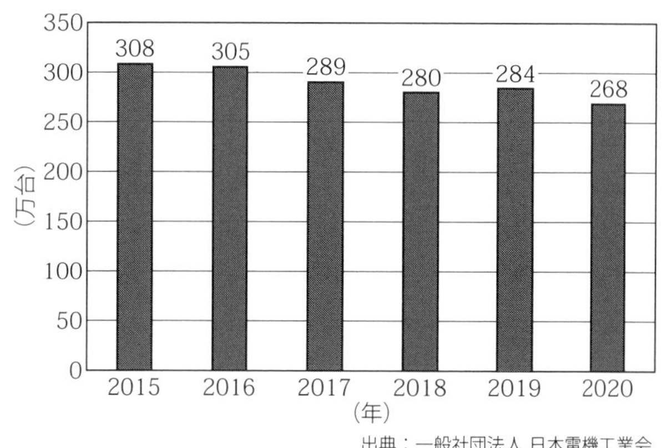

図8-1　国内の冷蔵庫出荷台数

8.1 食品の保存

冷蔵庫は食品を低温で保存することにより、保存期間を長くすることを目的としている。食品の腐敗は細菌の数が増えることで起こる。栄養豊富な食品は、細菌が繁殖する絶好の温床である。食品は細菌の数が増えると腐敗しやすくなるが、温度が低くなると細菌の繁殖活動は低下するため、食品を冷蔵庫に入れて保存することは、食品を腐敗から守るひとつの有効な方法といえる。しかし、細菌の繁殖活動は、低温下においても完全には停止しない。すなわち、食品を冷蔵庫に入れると、入れない場合に比べて保存期間は長くなるが、腐敗を完全には抑制できないので注意が必要である。

8.2 冷却の仕組み

1.　物質の三態と状態変化

物質は固体から液体や気体に、あるいは液体から気体にその状態が変化するときに周りから熱を奪う性質を持っている。例えば、注射をするときの消毒のアルコールは、皮膚の表面で液体から気体に変化することにより皮膚の熱を奪い取り、冷たく感じる。これは蒸発熱（気化熱）の作用である。図 8-2 に、物質の三態と状態変化を示す。一般に物質は、熱を放散してより密度の高い状態へ、熱を吸収してより密度の低い状態へと変化する。

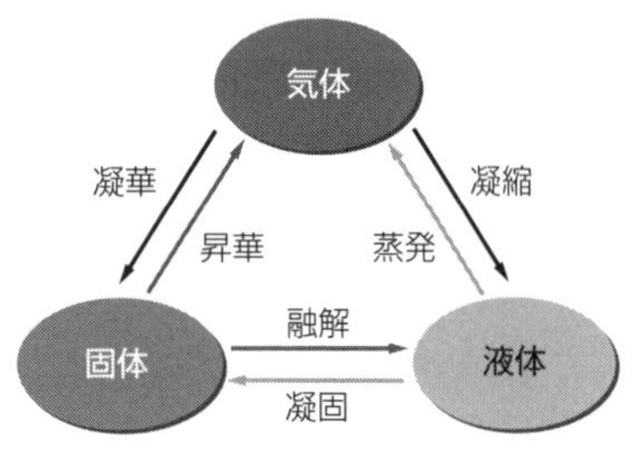

図 8-2　物質の三態と状態変化

一口メモ　水は異常液体

通常、物質は液体から固体に変化する際に体積が減るが、水は凍ると逆に体積が増え、密度は小さくなる。これは、氷の結晶構造は隙間（すきま）が大きく、分子が自由になる水のほうが隙間が小さいためである。「異常液体」として、水のほかにケイ素、ゲルマニウム、ガリウム、ビスマスが挙げられる。

2.　ものを冷やす方法

ものを冷やす方法には、一般的に次の方法がある。

(1) 融解熱を利用する方法

氷が融けるときに周囲の熱を奪うことを利用する方法で、氷枕、氷冷蔵庫などがある。氷冷蔵庫は氷点下にならず、庫内が乾燥しにくいなどの特徴から、寿司店で寿司だねを保管する用途でも使われる。

(2) 蒸発熱を利用する方法

冷媒を使用して、その冷媒の蒸発熱を利用する。

- 圧縮式：冷媒としてフルオロカーボンや炭化水素系冷媒を使用する。家庭用冷蔵庫はこの方法が主流である。
- 吸収式：冷媒に水、アンモニアなどを使用し、加熱に電気ヒーター、ガス・石油などの熱源を利用する。主に冷凍倉庫など大きな設備に使用され、圧縮式に比べ、静音性に優れており、小型のものは医療用（病院向けなど)、ホテル用途などで使用されている場合がある。

(3) 昇華熱を利用する方法

この方法の代表的な例は、冷凍食品、アイスクリームなどの運搬時に使用するドライアイスが挙げられる。ドライアイスは二酸化炭素を非常に低い温度で固体にしたものであり、この固体が気体に変化するときに周囲の熱を奪うことを利用している。

(4) ペルチェ効果を利用する方法（電子冷凍）

2つの異なる種類の金属を接合し、その間に電流を流すと熱の移動が起こる現象を利用した冷却方法で、圧縮機（コンプレッサー）を使用しないため、圧縮機の振動や作動音の問題はない。レジャー用のドリンククーラーや、ワインセラーなどに使用されている。

3. 冷凍サイクル

「物質が液体から気体に変化するときに蒸発熱（気化熱）を奪う」（庫内から吸熱する）、また「気体から液体に変化するときに凝縮熱を排出する」（奪った熱を庫外に放熱する）という変化を連続させることにより、庫内を低温に保つのが冷蔵庫の冷える仕組みである。この繰り返しを冷凍サイクルといい、冷蔵庫では物質に冷媒を使用し連続して循環させている。図 8-3 に示すように、気化した冷媒に圧力をかけて（圧縮）、そのあとに放熱させて液化（凝縮）させる。この液化した冷媒を減圧し蒸発しやすい状態にして、気化（蒸発）させることにより、再び熱を奪い取るという繰り返しを行っている。冷凍サイクルは、圧縮機（コンプレッサー）、凝縮器（コンデンサー）、冷媒を減圧する毛細管（キャピラリーチューブ）、蒸発器（エバポレーター、冷却器ともいう）などで構成されている。

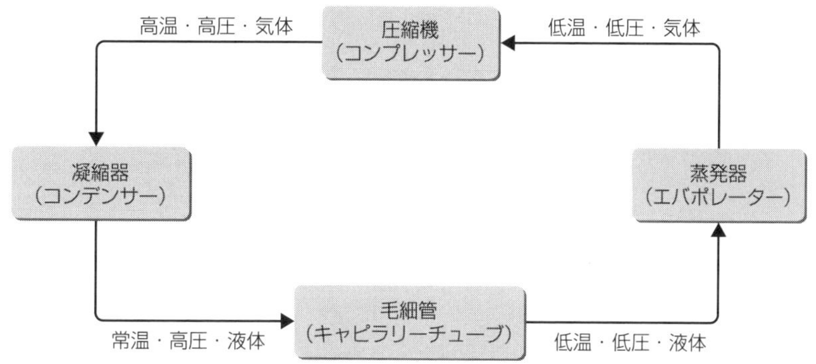

図 8-3 冷凍サイクルと冷媒の状態

4. 冷媒の種類

かつては一般的に冷媒として CFC 冷媒であるフロン R12 が使用されてきたが、オゾン層破壊の問題により 1995 年に全廃され、HFC 冷媒である代替フロンの R134a に代わった。さらに 2002 年からは、地球温暖化防止対策のため、地球温暖化係数が R134a の約 1/400 である

表 8-1 冷媒特性

	HC冷媒	HFC冷媒	CFC冷媒
冷媒名	R600a	R134a	R12
オゾン層破壊係数（ODP）注①	0	0	0.9
地球温暖化係数（GWP）注②	3	1,300	8,500
大気中の寿命	数週間	1.5～250年	50～1,700年
沸点（大気圧下）	−11.7℃	−26.2℃	−29.8℃
発火温度	494℃	不燃	不燃
爆発濃度注③	1.8～8.4 vol％	なし	なし

注①：Ozone Depletion Potentials。R11冷媒を1としたときの数値
注②：Global Warming Potentials。CO_2を1としたときの数値
注③：可燃性ガスと空気の混合ガスに点火した時、可燃性ガス濃度がある値以上になると炎が連鎖的に伝搬し、爆発を起こす。この濃度を爆発濃度といい、「vol％」で表す

イソブタン冷媒（R600a）を使用した「ノンフロン冷蔵庫」が販売され、現在では主流になっている。それぞれの冷媒の特性を**表 8-1** にまとめる。

5. ノンフロン冷蔵庫

ノンフロン冷蔵庫とは、冷媒、断熱発泡ガスともにフロンを使用しない冷蔵庫である。冷媒にはイソブタン（R600a）、断熱発泡ガスにはシクロペンタンが使用されている。

①冷蔵庫の背面、庫内、コンプレッサーなどにイソブタン（R600a）の使用を示すラベルが貼り付けてあり、HFC 冷媒を使用した冷蔵庫と区別できる。

②万が一、冷媒が漏れた場合にも冷媒に引火しないよう、スイッチや霜取りヒーターなどの電気部品の構造が工夫されている。（防爆仕様となっている）

③イソブタン（R600a）は可燃性ガスなので、冷媒使用量やサービス時のガス溶接の禁止など、その取り扱いに十分に注意する必要がある。

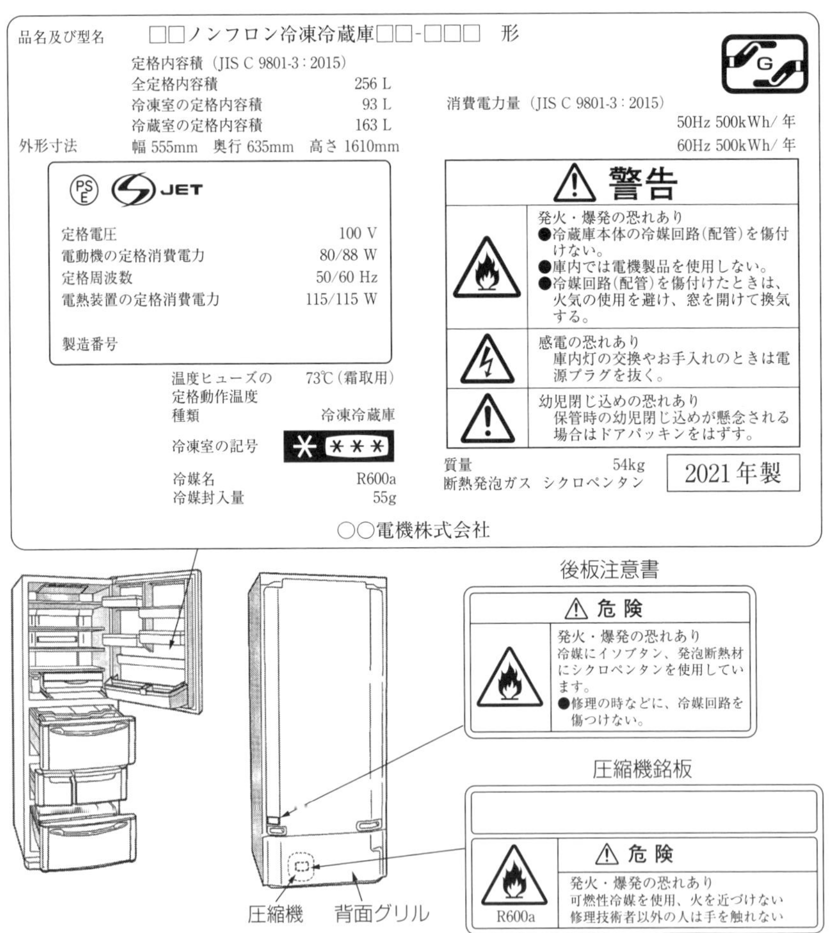

図 8-4　ノンフロン冷蔵庫の各種表示（例）

8.3 冷蔵庫の冷却方式

1.　直冷式（冷気自然対流方式）

冷蔵室、冷凍室にそれぞれ独立した蒸発器（冷却器）を設けて、熱伝導と自然対流により冷却する方式である（図 8-5 参照）。直冷式の特徴は、次のとおりである。

①冷凍室の壁面が直接、冷却器で構成されているので、素早く冷凍食品を冷やしたり氷を作ったりすることができるなど、効率的で電気代が安い。

②霜取り時には、冷凍室（冷却器）から冷凍食品を退避させなければならない。

③冷凍室と冷蔵室のどちらかの温度で圧縮機の運転を制御するため、冷凍室・冷蔵室の独立した細かな温度制御ができにくい。

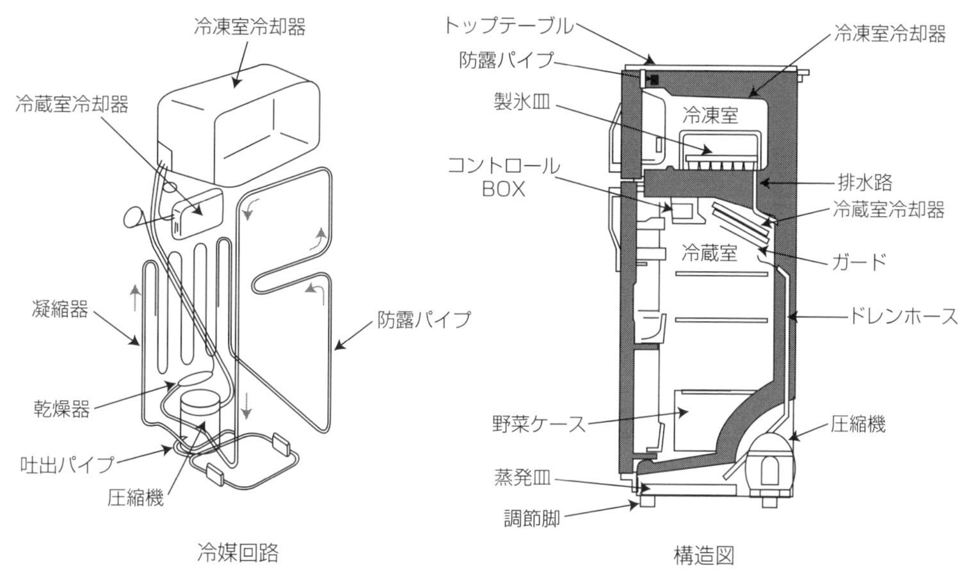

図 8-5　直冷式冷蔵庫の構造（例）

2.　間接冷却方式（ファン式、冷気強制循環方式）

蒸発器（冷却器）で冷やされた冷気をファンで強制的に循環させ、冷蔵室や冷凍室を冷却する方式である。ファンで冷気を循環させ、風路にダンパーを設置しその開閉により１つの冷却器で冷蔵室や冷凍室、野菜室など複数の室の温度を制御（冷却）できる。ダンパーには機械式のダンパーサーモと電動ダンパーがある。多室の冷凍冷蔵庫では電動ダンパーの採用が増えている。図 8-6 は、冷凍室の奥に冷却器を設けた４ドア冷蔵庫の仕組みである。間接冷却方式の特徴は、次のとおりである。

①圧縮機の運転時間を積算し、自動的に霜取り運転に切り替わる。冷却器は冷凍室や冷蔵室の壁で仕切られており、霜取り時にヒーターで冷却器を温めても冷凍食品が解ける心配はなく、冷凍食品を退避させる必要はない。

②冷凍室の温度を検知し圧縮機の運転を制御する。冷蔵室の温度は、ダンパーなどによって冷気の吹き出し量を調整するので、冷凍室と冷蔵室を独立した温度に制御できる。

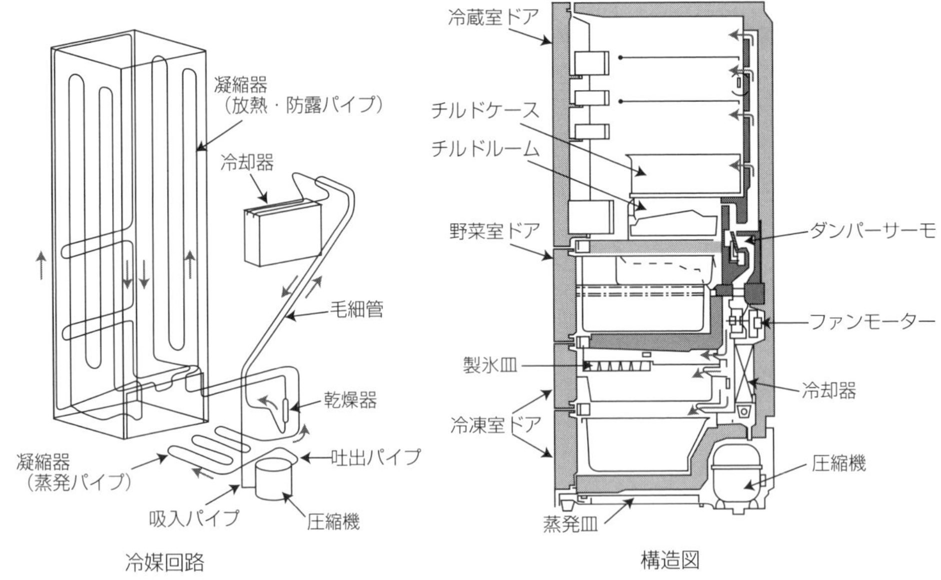

図 8-6　間接冷却方式冷蔵庫の構造（例）

間接冷却方式には、1つの冷却器で冷蔵室・冷凍室を温度制御するシングル冷却方式、冷蔵室・冷凍室それぞれ専用の冷却器を設けたツイン冷却方式（ダブル冷却方式）がある。それぞれの模式図を**図 8-7** および**図 8-8** に示す。ツイン冷却方式では多ドア型冷蔵庫において、冷蔵室や冷凍室をそれぞれの用途に応じて効率的に冷却するため、冷蔵専用、冷凍専用の独立したツイン冷却器を設けて、各冷却器への冷媒の流れを制御弁（三方弁）によって切り替えている。

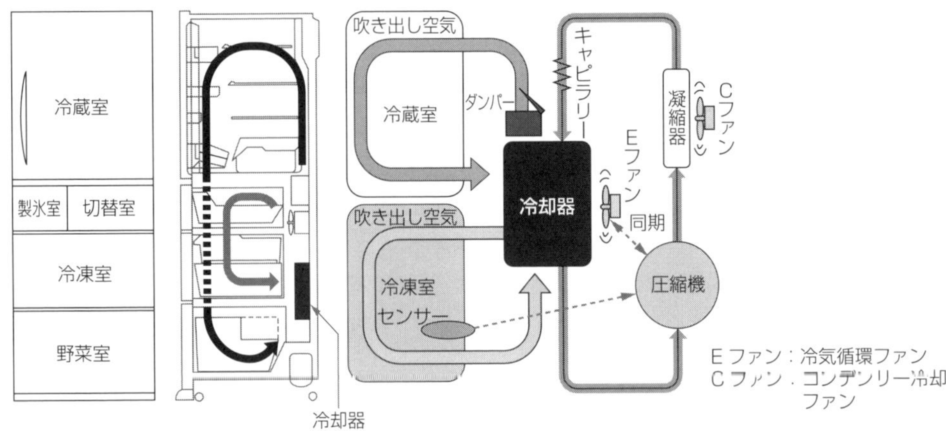

図 8-7　シングル冷却方式の冷気の循環と冷媒回路

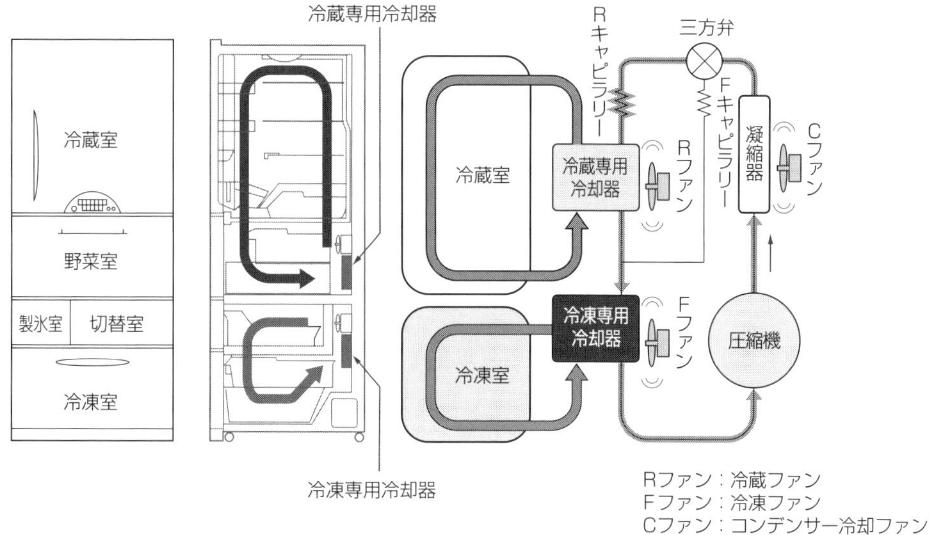

図 8-8　ツイン冷却方式の冷気の循環と冷媒回路

3.　インバーター制御

従来の冷蔵庫は、扉の開閉や周囲温度の変動による庫内の温度変動に対して圧縮機をON/OFFさせ、庫内の温度を一定に保つように制御していた。最近の冷蔵庫はインバーター制御されているものが多い。インバーター制御は、庫内の温度変動に対して圧縮機やファンモーターの回転数を制御する。きめ細かい運転ができるので、省エネ効果が高い。

4.　霜取り

運転中の冷却器には、庫内の空気や食品から奪われた水分が霜となって付着する。霜が冷却器に付着すると、霜が冷気を遮断し冷却効率が悪くなるため、定期的に霜を取る必要がある。霜取り方式はヒーター加熱式であり、冷却動作停止時に自動的に除霜が行われる。ヒーター加熱式とは、冷却器に取り付けてあるヒーターに通電して霜を溶かす方式で、圧縮機の運転時間を積算し一定時間に達すると霜取り運転に切り替わる。霜取り運転がスタートすると圧縮機と送風ファンは、運転を停止してヒーターに通電して霜を溶かす。冷却器の表面温度をセンサーで監視しており、冷却器の温度が設定温度に到達すると霜取りを終了し通常運転に復帰する。

5.　冷蔵庫の放熱

冷蔵庫は、庫内の熱を庫外に放出することにより、庫内を低温に保つ器具である。したがって、据え付け直後や新たに多くの食品を入れたときや、夏場など庫内の温度が高くなったときに、冷蔵庫のドア回り、本体側面、上面、背面がかなり熱く（50℃～60℃）なる。これは放熱量が増大したことによるもので異常ではない。また、この熱は冷蔵庫表面の結露防止にも役立っている。

6. 真空断熱材

真空断熱材（VIP：Vacuum Insulation Panel）は、図8-9に示すように繊維系（グラスファイバー）や連通ウレタンの芯材をフィルムで包み、フィルム内を真空状態にして密封・パネル化したもので、従来の断熱材に比べて非常に高い断熱性能を有しており、熱伝導率は従来から使われてきたウレタンフォームの約1/20倍である。この真空断熱材を外箱と内箱の間に配置し、その隙間（すきま）にシクロペンタン処方ウレタンフォーム断熱材を充填（じゅうてん）すると、ウレタンフォームだけのときより断熱性を高めることができる。この結果、庫外からの熱の侵入を低減できるので省エネ性が高くなる。

また図8-10で分かるように、真空断熱材を有効に配置し断熱材を薄くすると、同じ外形寸法でも庫内容積を大きくできる。真空断熱材は、エコキュートの貯湯タンク、ジャーポットなどの家電品にも採用され、省エネ性の改善に役立っている。

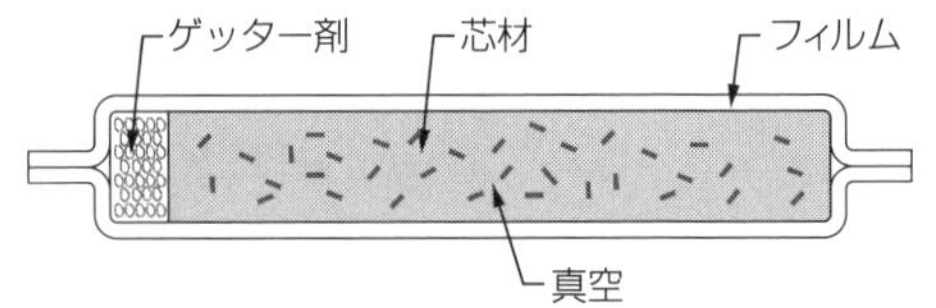

図8-9　真空断熱材の構造図

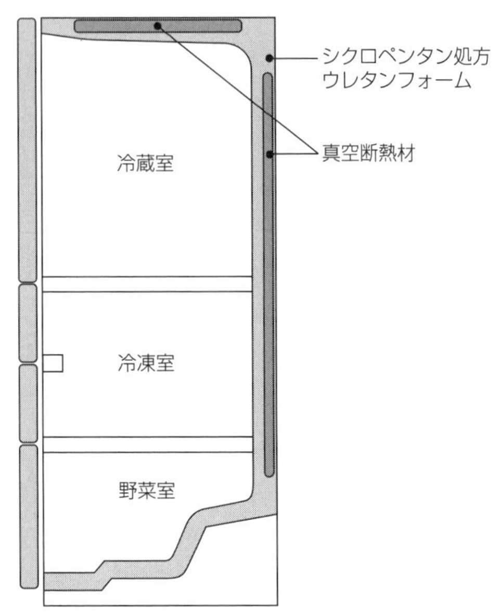

図8-10　真空断熱材を使用した冷蔵庫の断面図（例）

8.4 冷蔵庫の温度

1. 冷蔵室の扉開閉の影響

冷蔵室の温度は、JIS C 9607にて「室温が16℃～32℃において冷蔵室内を0.8℃の範囲に調整できること」と規定されているが、実際に市販されている家庭用冷蔵庫の冷蔵室は、一般的な使用条件において1℃～5℃に設定されており、±2℃くらいの範囲で調整できるものが多い。しかし、扉の開閉が頻繁だったり、食品の詰めすぎにより冷気の循環が悪くなったりすると、庫内温度は上昇する。食品は約8割が水分であり、比熱が大きいので（空気のように）簡単には温度変化しないが、扉の開閉が頻繁（ひんぱん）だったり、開放時間が長かったりすると食品温度は上昇しやすくなる。食品温度を低く保つためには、むだな開閉をしない（開閉回数を少なくする）こと、扉の開放時間をできるだけ短くすることが大切である。扉開閉による庫内温度変化を図8-11に、扉開閉頻度による食品温度の変化を図8-12に示す。

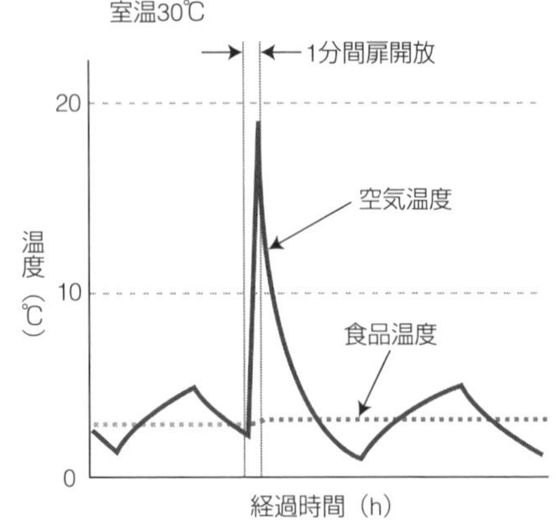

図8-11　扉開閉による庫内温度の変化

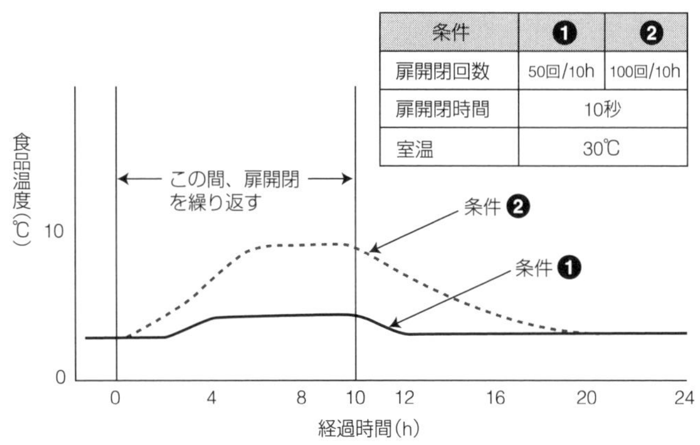

図 8-12　扉開閉頻度による食品の温度変化

2.　冷蔵庫の温度帯

（1）冷凍室の性能

冷凍室の性能は、記号によって区分表示されている。記号ごとの性能は、JIS C 9607 に規定された試験条件で試験したときの冷凍負荷温度（食品温度）が**表 8-2** のようになるものをいう。ただし、貯蔵期間は食品の種類、冷凍室に入れるまでの温度、使用条件によって違うため一応の目安である。JIS の試験方法は以下のとおり。

①冷蔵室内温度が 0℃以下とならない範囲で、最も低い温度となるよう温度調節ダイヤルを調節する。

②電気冷蔵庫を据え付けてある部屋の温度が 16℃～32℃の範囲を基準とする。

③冷凍室定格内容積 100L 当たり 3.5kg 以上の食品を 24 時間以内に－18℃以下に凍結できる冷凍室をフォースター室としている。

表 8-2　冷凍室の性能表示

呼び方	ワンスター	ツースター	スリースター	フォースター
記号	＊	＊＊	＊＊＊	＊＊＊＊
冷凍負荷温度（食品温度）	－6℃以下	－12℃以下	－18℃以下	－18℃以下
冷凍食品の貯蔵期間の目安	約 1 週間	約 1 か月	約 3 か月	約 3 か月

注：フォースターは、「冷凍室定格内容積 100L 当たり 3.5kg の試験用負荷を－18℃に到達させる時間が 24 時間以内」である冷凍能力を表している。

（2）冷凍室以外の室

冷凍室以外の室として、冷蔵室・セラー室・パントリ室・チラー室・ゼロスター室・ワイン貯蔵室があり、JIS C 9801-1：2015 によって**表 8-3** のように規定されている。家庭用冷蔵庫の各室の温度と保存食品（例）を**表 8-4** に示す。チラー室は、実際の製品ではパーシャル室、氷温室、チルド室などの名称が付けられており、食品の鮮度を保持するために以下のような工夫がなされている製品がある。

- 室内の気圧を下げて（約 0.8 気圧）酸素量を減らすことにより食品の酸化反応を抑制する。
- 氷点を少し下回る温度（約－3℃～0℃）で食品を凍結させずに保存する（過冷却現象の

表8-3　各室の区画（JIS C 9801-1を基に作成）

室　名	区　画
冷蔵室	凍らせない生鮮食料品を貯蔵及び保存することを意図した室
セラー室	冷蔵室の温度よりも高い温度で、食料品を貯蔵することを意図した室
パントリ室	セラー室の温度よりも高い温度で、食料品を貯蔵することを意図した室
チラー室	非常に腐りやすい食料品を貯蔵することを意図した室。温度は−3℃～＋3℃
ゼロスター室	温度が0℃以下で、冷凍又は水を凍らせる及び氷の貯蔵にも使用するが、非常に腐りやすい食品を保存することを意図しない室
ワイン貯蔵室	ワインの貯蔵及び熟成を意図した室

表8-4　各室の温度と保存食品（例）

室　名	温　度	保存食品
冷蔵室	約3℃～5℃	サラダ、お惣菜、デザート類など（すぐ食べるものや凍らせたくないもの）
冷蔵室のドアポケット	約6℃～9℃	卵、調味料、ドリンクなど（あまり温度に左右されないもの）
冷凍室	約−18℃	冷凍食品、アイスクリームなど
野菜室	約5℃～7℃	野菜、果物、ドリンク類
パーシャル室	約−3℃	肉、魚、ハムなどの加工食品（食材がわずかに凍る状態）
氷温室	約−1℃	肉、魚、貝類、刺身など（凍らない状態）
チルド室	約0℃	肉、魚、乳製品、漬物など

利用）※1。そのため、食品のドリップ※2を抑制できる。

• 約−3℃で食品の表面だけを凍結させることで、食品内部への酸素侵入を防ぐ。

(3) 温度調節

庫内の温度は、冷蔵庫の据え付け条件、外気温度、湿度、使用条件などの影響を受ける。特に、外気温度が高い場合や扉の開閉頻度が高い場合は、取扱説明書に従って温度を調節する。据え付け場所の温度、ドアの開閉、食品の量や入れ具合などにより変化するので、一概にはいえないが、温度調節と庫内温度の関係は表8-5のようになっている。冷蔵庫の据え付け場所の温度が30℃で、食品を入れずに扉を閉じたままにして安定状態に達したとき、庫内のほぼ中央下寄りで測定した温度である。

表8-5　庫内温度の目安（スリースターおよびフォースター冷凍冷蔵庫の場合）

温度調節	冷蔵室温度	冷凍室温度
弱	"中"より2℃～3℃高くなる	
中	1℃～5℃	−18℃～−20℃
強	"中"より2℃～3℃低くなる	

※1：氷点とは水の凝固点（液体が凝固する温度）のことをいい、1気圧のもとではセ氏零度である。過冷却とは液体が凝固点を過ぎて冷却されても凝固せず、液体の状態を保持している現象。

※2：ドリップとは、生ものを解凍するときに出てくる水分のこと。ドリップとともにうまみ成分が流出する。また、ドリップが大量に出ると食感も悪くなる。

一口メモ

消費期限と賞味期限の違い

食品の表示に関する法律には、食品衛生法、日本農林規格（JAS 法）、健康促進法、景品表示法などがある。加工食品には、表示されている保存方法に従って未開封状態で保存したときの「消費期限（Use-by date）」または「賞味期限（Best before）」が表示されている。保存方法の表示がない場合は、常温で保存できる。

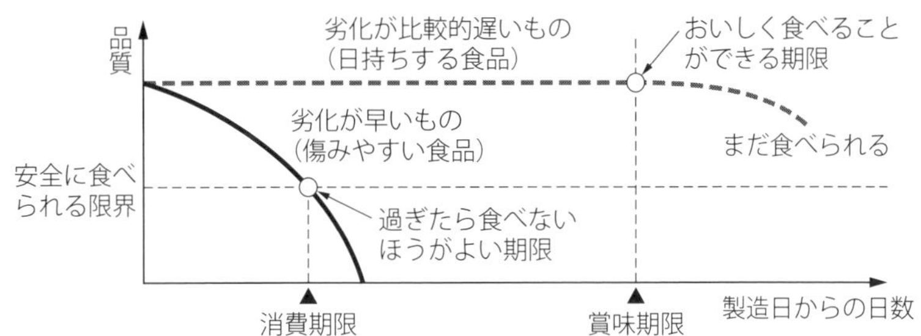

図 8-A　消費期限と賞味期限の違い

長もちする食品（缶詰、スナック菓子、即席めん類など）には、おいしく食べられる期限を示し、賞味期限内においしく食べるように、3 か月を超えるものは年月または年月日で、3 か月以内に食べるものは年月日で表示している。傷みやすい食品（弁当や調理パンなど）には、食べても安全な期限を示し、消費期限内に食べるように年月日で表示されている。

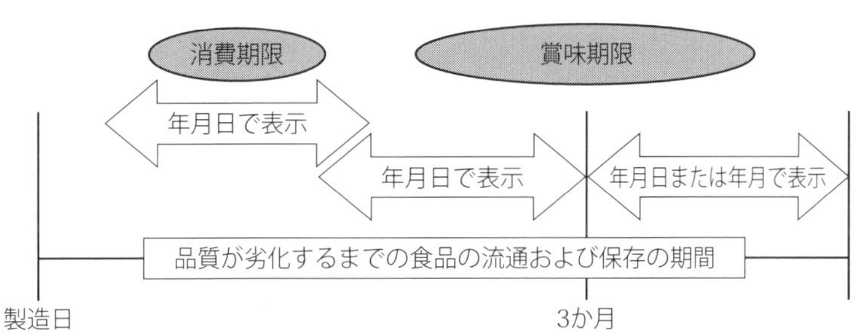

図 8-B　消費期限と賞味期限の表示方法

8.5　冷蔵庫の付加機能

1.　自動製氷

給水タンクに水を入れ、冷蔵庫に給水タンクをセットするだけで氷ができる。また、貯氷ケースに氷が一定量たまると、検氷レバーでそれを検知し自動的に製氷を停止する。給水方式には、電磁弁給水方式とポンプ給水方式の 2 種類あるが、主流になっているポンプ給水方式の構造例を図 8-13 に示す。

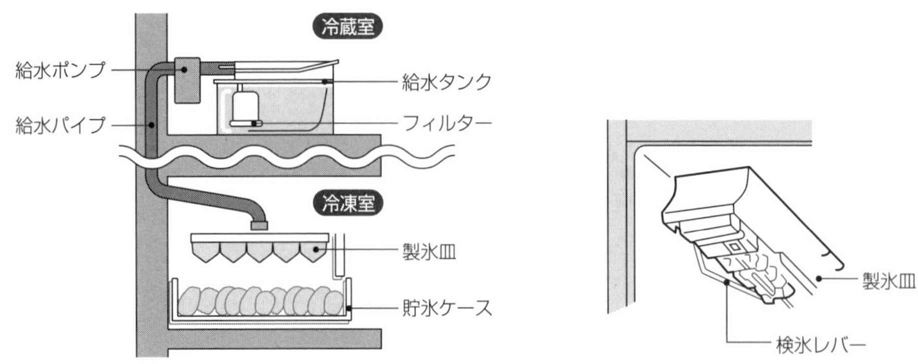

図8-13　自動製氷構造例

水の通り道をすべて外して洗える構造にした製品や、除菌機能を付けた製品もある。除菌の方式としてはAg+イオンや紫外線LEDを利用した光除菌などがある。使用にあたっては次の点に注意する。

①ミネラルウォーター※3や井戸水などミネラル分の多い水を使用すると、氷に白い濁りができることがある。氷の白い濁りはカルシウムなどの結晶であり、害はない。

②通常の氷は、水の中に溶け込んだ空気の気泡が氷の中に閉じ込められて白くなる。時間をかけて凍らせて透明な氷を作る機種もある。

③給水タンクには水以外は絶対に入れない。ジュース、お茶、お湯などを入れると故障や変形の原因となる。

2.　食品の乾燥防止

冷蔵室や野菜室は、冷却パネルを使った冷却により食品に直接冷風が当たらないようにして庫内を高湿度に保っている。そのため、ラップをかけなくても食品の乾燥は抑えられ、鮮度を保ったまま保存できる。ただし、ニオイ移りの心配がある場合はラップをかけたほうがよい。なお、庫内の湿度は75%～95%と高いため、乾物の保存には向かない。

3.　除菌・脱臭

庫内の除菌・脱臭の方式として、イオン（水に包まれたOHラジカル）を庫内に放出し雑菌やウイルスを抑制したり脱臭する方式や、光触媒フィルターに発生させたOHラジカルで、循環する空気に含まれる雑菌やウイルスを抑制したり脱臭する方式などがある。

4.　エチレンガスの抑制

野菜や果物は収穫後から熟成や老化が始まり、その過程でエチレンガスを発生させる。一般的に野菜や果物は、エチレンガスに触れると腐敗が促進される。触媒を使ってエチレンガスやニオイ成分を炭酸ガスと水分子に分解して室内の炭酸ガス濃度を高め、野菜の呼吸を抑制することにより鮮度や栄養素を保持するものがある。また、イオンの働きによりエチレンガスの発生を抑制するものなどもある。

※3：ミネラルウォーター・浄水器の水・一度沸騰させた水・井戸水などのように、塩素消毒されていない水を使う場合は、雑菌やカビが繁殖しやすくなるため、こまめに手入れする必要がある。

一口メモ

LED による野菜の栄養素アップ

野菜室の後方に赤・緑・青の LED を設置し、日光の１日のサイクルに合わせて光を照射することにより、葉物野菜など葉緑素を持つ野菜に光合成を行わせ、栄養素（ビタミン C や糖など）を増やす機能を持つ冷蔵庫が販売されている。

5.　急速冷凍、熱いもの冷凍

食品を冷凍保存するとき、食品中の水分が凍る最大氷結晶生成帯（－1℃～－5℃）を短時間で通過させることで氷の結晶の成長を抑えることができる。氷の結晶を大きく成長させないことで食品の細胞の破壊を抑え、解凍後でもうまみ成分の流出を少なくして、食感の変化を抑えることができる。最大氷結晶生成帯を短時間で通過させるために、センサーで食品の温度を検知し冷気を集中的に当てるようにしたり、急速冷凍スイッチを入れる。

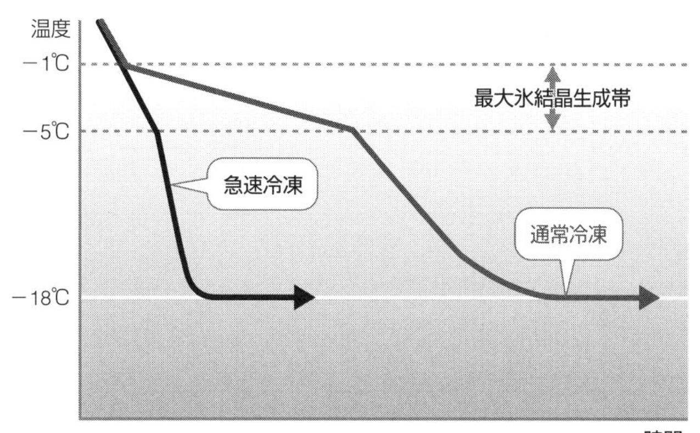

図 8-14　急速冷凍のイメージ

また、食品を置くトレイとして、熱伝導率の高いアルミトレイやセラミックトレイを用いたり、蓄冷材を封入した蓄冷プレートにアルミプレートを組み合わせたトレイを用いたりして食品から急速に熱を奪い温度を下げる。約－7℃で凍らせることにより、冷凍した食材を解凍せずにすぐ使える（包丁で切れる）という機能を持つ製品もある。

一口メモ

食品の収納量検知

冷蔵室内を LED で上方と側方から照射し、食品の増減によって変化する庫内照度を検知する製品がある。この製品では、少し出し入れしただけならそれまでのモードで運転を続けるが、食品が大量に入ったと判断したら、新たに入れた食品が早く冷えるように運転モードを切り替える。

8.6　HEMS および AI、IoT 技術の活用

冷蔵庫が IoT 化して HEMS 経由や無線 LAN でネットワーク接続し、新たな機能を実現したものや製品単体でも AI 機能を搭載したものが販売されている。

1. HEMS 接続による新機能

エアコンやエコキュート、IH クッキングヒーター、換気システムなどとともに冷蔵庫をHEMS に接続したシステムがある。このシステムに接続された冷蔵庫は、例えば、以下のことができる。

- 一人暮らしの高齢者が冷蔵庫のドアを開くと、離れて暮らす家族のスマートフォンにプッシュ通知を届けてくれる。
- 冷蔵庫の AI 機能により、日々の冷蔵庫の開閉データから生活パターンを分析・学習し、庫内の温度変化を予測して（庫内の）部屋別に消費電力を抑えながら最適な運転を行う。

2. クラウドサービス接続による新機能

無線 LAN 経由で専用クラウドサービスに接続し、献立の検索や提案などを音声・画面で提供する製品がある。この製品は、クラウド上の AI により家族の嗜好や利用状況を学習し、使うほどに使用者に合った情報やアドバイスを提供する。以下に例を示す。

- 冷蔵庫のドアのタッチパネルを使って、見たい情報を引き出せる。また、冷蔵庫に近づくと人感センサーが感知し、メッセージを届けてくれたり、音声対話ができたりする。
- 郵便番号を登録しておくことで、周辺スーパーの特売情報をタッチパネル上やスマートフォンに知らせる（**図 8-15（a）**参照）とともに、特売品を使ったメニューを提案する。また、旬の食材や庫内の食材を使ったメニューを提案する。
- AI スピーカーと連携し、リビングやダイニングから冷蔵庫と献立相談ができる。
- 見守りたい家族の冷蔵庫を登録すると、ドアの開閉により、離れて暮らす家族や留守番中の子供の安否をスマートフォンに通知する（**図 8-15（b）**参照）。
- 冷蔵庫から電子レンジに調理メニューを自動送信したり、洗濯が終わったことや洗濯機がエラーで停止したことを冷蔵庫が知らせてくれたりするなど、ほかの IoT 機器と連携できる。

(a) 周辺スーパーの特売情報

(b) 離れて暮らす家族の見守り

図 8-15　クラウドサービスにつながり、AI 機能と連携する事例

3. 専用アプリによる新機能

1）事例 1

専用アプリを使った下記の機能を有する製品がある。

- ドアの閉め忘れをプッシュ通知する。また、その日のドアの開放時間や運転状況を確認できる。さらに、直近 10 日分の冷蔵庫のドア開放時間のグラフを表示する。

- 外出先から部屋ごとの温度や冷却モードの確認・設定ができる。
- 食材の選び方や栄養の特徴、保存方法など季節ごとの旬の食材情報を届ける。
- その日の天気や気温などとともに、買い物に出かけるおすすめ度を表示する。1 週間の買い物おすすめ度も確認できる。
- 庫内の部屋ごとにスマートフォンで撮影した画像を記録し、買い物中にチェックすることで、買い忘れや購入済み食材の重複買いを防げる（図 8-16 (a) 参照）。
- 保存する食材をスマートフォンで撮影し、購入日や経過日数を一覧で記録する（図 8-16 (b) 参照）。賞味期限や消費期限を登録すると、リマインダー機能によってプッシュ通知で知らせる。

(a) 冷蔵庫の中身チェック画面

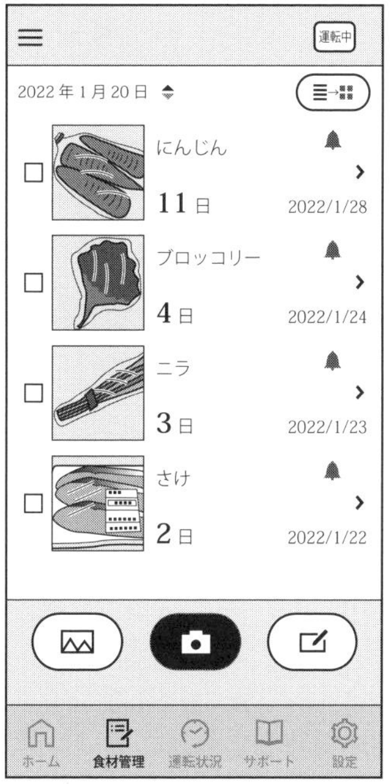

(b) 食材管理画面

図 8-16　庫内の食材チェック＆食材管理

2）事例 2

専用アプリを使った下記の機能を有する製品もある。

- 切替室の冷やすモード（冷ます・急速冷却・急速冷凍）および時間を、食材の量や目的に合わせて設定できる。
- 冷却完了のお知らせ、製氷状態のお知らせ、運転状況や給水タンクの水切れなどの状態も確認できる。
- 外気温度の低い冬季（登録した設置地域から気温情報を取得）は、庫内の冷やしすぎを抑えて食材や飲み物を適温に維持する。
- 食材ごとの利用期限を設定しておけば、使い忘れを知らせてくれる。
- 卵や納豆、牛乳、ヨーグルトなどの食材を重量検知計の上にのせておくことで、買い物中にストック状況を確認できる（図 8-17 参照）。

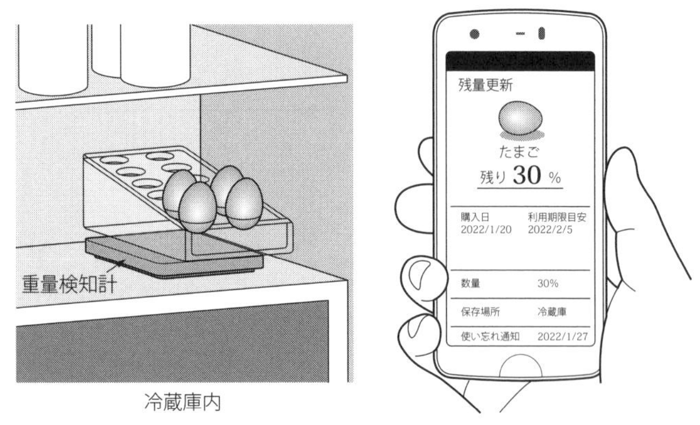

図 8-17　重量検知計による食材ストック状況の確認

さらに、スマートフォンの GPS 機能による位置情報を使って下記のようなこともできる。

- 自宅から離れると、外出したことを検知して自動的に節電モードに移行する。
- 買い物先にいることを検知し、「まとめ買い」を予測してあらかじめ庫内を冷却することで、食材を入れたときの温度上昇を抑制する。

8.7　年間消費電力量と省エネ目標

1.　JIS の見直し

従来、年間消費電力量の測定方法は、JIS C 9801：2006 を適用していた。その後、日本から国際規格（IEC）に対し、世界共通指標として機能し得る規格への改正について働きかけを行った結果、定格内容積・年間消費電力量測定方法が改正され、新しい国際規格が 2015 年 2 月に発効された。この改正に準じて日本産業規格（JIS C 9801-1 ～ 3 ※4）も 2015 年 6 月に改正された。

新 JIS（JIS C 9801-3：2015）による消費電力量測定方法を**表 8-6** に示す。また、新 JIS と旧 JIS による定格内容積測定方法の違いを**図 8-18** に示す。新測定方法は、旧測定方法に比べて、定格内容積の表示値※5 は小さくなり、年間消費電力量の表示値は大きくなる傾向にある

表 8-6　年間消費電力量測定方法

	JIS C 9801-3：2015 消費電力量測定方法			
種類	冷凍冷蔵庫 「スリースター」「フォースター」機種		冷蔵庫	冷凍庫
庫内温度	冷凍室	冷蔵室	冷蔵室	冷凍室
	－18℃以下	4℃以下	4℃以下	－18℃以下
周囲温度	32℃及び 16℃			
周囲湿度	32℃測定時：70 ± 5%　16℃測定時：55 ± 5%			
消費電力量の表示	年間消費電力量（kWh/ 年）（周囲温度 32℃測定による 1 日当たりの消費電力量 205 日分と周囲温度 16℃測定による 1 日当たりの消費電力量 160 日分の合計）			

※4：JIS C 9801-1 ～ 3 は「家庭用電気冷蔵庫及び電気冷凍庫の特性及び試験方法」
※5：年間消費電力量の表示は、従来の 10kWh/ 年単位から 1kWh/ 年単位に変更された。

が、食品の収納スペースや省エネ性能は変わるわけではない。JIS 改正に併せて「省エネ法」及び「家庭用品品質表示法」も 2016 年 3 月に改正された。これらを踏まえ、新測定方法による「定格内容積」、「年間消費電力量」の表示に変更された。

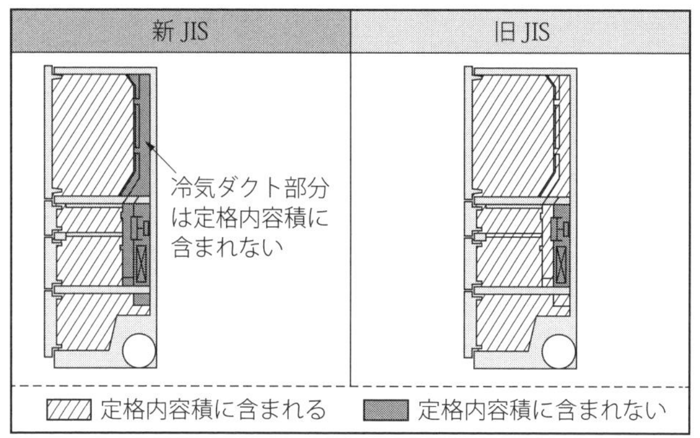

図 8-18　定格内容積測定方法の主な違い

一口メモ

冷蔵庫の定格内容積および食品収納スペースの目安

冷蔵庫の定格内容積および食品収納スペースの目安について、各社カタログなどでは、以下のような注記と表示がなされている。

- 定格内容積は、日本産業規格（JIS C 9801-3：2015）に基づき、庫内の温度制御に必要でない庫内部品（棚やケースなど）を外した状態で算出している。
- 食品収納スペースの目安は、日本産業規格（JIS C 9801-3：2015）に基づき、庫内部品を取り付けた状態で算出している。
- 貯蔵室ごと（例えば、冷蔵室、冷凍室、野菜室など）に、定格内容積の表示と併せて食品収納スペース（貯蔵室ごとの実際に食品を収納することができる空間の容積）の目安を〈　〉内に表示している（図 8-C 参照）。

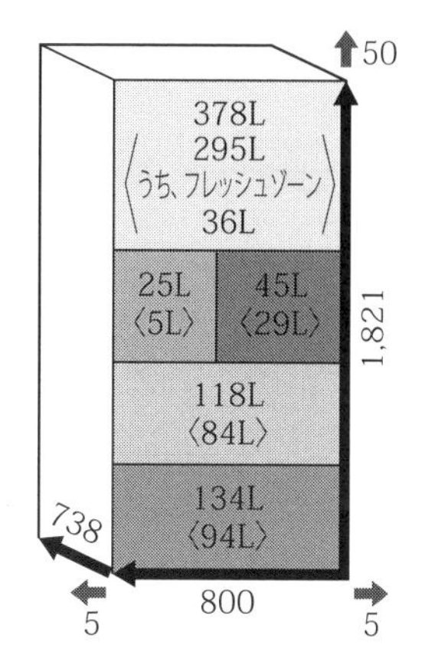

図 8-C　食品収納スペースの目安の表示

2.　冷蔵庫の省エネ目標基準

省エネルギーラベリング制度によると、電気冷蔵庫においてトップランナー基準を達成すべき目標年度は 2021 年度となっている。間接冷却方式冷凍冷蔵庫の場合、375L 以下および 375L を超えるものに区分されている。省エネ基準達成率は、**表 8-7** にて算出した年間消費電力量を、新 JIS の消費電力量試験に規定する方法で測定した年間消費電力量で割った比率である。

$$\text{省エネ基準達成率} = \frac{\text{定格内容積から算出した年間消費電力量}}{\text{測定した年間消費電力量}} \times 100$$

表8-7 2021年度を目標年度とする基準

冷却方式	定格内容積	年間消費電力量 目標基準値算定式
直冷式（冷気自然対流方式）	—	E3＝0.735V3＋122
間冷式（冷気強制循環方式）	375L以下	E3＝0.199V3＋265
	375L超	E3＝0.281V3＋112

E3：年間消費電力量（kWh/年）、V3：調整内容積（L）

統一省エネラベル（例）を図8-19に示す。冷蔵庫の場合、省エネルギーラベルには省エネ性マーク、省エネ基準達成率、年間消費電力量、目標年度が表示されている。電気冷蔵庫は、（電気冷凍庫、照明器具、電気便座とともに）2020年度から統一省エネラベルの多段階評価基準が変わり、今まで5段階だった評価区分を、0.1きざみの41段階（1.0～5.0）の評価点とすることで、より詳しい性能表示ができるようになった。Webサイトなどの限られたスペースや製品本体、その近傍に貼れるように、多段階評価点のみを表示したミニラベルもできた（図8-20参照）

多段階評価点

市場における製品の省エネ性能の高い順に5.0～1.0までの41段階で表示（多段階評価点）。★（星マーク）は多段階評価点に応じて表しています。

星と多段階評価点の対応表			
★★★★★	5.0	★★⯪☆☆	2.5～2.9
★★★★⯪	4.5～4.9	★★☆☆☆	2.0～2.4
★★★★☆	4.0～4.4	★⯪☆☆☆	1.5～1.9
★★★⯪☆	3.5～3.9	★☆☆☆☆	1.0～1.4
★★★☆☆	3.0～3.4		

図8-19 統一省エネラベル（新ラベル例）

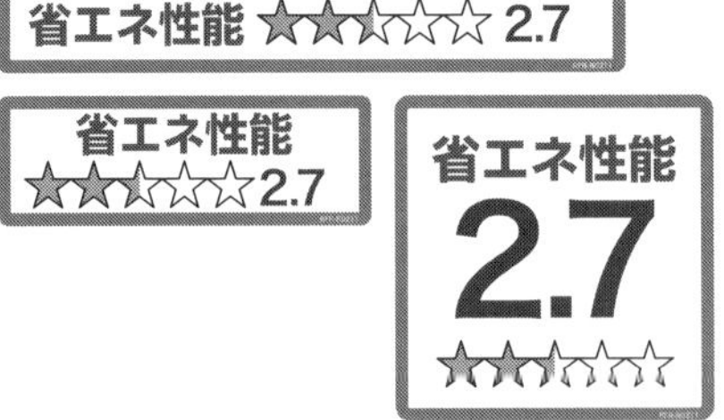

図8-20 ミニラベル

8.8 据え付け上の注意

①冷蔵庫のカタログには据付スペースが表示されている（図8-21参照）。冷蔵庫は、本体の背面、側面および上面から放熱を行うため、表示されている最小設置スペースを確保して設置する。最小設置スペースを確保することにより効率よく放熱が行われ、省エネになる。

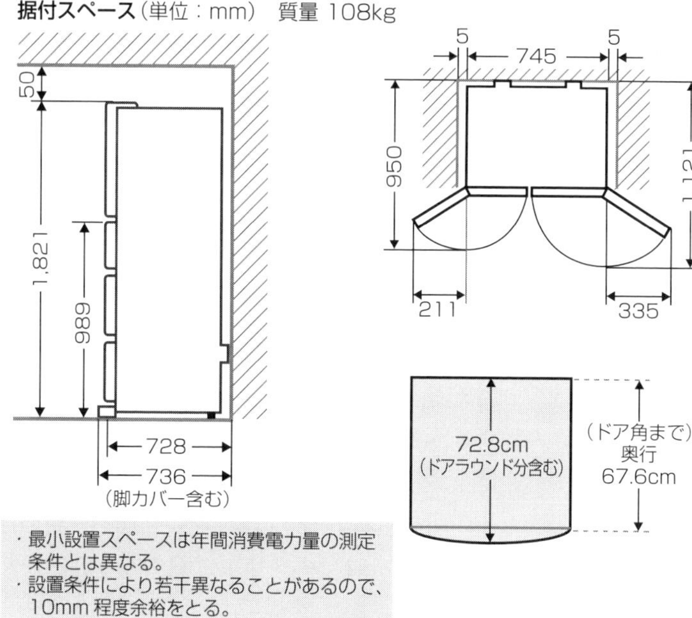

図 8-21　冷蔵庫の据付スペース（例）

②直射日光が当たらない日陰で、ガスコンロなどの熱気の当たらない風通しの良い場所を選ぶことにより、冷却能力の低下を防ぎ、省エネになる。

③湿気の少ない場所を選ぶことにより、安全に使用でき、さびの防止にもなる。

④運転中に発生する振動や騒音を少なく抑えるため、丈夫で水平な所に設置する。冷蔵庫正面下部にある調節脚を下げて、ドアの平行調整を行う。また、移動用キャスターを浮かせ水平に固定する。

⑤設置場所がじゅうたん、畳のほかに塩化ビニール製の床材の場合、熱により変色するおそれがあるため、丈夫な床材を敷く。

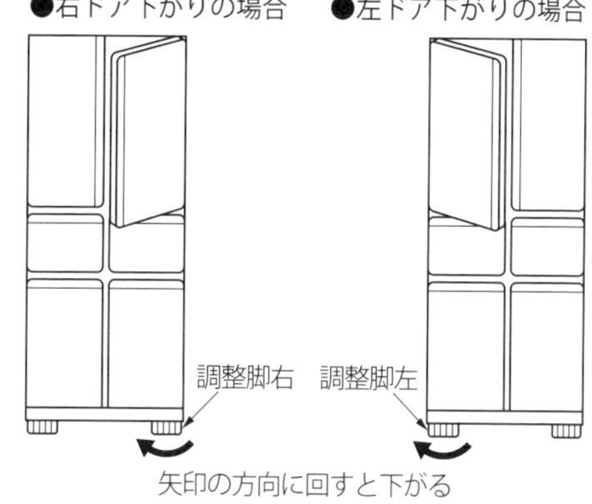

図 8-22　ドアの平行調整（両開きドアの場合）

一口メモ

電子レンジなどをのせて使うとき

小型冷蔵庫では、電子レンジなどを冷蔵庫の上にのせることができる製品もある。その際には、以下のことに注意する。

- 電子レンジの放熱スペースなどの設置条件、使用上の注意、安全上の注意を確認する。
- 電子レンジの脚間寸法（外側）が、指定寸法以内であることを確認する。
- オーブントースターなど外側が 100℃を超えるものはのせない。

8.9 省エネ対策

省エネのための上手な使い方として、各社カタログに以下の記載を行っている。

①ドアの開閉は、少なく、手早く。開閉が多いと冷気が逃げてむだになる。

②食品の詰め込みすぎは禁物。

③熱いものは冷ましてから。熱いものを入れると、庫内温度が上昇し、周りの食品温度も上げてしまうため。

④冷蔵庫の周囲に適当な隙間（すきま）をあける。周囲に隙間がほとんどない状態で設置すると、放熱ができず電気のむだになる。

⑤傷んだドアのパッキンは取り替える。傷んでいる隙間から冷気が漏れて、電気のむだづかいになる。名刺等をはさんでずり落ちるようであれば、パッキンを取り替えること。ほかにも、省エネのため以下の注意をするとよい。

- 設置の際、直射日光の当たる場所や熱源の近くは避ける。
- 冷蔵庫の背面にはホコリが付着しやすい。ホコリが付着すると放熱が妨げられるため、冷蔵庫の背面も掃除する。
- 食品は、ポリ袋や密封容器に入れたりラップをかけたりして保存することにより、水分の蒸発を抑制して鮮度を保つことができる。また、蒸発器への着霜量が減少し、省エネになる。

一口メモ

ドアアラーム

冷蔵庫は、冷蔵室・冷凍室・製氷室など各室のいずれかのドアが1分以上開いていると、光（庫内灯の点滅など）や音でお知らせするアラーム機能を有している。節電モードとして、アラーム音を30秒以上で発生させる製品もある。

8.10 上手な使い方

①一度溶けた冷凍食品は、再凍結させると風味が落ちるので再凍結させないほうがよい。また、アイスクリームで乳脂肪分、果糖分の多いものは一度溶けると再凍結しなくなることがあるので、注意が必要である。

②肉や魚などの食材をホームフリージングする場合は、小分けしてラップするなど、一度に使う量にしてから冷凍することにより、むだが省ける。

③冷蔵庫に入れても食材は劣化する。冷蔵庫を過信せず早めに消費する。

④ドアを閉めるとほかのドアが一瞬浮く現象がみられることがある。これは、ドアを閉めたときの風圧が内部の風路を通り、ほかの部屋に伝わるためである。また、食品の詰めすぎによりドアが内部から押された状態になっていると、ドアが一瞬浮いたときにそのまま半ドアになってしまうことがある。

一口メモ　冷蔵庫からの音（運転音・動作音）

冷蔵庫は、設定した庫内温度を保つように自動運転される。冷蔵庫の設置状況や使用状況、周囲の環境によっては、冷蔵庫の運転による振動で床や棚などが共振して音が大きく響いたり、変わった音に聞こえたりする場合がある。例えば、以下のような音は異常ではないので、問い合わせや修理依頼をする前に確認するとよい。

- 背面から「ブーン」…ファンの運転音
- 背面から「ブーン」「キーン」…圧縮機の運転音
- 背面から「ガタガタ」「ゴトゴト」…圧縮機が運転を始めるときや停止するときの音
- 庫内または背面から「チョロチョロ」「ポコポコ」「シャー」…冷媒の流れる音
- 庫内から「ビシッ」「バシッ」…温度変化によりプラスチック部品がきしむ音
- 製氷室から「ウィーン」…自動製氷機や給水ポンプが動作する音

8.11 安全上の注意

①電源は交流 100V 定格 15A 以上のコンセントを単独で使用する。
②地震に備えて、丈夫な壁や柱に冷蔵庫転倒防止ベルトなどで固定する※6。
③水気や湿気のある所に冷蔵庫を据え付けるときには、故障や漏電のときに感電するおそれがあるため、アース・漏電遮断器を確実に取り付ける。取り付けについては販売店に相談する。
④ドアの開閉などにより冷蔵庫の上に置いた物が落下する危険性があるので、冷蔵庫の上に物を置かない。冷蔵庫の放熱の妨げにもなる。
⑤手入れするときは、電源プラグを抜いてから実施する。
⑥冷蔵庫では温度管理の厳しいものは保存できないので、医薬品や学術試料などを入れない。
⑦エーテル・ベンジン・アルコール・ライターのボンベなどの揮発性・引火性のあるものは、爆発の危険性があるため貯蔵しない。

8.12 手入れ

①内部の棚やドアポケットなどは、取り外して水洗いする。油汚れがある場合は中性洗剤とぬるま湯で拭き、洗剤をよく拭き取る。化学ぞうきんやアルコール、ベンジン、アルカリ性洗剤などを使用すると、プラスチック部品の変形や破損につながるので絶対に使用しない。
②蒸発皿は 2 週間に一度、中にたまった水を捨て、きれいに水洗いする。
③自動製氷機付きの場合は、週に一度は給水タンクの水を捨て、タンク受け皿などにたまった水を清潔な布で拭く。

※6：地震などで冷蔵庫が揺れるとドアが自動的にロックされる製品が販売されている。この製品では、食品の飛び出しが防止できるとともに、ドアが開かないため重心が前方に偏らず、冷蔵庫本体も転倒しにくくなる。なお、ドアロックは揺れが収まったあとで自動的に解除される仕組みになっている。

④手入れのとき、抜いた電源プラグの刃の間のホコリをきれいにから拭きする。

⑤ドアパッキンは、汚れを水拭きするなどいつも清潔に保つ。特にドアの下側は目につきにくく、ドアポケットの飲み物や調味料がたれて、付着したままになることがあるので、注意が必要である。汚れがひどいときは中性洗剤を使用し、そのあと必ず水拭きを行う。

⑥冷蔵庫の背面は、放熱を行う部分のため周囲で空気の対流が起こり、細かいホコリが付着しやすい。ホコリが付着すると、放熱が妨げられて冷却能力が低下し、消費電力が増えるため、定期的に掃除するのがよい。

この章でのポイント!!

物質の三態と熱の移動、冷媒の特性、冷蔵庫による冷却の仕組み、冷蔵庫の付加機能、年間消費電力量の測定基準などについて述べました。冷蔵庫については、冷却の仕組みやノンフロン冷蔵庫の特徴など、基本的な内容を理解しておく必要があります。

キーポイントは

- **冷却の仕組み**
- **冷蔵庫の冷却方式**
- **冷蔵庫の温度**
- **年間消費電力量と省エネ目標**
- **省エネ対策**

キーワードは

- 物質の三態、融解熱、蒸発熱、昇華熱
- ペルチェ効果
- 異常液体
- 冷凍サイクル
- イソブタン、真空断熱材、シクロペンタン、ノンフロン冷蔵庫
- インバーター制御
- 消費期限、賞味期限
- 自動製氷
- 最大氷結晶生成帯
- IoT、HEMS、無線LAN、AI、クラウドサービス
- 冷蔵室、セラー室、パントリ室、チラー室、ゼロスター室、ワイン貯蔵室
- 定格内容積、食品収納スペースの目安
- 年間消費電力量、省エネ基準達成率
- ドアアラーム、ドアロック

ADVISER

9章 IHジャー炊飯器

ジャー炊飯器は1972年の発売以来、ご飯を炊いてそのまま保温できる便利さが評価され、電気釜、電子ジャーに取って代わり、さまざまな製品が開発されてきた。加熱方法により、電磁誘導加熱（IH：Induction Heating）式とマイコン制御によるヒーター加熱式に分けられるが、IHジャー炊飯器が主流である。IHジャー炊飯器として、より高温で炊き上げる「圧力式IH」炊飯器、米の酸化を抑制する「高温スチーム」炊飯器、蒸気発生を抑制する炊飯器など、さまざまな特徴を持たせた製品が販売されている。また、近年、各メーカーとも内釜に炭釜・ダイヤモンド銅釜・土鍋釜などの新しい材料を使って、発熱性や熱伝導性を高め、おいしく炊飯するための工夫を行っている。

9.1 仕組みと動作

1. 加熱の仕組み

IH式は、加熱コイルに高周波電流（約25kHz）を流して磁力線を発生させることで金属製の内釜（内鍋ともいう）に渦電流が生じ、内釜の電気抵抗により内釜自体が発熱する方式である。内釜そのものを発熱させて米を加熱するので効率が良く、強い火力を得られる特長がある。

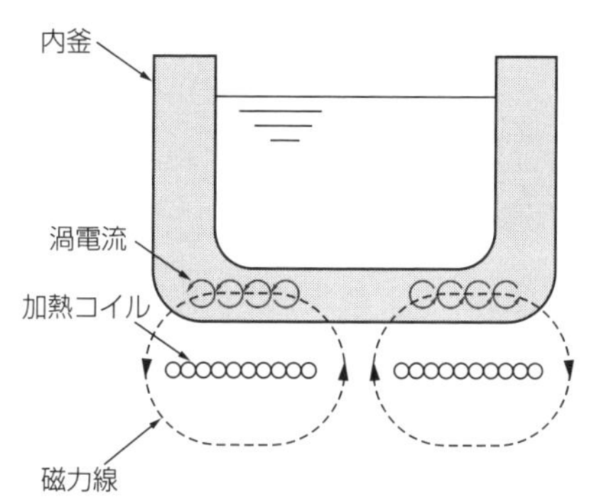

図9-1　電磁誘導加熱（IH）式

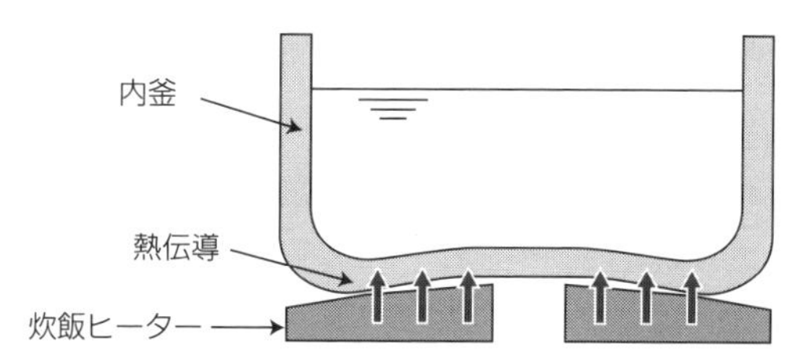

図9-2　ヒーター加熱式

2. 機能

IHジャー炊飯器には、浸し、炊飯、蒸らし、保温の4つの機能がある。

(1) 浸し

洗米後、水に浸す工程を自動で行う。一般的には水温を40℃程度に上げることにより短時間（20分間程度）で浸しを行う。また、真空ポンプを使って、浸し時に内釜の中を減圧（約0.5気圧）することにより、米の吸水性を高め、浸し時間を短縮できる製品もある。

(2) 炊飯

炊飯時は、感熱部が検出した温度勾配などから炊飯量を判定して適切な加熱量に制御する。

水がなくなって温度が100℃から急激に上昇するのを感熱部で検出し、蒸らしに移行する。

(3) 蒸らし

米の中心まで含水させてご飯粒内の水分を均等にし、炊きむらをなくすとともに、余分な水分を飛ばす。ご飯が炊き上がる（蒸らしが終了する）と報知音が鳴り、自動的に保温に切り替わる。保温に切り替わったらすぐにご飯をほぐし、ご飯の表面に付いた余分な水分を逃がすことで、ご飯のべたつきを抑えることができる。

(4) 保温

保温はふたヒーターや側面保温ヒーターを主に用い、ご飯を約70℃に保つ機能である※1。保温すると時間の経過とともにご飯のタンパク質が変質する。温度が低いと雑菌により腐敗して異臭を生じ、温度が高いと変色（黄変）の進行が早まる。

IHジャー炊飯器の構造（例）を**図9-3**に、温度変化（温度曲線）と通電パターン（例）を**図9-4**に示す。保温時に内釜内の気圧を低くすることにより、酸化によるご飯の黄ばみや水

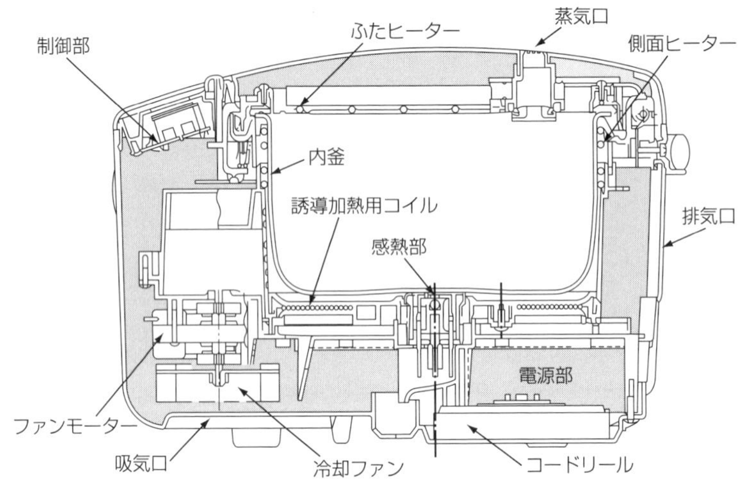

図9-3　IHジャー炊飯器の構造（例）

炊飯行程
浸し
炊飯
蒸らし
保温
温度曲線
100℃
サーモ温度
ふた温度
米の温度（水温）
電力量変化
IH
ふたヒーター
側面ヒーター
ファン

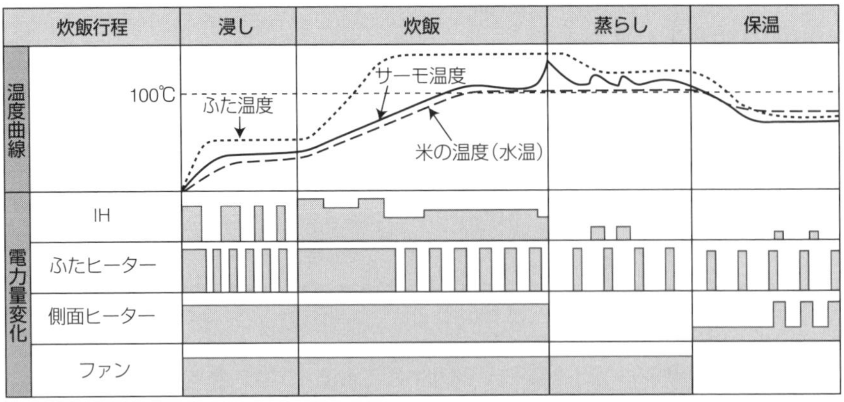

図9-4　IHジャー炊飯器の温度変化と通電パターン（例）

※1：JIS C 9212では保温温度について、「保温試験を行ったとき、測定箇所の温度が67℃～78℃であり、著しい焦げの進行、異臭及び褐変がないこと。」と規定されている。

分の蒸発を抑え、長時間保温ができる製品も販売されているが、電力を消費するばかりでなく、風味も落ちるので保温時間は短いほうがよい。

3. 内釜（内鍋）

IH ジャー炊飯器の内釜は、それ自体が発熱するとともに、その熱をむらなく効率的に米に伝える必要があり、製品ごとに工夫がなされている。基本構造は、図 9-5 に示すように、外側に誘導加熱の発熱層となるステンレスを、内側にその熱を拡散するための熱伝導性の良いアルミニウム・銅などを接合した多層構造となっており、内面には耐久性の高いフッ素樹脂加工が施されている。発熱効率の向上、均一加熱、蓄熱性の向上のためにステンレス、アルミ、銅のほか鉄、銀などを使用し多層化した内釜や炭の塊から削り出して作った内釜もある。

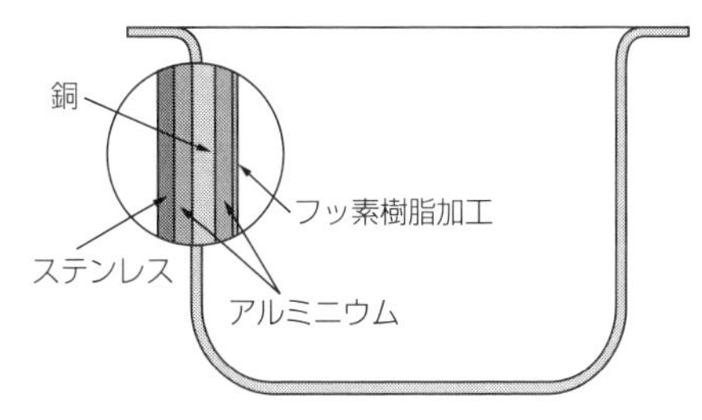

図 9-5 内釜の構造（例）

4. 安全装置

炊飯器の安全装置には、過熱時に作動する温度ヒューズが用いられる。IH 式ではこれに過電流で作動する電流ヒューズが加わる。

5. 圧力式 IH ジャー炊飯器

圧力鍋は、普通の鍋と比べて「短時間で調理できる」という特徴がある。IH ジャー炊飯器のなかにも 1 気圧を超える圧力をかけて炊飯する製品がある。炊飯中の圧力は製品によって異なるが、1.2 気圧～1.5 気圧程度である。圧力と沸点（沸騰温度）の関係を表 9-1 に示す。例えば、1.2 気圧の圧力をかけると水の沸点は約 105℃になる。圧力炊飯器はこの原理を用いて 100℃を超える高温炊飯を行う製品である。圧力式 IH ジャー炊飯器の特徴として、下記が挙げられる。

- 圧力をかけることによって、内釜全体をしっかり加熱する。
- 炊飯中に加圧と減圧を繰り返すことで、内釜の中の水と米を撹拌（かくはん）し、炊きむらを少なくする。
- 蒸らし工程で圧力をかけ高温蒸気（過熱水蒸気）を作って米の一粒一粒にさらに熱を加えることにより、ご飯の余分な水分を取り除き、べたつきのない、ふっくらしたご飯に仕上げる。

表 9-1 圧力と沸点の関係（例）

気圧（圧力）	1気圧	1.1気圧	1.2気圧	1.3気圧	1.4気圧	1.5気圧
沸点	100℃	103℃	105℃	107℃	110℃	112℃

※2：専用容器に入れた水を加熱して 100℃のスチームを生成し、IH ヒーターでさらに加熱して最高 220℃の高温蒸気を生成して噴射する。

圧力式IHジャー炊飯器の温度変化と圧力変化の例を**図9-6**に示す。また、追いだき時や蒸らし時にIHヒーターで作った220℃の高温蒸気（過熱水蒸気）※2をご飯に吹き付けることにより、米の表面をコーティングし、表面のべたつきを低減してハリのあるご飯に仕上げる工夫をした製品などがある。

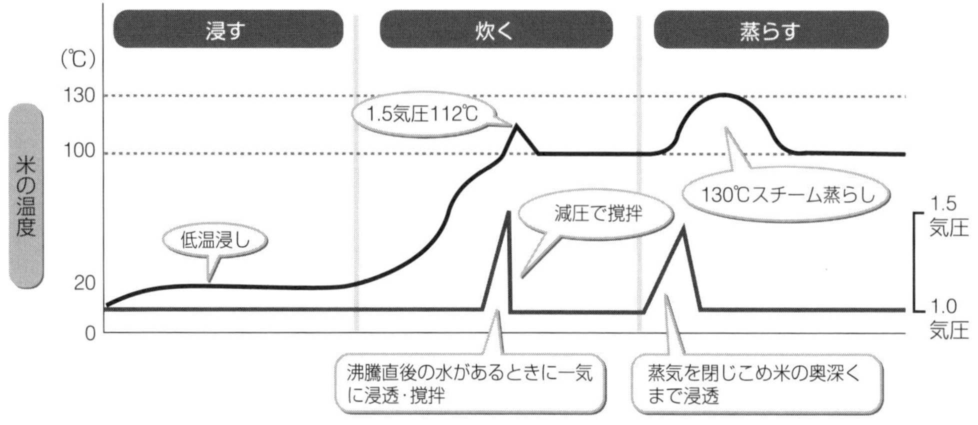

図9-6　圧力式IHジャー炊飯器の温度変化と圧力変化（例）

6.　炊飯時の噴き出し蒸気の低減

IHジャー炊飯器のなかには、蒸気の噴き出しを抑制する機能を搭載している製品がある。蒸気の噴き出しが抑制されれば、蒸気による臭いや湿気が減るので、リビングなどキッチン以外の場所に置けたり、誤って子供が触っても蒸気によるやけどの危険性が減ったりするなどのメリットがある。蒸気の噴き出しを抑制する方式として、以下の方式などがある。

- タンクの水で蒸気を冷やして凝縮させる方式
- ファンで空気を送って蒸気を冷却し凝縮させる方式
- 二重ぶたの温度差により蒸気を凝縮させる方式

従来方式では吹きこぼれないように火力調節を行う必要があったが、蒸気の噴き出しを抑制する方式では吹きこぼれも抑制するので、連続して高火力を加えられる利点もある。タンクの水で蒸気を冷やして凝縮させる方式では、製品の外にはほとんど蒸気が出ないので、蒸気排出ユニットを付ける必要がなく、特徴的なデザイン（本体の天面がフラット）を有している。

9.2　おいしいご飯の炊き方

1.　ご飯を炊く手順

表9-2に、ご飯を炊く手順をまとめる。

表9-2　ご飯を炊く手順

No.	手　順	内　容	ワンポイント
1	良い米を選ぶ	·米粒の大きさがそろっていること ·全体にツヤがあること ·透明感があり、不透明な白色の粒や青米、赤米などの色米がないこと ·砕けた米がないこと	·米は時間経過とともに味が落ちるので、新鮮な米を入手する ·風通しの良い冷暗所で保存する

表 9-2 ご飯を炊く手順（つづき）

No.	手 順	内 容	ワンポイント
2	米を量る	付属の計量カップすりきり一杯で量る 約180mL＝約150g（約1合）	市販の料理用カップは200mL
3	米を洗う	・最初はたっぷりの水でさっとかき混ぜ、水を素早く捨てる ・白く濁った水がきれいになるまで水を替えてすすぐように洗う ・水切りは素早くする。ざるにあげたまま長時間放置しない	・まず表面に付いている米ぬかを洗い流す ・研ぎすぎるともろくなって割れやすくなり炊いたときべたつきの原因になる ・ざるにあげたまま長時間放置すると、米が割れて炊いたときにべたつきの原因になる
4	水加減する	平らな所に置いて、内釜の水位目盛り目安に合わせる	新米は水分が多いので水位目盛りをより下目にするとよい。好みで調節するとよい。
5	内釜を本体にセットする	内釜の周囲、底に付いた水分や異物をふき取る	
6	ふたを閉め炊飯する	・メニューを確認して炊飯キーを押す ・浸水時間は炊飯工程に組み込まれているのですぐにスイッチを入れてよい	炊き上がり時刻を調節する場合は、タイマー機能を使うとよい
7	炊き上がったらほぐす	・余分な水分を飛ばすため、底のほうからご飯をつぶさないように掘り起こす ・蒸らしは炊飯行程に組み込まれている	ほぐすとご飯がふっくらと仕上がる
8	保温	・自動的に保温する ・保温時間は機器取扱説明書の保温時間以内にする	残ったご飯はラップに包んで冷凍庫で保存し、食べるときに電子レンジなどで温めなおすとよい。長時間の保温は電気のむだづかいになる
9	使用後は、電源プラグを抜く	ご飯がなくなったら、切キーを押して電源プラグを抜く	保温しないでご飯を入れておくと、ご飯が腐敗する場合がある

2. 精白米と無洗米

精米した米のことを精白米という。精白米の表面には、精米機では取りきれない粘性のぬかが残っており、これは肌ぬかと呼ばれる。炊飯する前に米をとぎ洗いするのは、この肌ぬかを取り除くためである。米を洗う際に、力を入れて洗うと米が割れてべたつきや焦げの原因となるので、やさしく洗う必要がある。一方、無洗米は、この肌ぬかをきれいに取り除いた白米であり、洗わずにそのまま炊ける米である。ご飯のおいしさは肌ぬかの取れ具合で決まるといわれる。精白米はとぎ洗いすることにより、肌ぬかは取り除かれる。無洗米は、精白米に比べて、肌ぬかが取れている分だけ計量カップに入る米粒の量が多くなる。したがって、無洗米を炊くときは、米の量を通常の炊飯器用計量カップで量る場合は、水加減は炊飯器の目盛りより 5%

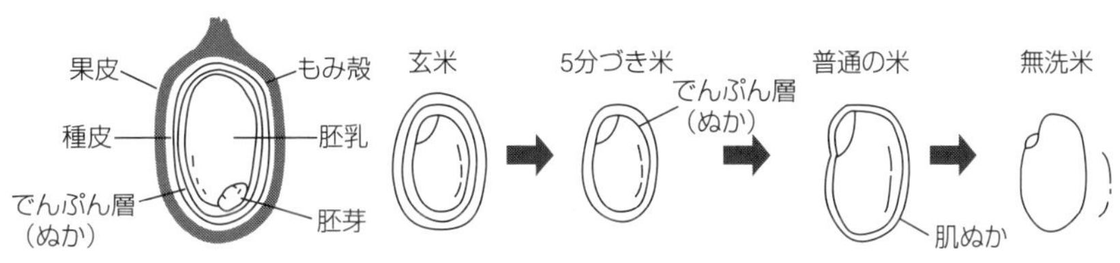

図 9-7 玄米から無洗米へ

～10％多めにし、無洗米専用カップで量る場合は、炊飯器の目盛りどおりの水量で炊く。

3. 米のα化（アルファ化）

生の米の成分は約15％の水分と約70％のβでんぷん（ベータでんぷん）である。生の米に水と熱を加えるとαでんぷん（アルファでんぷん）に変化することを「糊化（α化）」といい、完全α化には98℃で20分間が必要とされている。炊飯は米でんぷんのα化が目的であり、生の米をご飯として消化しやすい状態に変化させることである。おいしく炊き上がったご飯も、冷めてしまうと風味が損なわれる。これは一度α化したでんぷんが、再びβでんぷんに戻る老化（β化）といわれる現象が起きるためである。老化したでんぷんは体内の消化吸収も悪くなる。冷凍したご飯がおいしいのは、α化したまま凍結するからである。

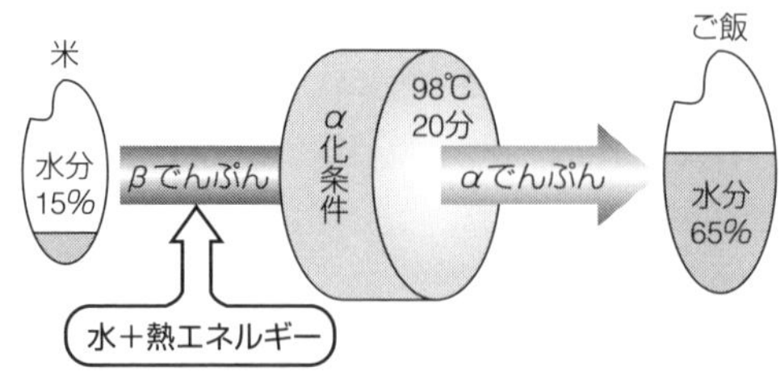

図9-8　米のα化

4. 炊飯時の注意事項

(1) 水加減

水加減は、重量比で米の約1.5倍、容積比では約1.2倍が適当とされているが、産地や銘柄、新米か古米か、釜の種類などによって変わるので、取扱説明書に従って炊いてみて、あとは好みに応じて調節するとよい。

(2) 水の種類

炊飯には、水道水や浄水器を使った水が適している。pH9以上のアルカリイオン水は、べちゃつきや黄変の原因となり、硬度の高い（100mg/L以上）ミネラルウォーターは、ぱさつきや硬くなる原因になるので使用しないほうがよい。また、湯を使用するとニオイなどの原因になるので、水温約30℃以下の水を使用するのがよい。

一口メモ　ご飯が黄変したり硬くなったりするメカニズム

アルカリイオン水による炊飯時のご飯の黄変は、アルカリ性が強い状態において、米の表層に存在する脂質や繊維物質などが黄変するためと考えられている。水の硬度（単位：mg/L）とは、水に溶けているミネラル類のうちカルシウムとマグネシウムの合計含有量を次式で表した数値である。日本では、水道法の規定に基づく水質基準の厚生労働省令で、水道水は300mg/L以下と規定されている。

$$硬度\ (mg/L) = カルシウム量\ (mg/L) \times 2.497 + マグネシウム量\ (mg/L) \times 4.118$$

ミネラルウォーター中のカルシウムは、米の表層の繊維物質、ペクチンなどと結合しやすく、米粒の吸水を阻害（米に水が浸透しにくい）してご飯が硬く炊き上がったり、パサパサになったりする原因となる。（農林水産省ホームページによる）

軟水	0～60mg/L
中硬水（中程度の軟水）	60以上～120mg/L
硬水	120以上～180mg/L
非常な硬水	180mg/L以上

(3) その他

炊飯ボタンを押すと自動的に浸し工程が始まるので、炊飯前に米を水に浸す時間をとる必要はない。水に浸すとやわらかめのご飯に仕上がる。

9.3 省エネ目標と対策

1. トップランナー制度

エネルギー消費機器等の製造・輸入事業者に対し、3年～10年程度先に設定される目標年度において最も優れた機器等の水準に技術進歩を加味した基準（トップランナー基準）を満たすことを求め、目標年度になると報告を求めてその達成状況を国が確認する制度。2018年9月現在、32品目が対象となっている。省エネ法によるトップランナー制度の対象機器等の要件は、次の3点である。

①我が国において大量に使用されている。

②その使用に際し相当量のエネルギーを消費している。

③その機械等に係るエネルギー消費効率の向上を図ることが特に必要なものである。（効率改善余地等がある）

2. 省エネルギーラベリング制度

家庭で使用される製品を中心に、省エネ法で定めた省エネ性能の向上を促すための目標基準（トップランナー基準）を達成しているかどうかを製造事業者などがラベルに表示する制度。省エネルギーラベルには省エネ性マーク、省エネ基準達成率、エネルギー消費効率、目標年度が表示される。

(1) 年間消費電力量の算出

年間消費電力量は、「1回当たりの炊飯時消費電力量」、「時間当たりの保温時消費電力量」、「1時間当たりのタイマー予約時消費電力量」、「1時間当たりの待機時消費電力量」をそれぞれ測定し、実態調査※3から求めた年間炊飯回数などを基に次式により算出する。

年間消費電力量（kWh/年）＝炊飯時の年間消費電力量（kWh/年）＋
保温時の年間消費電力量（kWh/年）＋
タイマー予約時の年間消費電力量（kWh/年）＋
年間待機時消費電力量（kWh/年）

(2) 省エネ基準達成率の算出

省エネ基準達成率は、次式により表される。

$$\text{省エネ基準達成率}(\%) = \frac{\text{基準エネルギー消費効率}(\text{kWh/年})}{\text{年間消費電力量}(\text{kWh/年})} \times 100$$

※3：一般財団法人 省エネルギーセンター実施「炊飯器の使用実態アンケート調査」による。

表 9-3　最大炊飯容量ごとの平均的な使用実態

最大炊飯容量（合）	炊飯回数（回）	1回当たりの炊飯（保温）精米質量（g）	保温時間（時間/年）	タイマー予約時間（時間/年）	待機時間（時間/年）
3合以上5.5合未満	290	300（2合相当）	920	750	2,760
5.5合以上8号未満	340	450（3合相当）	1,540	1,190	2,990
8合以上10合未満	390	600（4合相当）	2,180	1,880	1,210
10合以上	350		2,420	1,000	2,150

一口メモ

同じ年間消費電力量でも省エネ基準達成率が異なる？

炊飯器の目標基準値は、加熱方式、最大炊飯容量により分けられた区分ごとに定められている。また、水加減や火加減、炊き方の違いによって不公平にならないように各製品の目標基準値を蒸発水量で補正している。蒸発水量が多いほど、目標基準値は大きくなる。そのため、同じ年間消費電力量でも蒸発水量により省エネ基準達成率が異なる。

目標基準値算定式＝0.244×蒸発水量（g）＋83.2

3.　省エネ対策

ジャー炊飯器は、なるべく保温時間を短くすることが一番の省エネ※4 になる。

- ご飯の保温は4時間までが目安。4時間以上なら保温のためのエネルギーより、電子レンジで温め直すエネルギーのほうが少なくなる。約7時間～8時間以上保温するなら、2回に分けて炊いたほうが得になる※5。
- 保温時間を短くするためには、まとめて炊いて冷凍保存する。あるいは、食べる時間に合わせて炊き上がるようにタイマー予約を上手に使う。
- 待機時消費電力量を減らすため、使わないときは電源プラグを抜く。（電源プラグをコンセントに差し込んだままでも電力を消費するため）

9.4　安全上の注意

1.　安全上の注意

ジャー炊飯器に関する安全上の注意事項とトラブル発生事例を表 9-4 に示す。

表 9-4　安全上の注意

No.	注意事項	注意が必要な理由	トラブル発生例
1	隙間にピンや針金などの金属物など、異物を入れない	インバーターなどの高圧部や、ファンなどの回転物があるため	・感電 ・異常動作によるケガ
2	本体を水洗いしたり、水につけたり、水をかけたりしない	感電、ショートによる発火の原因になるため	・感電 ・ショート

※4：経済産業省資源エネルギー庁「省エネ性能カタログ2020年版」による。
※5：製品によって、炊飯時消費電力量や保温時消費電力量が異なるので、時間も異なる。

表 9-4 安全上の注意（つづき）

No.	注意事項	注意が必要な理由	トラブル発生例
3	消費電力 1 kW以上の機器は、定格15A以上のコンセントへ直接接続して使う	他の器具と併用すると、分岐コンセント部で異常発熱する	・発火
4	専用の内釜以外は使用しない	内釜の材料、形状、厚みなどで加熱条件が異なる	・過熱 ・異常動作
5	蒸気口に手を触れない	蒸気が吹き出すため	・やけど （特に、乳幼児には触れさせない）
6	心臓用ペースメーカーを使用している場合は、IH式の使用にあたって医師と相談する	製品の動作がペースメーカーに影響を与える場合があるため	・ペースメーカーの誤動作
7	水のかかるところや火気の近くで使わない	本体内部の電気部品に水滴が付いたり、外側が火の付きやすい部品であるため	・感電 ・漏電 ・火災
8	炊飯中、保温中、直後は高温部に触れない	加熱部や蒸気が出てくるところは熱いため	・やけど
9	ふたにふきんを掛けて使わない	蒸気がこもり、ふたやボタンが変形して操作できなくなる	・変色 ・変形 ・故障
10	磁気に弱い物を近づけない	微弱ながら磁気漏洩があるため	・キャッシュカード、自動改札用定期、カセットテープなどの内容が消える ・テレビ、ラジオなどに雑音が入る
11	ふたは「カチッ」と音がするまで確実に閉める	炊飯中に圧力が上昇してふたと本体の間から蒸気が漏れたり、ふたが急に開いたりする	・やけど ・けが
12	フック部、上枠、ふたパッキン、内釜のつば部、底などにご飯つぶや、異物がついたまま使わない ふたパッキン フック部 上枠 底 つば部	ふたが閉まらない原因になり、炊飯中の圧力が上昇してふたと本体の間から蒸気が漏れたり、ふたが急に開いたりする	・やけど ・けが ・故障 ・炊飯、保温不良
13	取扱説明書に記載してある調理以外には使わない	蒸気が漏れたり、ふたが急に開いて食材が飛び出す可能性がある	・やけど ・けが
14	IHクッキングヒーターの上で使わない	故障の原因になる	・故障

一口メモ

特別特定製品とは？

特定製品のうち、その製造または輸入の事業を行う者のうちに、一般消費者の生命または身体に対する危害の発生を防止するため必要な品質の確保が十分でない者がいると認められる製品を「特別特定製品」として指定している。「特別特定製品」に対しては、事業者自身の検査による安全確保に加え、国が認定する第三者検査機関による適合性検査を義務づけている。

2.　安全表示

圧力式IHジャー炊飯器は圧力をかけて炊飯するため、圧力釜や圧力鍋と同じくPSCマークとSGマーク※6が本体に貼り付けられている。また、圧力式IHジャー炊飯器には、（圧力式でないジャー炊飯器と同様に）PSEマークとSマークも貼り付けられている。それぞれのマークに関して、表9-5にまとめる。

表9-5　安全表示

種類	マーク	マークの意味	備考
PSCマーク		・経済産業省が定めた「消費生活用製品安全法」の安全基準に適合していることを示す。 ・この制度は、消費生活用製品のなかで、消費者の生命・身体に対して特に危害を及ぼすおそれが多い製品について国の定めた技術上の基準に適合した旨の確認と表示を義務づけている。	・圧力式IHジャー炊飯器は、消費生活用製品安全法により「特別特定製品以外の特定製品※」に指定されている。 ・製造事業者などは基準に適合した旨の自己確認を実施しPSCマークを表示して販売する。 ・マークのない危険な製品が市中に出回ったときは、国は製造事業者などに回収などの措置を命ずることができる。
SGマーク		・一般財団法人 製品安全協会が定めた認定基準に適合していることを示す。 ・万が一の製品欠陥による人身事故に対し、消費者保護の立場から製品安全協会より賠償措置が実施されることを示す表示である。	・SGマークは法的に表示が義務づけられたマークではなく、表示を希望する事業者が自らの判断で表示する任意のマークである。
PSEマーク		・電気用品安全法に基づき、国の定める安全基準の検査に合格した電気製品に表示される。 ・PSEマークのない電気製品は、原則として販売することができない。	・ジャー炊飯器は、「特定電気用品以外の電気用品」（2020年9月現在341品目）に核当し、左記のPSEマークが表示される。
Sマーク		・電気用品安全法を補完し、電気製品の安全のための第三者認証制度である。 ・Sマーク付電気製品は、第三者認証機関によって製品試験及び工場の品質管理の調査が行われている証である。	・実際の認証製品には（Sマークと）製品を認証した機関（JET、JQA、UL Japanなど）のロゴマークを組み合わせたマークが表示されている。

※「特別特定製品以外の特定製品」の対象製品は、「家庭用の圧力なべ・圧力がま」「乗車用ヘルメット」「登山用ロープ」「石油給湯機」「石油ふろがま」「石油ストーブ」である。

※6：PSCは「Product Safety of Consumer Products」の略、SGは「Safe Goods」の略である。

この章でのポイント!!

IHジャー炊飯器の機能、内釜の構造、圧力式IHジャー炊飯器の特徴、蒸気抑制方式、おいしいご飯の炊き方などについて述べました。

キーポイントは

- 電磁誘導加熱による炊飯
- 内釜の種類と構造
- 圧力式IHジャー炊飯器の特徴
- 蒸気抑制方式の種類と特徴
- おいしいご飯の炊き方

キーワードは

- 電磁誘導加熱式、ヒーター加熱式
- 圧力式IH
- 蒸気抑制
- アルファ化
- トップランナー基準、省エネラベリング制度
- PSCマーク、SGマーク、PSEマーク、Sマーク
- 消費生活用製品安全法、電気用品安全法
- 特別特定製品

ADVISER

10章 IHクッキングヒーター

IHクッキングヒーターは、電磁誘導加熱（IH：Induction Heating）を利用した調理器であり、炎を使用しないため安全性が高く、トッププレートが平らなので吹きこぼれなどの手入れが簡単で清潔性を保ちやすい。また、鍋自体が直接発熱するので、輻射熱が少なく排熱（燃焼ガス）を出さないので周囲が熱くなりにくい。さらに、熱効率が良く※1、高火力が得られるのでラジエントヒーター※2と比較すると加熱時間も短くでき、電気代も安くなる。

10.1 加熱の原理

誘導加熱コイルに20kHz～30kHzの高周波電流を流し、磁力線を発生させる。磁力線の電磁誘導により鍋に渦電流を発生させ、鍋の電気抵抗により鍋自体を発熱させるのがIHクッキングヒーターの加熱の原理である。調理に使用できる鍋は、鉄などの磁性体（磁石が付くもの）で作られた鍋が一般的であるが、近年、銅やアルミニウムなどの非磁性金属（磁石が付かないもの）鍋も使用できるタイプ（オールメタル対応IH）が発売されている。非磁性金属は、電気抵抗が小さいため磁性金属と同じ周波数の高周波電流を流してもあまり発熱しない。そのため、オールメタル対応IHで非磁性金属鍋を加熱するときは、機器が鍋の材質を検知し、高周波電流の周波数を60kHz～90kHzに上げる。周波数を上げることで電気抵抗が表皮効果※3により増加し、非磁性鍋でもよく発熱するようになる。ただし、磁性鍋に比べると加熱効率は15%～30%程度低い。

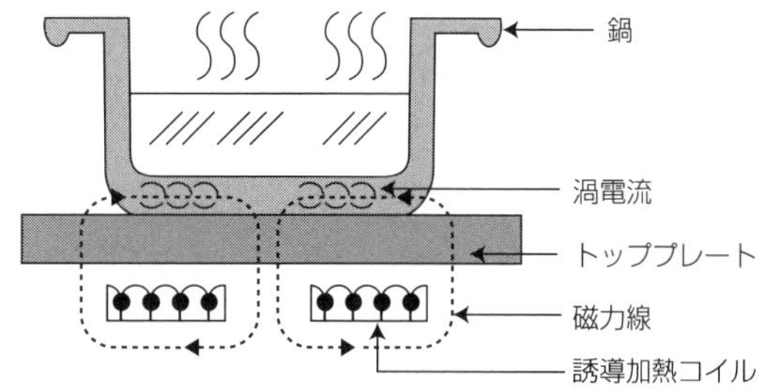

図10-1　IHクッキングヒーターの動作

10.2 種類

卓上型は100V電源のため出力は小さい（1.4kW程度）。200V電源にして高出力化（2.5 kW～3kW程度）したビルトイン型の構成比が高まっている。持ち運び可能な1口の卓上型と、複数の火口を持ったものがある。複数の火口を持ったものはシステムキッチンに組み込むタイプ（ビルトイン型）と、流し台の脇に据え置くタイプ（据え置き型）がある。

※1：熱効率約90%以上（日本電機工業会自主基準に基づく測定法による）

※2：ラジエントヒーターとは、ニクロム線を発熱・発光させ、その放射熱により加熱を行う調理用ヒーターのこと。最近は発光までの時間が数秒という立ち上がりの極めて早いタイプが開発されており、これはクィックラジエントヒーターと呼ばれている。

※3：表皮効果とは、交流電流が導体を流れるとき、周波数が高くなるほど電流密度が導体の表面で高く、表面から離れると低くなる現象のことである。これにより導体の交流抵抗が大きくなる。

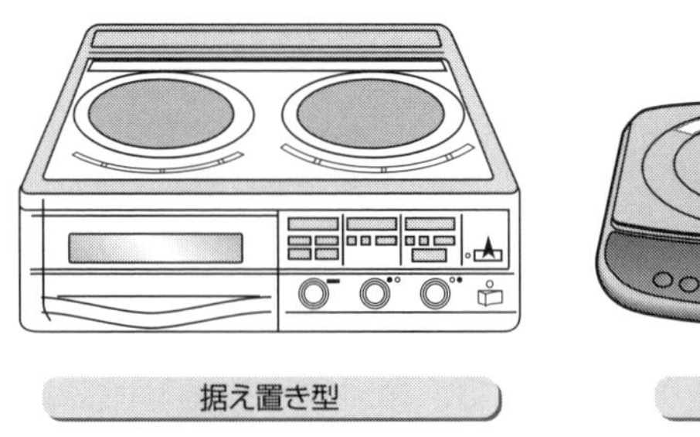

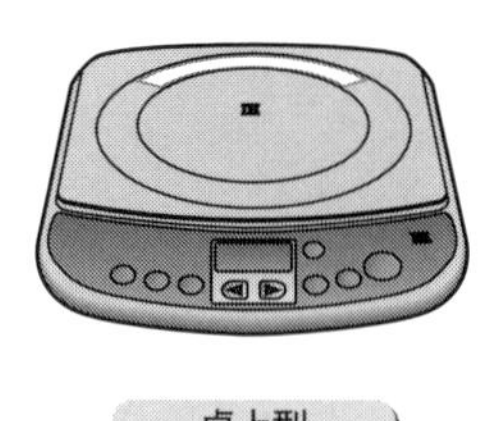

図 10-2　種類

10.3 上面加熱部の構造

1. 加熱コイル

一般的に、加熱コイルは直径 0.3 mm ~ 0.4mm 程度の銅線 24 本～ 50 本をより合わせたコイルを渦巻状にしたものである。これに対し、オールメタル対応 IH は非磁性鍋の発熱性を高めるために高周波電流の発振周波数を上げるので、加熱コイルの抵抗も増え、コイルが発熱しやすくなる。そのため、直径 0.05mm の銅線約 1,200 本～ 1,600 本をより合わせるなど、コイルの銅線の線径を細くし、より線の素線数を増やしてコイル表面積を増加させることにより、コイルの熱損失を小さくし発熱を抑えている。火力は、コイルに流す電流の大きさによって調節する。鍋の加熱むらを防ぐため、コイルを 2 分割したり 3 分割したりして温度むらを軽減させたタイプもある。

図 10-3　上面加熱部の構造（例）

2 分割コイル　3 分割コイル

図 10-4　2 分割コイルと 3 分割コイルの例

2. 温度センサー

温度センサーにより鍋の温度を検知し、規定値以上になると自動的に通電を OFF して温度過昇防止や空だき防止を行う。一般的に、サーミスターをコイルの中央、コイルとコイルの間など数か所に設置し、トッププレートを通して鍋の温度を検出している。鍋底の温度を直接検知できる赤外線センサーが設置されている機種では、以下のとおり出力調整をきめ細かく行うことができる。

①温度変化を素早く検知できるので、設定温度まで高火力で一気に加熱できる。
②「予熱完了」をタイムリーに検知し、食材投入のタイミングを知らせることができる。
③食材投入による鍋底温度の低下を素早く検知でき、再加熱で設定温度をキープする。
④調理時に鍋がトッププレートから離れても、再度トッププレートに触れた際、瞬時に温度検知を行い加熱コイルの制御ができるので、鍋を戻した瞬間に再び高温で加熱できる。

サーミスターと赤外線センサーの鍋底温度検知時間の比較を図 10-5 に示す。

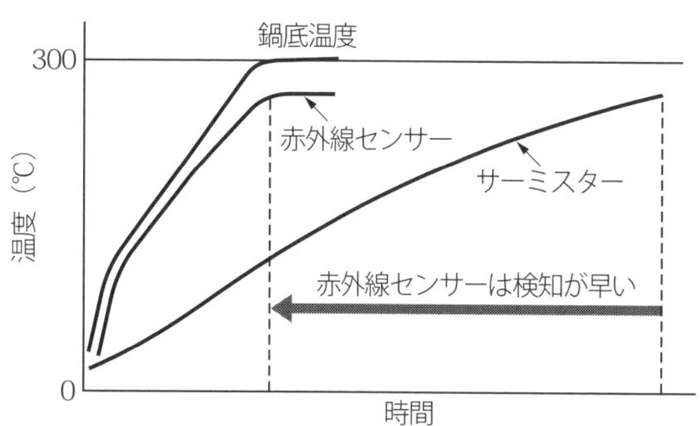

図 10-5　鍋底温度検知時間の比較（イメージ）

3. ラジエントヒーター

一般に 1.2kW 程度で、ニクロム線を発熱させて鍋を加熱する。IH ヒーターに比べて火力が弱いが、ヒーター自体が発熱するのでアルミ鍋、銅鍋、超耐熱ガラス鍋、小さめの土鍋などといった IH ヒーターで使用できない鍋でも使用できる。ただし、調理物が落ちてトッププレートに焼き付くため、魚焼き器、網は使用できない。

4. トッププレート

調理時に鍋やフライパンをのせる部分は、凹凸のないフラットな一枚ガラスにステンレスの外枠を付けたものが一般的である。また、ガラス素材には耐熱性や耐水性、耐衝撃性の高い硬質セラミックガラスが採用されている。しかし、体重をかけたり、物を落としたり、衝撃を加えるとひびが入ったり割れる場合があるので注意が必要である。また、調理直後はトッププレートが熱くなっているので触れないようにし、各部が冷めてから掃除を行う。

5. 天面操作部・表示部

トッププレート上にある天面操作部では、調理時の IH クッキングヒーターの ON/OFF や火力調節などといった基本的な操作を行う。鍋の近くで操作できるため、料理の状態を見ながら火加減を調節でき、腰を曲げずに楽な姿勢で操作できる点が大きなメリットである。表示部には火力表示やタイマーの残り時間、選択している調理機能などが表示される。火力は棒グラフが伸び縮みするようなイメージで表示されるなど、見やすく工夫されている機種もある。

6. 操作部

主にラジエントヒーターやグリルなどの ON/OFF や火力調整、タイマー機能、グリルのオートクリーニングなどの操作を行う。従来は火力調節をガスコンロと同じような感覚で行えるダイヤル方式が主流であったが、最近はタッチキー方式（押しボタン式）を採用し、使用しないときは、誤ってボタンに触れないよう操作部自体を収納するタイプもある。

10.4 グリル部の構造

1. 上ヒーター・下ヒーター

ヒーターは上下２か所にあり、両面焼きができるタイプが主流である。ヒーターには主にシーズヒーターが使われており、火力は上下ヒーター合わせて 1.2kW ~ 2.5kW である。掃除をしやすくするために、上ヒーターにフラット（平面）ヒーターを使っている機種もある。基本的に、グリルではヒーターの ON/OFF によって庫内温度を調整する。食材や焼き方に応じて「自動メニュー」・「手動」・「オーブン」を使い分けることができる。「自動メニュー」にないものや焼き具合を見ながら焼きたい場合は「手動」にする。また、温度と時間を設定して焼く場合は、「オーブン」にする。グリル部の下ヒーターとして IH ヒーターを搭載した機種も販売されており、下ヒーターだけで約 2.5kW の火力がある。

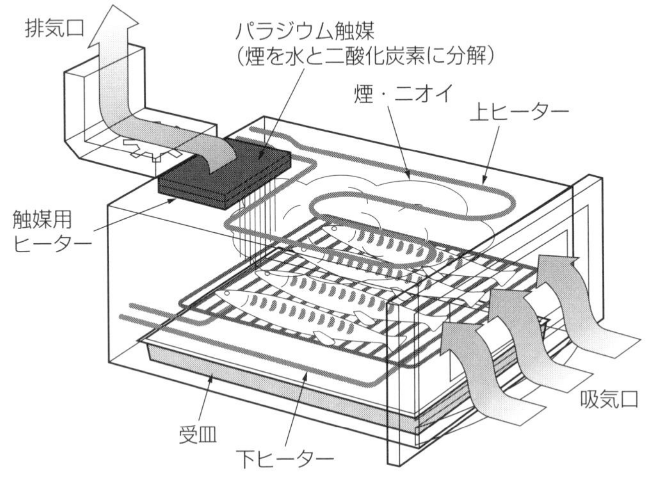

図 10-6　グリル部の構造

2. 焼き網

受け皿に設置して、食材を置くための網。フッ素加工などを施して、汚れが付きにくくなるよう工夫されている。

3. 受け皿

調理時に落ちてくる食材の油分や水分を受け止める役割がある。また、調理中に水を入れて使うこともある。焼き網同様、フッ素加工などを施して汚れが付きにくくなるように工夫されている。

4. 煙・ニオイ除去部

グリル調理で発生した煙やニオイは、パラジウム触媒を通過させることで除去できる。触媒は触媒用ヒーターにより加熱され活性化しているため、煙が触媒を通過するとき、煙の主成分である炭化水素（HC）が水（H_2O）と二酸化炭素（CO_2）に分解される。

5.　オートクリーニング

空だきすることで、グリル壁面やヒーター、脱煙用の触媒などに付着した油分を焼き切り、ニオイを軽減する。

10.5　保護機能（安全機能）

(1) 鍋なし自動 OFF 機能

トッププレート上に鍋を置かなかったり、加熱中に鍋を外したりすると、トッププレートの火力表示ランプが点滅して「ピッ」「ピッ」…とブザーが鳴る。数十秒から 1 分程度でブザーが鳴り、通電が切れる。

(2) 小物発熱防止機能（適正負荷検知）

トッププレート上にナイフやフォークなど、金属製の小物を置いた場合、加熱しない。

(3) 切り忘れ防止機能

最後の操作から一定時間を過ぎると、自動的に通電が切れる。

(4) 回路保護機能

給・排気口が塞がったりして異常に内部温度が高温になったとき、ブザーが鳴り、トッププレートの左右ヒーター表示部にエラーを表示し、加熱を停止する。

(5) 温度過昇防止機能

調理中に鍋底の温度が異常に上がると、自動的に通電（火力）を制御し、鍋底の温度が下がると、加熱を再開する。

(6) チャイルドロック機能

小さな子供が操作をいたずらしているうちに、誤って通電するのを防ぐために、キー操作を受け付けない。

(7) 空だき検知機能

誤って鍋を空だきして鍋底が異常に高温になったとき、ブザーが鳴り、エラー表示して加熱を停止する。

(8) 高温注意ランプ

左右 IH ヒーターまたは中央ヒーターがそれぞれ独立して、各ヒーター使用中に高温注意ランプが点灯する。加熱後もトッププレートが熱い（メーカーにより異なるが天板サーミスター温度が約 50℃～60℃以上）間はランプが点滅する。温度が下がる（メーカーにより異なるが天板サーミスター温度が約 50℃～60℃未満）と、自動的に消灯する。

(9) 地震感知機能

震度 5 以上の揺れを感知すると、ただちに自動停止する。

10.6　据え付け上の注意

①卓上型の電源は、交流 100V 定格 15A 以上のコンセントを単独で使用する。テーブルタップによる延長接続はコード、プラグの発熱の危険があるので行わない。

②ビルトイン型・据え置き型の電源は、漏電遮断器を設けたブレーカー付きの専用回路に接続する。コンセントは、製品の定格に応じて 2 極接地極付き 250V 30A、または 2 極接地

極付き250V 20Aを設置する。多くの家庭では、分電盤まで単相3線式200Vが引き込まれているが、単相2線式の引込線の場合には、単相3線式への切替工事が必要である※4。

③設置にはD種接地工事が必要である。

10.7 上手な使い方

①IHヒーターには、鍋の材質や形状によって使用できる鍋と使用できない鍋がある（表10-1参照）。

表10-1　使用できる鍋と使用できない鍋

一般のIHクッキングヒーター	オールメタル対応IHクッキングヒーター	鍋の材質・種類		備考
		鉄	鉄・鋳物・鉄ホーロー	
使える		ステンレス	磁性ステンレス（磁石に付くもの 18−0）	
	使える		非磁性ステンレス（磁石に付かないもの 18−8、18−10）	鍋底の厚さ1.0mmを超えるものは火力が弱くなる場合がある
		多層鍋	間に鉄を挟んだもの 底が18−0ステンレスのもの 間にアルミや銅を挟んだもの	火力が弱くなったり使えない場合がある
		銅・アルミニウム	両手鍋・やかん	鍋と調理物合わせて1kg以上で使用する
使えない			フライパン・雪平鍋	軽いものはバランスが悪く火力が弱くなる場合がある
	使えない	耐熱ガラス陶器など		
		直火用魚焼き器	底面にホーロー加工したもの	

• メーカーは一般財団法人 製品安全協会のSGマーク（図10-7参照）のある専用鍋を推奨している。SG CH-IH は、IH加熱方式のほかラジエントヒーター、シーズヒーター、ハロゲンヒーターなどすべての加熱方式に対応できる鍋に表示される。SG IH はIH加熱専用の鍋に表示される。

図10-7　SGマーク

• IHヒーターで使用できる鍋の大きさは、一般的に鍋底の直径で12cm以上26cm以下である※5。加熱コイルの大きさに合った鍋を使用することが望ましい。直径が大きいと、

※4：ガス製品からの取り替えの場合、ガス工作物（ガス配管、ガスメーター、ガス栓など）を無断で撤去することは法令により規制されている。事前にガス事業者に連絡し、閉栓はガス事業者に依頼する必要がある。

※5：左右および後ろのIHヒーターごとに使える鍋の大きさが異なる場合があるので、確認する必要がある。また、鍋底直径30cmまで対応できる製品もある。

熱が伝わりにくくなり調理が上手にできないことがある。また、小さいと、異常を検知して火力が弱くなったり、加熱できなかったりすることがある。

- 底に約3mm以上の反りがある鍋、脚が付いている鍋、底の丸い鍋は使用できない（図10-8参照）。安全機能が正しく働かなかったり、火力が弱くなったり、加熱できなかったりするため。

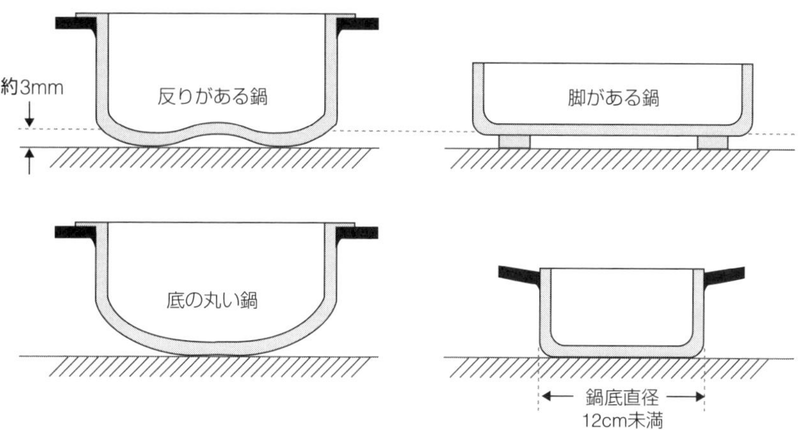

図10-8　IHクッキングヒーターに適さない鍋形状

- アルミや銅の鍋は、加熱中に鍋が動かないように調理物と合わせて約1kg以上（メーカーにより約700g以上）で使用する。
- 耐熱ガラス、土鍋、陶磁器などは、[S CH-IH] や [S IH]、「IH用」の表示があっても使わない。製品が故障したり、火力が弱くなったりして調理できないため。

②トッププレートにこびりついた汚れはクリームタイプのクレンザーを付け、丸めたアルミ箔、または丸めたラップでこすり取る。そのあと、絞ったふきんで水ぶきする。トッププレート用のクリーナーも販売されている。

③鍋をトッププレート（加熱コイル）の中心からずらして置かない。

④磁気カードや磁気テープなどは内容（データ）が消える可能性があるので、調理器の近くに置かない。

一口メモ

故障かな？

故障かな？と思ったら、問い合わせや修理依頼をする前に、まず、取扱説明書のFAQを確認したほうがよい。以下に代表的なFAQ（例）を挙げる。

（1）IHヒーターの火力が弱くなる

- 予熱時や炒め物中などに、鍋底の温度が上がりすぎないように（火力表示は変わらずに）自動的に火力が弱くなる。温度が下がると自動的に火力は強くなる。（温度過昇防止機能）
- 土鍋などIHヒーターが高温になる鍋を使っていないか確認する。市販の土鍋は「IH用」の表示があっても使用不可。

(2) IHヒーターの火力が上がらない

- 複数のIHヒーターやグリルを同時に使用すると、総消費電力を超えないよう、IHヒーターの火力を自動的に調節する。高火力が必要な場合は、同時使用を止めるか、ほかのヒーターの火力を弱める。
- 節電モードを使用していたら解除する。

(3) 電源を切っても、高温注意ランプやグリル高温注意ランプが点灯している

- トッププレートやグリル扉が安全な温度に下がるまでは、電源を切ってもランプは点灯したままとなる。

一口メモ

特定安全IH調理器

特定安全IH調理器は、トッププレート上の熱源がIHヒーターだけで構成された組込形機器および据置形機器であり、すべてのIHヒーターに特定の安全性を備えた調理油過熱防止装置が付いた機器である。総務省消防庁通知「電気を熱源とする調理用機器とグリスフィルターの離隔距離について」で定める火災安全対策が施され、かつ消防庁告示「対象火器設備等及び対象火気器具等の離隔距離に関する基準」に基づき可燃物等までの離隔距離を定めている機種で、2014年に一般社団法人 日本電機工業会が定めた自主基準「特定安全IH調理器」に適合し、届出された機器である。特定安全IH調理器はトッププレートに図10-Aの表示をしている。自主基準では、特定安全IH調理器とレンジフードのグリスフィルターとの離隔距離は、60cm以上としている。

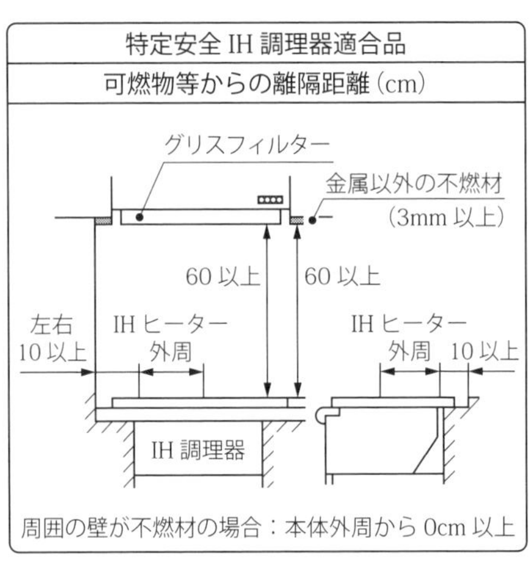

図10-A　特定安全IH調理器の表示

10.8 安全上の注意

①トッププレートの上に調理器具（鍋・やかん・フライパンなど）以外のものは置かない。特にカセットコンロ、ボンベ、缶詰などを誤って加熱すると爆発のおそれがある。またアルミ箔なべ、レトルトパック、アルミ箔、鍋のふた、金属製小物などは、加熱によるやけどや発火の原因になる。

②使用直後はトッププレートが熱くなっているので、直接手で触れない。

③鍋などの空焼きは、鍋やトッププレートを傷めるので、注意が必要である。

④みそ汁やだし汁・カレーなど、沈殿したり粘性があったりする調理物を加熱するときは、かき混ぜながら行うこと。かき混ぜずに強火で一気に加熱すると、蒸気が噴出して飛び散

るなどの突沸現象が起こることがある。

⑤本体内部の温度上昇により機器を傷めることになるので、冷却ファンの吸い込み口や排気口を塞がない。

⑥トッププレートに直接アルミ箔を敷いて使用しない。アルミ箔が燃えたり赤熱したりして事故の原因となる。

⑦心臓用ペースメーカーが誤作動する可能性があるので、使用している方は専門医に相談する。

⑧揚げ物やグリル調理しているときは、そばを離れないようにする。

⑨トッププレートの汚れや焦げ付きを防止する目的で汚れ防止マットが販売されているが、汚れ防止マットを敷いて油を加熱し続けると、鍋底の温度を正確に検知できず空だき防止機能が正常に働かないため、異常に温度が上昇し、油が発火するおそれがある。IH クッキングヒーターのメーカー各社は、汚れ防止マットについて使用禁止の警告表示をしている。

⑩トッププレートの上で、IH ジャー炊飯器など電磁誘導加熱の調理機器を使わない。IH クッキングヒーターが故障する原因になる。

この章でのポイント !!

IH ヒーターの加熱原理と構造、グリル部の構造、安全上の注意などについて述べました。安全上の注意として、揚げもの調理や汚れ防止マットによる火災事故が多発しているので、内容を理解しておく必要があります。

キーポイントは

- **IH ヒーターの加熱の原理**
- **非磁性鍋の加熱方法**
- **設置方法による種類**
- **揚げもの調理や汚れ防止マットによる火災事故**

キーワードは

- オールメタル対応 IH
- ラジエントヒーター
- 温度過昇防止機能
- 高温注意ランプ
- 地震感知機能
- SG マーク
- 突沸
- 汚れ防止マット
- 特定安全 IH 調理器
- 総消費電力

11章 オーブンレンジ・電子レンジ

食品の温め方には「伝導加熱」と「誘電加熱」がある。「伝導加熱」はガスコンロなどにより鍋やフライパンを温めると、その熱が食品の表面から内部へと徐々に伝わり加熱される方式である。これに対して、食品にマイクロ波（電波）を照射して食品内部の水分子を回転・振動させ、分子と分子の摩擦熱により食品全体を発熱させる「誘電加熱」を用いた調理器具が電子レンジである。このレンジ加熱機能に加えて、オーブン加熱機能やグリル加熱機能、過熱水蒸気加熱機能などを追加した製品をオーブンレンジと呼んでおり、素材や調理内容に応じて加熱方法を選択できるようになっている。近年は、クラウドサービスにつながり、音声対話をしながら家族の嗜好（しこう）や調理履歴を考慮して、メニュー提案してくれる製品も販売されている。

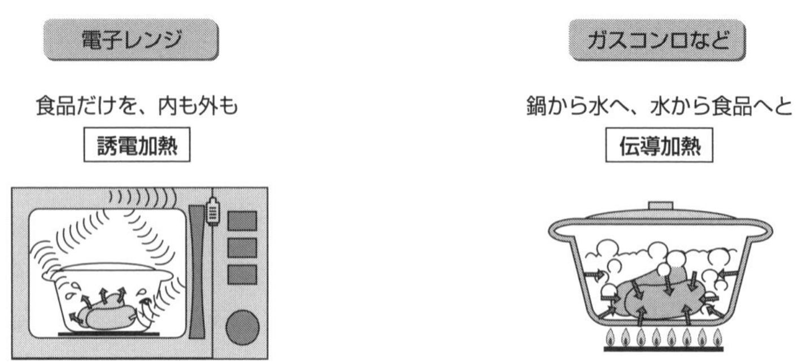

図 11-1 「誘電加熱」と「伝導加熱」の違い

11.1 加熱の種類

オーブンレンジおよび電子レンジに使われている加熱の種類を**表 11-1** にまとめる。この章では、レンジ加熱のみを行う単機能レンジを電子レンジと呼び、オーブン加熱、グリル加熱、スチーム加熱、過熱水蒸気加熱などの機能を付加した複合レンジをオーブンレンジと呼ぶ。

表 11-1　加熱の種類

単機能レンジ	レンジ加熱	マイクロ波による誘電加熱で食品を内と外から加熱する	酒のかん　ご飯の温め
複合レンジ	レンジ加熱	単機能レンジと同じ	単機能レンジと同じ
	オーブン加熱	ヒーターを使って庫内全体を熱し、その熱で食品を均一に加熱する	オーブン
	グリル加熱	ヒーターの強い熱で食品を加熱し、表面に焦げ目を付ける	グリル　トースト

表 11-1　加熱の種類（つづき）

複合レンジ	スチーム加熱	蒸気を発生させ、食品を適度に加湿して蒸し上げる	スチーム
	過熱水蒸気加熱	過熱水蒸気加熱発生ユニットでつくった過熱水蒸気（300℃～400℃）で、食品全体を加熱する	過熱水蒸気加熱

1. レンジ加熱

(1) レンジ加熱の原理

1) 摩擦熱

食品を構成する水の分子はプラスとマイナスの電荷を持っていて、個々の分子のプラスとマイナスはさまざまな方向を向いている。また、マグネトロンから放射されるマイクロ波は、周期的に極性（プラス・マイナス）が反転するので、食品にマイクロ波が照射されると、水の分子もマイクロ波の極性に合わせプラスとマイナスの反転を繰り返すため、各分子が衝突し合い摩擦熱を発生する。電子レンジでは 2450MHz のマイクロ波を使用しており、食品の水の分子は、（2450MHz と同じ）1 秒間に 24 億 5000 万回の運動を起こし、その摩擦熱で食品が発熱する。

2) 電波の性質

① 吸収

電波は食品の水分に作用して熱に変わる。水分の多い食品ほど電波を吸収しやすい。

食品は発熱する

② 透過

電波は陶磁器やガラスなどを透過するため、食品のみを直接加熱する。

陶器などは熱せられない

③ 反射

金属類は電波を反射するため、金属容器に入れた食品やアルミホイルで包んだ食品などには電波が届かず加熱できない。また、火花を発生して危険なので、金属類をレンジ加熱してはいけない。

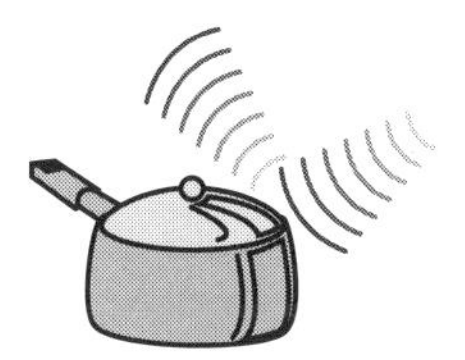
金属類は反射する

(2) 電子レンジの構造

電子レンジは、マイクロ波を発振するマグネトロン、マグネトロンに高い電圧を供給する高圧回路、マグネトロンから放射されたマイクロ波を庫内に導く導波管などにより構成されている。食品温度を検知する赤外線センサーや、食品の量を検知する重量センサーを組み合わせ、加熱時間や出力を加減させる自動コース（加熱・調理）機能を持つ製品もある。

1) 加熱むらの防止

庫内にはマイクロ波の強いところと弱いところができるため、加熱むらが発生する。これを防止するため、次のような仕組みで加熱を行っている。

■ ターンテーブル式

食品をターンテーブルで回転させて、マイクロ波を照射する。

■ テーブルレス式

マイクロ波を回転アンテナやスタラーファンによって撹拌（かくはん）して食品に照射する。庫内全体の温度分布を測定する赤外線センサーと、マイクロ波の照射位置をコントロールできるアンテナにより、（冷凍ごはんと冷蔵おかずなど）温度の違う2品を見分けて同時に温める機能を有する製品もある。

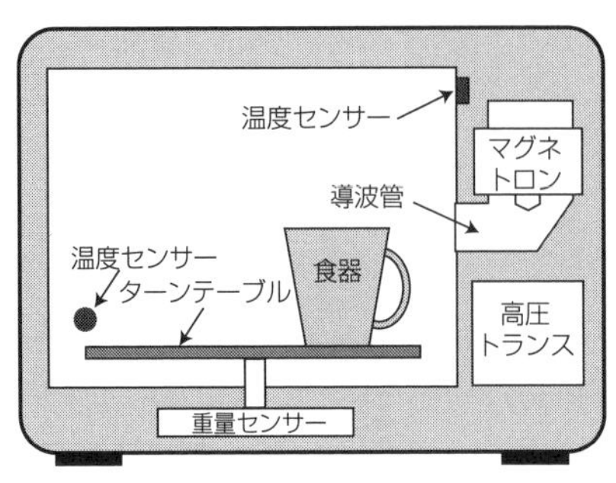

ターンテーブル式

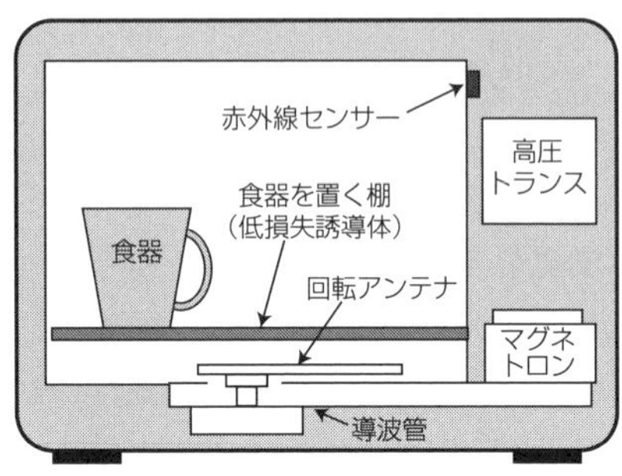

テーブルレス式

図 11-2　電子レンジの構造（例）

2）出力の可変方法

■ レンジ加熱の「強」と「弱」

レンジ加熱には「強」と「弱」がある（**図 11-3** 参照）。「強」加熱ではマグネトロンから放射するマイクロ波を連続放射して食品を加熱しているが、「弱」加熱では、弱いマイクロ波が放射されるのではなく、「強」加熱時のマイクロ波を間欠的に放射し平均すると「弱」になるように加熱を行っている。

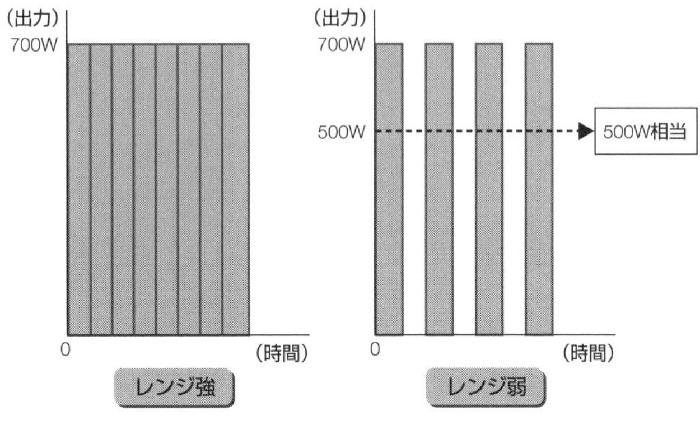

図 11-3　レンジ加熱の「強」と「弱」

■ インバーターによる出力制御

インバーター方式のレンジは、マグネトロンの動作電力を変えることにより、マイクロ波の出力レベルを低出力から高出力（例えば200Wから1000W）まで制御できる（**図 11-4** 参照）。そのため、低出力での煮込み・解凍などの調理や高出力での短時間調理を行える。

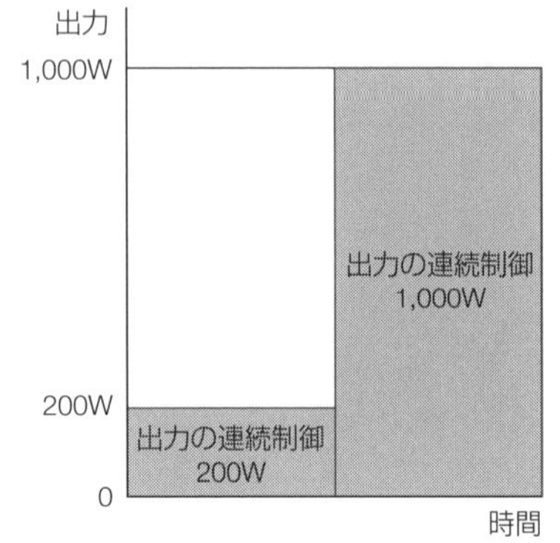

図 11-4　インバーターによる出力制御

2.　オーブン加熱

オーブン加熱は、ヒーターで庫内の空気を加熱し、熱を食品表面に伝導させて食品の温度を高めて焼く方式であり、コンベクション方式と上下ヒーター方式に大別される。ヒーターで加熱するので、電磁波を反射する素材で食品が包まれていても加熱できる。パン、ケーキ、焼き豚、ハンバーグなどの料理に適している。

(1) コンベクション方式（熱風循環加熱方式）

ファンで熱風を循環させ、庫内全体の温度を短時間でむらなく上昇させることができる方式であり、上位機種に多く採用されている。この方式では、油を使わない揚げ物調理を行うことができる。庫内に角皿（天板）を２枚取り付けられるようになっていて、多くの食品を一度に焼くことができる製品も販売されている。

(2) 上下ヒーター方式

上下のヒーターで庫内を加熱し、食品を焼き上げる方式であり、低価格の製品に多く採用されている。

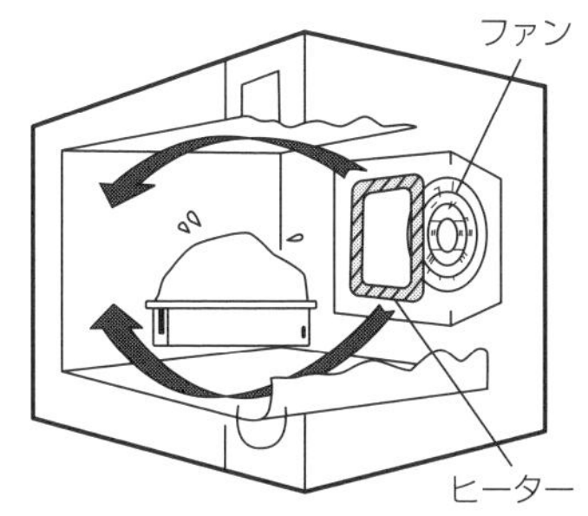

図 11-5　コンベクション方式

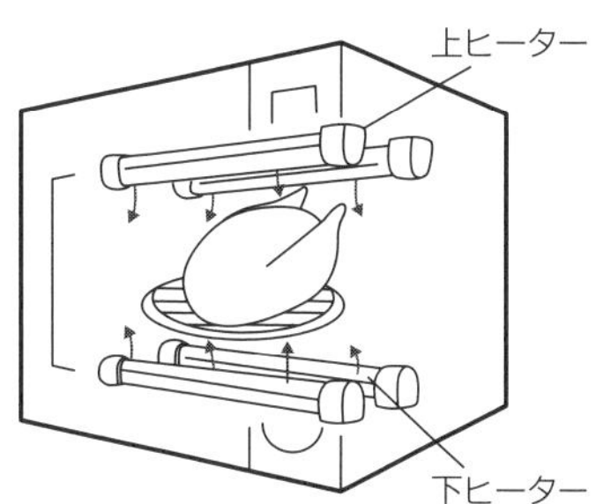

図 11-6　上下ヒーター方式

3.　グリル加熱

ヒーターからの放射熱で食品の表面から焼き上げる方式である。食品の表面に香ばしい焦げ目を付けることができるので、焼き魚、ステーキ、焼き鳥などに適している。

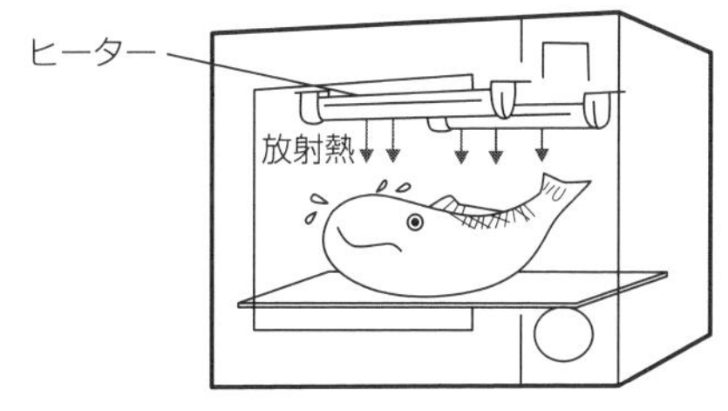

図 11-7　グリル加熱

4.　スチーム加熱

庫内に蒸気を発生させ、食品を加湿しながら蒸し上げる方式である。蒸気の発生方法には、スチーム容器を庫内にセットするもの、キャビネットと庫内の間に発生装置を取り付けるものなどがある。

5.　レンジ・オーブン同時加熱

従来型のレンジは、消費電力の制限からレンジとオーブンの同時加熱はできなかった。インバーターレンジは、マイクロ波出力を連続して可変できるため、オーブンと同時加熱の場合、マイクロ波の出力を低くして消費電力を抑えることにより、ヒーターと同時に使用することができる。ガスのとろ火に近い加熱ができるため、肉じゃが、煮豆などの微妙な火加減を必要とする調理に適している。

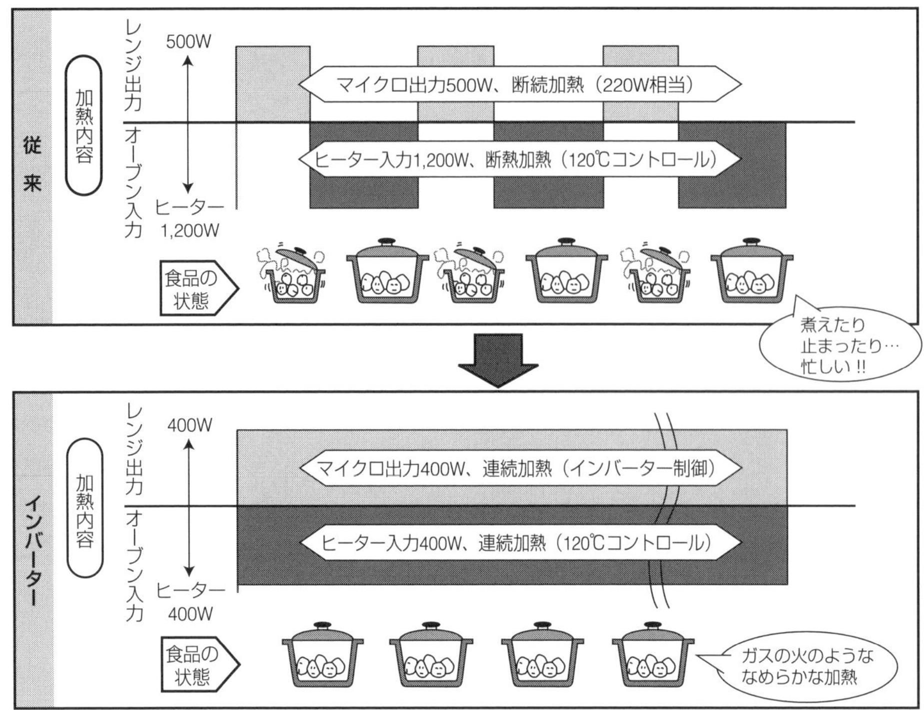

図 11-8　レンジ・オーブン同時加熱（例）

6.　過熱水蒸気加熱

(1) 過熱水蒸気加熱の仕組み

過熱水蒸気とは、飽和水蒸気をさらに加熱した蒸気であり、大気圧では 100℃より高い温度の無色透明の気体である。食品や木材その他の乾燥や熱処理など、幅広い分野に利用されている。「過熱水蒸気加熱」機能を搭載した電子レンジは、この過熱水蒸気を利用して食品を調理する。加熱の仕組みは、以下のとおりである。

①ポンプでくみ上げられた水は、水蒸気発生装置で加熱されて水蒸気になり、過熱水蒸気発生装置へ送られる（図 11-9 参照）。

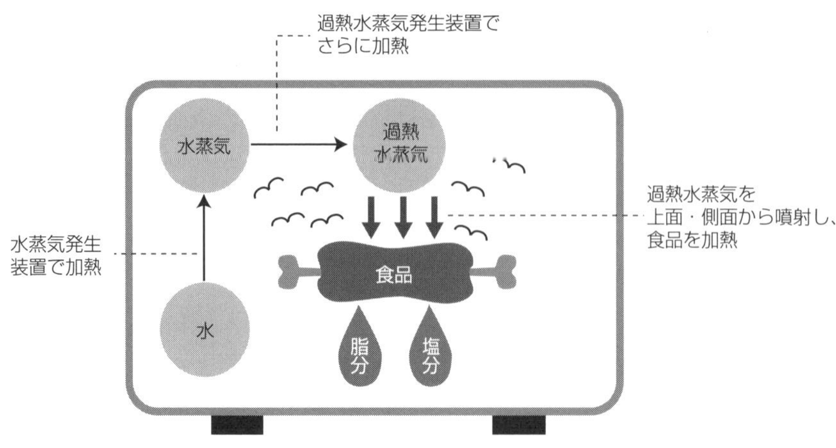

図 11-9　過熱水蒸気加熱の概念

②水蒸気は、過熱水蒸気発生装置でさらに加熱されて過熱水蒸気（300℃～400℃）となり、循環ファンにより庫内に送り込まれ食品を加熱する。

③調理が終わると、排気ダンパーが開いて庫内の蒸気を排気する。

（2）過熱水蒸気加熱と空気加熱の熱量比較

通常のオーブンでは、高温の空気（比熱0.24cal/g/℃）が食品に接触して加熱する（対流伝熱）が、過熱水蒸気加熱オーブンは、過熱水蒸気が食品の表面で凝縮する際に生じる凝縮熱（約539cal/g）で加熱する（凝縮伝熱）。食品の温度が低い状態では、食品に結露水が付着するが、食品の温度が100℃を超えると付着した結露水は蒸発する。すなわち、過熱水蒸気加熱では、凝縮熱で食品を加熱すると同時に、水分は蒸発し食品は乾燥するため、食品の温度はさらに上昇する。過熱水蒸気は、温度によって異なるが、300℃の場合、空気加熱の約11倍の熱量を持っているので（下表参照）、熱伝達効果が大きく食品を急速に加熱できる。

加熱方法・条件	算出式
15℃の水を300℃の過熱水蒸気にした熱量	{水の比熱4.1855J/(g・℃)×(100℃－15℃)＋蒸発熱2,259J/g＋過熱水蒸気の比熱2.1J/(g・℃)×(300℃－100℃)}×水蒸気濃度約99.5%＝3,019J/g≒約3,000J/g
15℃のオーブン内の空気を300℃の熱風にした熱量	空気の比熱1.006J/(g・℃)×(300℃－15℃)＝286.7J/g≒約280J/g

（3）過熱水蒸気加熱の効果

過熱水蒸気加熱は、以下に挙げる効果があり、消費者の健康志向に応える調理方法として注目されている。

1）ビタミンC破壊抑制効果

空気加熱では、庫内の酸素濃度は約21%と一定であるが、過熱水蒸気加熱の場合は、過熱水蒸気投入後数分で、庫内の酸素濃度は0.1%以下になる。ビタミンCは非常に酸素に反応しやすい物質なので、空気加熱ではビタミンCの破壊が加熱とともに進行するが、過熱水蒸気加熱では、酸素濃度が極めて低い状態での加熱（低酸素雰囲気加熱）なので、酸素との反応が抑制されているためと考えられる。

2）油脂酸化抑制効果

ビタミンCと同様、低酸素雰囲気加熱により、油脂の酸化が抑制されていると考えられる。

3）減塩効果

食品表面に凝縮水が付着すると、表面近くの塩分が凝縮水に溶け出して、水と一緒に食品から滴り落ちる。結果、食品表面近くと食品内部の塩分濃度差が生じて、（拡散効果により）食品内部の塩分が表面近くに移動する。移動した塩分は、凝縮水に溶け出して食品から滴り落ちる。この繰り返しにより食品全体の塩分が減少し、減塩効果が得られる。

4）脱油効果

過熱水蒸気加熱では、凝縮熱の熱量が非常に大きいので、食品の温度は即座に上昇して食品中の油脂が溶け始める。さらに加熱すると、油脂の流動性が良くなるとともに食品が収縮して油脂が食品の表面ににじみ出てくる。表面ににじみ出た油脂は自然に滴り落ち、また凝縮水により洗い流される。一方、高温空気加熱では、食品の温度上昇が遅く、また凝縮水の付着がないため、表面にたまった油脂が滴り落ちるのに時間がかかる。

一口メモ

水蒸気と湯気の違い

水蒸気は水分子（気体）であり、小さすぎて目には見えない。やかんで湯を沸かしたときに、口のすぐ近くの部分は水蒸気なので透明であるが、少し離れたところは外気に触れて温度が下がり凝結して水滴（霧状）となるので、光を反射して白く見える。この部分が湯気であり、水滴と水蒸気の混相になっている。

11.2 自動加熱とセンサー

レンジやオーブンで食品を加熱する場合、食品に合わせて加熱方法や加熱時間などをセットしスタートする手動加熱と、メニューを選択しスタートさせる自動加熱の２種類がある。自動加熱ではあらかじめプログラムされた加熱方法が選択され、加熱時間をコントロールする。また、センサーにより食品の状況をチェックし、マイコンでさらに細かい加熱コントロールを行う。センサーには次のようなものがある。

(1) 温度センサー

オーブンやグリル加熱中に庫内の空気温度を検出する。マイコンはその情報を基に、庫内温度を制御している。

(2) 湿度センサー

レンジ加熱中に食品から発生する水蒸気の量を検出し、マイコンに情報を送る。マイコンはその情報を基に、出来上がり状態を判断し、加熱時間を決定する。

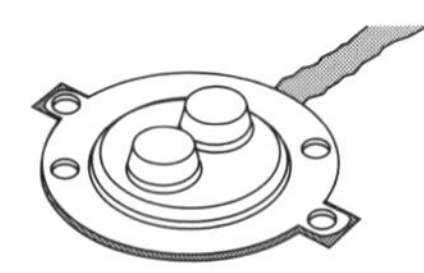

図 11-10　湿度センサー

(3) 重量センサー

食品の重さを測定し、マイコンに情報を送る。マイコンは“量”を“重さ”で判断し、適切な加熱時間を決定する。

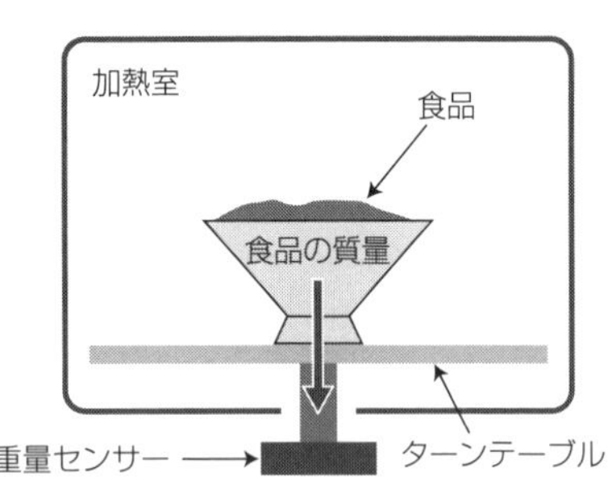

図 11-11　重量センサー

(4) 赤外線センサーと赤外線アレイセンサー

赤外線センサーは、食品の発する赤外線を集光装置などで検出し、食品に接触することなくその表面温度

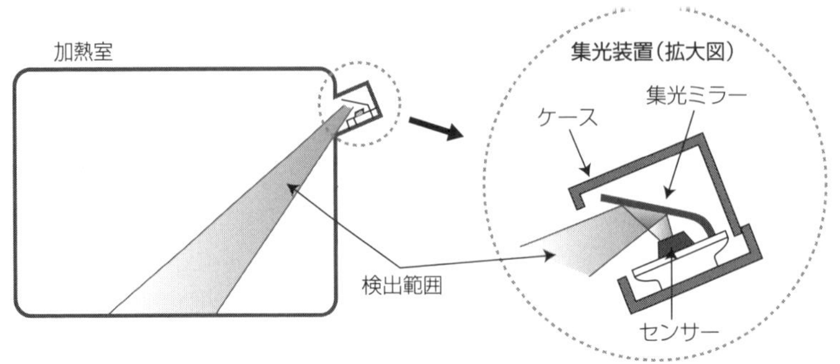

図 11-12　赤外線センサー

を測定できる（**図 11-12** 参照）。マイコンはこの情報により加熱時間を制御する。最近は、赤外線アレイセンサーを用いて庫内底面全体を細かいマス目（8×8＝64 画素）ごとの温度を瞬時かつ一度に測定し、食品表面の低温部分の温度が上がるように加熱時間を調整できる製品もある。例えば、冷凍ご飯と冷蔵おかずのように温度が異なる2品を同時に温めることができる。

赤外線アレイセンサー

赤外線アレイセンサーは、MEMS（Micro Electro Mechanical Systems）技術を用いたサーモパイル素子であり、0.1 秒ごとの赤外線画像の測定が可能。MEMS とは、機械要素部品であるセンサー、アクチュエータ、電子回路を1つのシリコン基板、ガラス基板、有機材料などの上に集積化したデバイスを指す。

11.3 容器の選択

レンジ加熱はマイクロ波を使用した誘電加熱であり、また、オーブン加熱やグリル加熱はヒーターの熱で加熱するため、用途に合わせた容器の選択が必要である。**表 11-2** に、容器使

表 11-2　容器使用可否一覧

容器の種類		レンジ加熱		オーブン・グリル加熱 過熱水蒸気加熱
耐熱性 ガラス容器		使用可能	パイレックス、パイロセラム、ネオセラムなどが使用できる。ただし、急熱や急冷で割れることがある	使用可能
陶器・磁器		使用可能	金箔、銀箔、色絵付け、ひび模様のある物は、火花が飛び、器を傷める	使用可能
耐熱性 プラスチック容器		使用可能	耐熱温度140℃以上の容器は使用できる。ただし、電波で変形する物、砂糖・油分の多い料理など、高温になる料理には使用できない	使用不可
ラップ		使用可能	耐熱温度が140℃以上のラップを使用する。ただし、電波で変形する物、砂糖・油分の多い料理など、高温になる料理には使用できない。 ポリエチレン製のラップは燃えるおそれがあるため、使用できない	使用不可
アルミ・ステンレス・ホーローなどの金属容器		使用不可	マイクロ波を反射するため、使用できない	使用可能
アルミホイル		使用不可	マイクロ波を反射するため、使用できない。ただし、マイクロ波を反射する性質を利用して部分的に使うことがある	使用可能
耐熱性のない ガラス容器		使用不可	強化ガラス、カットグラス、クリスタルグラスなどは使用できない。また金箔・銀箔の付いた容器は、火花が飛び割れる可能性がある	使用不可
熱に弱い プラスチック容器		使用不可	アクリル、ポリエチレン、メラニン、フェノール、ユリアなどは、マイクロ波を吸収して自己発熱しやすいため使用できない	使用不可
漆器・竹製品・木・紙		使用不可	紙、木、竹製品は焦げたり、燃えたりするため、使用できない。漆器は塗りがはがれたり、ひび割れするため、使用できない	使用不可

用可否一覧表を示す。なお、容器にふたをして加熱すると、赤外線センサーが検知できずに、食品が発煙・発火するおそれがある。

11.4 クラウドサービス接続による新機能

無線 LAN 経由で専用クラウドサービスに接続し、下記のようなクラウド上の AI を活用した機能を有する製品がある。

- 各家庭の調理履歴を学習し、頻度の高い機能やメニューを表示したり、季節や時間帯に応じたメニューを提案したりする。
- 話しかけるだけで、その言葉を理解して必要な設定を行ってくれるので、スタートボタンを押すだけで済む。
- 対応できる調理メニューがクラウド上で増えていき、調理履歴を加味したうえで新しいメニューを提案する。
- スマートフォンの専用アプリで調理メニューの閲覧や検索ができる。また、それを基に購入すべき材料のリストを作ることもできる。

11.5 省エネ目標

1. トップランナー基準

1999 年に「エネルギーの使用の合理化等に関する法律（省エネ法）」が改正施行され、トップランナー基準が導入された。これは省エネ法で指定された特定機器の省エネ基準策定において、現行商品のうち、省エネ性能が最も優れている製品（トップランナー）の性能以上の水準に目標値を定める」という方式である。2006 年の省エネ法改正で電子レンジも特定機器に追加され、製品には省エネ性能達成基準値が設定されるとともに、その基準達成が義務づけられた。電子レンジの達成目標年度は 2008 年度である。電子レンジの省エネ目標を**表 11-3** に示す。

表 11-3　電子レンジ 2008 年度省エネ目標

<table>
<tr><th colspan="4">区分</th><th rowspan="2">基準エネルギー消費効率</th></tr>
<tr><th>機能</th><th>加熱方式</th><th>庫内容積</th><th>区分名</th></tr>
<tr><td>オーブン機能を有するもの以外（単機能レンジ）</td><td>——</td><td>——</td><td>A</td><td>60.1</td></tr>
<tr><td rowspan="5">オーブン機能を有するもの（オーブンレンジ）</td><td rowspan="2">ヒーターの露出があるもの（熱風循環加熱方式のものを除く）</td><td>30L 未満のもの</td><td>B</td><td>73.4</td></tr>
<tr><td>30L 以上のもの</td><td>C</td><td>78.2</td></tr>
<tr><td rowspan="2">ヒーターの露出があるもの以外（熱風循環加熱方式のものを除く）</td><td>30L 未満のもの</td><td>D</td><td>70.4</td></tr>
<tr><td>30L 以上のもの</td><td>E</td><td>79.6</td></tr>
<tr><td>熱風循環加熱方式のもの</td><td>——</td><td>F</td><td>73.5</td></tr>
</table>

2. 省エネルギーラベリング制度

省エネ法の改正を受けてJIS C 9901：2019R「電気・電子機器の省エネルギー基準達成率の算出方法及び表示方法」も改正された。製品のエネルギー消費効率は、電子レンジ機能、オーブンレンジ機能および待機時の個別の消費電力量を測定し、それらに年間加熱回数などの使用実態係数を乗じた値をすべて足し合わせて得られる年間消費電力量（kWh/年）である。省エネ基準達成率は、表11-3の基準エネルギー消費効率を年間消費電力量（エネルギー消費効率）で割った比率である。

$$\text{省エネ基準達成率}(\%) = \frac{\text{基準エネルギー消費効率}(\text{kWh/年})}{\text{年間消費電力量}(\text{kWh/年})} \times 100$$

なお、電子レンジの省エネルギーラベルには省エネマーク、省エネ基準達成率、年間消費電力量、目標年度が表示される。

11.6 据え付け上の注意

①燃えやすいものや熱に弱いものを近づけないこと。また、畳やじゅうたん、テーブルクロスなどの上に置いたり、カーテンなどに近づけたりしないこと。

②排気口や吸気口を塞がないように設置すること。

設置の際の本体と壁面との距離については、消防法（対象火気設備等及び対象火気器具等の離隔距離に関する基準）に基づき一般社団法人 日本電機工業会が自主基準を設定している。オーブンレンジの場合、周囲温度が35℃の条件下において、通常使用時の壁面などの温度が100℃以下、異常時の壁面温度が150℃以下（安全装置ありの場合）となっており、これを満たすように離隔距離を決めている。断熱構造、冷却構造の工夫により背面および左右両側面を壁にぴったりつけて設置できる機種が販売されている。上面については、10cm以上あけるように指定している機種が多い。各社のカタログなどを確認し設置場所を決めるとよい。

1）一般形の場合（前面および側面を含む2面以上が開放されている場合）

自主基準により、前面および側面を含む2面以上が開放、天面：10cm以上、側面、背面：4.5cm以上（ただし排気口面は10cm以上）と定められており、これに基づいて各メーカーで離隔距離を決めている。

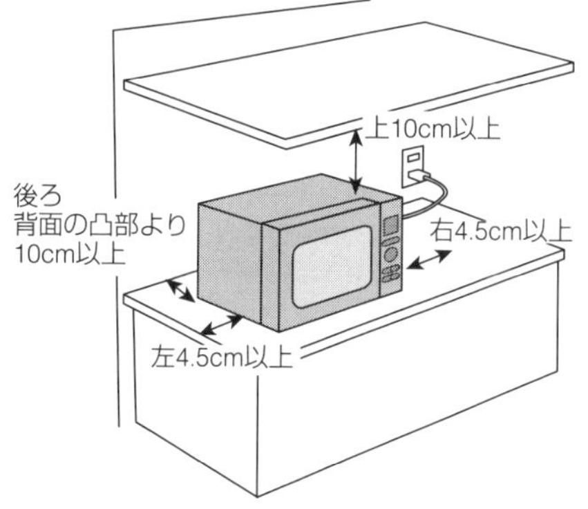

図 11-13 離隔距離の基準

2）組込形の場合

離隔距離を1）の一般形の最低距離未満にした製品は、組込形と呼ぶ。遮熱効果を高めたり、排気口の工夫をしたりして離隔距離を1）の一般形の最低距離未満で設置できる製品が多い。離隔距離（例）を図11-14に示す。離隔距離について、各メーカーのカタログなどには以下のような注意書きが添えられている。

	左右・背面 壁ピッタリ設置	左右2cm・ 背面壁ピッタリ設置	左右どちらか・ 背面壁ピッタリ設置
設置図	10cm	10cm 2cm 2cm	10cm 4cm 左右どちらか
左右・背面	0cm（壁ピッタリ）	各2cm以上	どちらか4cm以上
上方	10cm以上	10cm以上	10cm以上

図 11-14　組込形の離隔距離（例）

- 熱に弱い壁材、家具などが排気口の近くにあり、汚れや変色が気になる場合、壁の材質により本体との接触跡が気になる場合などは、記載寸法以上に隙間（すきま）をあける。
- 後方がガラスの場合、温度差で割れるおそれがあるので、20cm 以上あける。

③電源は交流 100V 定格 15A 以上の専用コンセントを単独で使用すること。他の器具と併用した分岐コンセントやテーブルタップを使うと接続部が異常発熱し、発火のおそれがある。

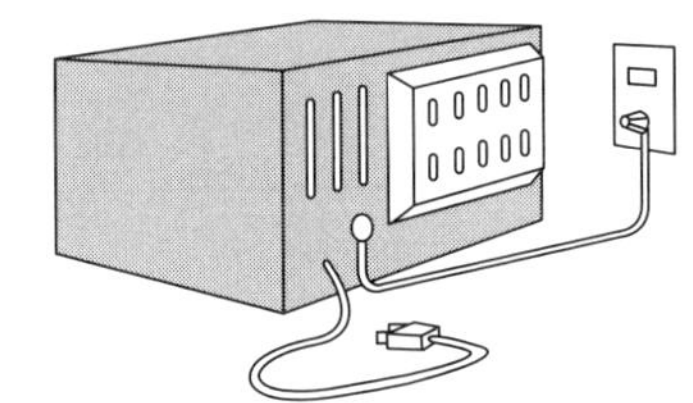

④アース線を確実に接続する。アース端子付きコンセントがない場合にはＤ種接地工事が必要である。

一口メモ

電源周波数（50Hz/60Hz）／Ｄ種接地工事

■ 電源周波数（50Hz/60Hz）

転居に伴い使用する電源周波数が異なるときは、インバーター方式や周波数共用型以外の電子レンジでは部品の交換が必要である。交換しないまま使用した場合、所定の性能が得られなかったり、また出力が異常に高くなり故障の原因となったりする。電源周波数は、一般に静岡県の富士川と新潟県の糸魚川を結ぶ線が境界とされ、東側が 50Hz、西側が 60Hz になっている。詳細は「22章 電源」を参照のこと。インバーター方式や周波数共用型の電子レンジでは、カタログなどに「ヘルツフリー」と記載されており、部品を交換する必要はない。なお、交換が必要な部品は機種ごとに異なる。

＜周波数変更時の交換部品＞

高圧コンデンサー、高圧トランス、タイマー、銘板（Hz 表示）

■ D 種接地工事

接地工事の種類と接地抵抗値については「電気設備技術基準とその解釈（電技解釈）」の第 17 条で決められており、接地工事には A 種、B 種、C 種、D 種の 4 種類がある。D 種接地工事とは、300V 以下の機器の鉄台、金属製外箱などを接地するときに適用される工事であり、接地抵抗値は 100 Ω以下を確保する必要がある。電子レンジなどの家電製品に付属している接地線を D 種接地に接続することにより感電被害の防止を図る。

11.7 安全上の注意

①殻付きの食材（栗や卵など）の調理や、ゆで卵・目玉焼きの温めは、急激に温度が上昇し破裂のおそれがあるため加熱しない。表面の皮や膜の内側に、調理中に発生する気体がたまって内圧が上がり破裂することがある。

②密封パックのものは、破裂の危険があるため加熱しないこと。特に密封パックの内部がアルミ箔のレトルト食品はマイクロ波を反射し、機器の故障の原因となる。また、脱酸素剤の封入されたものは発火のおそれがある。

③水、飲み物（牛乳、酒、コーヒーなど)、スープ、カレー、シチューなどのとろみのあるもの、油脂分の多い生クリーム、バターなどは、加熱後食品を取り出すときに突然沸騰（突沸）して飛び散り、やけどをするおそれがあるので、次のことに注意する。

- 加熱しすぎないように、設定時間を控えめにする。加熱しすぎた場合は、少し時間（1 分～2 分間）をおいてから庫内より取り出し、かき混ぜる。
- 開口部が小さい容器は特に注意を払う。小さなカップ、マグカップを使用するときも注意を払う。
- 飲み物はスプーン等で加熱前にかき混ぜる。
- 沸騰した液体を取り出すときは、十分に注意する。
- 取扱説明書に従い、「飲み物専用キー」等を上手に使う。

一口メモ

突沸の原因

突沸の原因には、加熱するものによって次の 2 とおりが考えられる。

■ みそ汁、カレーなどとろみがある食品

とろみがある食品をかき混ぜずに加熱した場合、熱が局部的に集中し過加熱状態となる。このとき、温度の低い部分が、過加熱状態の部分の沸騰を抑えている状態であるが、さらに局部的に熱が集中すると、圧力バランスが崩れて突沸が発生する。

■ 飲み物（コーヒー、茶、酒、水など）

飲み物を加熱した場合、その液体の沸点を超えても沸騰しない場合（過加熱状態）がある。過加熱状態の飲み物に振動が加わったり、核となる微細な固形物が加わったりすることによって突沸は発生する。例えば過加熱状態にした飲み物を取り出したときや、過加熱状態の水にコーヒーなどの粉末を入れたときに突沸が発生する。

④食品を入れずにレンジ加熱を行うと、マグネトロンに負荷がかかり発熱したり、庫内でスパークしたりすることがある。故障などの原因となるので、食品を入れずに加熱しないこと。

⑤ 100g 未満の食品を自動調理で加熱しないこと。赤外線センサーが 100g 未満の食品を検知できず、加熱しすぎて発煙・発火のおそれがある。100g 未満の食品は、手動調理で時間設定を控えめにし、仕上がりを見ながら加熱すること。

⑥加熱しすぎにより庫内で食品などが燃えたときは、ドアは開けずに取消ボタンを押して電源プラグを抜くこと（電源プラグを抜くだけでもよい）。ドアを開けると、庫内に酸素が入って火勢が強まる。また、燃えやすいものを遠ざける。万一鎮火しないときは、消火器や水で消火する。ただし、高温になったドアのガラスに水をかけると、割れてけがをするおそれがある。

⑦オーブン加熱やグリル加熱は本体が熱くなるため、本体の上に物を置かないこと。特に紙製品は焦げたり燃えたりする。プラスチック製品は溶けるおそれがある。

⑧ドアに物を挟んだまま使用しないこと。

⑨ドアの変形はマイクロ波が漏れる原因になるため、ドアに無理な力を加え変形させないこと。

⑩高電圧による感電のおそれがあるため、分解しないこと。

⑪吸気口、排気口、穴などにピンや針金などの金属物または異物や指を入れないこと。感電・けがの原因となる。

⑫電子レンジで加熱するタイプの商品の事故が増えている。商品に表示された加熱時間で行わずに、オート加熱を行った結果、加熱時間が長くなり高温の内容物が漏出したり、噴出したりして顔面に火傷を負った事例もある。電子レンジ用と銘打ってあっても、事故のおそれがあるため食品以外のものは加熱しないこと。

一口メモ

食品発火のメカニズム／電子レンジ加熱式湯たんぽによる火傷事故

■ 食品発火のメカニズム

食品を長時間加熱すると、水分が蒸発し炭化して可燃性ガスが発生。さらに食品の炭化した部分に帯電してスパークを起こし、可燃性ガスに引火して爆発的に燃焼する。

■ 電子レンジ加熱式湯たんぽによる火傷事故

電子レンジ加熱式湯たんぽについて、加熱しすぎによる火傷事故が発生している。NITE（独立行政法人 製品評価技術基盤機構）が安全性確認のため、試買テストを実施した結果、市場に流通している同製品14銘柄のうち、いくつかの製品において、加熱しすぎると容器の破裂や内容物の漏れ出しなどにより火傷の可能性があることが分かったとして、注意喚起を行っている（2007年2月）。

⑬「電子レンジで安全にゆで卵をつくる」ことをうたっている調理器具で卵が破裂する事故が発生している。調理器具（金属容器）によるマイクロ波の遮断が完全でなく、蒸気穴や隙間からマイクロ波が入ったためと推定される。電子レンジでは金属容器は加熱しないこと。（禁止事項）

⑭ふた、およびふた付きの容器は使用しない。容器にふたをして加熱すると、赤外線センサーが検知できずに、食品が発煙・発火するおそれがある。

11.8 手入れ

庫内にこぼれた汁や食品カスは、放置しておくとこびりついて取れにくくなるうえ、ニオイが残ったり、火花や発火の原因になったりするのでこまめに拭き取ること。汚れが取れにくい場合は、薄めた食器用中性洗剤を使い、必ず固く絞ったぬれふきんなどで拭き取ること。

この章でのポイント!!

加熱の原理、加熱の種類、自動加熱とセンサー、容器の選択、据え付け上の注意、安全上の注意などについて述べました。安全上の注意として、殻付き食材の破裂や飲み物などの突沸現象について理解しておく必要があります。また、「電子レンジでゆで卵をつくる」という調理器具や電子レンジで温める湯たんぽの事故などが発生していることにも注意しておく必要があります。

キーポイントは

- **加熱の原理と種類**
- **加熱むらの防止**
- **インバーター加熱**
- **過熱水蒸気加熱の効果**
- **自動加熱とセンサー**
- **トップランナー基準と省エネラベリング制度**

キーワードは

- マイクロ波、誘電加熱
- レンジ加熱、オーブン加熱、グリル加熱、スチーム加熱、過熱水蒸気加熱
- 自動加熱
- 赤外線センサー、赤外線アレイセンサー、MEMS
- クラウドサービス、無線LAN、AI
- 突沸

12章 その他のキッチン・調理家電

12.1 ジャーポット

ジャーポットは、湯を沸かして保温し、いつでも湯が取り出せる製品であり、保温温度を選択する機能やカルキ臭抜きの機能などを有している。保温時の節電のため真空断熱材を使用した製品や、安全確保のために空だき防止機能や転倒流水防止機能、蒸気レス構造を有する製品もある。また、無線通信機能を内蔵していて、ジャーポットを使うと、その情報がインターネットを通じて離れて暮らす家族に送信される見守り機能を有する製品も販売されている。

1. 種類

(1) 内容器

断熱性の向上により保温時の消費電力を低減した省エネ型と、軽くて持ち運びやすい従来型の２種類がある。省エネ型は、外装と内容器の間に真空断熱材を用いて断熱性を高めている。そのため保温性に優れており、保温の電気代が節約できる。

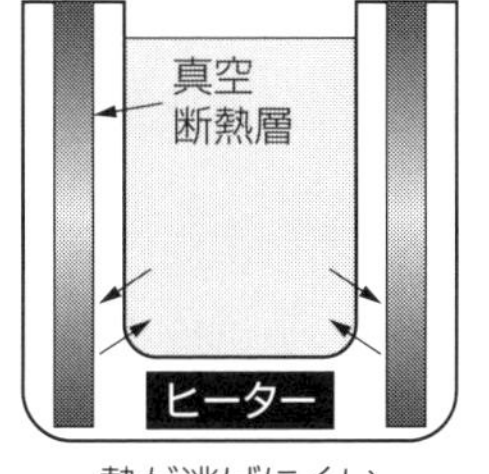

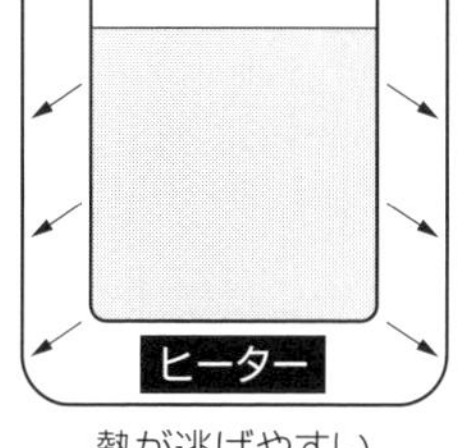

図 12-1　ジャーポットの断熱構造

(2) 給湯方式

下表のような給湯方式などがある。

方式	特　徴	備　考
電動給湯	電動ポンプで湯をくみ出す方式。電動スイッチを押すだけで連続給湯する。電源コードを外しても湯が注げるコードレス給湯方式もある。	沸騰直後に給湯すると湯が出にくいことがあるが、これは沸騰時の泡（空気）がポンプに入り、ポンプが空回りすることが原因（故障ではない）。一度上ふたを開けて空気を逃がしてから給湯するとよい。
エアー給湯	電気を使わず、プッシュボタンを押すことにより、空気の圧力で湯を押し出す。	—
ハンディ給湯	ハンドルを持って注ぐ方式	—

2. 構造

電動ポンプタイプのジャーポットは熱板（ヒーター）、温度センサー、電動ポンプ、制御回路（マイコン）で構成されている（図 12-2 参照）。内容器に水を入れ、電源を投入すると湯沸かし表示となり、熱板に通電される。温度センサーが沸騰を検知すると保温状態に移行し、湯の温度に応じて熱板を制御し一定の温度に保つ。

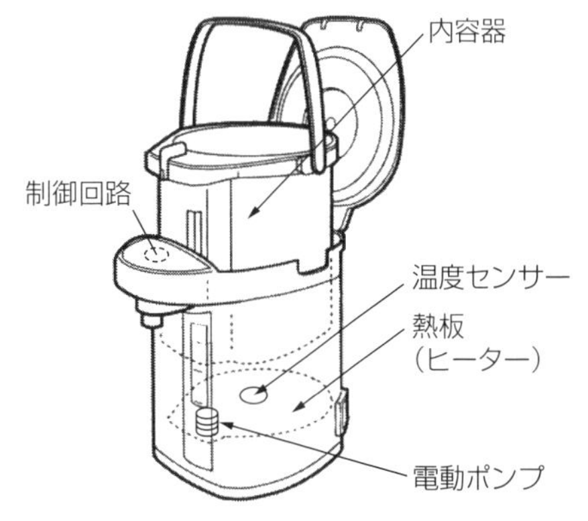

図 12-2　ジャーポットの構造（例）

なお、電源コードをひっかけた場合のポットの転倒防止のため、JIS C 8358-1994「電気器具用差込接続器」に基づき、電源コード側のプラグとポット側のプラグ受はマグネットになっている。

3. 機能

（1）保温温度の選択

保温温度を選択できるジャーポットでは、コーヒー・紅茶・番茶やカップめんなどに適した約98℃、煎茶などに適した約70℃～80℃、玉露や赤ちゃんのミルクなどに適した約60℃などに設定できる。

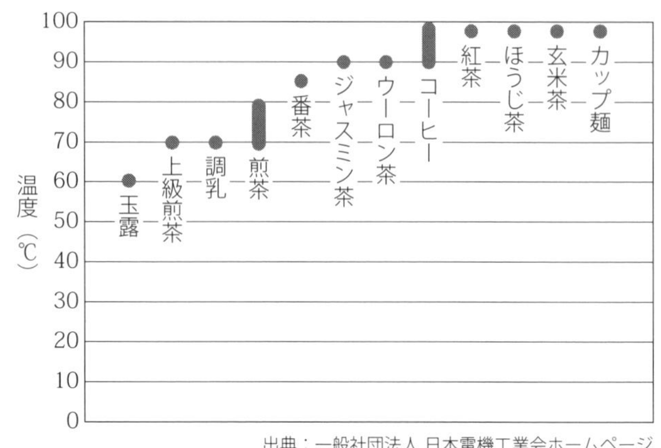

図 12-3　飲み物の推奨温度

（2）カルキ臭抜き

カルキ臭[※1]抜き機能付きのジャーポットは、沸騰終了後、約3分間沸騰を持続させ、水道水のカルキ臭を除去する。

（3）蒸気抑制

湯沸かしで発生する蒸気を、ふたに内蔵された冷却通路に導いて冷却して結露させ、内容器に戻すことにより、本体の外への蒸気排出量を抑制する機能を有する製品も販売されている。

4. 上手な使い方

（1）節電方法

①保温温度調節機能により低温で保温すると、高温で保温するより節電になる。しばらく湯を使わないときは、保温温度を下げて保温し、必要になったときに再沸騰して使うとよい。

②節電タイマーを使用すると、常時はヒーターへの通電が止まり、設定時間前に通電を開始し、設定時間に沸き立ての湯が使えるようになる。寝る前や出かける前に、新しい水を入れておいて節電タイマーをセットすれば、約2割～3割電気代を節約できる。（一般社団法人 日本電機工業会ホームページ）

（2）内容器の洗浄

使っていると、水の中に含まれているカルシウムなどのミネラル分が、白や茶色の湯あかとなって内容器やフィルターに析出してくる。ミネラルウォーターやアルカリイオン水を使用すると、湯あかは析出しやすくなる。湯あかはスポンジでこすっても落ちにくいので、次の手順で洗浄する。

①メーカー推奨の洗浄剤（クエン酸[※2]など）を入れる。

②水を入れ、沸かして1時間～2時間経過後、湯を捨てる。洗浄モードのある機種は水を入れて洗浄モードのボタンを押す。

※1：カルキ臭には塩素単独のニオイのほか、塩素と水中のアンモニアなどが反応して生じるニオイ（クロラミン臭）も含まれる。（東京都水道局ホームページより）

※2：柑橘類や梅干などに含まれる酸味成分。カルキや水あかなどのアルカリ性の汚れを落とすのに有効である。

③電動ポンプ内も洗浄するため出湯ボタンを押して湯を捨てる。

④再度湯を沸かし、クエン酸のニオイを取るため出湯ボタンを押して湯を捨てる。

(3) パッキンの交換

ジャーポットのふたに付いている内ぶたパッキンが劣化してくると、蒸気が漏れることがある。また、エアー給湯方式の場合は、湯の出が悪くなる場合がある。内ぶたパッキンの破れや劣化（パッキンが白くなる）が見られる場合は交換する。

5. 安全上の注意

①水以外のものを沸かさない。お茶・牛乳・スープ・酒など水以外のものを沸かすと、沸き上がるときに噴き出して、やけどするおそれがある。

②湯が噴きこぼれ、やけどのおそれがあるため、満水目盛り以上の水を入れない。

③湯が噴きこぼれ、やけどのおそれがあるため、蒸気口をぬれふきんなどで塞がない。

④感電のおそれがあるため、水につけたり、水をかけたりしない。

⑤幼児に使用させたり、いたずらさせたりしない。幼児や子供の手の届かないところへ置く。事故の半数以上が 10 歳未満である。(国民生活センター調べ)

⑥水のかかるところや火気の近くでは使用しない。感電やショートのおそれがある。

⑦電源コードの器具側プラグにピンやゴミを付着させない。感電、ショート、発火の原因になる。

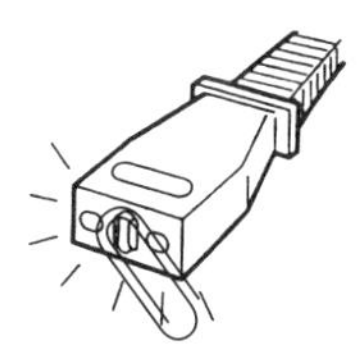

⑧電源は交流 100V 定格 15A 以上のコンセントから単独で使用する。

12.2 電気ケトル

従来、日本では、主に安全上の理由で電気ケトルは普及していなかったが、近年、二重構造による断熱によって本体が熱くならないようにしたり、転倒時の湯漏れを防止したりして安全性を高めた製品が販売されるようになり、市場が拡大している。電気ケトルは沸かすときの一時的な消費電力は大きいが、大量の湯を沸かして保温しておくジャーポットに比べて、節電できるという利点がある。

1. 構造

電気ケトルはふた・本体・給電台の3つの部分から成る。電気ケトルの構成（例）を図12-4に示す。本体を給電部にのせて電源スイッチを入れることにより、湯沸かしを開始し、沸騰すると（温度を検知して）自動的にスイッチが切れる。ふたには、湯漏れ防止のため、本体と接する部分にふたパッキンが設けられている。内容器にはフッ素樹脂加工が施されており、汚れを付きにくくしている。

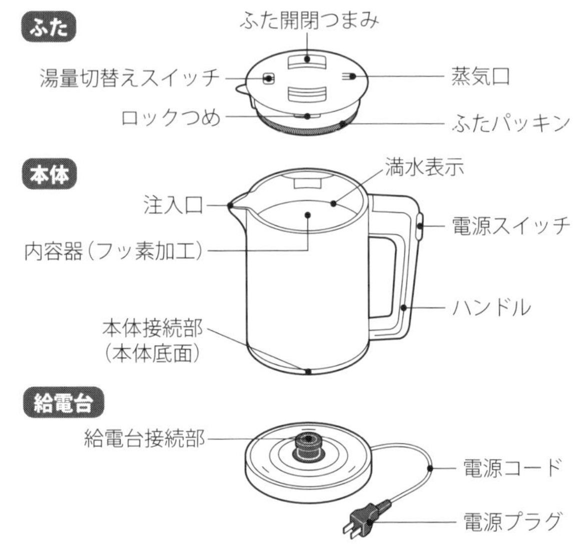

図12-4　電気ケトルの構成（例）

2. 機能

(1) 空だき防止

内容器が空の状態で電源スイッチを入れると、故障や事故を防ぐために、空だき防止機能が働き、自動的に電源が切れる機能である。空だきした場合、内容器を十分に冷ましてから、給電台から本体を外して水を入れ、再度、給電台にのせて電源スイッチを入れ直す必要がある。

(2) 湯漏れ防止

電気製品認証協議会では、電気ケトルやジャーポットによる事故、特に乳幼児のやけど事故が発生していることを踏まえ、2013年に事故防止のためのSマーク認証（「9章 IHジャー炊飯器 9.4節」参照）の追加基準「電気湯沸器（電気ケトル及び電気ポット）の転倒流水対策に係る取扱運用」を制定した。この基準によると、転倒流水試験を行ったときの流出水量が50mℓ（ミリリットル）以下であることが必要である。

図12-5　Sマーク

(3) 蒸気抑制

ジャーポットと同様、湯沸かしで発生する蒸気を、ふたに内蔵された冷却通路に導いて冷却して結露させ、内容器に戻すことにより、本体の外への蒸気排出量を抑制する機能を有する製品も販売されている。

(4) その他の機能

湯の温度によってランプの色を変え、むだな再沸騰をしないようにしたり、沸騰をブザーで知らせたりする機能を持つ製品がある。また、Wi-Fi通信機能を内蔵していて、スマートフォンから専用アプリにより電源のオン / オフを切り替えたり、湯沸かし温度を設定したりすることのできる製品も出ている。

3. 安全上の注意

電気ケトルを使用する際には、以下に示すとおり、蒸気や湯によるやけどに十分注意する必要がある。(一般社団法人 日本電機工業会ホームページ)

①電気ケトルを転倒させない。湯が流れ出て、やけどのおそれがある。給湯ロックボタン付きの製品では、ロック状態になっていても、本体を傾けたり倒したりすると、注ぎ口から湯が流れてやけどのおそれがある。

②ふたを勢いよく閉めない。蒸気や湯のふきこぼれで、やけどのおそれがある。

③本体を抱きかかえたり、傾けたり、揺すったり、ふたを持って移動しない。湯が流れ出て、やけどのおそれがある。

④湯沸かし中は、湯を注がない。湯が飛び散り、やけどのおそれがある。

⑤蒸気孔・注ぎ口に触ったり、手や顔を近づけたりしない。やけどのおそれがある。

⑥乳幼児の手が届くところで使わない。やけど・感電・けがのおそれがある。

⑦水以外のものを入れたり、沸かしたりしない。泡立ちが起こり、内容物が噴き出して、やけどのおそれがある。

⑧不安定な場所や熱に弱い敷物の上では使用しない。火災の原因になる。

⑨満水線を超える量の水を入れて使用しない。湯が飛び散り、やけどのおそれがある。

12.3 ホームベーカリー

ホームベーカリーは1987年に発売されて以来、2011年には過去最多の年間総出荷台数約79万台を記録した。2000年以降、食に対する安全意識の向上、ブログでのアレンジレシピの共有化等もあって、パン食ブームとなったために市場は徐々に拡大してきたが、ここ数年は10数万台の出荷台数で推移している。

1. 一般的なパン作りとホームベーカリーによるパン作りの違い

パン作りのプロセスを図12-6に示す。パン作りは大きく、ねり・発酵・焼成という3つのプロセスから成る。まず、小麦粉と水を練り合わせてグルテンを生成する「ねり」工程、次にイーストが水分と温度の働きで活性化し、糖を分解して炭酸ガスを発生させ、生地を膨らませる「発酵」工程、最後に膨らんだ生地を焼成する「焼成」工程である。一般的なパン作りとホームベーカリーによるパン作りの違いについて表12-1にまとめる。一般的なパン作りは工程ごとに手作業で行う部分が多いため、手間がかかるものであるが、ホームベーカリーを使えば、材料（基本材料は「小麦粉」・「水」・「油脂」・「砂糖」・「塩」・「イースト菌」）を投入してタイマー予約するだけで、全自動で焼き上げまで行うことができる。気温に応じて発酵温度をコントロールできる機種は、気温の影響を受けることなく、年中美味しいパンを作ることができる。

ねり	発酵	焼成
小麦粉と水を合わせてねることで、小麦粉のタンパク質に含まれる、グリアジンとグルテニンが結合して、弾力のあるグルテンが生成される。グルテンにより粘りと伸びのある生地が生まれる。	イースト（微生物）が水と温度の働きで活性化し、糖を分解して、炭酸ガスを発生させる。炭酸ガスが伸びのある生地の中で閉じ込められることで、生地が膨らむ。	膨らんだ生地を焼成し、パンが完成。

図 12-6　パンのできるプロセス

2. 構造

ホームベーカリーの断面図（例）を図 12-7 に示す。一般的なホームベーカリーは、パン用米粉を使ってお米パンを作ることができるが、最近は、米粒を粉砕してペースト状にするミル機能を搭載し、米粒からお米パンを作ることのできる製品もある（一般的なホームベーカリーにはミル機能は搭載されていない）。

表 12-1　一般的なパン作りとホームベーカリーによるパン作りの違い

	ホームベーカリー	一般的なパン作り
ねり	焼き上げるケースで ねり作業も行う	手作業 or 専用機で ねり作業を行う
気温 （発酵）	気温 5℃～35℃に自動 での対応が必要	適温の環境で管理
予約 （発酵）	夜セットして朝焼き上げ 最大 13 時間の予約あり （約 9 時間のアイドルタイム）	アイドルタイムなし
予熱 （焼成）	予熱なし 昇温中も生地が 庫内にある	予熱あり 予熱完了後 生地を庫内に投入

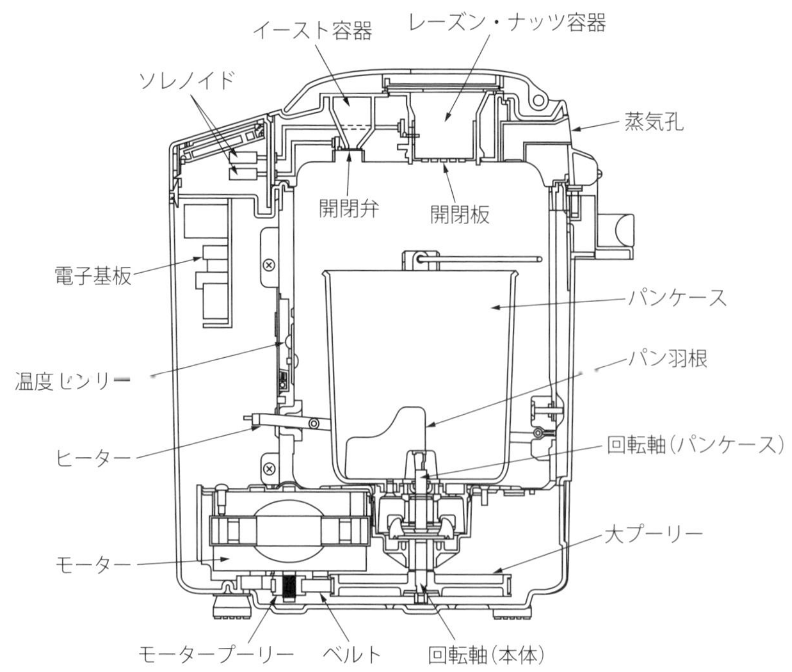

図 12-7　ホームベーカリー断面図（例）

この製品は、**図12-8**に示すように、ミル羽根とねり羽根が同じ回転軸で連結され、パンケースの中に取り付けられていて、ミル工程では高速回転で材料を破砕し、ねり工程では低速回転で粘りと伸びのある生地を生成する。

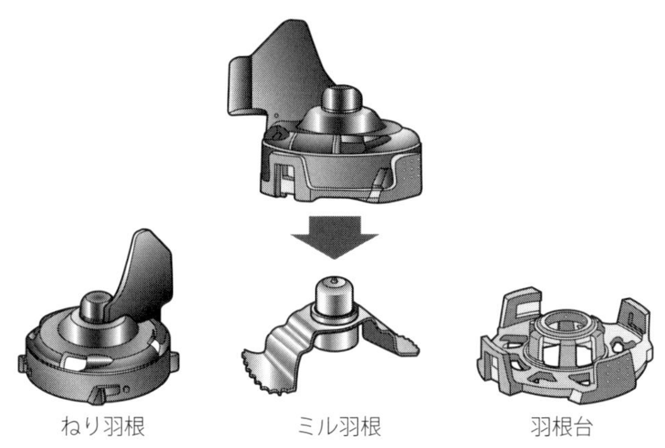

図12-8 ミル羽根とねり羽根（例）

3. お米パンの作り方

白米（米粒）からお米パンを作るときの手順を以下に示す。材料をセットしてスイッチを入れるだけで、**図12-9**に示した「混ぜる」・「こねる」・「発酵させる」・「焼く」というお米パン作りの工程を自動で進める。小麦アレルギーがある場合、小麦グルテンの代わりに上新粉を使えば、主原料が米のみの米パンができる。

①白米を量って洗い、米パンケースに白米と水を入れる。

②グルテン・イースト容器に小麦グルテンとドライイーストを入れ、ふたを閉める。

③メニューを表示させ、スタートする。

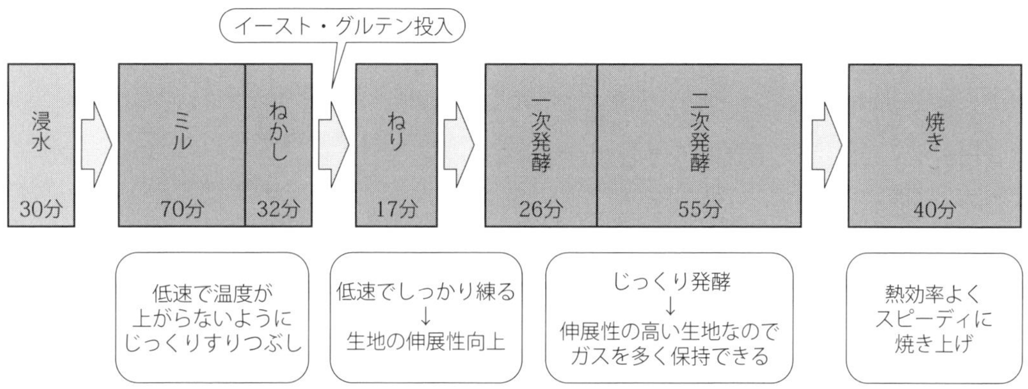

図12-9 お米パンコース（例）

一口メモ

全く膨らまない

パンが全く膨らまず、だんご状になることがある。その原因として、材料要因（ドライイーストや生種（なまだね）の入れ忘れ、ドライイーストの賞味期限切れ・使用期限切れなど）と機器要因（米パン羽根や小麦パン羽根の付け忘れ、イースト菌の投入機構の故障、パン作り中の停電など）が挙げられる。

12.4 ジューサー

ジューサーは1955（昭和30）年に発売された。ジューサーの市場は、現在、低速回転タイプのジューサーが拡大している。野菜や果物は、従来の高速回転タイプのジューサーにかけると、ビタミンや酵素等の栄養素が壊れやすかったが、低速回転タイプでは、これらの栄養素が壊れにくいという特長を持っており、健康志向と相まって注目を集めている製品である。

1. 低速回転ジューサーの特徴

従来のジューサーは、高速回転（1分間当たり1万回転以上）する刃で食材を粉砕するため、空気に触れて酸化したり、摩擦熱でビタミンCやポリフェノールなどの栄養素が破壊されたりしやすかった。低速回転タイプのジューサーの構造を図12-10に示す。このタイプは、低速回転（1分間当たり数十回転）するスクリューで食材を圧縮しながら、ゆっくりジュースを絞り出す。そのため食材が空気に触れにくく、摩擦熱も小さいので、栄養素は壊れにくい。なお、絞りかすには食物繊維が多く含まれるので、料理などに使えばむだにならずに済む。また、高速回転タイプに比べて時間はかかるが、運転音は小さい。

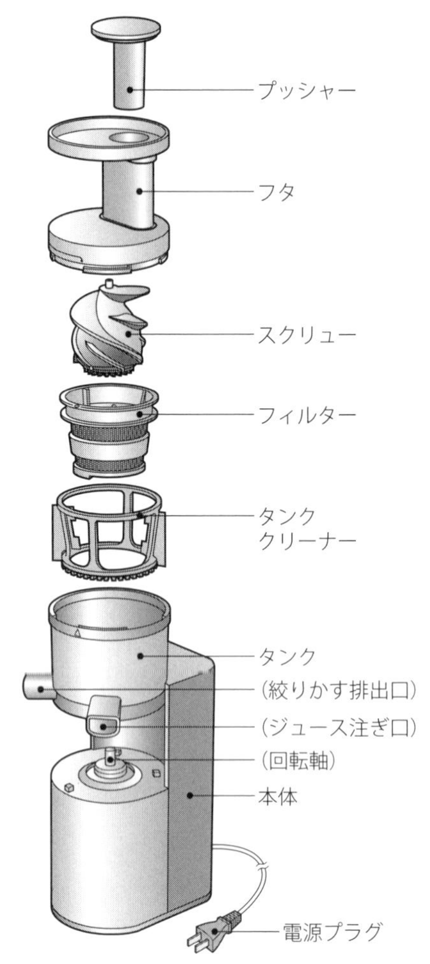

図12-10　ジューサー構造（例）

2. 使用上の注意

①食材は少しずつ、ゆっくり投入する。

②一度に大量の食材を投入しない。詰まって止まることがあるため。

③以下の食材を使うと故障の原因になるので、絶対に投入しないこと。

- 氷・乾燥大豆などの豆類・桃などの種
- 柿（種を完全に取り除くことができないおそれがあるため）

• メニュー集に記載のない乾燥食材（部品が破損するおそれがあるため）

一口メモ

ジューサーとミキサーの違い

ジューサーは、食材を細かく砕いてフィルターでこしながら水分だけを絞り出す。食材の身は取り除かれて水分だけが残るので100%ジュースができる。これに対し、ミキサーは食材を細かく切り刻んで撹拌（かくはん）するものであり、牛乳などを加えてジュースを作る。したがって、食材をそのままとることになる。JIS C 9609（電気ミキサ・電気ジューサ）によると、以下のとおり定義づけされている。

• **ジューサ**

カッタと遠心分離かごが容器内に取り付けられていて，主として水分の多い果実類を回転するカッタによってすりおろし，遠心分離かごによってジュースを分離する機能をもつもの。

• **ミキサ**

カッタ（刃）が容器内に取り付けられていて，主として果実類と水などを回転するカッタで粉砕，かくはん，混合する機能をもつもの。

JIS C 9609で規定されているジューサは（遠心分離式の）高速回転タイプであり、（圧縮絞り式の）低速回転タイプは含まれていない。ミキサーのなかには、容器内部の空気を抜いて撹拌することで酸化を防ぎ、栄養素の減少を抑制するという製品も販売されている。

12.5 コーヒーメーカー

ここ数年、エスプレッソマシンやインスタントコーヒー専用の製品、および日本茶・紅茶専用の製品などが次々に発売され、コーヒーメーカー市場が右肩上がりで拡大している。特に、豆挽きから抽出までを全自動化したタイプが注目を集めている。コーヒーメーカーの販売台数の推移を**図12-11**に示す。エスプレッソマシンやそのほかのコーヒーメーカーの販売台数が伸びているが、ドリップ式が最も多く、シェアは50%以上を占めている。コーヒーメーカー市場拡大の要因として、コーヒーは外で飲むよりも家庭で飲むことが圧倒的に多いということが挙げられる。場所別のコーヒー飲用杯数を**図12-12**に示す。

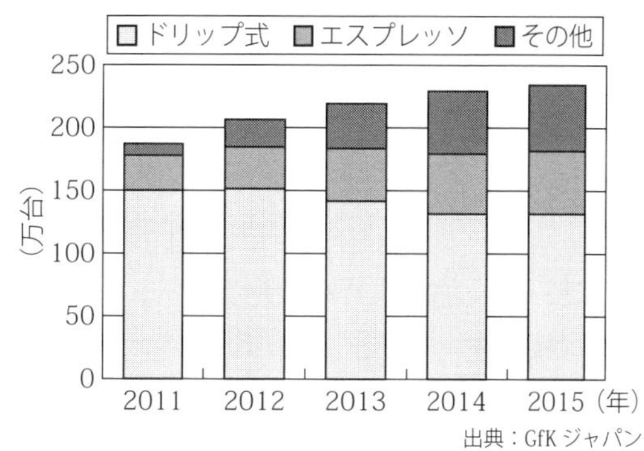

図12-11　コーヒーメーカー販売台数の推移

〈1週間当たりの平均飲用杯数〉

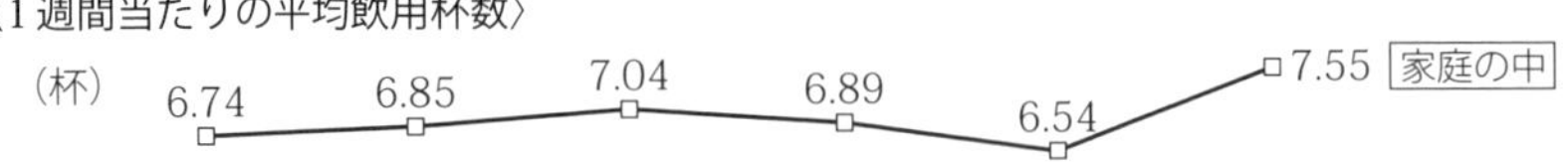

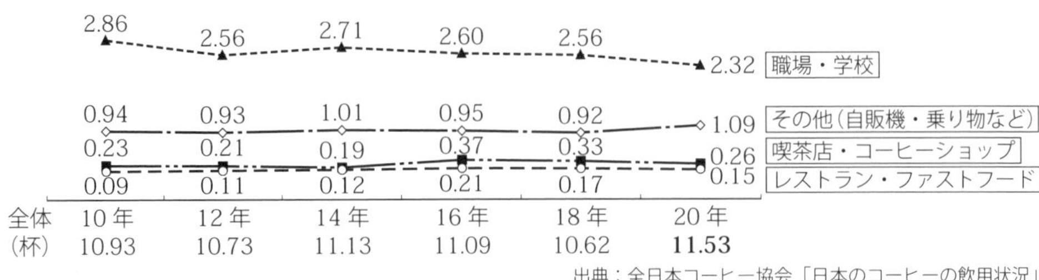

出典：全日本コーヒー協会「日本のコーヒーの飲用状況」

図 12-12　場所別のコーヒー飲用杯数

1.　構造

ドリップ式の全自動式コーヒーメーカーの構成（例）を図12-13に示す。豆挽き・注湯・ドリップ・保温の基本機能を一体化させた構造になっている。コーヒー豆は粉砕すると酸化が始まり、香り、風味が急速に失われるが、全自動式では、豆を挽いた後すぐにドリップするので、コーヒー本来の美味しさが失われないで済む。煮詰まり防止のために、ガラス容器ではなく、魔法瓶構造※3のステンレス容器を採用しヒーターを使わずに保温するようにした製品が増えている。

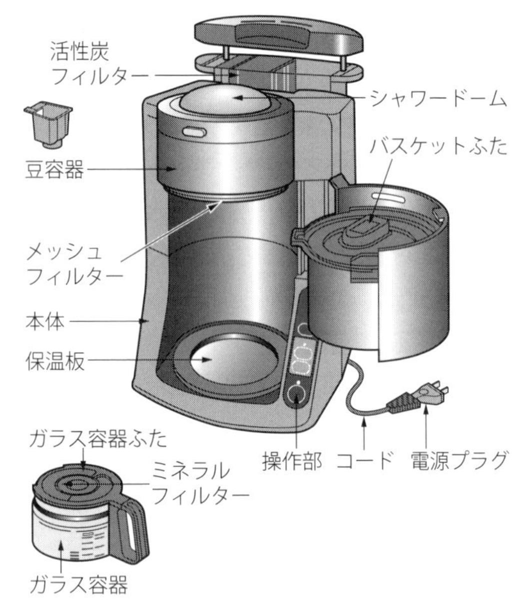

図 12-13　コーヒーメーカーの構成品（例）

2.　コーヒー抽出までの全自動化

全自動式コーヒーメーカーの構造（例）を図12-14に示す。以下のとおり、豆挽きから抽出までの工程が全自動化されている。

①メッシュフィルターを取り付け、豆を投入し、スタートボタンを押す。

②ミルで豆を粉状にする。

③水を沸騰させながら活性炭フィルターを通して浄水・循環する。（沸騰浄水でカルキをカットする）

※3：内びんと外びんの二重構造とし、その間を真空状態にすることで熱の移動（空気による対流）を防ぎ、長時間保温・保冷できるようにした容器。また、内面に鏡面加工を施したり、真空層に銅箔を挟み込むなどして熱放射を反射させ、熱エネルギーを内部に保つ構造にしている。

④浄水が終わると切替弁が開き、ドームに湯を投入。吐出口から出した湯をシャワードームに当てることにより、湯をまんべんなく注湯口に拡散させる。

⑤まず少量の湯を注ぎ、コーヒーの粉を蒸らす。蒸らし後、湯の温度・出方を適切に制御しながら抽出する。

⑥保温開始後一定時間経過すると温度を下げ、煮詰まりを軽減する。また、抽出開始時にミルを自動的に洗浄する機能も付加されている。

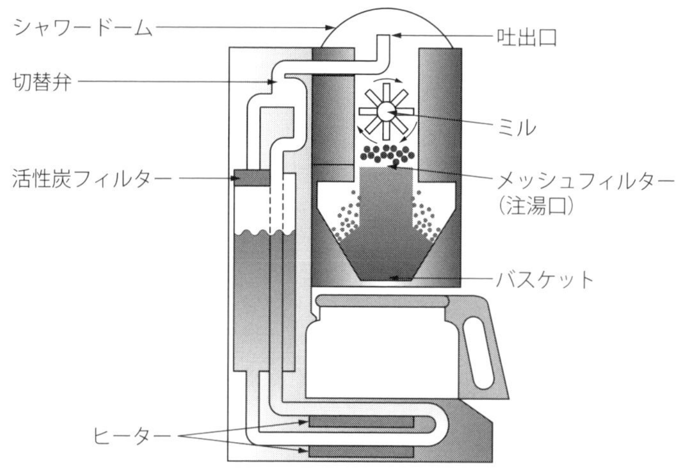

図 12-14 コーヒーメーカーの構造（例）

3. お茶メーカー

最近、「茶葉を挽く」、「湯を沸かす」、「茶を点てる」の各機能を1台に収めたお茶メーカーが販売されている。この製品では、以下の工程で茶葉を粉末にして飲むことにより、カテキン・クロロフィル・食物繊維などを効率的に摂取することができるとされている。

- 茶葉を（セラミック製の）臼で挽いて粉末茶にする。
- 水を沸騰させ、カルキ成分を除去した湯を容器に注ぐ。（湯の温度として約85℃と約70℃の設定ができる）
- 回転羽根で湯と粉末茶をゆっくりかき混ぜて仕上げる。また、牛乳と粉末茶をかき混ぜてラテを作ったり、冷水と粉末茶をかき混ぜて冷茶を作ったりすることもできる。

ADVISER

13章 洗濯機・洗濯乾燥機

洗濯機は、1953年ごろから本格的な生産が始まり、冷蔵庫、白黒テレビとともに「3種の神器」として新しい生活の象徴とされた。その後、1960年代から二槽式洗濯機、1970年代から全自動洗濯機が普及し始めた。全自動洗濯機は洗濯槽と脱水槽が1つになり、給水・排水が自動化され、注水開始から洗濯・すすぎ・脱水までの全行程を自動化したものである。2000年代に入り、さらに乾燥までの行程を連続して行える洗濯乾燥機が登場した。洗濯乾燥機のうち、ドラム式は、縦型に比べて大きく重いため置き場所を選ぶが、乾燥時の衣類の傷みが少なく、乾燥時間も短くて済むという特長がある。最近は、AI技術を活用して各行程の運転制御を最適化したり、IoT技術を活用してスマートフォンで外出先から遠隔操作できたりする製品が販売されている。

洗濯機の市場規模の推移を図13-1に示す。ドラム式は一定のシェアを有するものの、縦型が主流である。

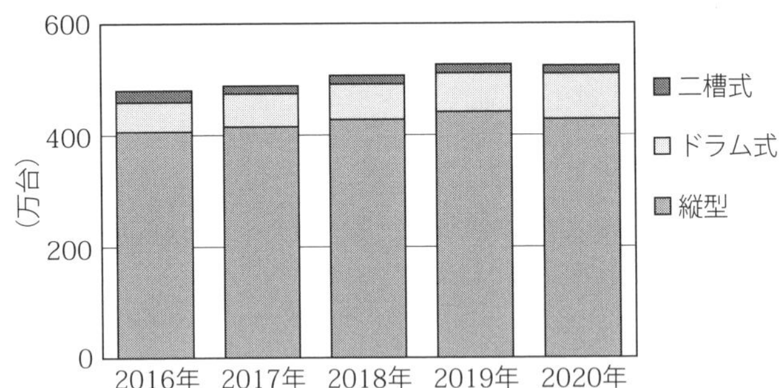

出典：GfK Japanによる「2020年上半期家電・IT市場動向」および「2021年上半期家電・IT市場動向」を基に作成

図13-1　洗濯機市場規模の推移

13.1 洗濯の原理

1. 洗濯の原理

(1) 衣類の汚れ

衣類に付く汚れは、水溶性の無機物質、有機物質の食品・果汁など、水不溶性無機物質の泥・鉄さびなど、水不溶性有機物質の食用油脂・機械油、身体から分泌される脂肪などに分類される。これらの汚れは、繊維の組織内に物理的に入り込んだもの、合成繊維などでできた親油性の衣類に油の性質で付着したもの、静電気で吸着したものなどがあり、繊維の種類や布地の織り方などで汚れの付着度合に差がある。

(2) 洗濯機による洗浄の方法

衣類に付く汚れのうち、水溶性の汚れは落ちやすいが、水不溶性の油などは落ちにくい。洗濯機では、洗剤の化学的作用で汚れを繊維から引き離すとともに、摩擦や振動などの機械的作用を加えて汚れの落ち方を速めている。

(3) 界面活性剤の働き

洗剤の主原料である界面活性剤は、水と繊維と汚れのそれぞれの表面張力を低下させ、繊維に付いた汚れを離れやすくする作用がある。界面活性剤が汚れを落とす作用を以下にまとめる。

1）表面張力低下作用・浸透作用

界面活性剤を加えた洗濯液は、水の分子同士が引き合う表面張力を低下させ、衣類に水が染み込みやすくなり、洗濯液が繊維の中まで浸透する。

2）乳化作用

界面活性剤分子は、親油基部分と親水基部分を持ち、親油基は汚れ（油）になじみ、親水基は水になじむ性質があり、汚れを包み込んで水中に汚れを浮かせる。

3）分散作用

界面活性剤分子は、汚れを包み込んで、水に溶けない固体の汚れを細かく分解し、水の中で分散させる。

4）再付着防止作用

ある一定以上の洗剤濃度になると界面活性剤が衣類繊維に吸着し、一度落ちた汚れを再び布に付着できないようにする。

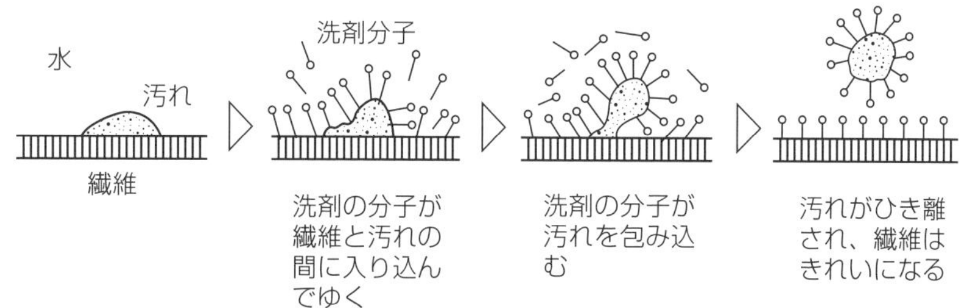

図 13-2　界面活性剤の作用

13.2　洗濯機の種類・仕組み

1.　二槽式洗濯機

二槽式洗濯機は、洗濯機能と脱水機能が独立しているため（**図 13-3** 参照）、洗濯量が多く連続して洗濯する場合でも、「洗濯」または「すすぎ」をしながら同時に「脱水」ができる。

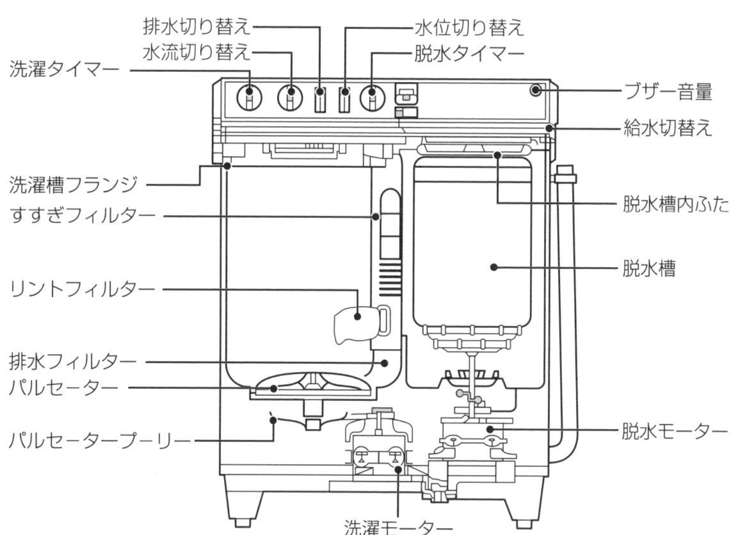

図 13-3　二槽式洗濯機の構造（例）

洗濯槽と脱水槽の衣類を何度も移しかえる手間はかかるが、洗濯水の汚れ具合が目に見える点や時間調節・水量調節など自由が効くメリットがあるため、今でも根強い需要がある。

2. 全自動洗濯機

(1) 構造

全自動洗濯機は、水槽の内側に洗濯槽（脱水槽）が取り付けられ、給水（注水）開始から「洗濯」「すすぎ」「脱水」までの一連の行程を自動的に行うことができる。全自動洗濯機の構造（例）を**図 13-4** に示す。また、主要部品の働きを**表 13-1** にまとめる。

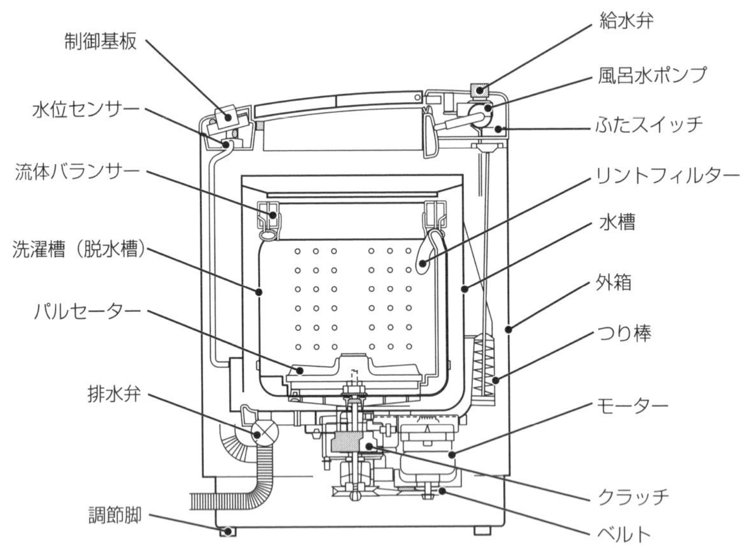

図 13-4　全自動式洗濯機の構造（例）

表 13-1　全自動洗濯機の主要部品の働き

部品名	機能
制御基板	選択された運転モードを各センサーの情報を元に運転指示をする洗濯指示系統の頭脳部分
給水弁	水道水の給水、給水停止切り替えを行う
水位センサー	水槽内の水位を検出する。布量センシングで設定された水位に到達すると、給水を停止させる。排水･脱水時にはリセット水位(排水完了水位)を検知し、脱水動作を開始させる
水槽	洗濯、すすぎ時に水をためる槽、また脱水時に回転する脱水槽の脱水された水を受け、排水を行う
洗濯槽(脱水槽)	洗濯、すすぎ、脱水を行うとき洗濯物を入れる槽
パルセーター	洗濯槽内で左右に回転し水流を作り出す翼
ふたスイッチ	脱水時、ふたを開けると脱水槽の回転を停止させる安全スイッチ。また衣類の片寄りが発生した時にも停止させる
つり棒	洗濯、すすぎ、脱水時の振動を吸収し外箱への振動伝達を防ぐ
排水弁	排水弁モーターにより排水路を開閉する部品。洗濯時は水路を閉じ、排水時は開く
外箱	各種部品を装着している外装キャビネット
モーター	パルセーターや脱水槽を回す動力
クラッチ(軸受け機構部)	洗濯と脱水の切り替えを行う

表 13-1 全自動洗濯機の主要部品の働き（つづき）

部品名	機能
ベルト	モーターの回転力を軸受け機構部に伝達する
リントフィルター	洗濯やすすぎで発生する糸くずを捕集するフィルター
調節脚	調節脚を回して脚の高さを調節し洗濯機を水平にしてガタつきを防止する
流体バランサー	洗濯槽の揺れを安定させるために槽の上部に取り付けられたリング状の部品。リング内部には不凍液が入っており、槽が回転すると、衣類が片寄った位置と反対側に移動する。

(2) 水位（水量）、水流、洗濯時間の自動設定

洗濯機は水位（水量）、水流、洗濯時間を決めるために、以下のセンシングを行っている。

1) 布量センシング（乾布センシング）

洗濯物の量は給水前の乾布状態で測定される。乾いた洗濯物を洗濯槽に入れ、タテ型ではモーターでパルセーターを回転、停止させ、パルセーターにかかる負荷を測定して水位を決める。ドラム式ではドラムにかかる負荷を測定して水位を決めている。同じ量の衣類を入れても、下記のように衣類の材質、衣類を入れる順序、入れ方によってはパルセーターやドラムにかかる負荷が異なり、水位も異なることがある。

- 「化繊など軽い衣類」や「洗濯ネットに入れた衣類」などが、布量計測時にパルセーターやドラムに接していた場合、（負荷小と検知して）水位が低めに設定される傾向にある。
- 「大物衣類」や「木綿類の衣類」などを先に入れると、（負荷大と検知して）高めの水位に設定される傾向にある。

2) 布質センシング

布質センシングで布質（ふわふわか、ごわごわか）を検出し水流の強さと洗濯時間を決める。洗濯槽に洗濯物と水を入れた2つの状態（一番低い水位付近と布量センシングで設定された水位の2つの水位）で、モーターでパルセーターを回転させ、通電を停止したときのパルセーターにかかる負荷をそれぞれ測定し、その差で布質を判定する。例えば、2つの水位で負荷の差が大きいときは綿などの衣類が多く、負荷の差が小さいときは化繊などの衣類が多い状態を示す。なお、布質センシングを行っていない製品もある。

13.3 洗濯乾燥機の種類・特徴

洗濯乾燥機の種類は、「ドラム式」と「タテ型」に大別される。ドラム式では洗濯物を前方のドアから出し入れする。タテ型は日本特有のもので、タテ型の全自動洗濯機に乾燥機能を付加したものである。一般的に、ドラム式、タテ型ともに標準洗濯容量より標準乾燥容量は少ない。これは、洗濯のあとそのまま乾燥すると、衣類のかさが増えて温風が通りにくくなり乾燥効率が低下することから、標準乾燥容量は温風が満遍なく行き渡り、効率よく乾燥できるように標準洗濯容量より少なく設定しているためである。

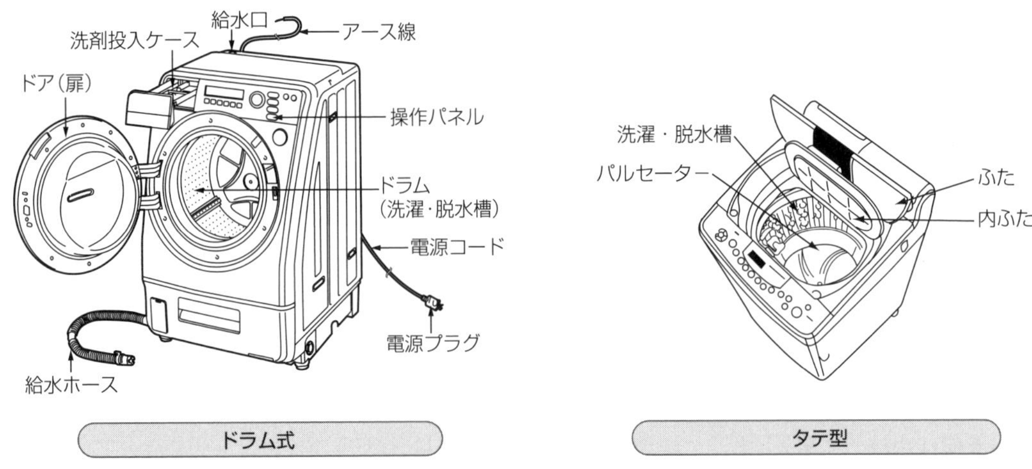

図 13-5　洗濯乾燥機の種類

洗濯乾燥機の種類および乾燥方式の違いによる仕様・性能比較を表 13-2、表 13-3 に示す。

表 13-2　ドラム式とタテ型の仕様・性能比較（例）

		ドラム式		タテ型
		ヒートポンプ乾燥方式	ヒーター排気方式	水冷除湿乾燥方式
標準洗濯容量		10kg	10kg	10kg
標準乾燥容量		6kg	3kg	5kg
標準使用水量（約）	定格洗濯時	78L	78L	104L
	定格洗濯乾燥時	55L（乾燥時 0L※1）	55L（乾燥時 0L※2）	125L
目安時間※3（約）	定格洗濯時	30分	30分	35分
	定格洗濯乾燥時	114分	195分	210分
消費電力量（約）	定格洗濯時	70Wh	70Wh	62Wh
	定格洗濯乾燥時	960Wh	1380Wh	2290Wh
総外形寸法（W×D×H）		639×722×1021	639×665×1050	599×648×1071
質量（約）		75kg	74kg	47kg

※1：熱交換器自動洗浄の使用水量は含まない。
※2：排水経路を水封するための使用水量は含まない。
※3：室温 20℃の場合

表 13-3　ドラム式とタテ型の特徴比較

	ドラム型	タテ型
洗濯方式	ドラムを回して衣類を持ち上げ落下させる「たたき洗い」とドラムを急速反転して小刻みに衣類を動かす「もみ洗い」	パルセーターを回転させて水流を起こし衣類と衣類をこすり合わせる「撹拌洗い」
洗濯水量	衣類を水没させる必要がないので水量は少ない	衣類を水没させるため水量は多い
衣類の痛み	傷みは抑えられ、からみも少ない	強い機械力で洗うので傷みやすく、からみやすい
乾燥方式	衣類を回転させ、衣類全体に温風を当てるので、比較的シワが少ない	パルセーターを回転させ、衣類を上下に入れ替えて乾燥させる

ドラム式は、ドラムを回転させて衣類を上から下へ落として「たたき洗い」をするので、ドラムの底のほうに水がたまっていればよい（水量は少なくて済む）。一方、タテ型は、パルセーターを回転させて水流を起こし、衣類と衣類をこすり合わせて汚れを落とす「撹拌洗い」をするために衣類を水没させる（水量が多い）（図13-6参照）。

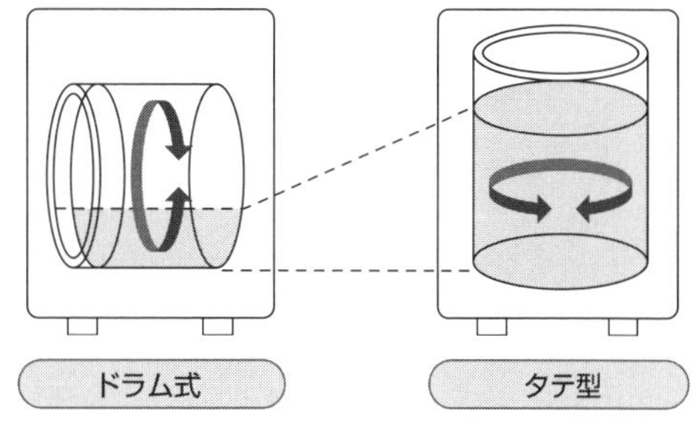

図 13-6　ドラム式とタテ型の水量比較

13.4 乾燥の仕組み

洗濯乾燥機のヒーター乾燥方式には、「空冷除湿方式※1」と「水冷除湿方式」があり、いずれも熱交換器を冷却し、湿気を含んだ温風を通過させることで、除湿している。なお、タテ型では「排気方式」を採用している商品もある。また、近年は、エアコンと同様の冷媒回路を搭載しドラム内の湿った空気を吸熱側の熱交換器で除湿して乾燥させ、加熱側の熱交換器で乾いた暖かい空気にしてドラム内に送り込む「ヒートポンプ乾燥方式」の商品も販売されている。

1.　水冷除湿方式の乾燥の仕組み

水冷除湿方式の洗濯乾燥機には、給湯器からの温水は使用しない。温水では冷却、除湿ができない。また、乾燥運転時は水栓を開けておくこと。

(1) ドラム式洗濯乾燥機の場合

①乾燥コースがスタートすると、給水弁（乾燥用）、乾燥ヒーター、送風ファン、排水弁が作動し、ドラムが回転を始める。

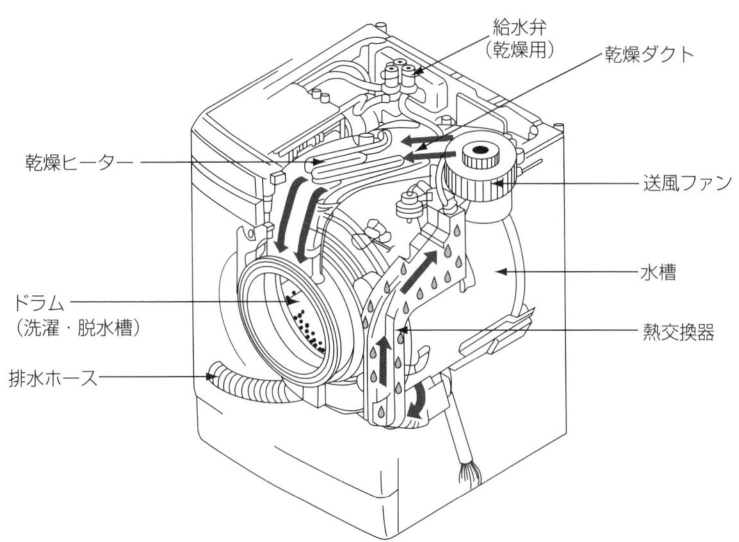

図 13-7　ドラム式水冷除湿方式洗濯乾燥機の構造（例）

※1：空冷除湿方式は、ヒーターで暖めた空気を機体内に循環させて湿気を含んだ温風にし、外気で冷却された熱交換器を通過させ、湿気を凝縮させて水滴にして取り除く方式である。水冷除湿方式と比較すると、乾燥時間が長くなり、湿気や熱が多少室内に排出されるものの、給水が不要という利点がある。

②乾燥ヒーターで暖められた空気は、ドラム内のぬれた洗濯物を通過することにより湿気を含み、冷水で冷やされた熱交換器に送られる。ここで、給水された冷水と熱交換を行い、湿気は凝縮して水となる。除湿された乾いた空気が送風ファンで循環ダクト内に送られ、乾燥ヒーターで再び暖められてドラムに送り込まれる。

③給水された水は、熱交換器を通り湿気を凝縮させたのち、凝縮した水と一緒に排水される。

④熱交換器内の循環空気と水槽内の除湿水の温度をセンサー（サーミスター）で検知し、その温度差の変化を判別して乾燥は終了する。

(2) タテ型洗濯乾燥機の場合

①乾燥コースがスタートすると給水弁（乾燥用）、乾燥ヒーター、送風ファン、排水弁が作動し、洗濯・脱水槽が回転を始める。

②乾燥ヒーターにより暖められた空気は、洗濯・脱水槽内のぬれた洗濯物を通過することにより、湿気を含み熱交換器に送られる。ここで、給水された冷水と熱交換を行い、湿気は凝縮して水となり、除湿されて乾いた空気は循環ダクトを通って、乾燥ヒーターで再び暖められて洗濯・脱水槽に送り込まれる。

③給水された水は、熱交換器を通り湿気を凝縮させたのち、凝縮した水と一緒に排水される。

④乾燥開始から一定時間を経過すると、パルセーターで洗濯・脱水槽に張り付いた洗濯物を撹拌（かくはん）してほぐしたあと、洗濯・脱水槽が回転し、洗濯物に満遍なく温風を吹きかける。この撹拌、回転の動作を繰り返し、乾燥を行う。

⑤ドラム式と同様に、循環空気と除湿水の温度をセンサー（サーミスター）で検知し、その温度差の変化を判別して乾燥は終了する。

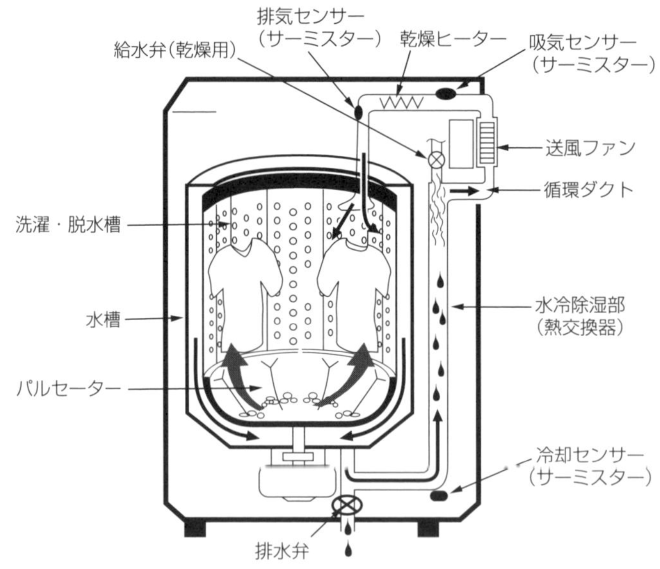

図 13-8　タテ型洗濯乾燥機の構造

2.　セラミックヒーター（PTC ヒーター）

水冷除湿方式の乾燥の熱源としてセラミックヒーターが主流である。セラミックヒーターは、PTC（Positive Temperature Coefficient Thermistor、正抵抗温度特性サーミスター）ヒーターのことで、素子は正の抵抗温度係数を有する抵抗体で、チタン酸バリウムが主成分である。

PTCヒーターまたは半導体ヒーターとも呼ばれる。

(1) セラミックヒーターの特性

セラミックヒーターは、素子の冷却量によって発熱量が自動的に制御される優れた性質を持っている。鉄クロム線、シーズヒーターなどは送風量に無関係に発熱量は一定であるが、セラミックヒーターは素子を通過する風量と風の温度の影響を受け、風量が増加するに従い発熱量が増加する。フィルターが目詰まりして風量が下がると、発熱量は減少する。また、風の温度が低いほど発熱量が増える。

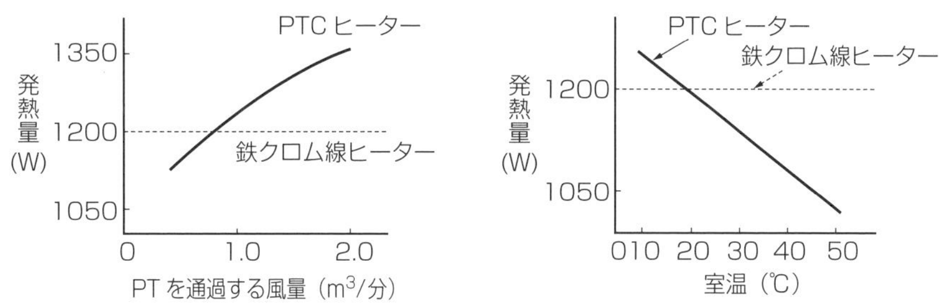

図 13-9 PTCヒーターと鉄クロム線ヒーターの特性比較

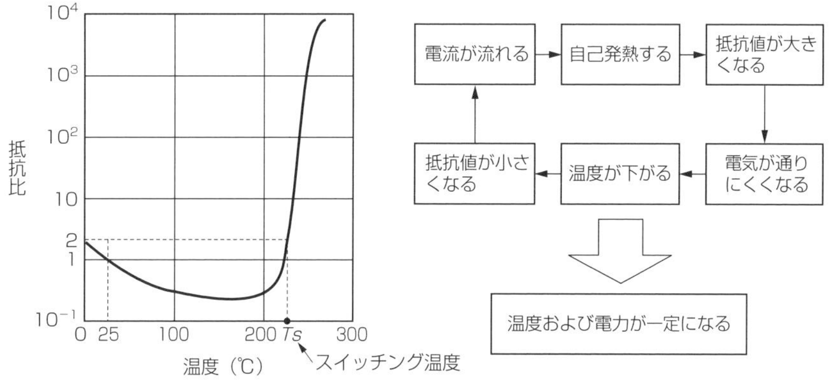

図 13-10 PTCヒーターの特性

(2) セラミックヒーターの構造

図13-11のように、セラミックヒーターは発熱体をアルミ放熱板で挟み、その上に電極となるアルミシートを接合している。アルミシートに電圧をかけると、放熱板を通じ発熱体に電流が流れ発熱する。冷風は放熱板を通り暖められる。

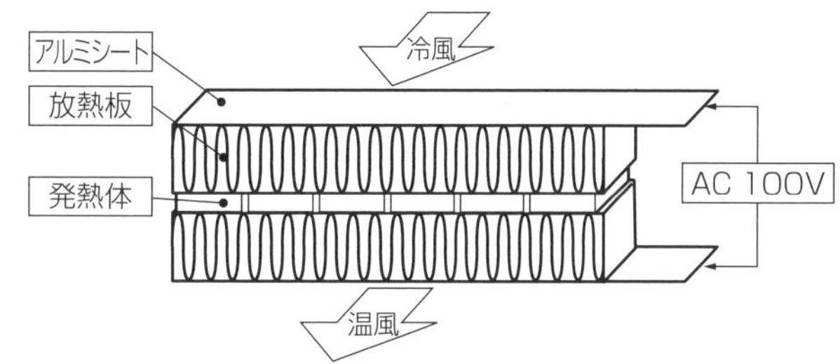

図 13-11 セラミックヒーターの構造（例）

(3) セラミックヒーターの特徴

①自己制御型発熱体であり、信頼性、安全性に優れている。

②ある程度まで温度が上がると、抵抗が増えて電流が流れにくくなるため、異常に加熱することがない。

③赤熱せず、断線やねじれることがない。

④風量に比例した発熱量が得られる。発熱量の無段階調整が可能であり、フィルター目詰まり時の安全性も高い。

⑤周囲温度が低い冬期は発熱量が多く、高い夏期は発熱量が少なくなる。

3. ヒートポンプ乾燥方式の乾燥の仕組み

ヒートポンプ乾燥方式はヒーターを使用せず、エアコンの室外機と室内機を一体化させたようなヒートポンプユニットで熱交換を行い、乾燥させている。

①ドラム内の湿気を含んだ空気は、送風機でヒートポンプユニットに送り込まれる。

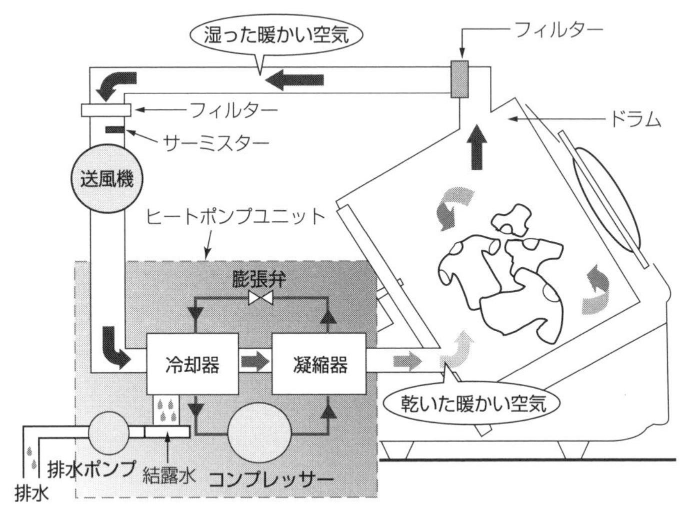

図 13-12　ヒートポンプ乾燥方式の概念図

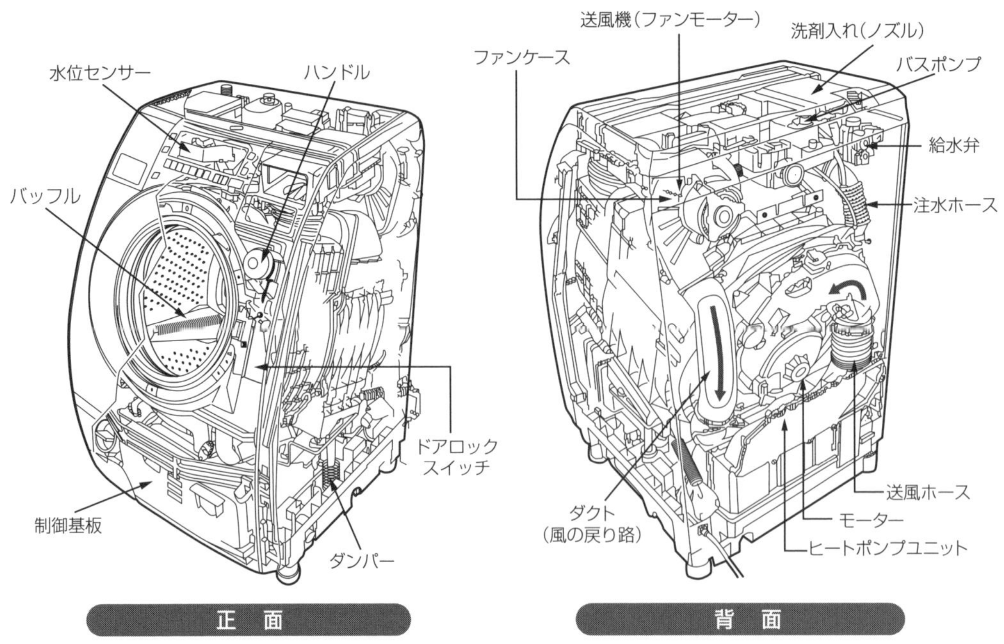

図 13-13　ヒートポンプ乾燥方式洗濯乾燥機の構造（例）

②ヒートポンプユニットに送り込まれた空気は、冷却器で冷却されることにより、湿気は凝縮して水となって取り除かれ、排水ポンプで排出される。

③湿気を取り除かれた空気は、凝縮器で暖められて乾いた温風となってドラム内に送り込まれる。温風は衣類を通過して湿気を含んだ空気となり、再びヒートポンプユニットに送り込まれる。

④上記①～③の繰り返しにより洗濯した衣類を乾燥させる。

⑤ヒートポンプユニットに戻ってくる風の温度をセンサー（サーミスター）で検知し、規定値以上になると乾燥を終了する。

ヒートポンプ乾燥方式は、乾燥時にヒーターと冷却水を使用しない方式なので、消費電力の削減と節水が可能となり、ヒーター方式に比べ、一般的に除湿能力が高く乾燥スピードが速いという特徴がある。また、乾燥時の温風温度が低いので、熱による衣類の縮みや傷みを軽減できるなどの特徴もある。ただし、冬場など室温が低いと乾燥性能が十分に出ず、乾燥不十分になる可能性がある。その場合、暖房するなどして室温を暖めればよい。

ヒートポンプ乾燥方式洗濯乾燥機の構造例を図13-13に示す。

13.5 AIおよびIoT技術の活用

1. AI技術の活用

洗濯→すすぎ→脱水→乾燥の各行程の運転条件を使用者が設定したり、あらかじめ決められたコースから選択したりするのではなく、複数のセンサーから得られる情報を随時収集し、その変化を時系列で洗濯機に搭載されたAIが分析し、各行程の最適な制御を行う製品が販売されている。センシングしている項目は、布量・布質・布動き・水硬度・水温・洗剤の種類（液体洗剤か粉末洗剤か）・汚れの量・すすぎ具合・脱水具合などで、洗濯物の量や汚れ具合により、使用水量、消費電力、運転時間が増減する。

2. IoT技術の活用

スマートフォンに登録した専用アプリを使用して、洗濯機とスマートフォンの間で通信が行える製品が販売されている。外出先からスマートフォンを利用して洗濯スタートを行うことにより、帰宅時間に洗濯終了時間を合わせることができる。また、洗濯機からスマートフォンへ洗濯の残り時間や終了の合図を送ったり、洗剤の補充やフィルターの手入れのタイミングを知らせたりできる。さらに、メーカーのクラウドサービスから、新たに開発された洗濯コースをダウンロードして運転したり、取扱説明書や使い方を動画でスマートフォンに配信したり、居住地域の天気予報から最適な洗濯方式をアドバイスするなど新たなサービスが提供されている。

3. 液体洗剤・柔軟剤自動投入機能

IoT技術を利用して洗濯機の遠隔操作を行うために必須となる機能が、液体洗剤・柔軟剤自動投入機能である。これは、液体洗剤や柔軟剤を洗濯機に搭載されたタンクに補充しておけば、洗濯のたびに最適な量を自動で計量・投入するものであり、タンク内の洗剤や柔軟剤が少なくなると、プッシュ通知で知らせてくれる。なお、投入量は、多め・標準・少なめなど設定可能である。

13.6 上手な使い方

1. 風呂の残り湯の使用

風呂水ポンプ対応の洗濯機では、付属の風呂水ホースを残り湯の入った浴槽に入れ、風呂水を使用する洗濯コースを選ぶことで、残り湯を利用して洗濯ができる。風呂水だけで洗い・すすぎ・脱水の全行程を行う場合も、風呂水ポンプ吸い上げ運転の際に呼び水を給水するため、水道の水栓は開けておく必要がある。途中で風呂水がなくなった場合は、自動で水道水給水に切り替わる。洗剤や仕上げ剤を希釈するため水道水を使用する機種もある。

浴槽から風呂水を取り出す際は、取扱説明書に記載された注意事項に従って行う必要がある(図13-14参照)。発泡、ゼリー、とろみタイプの入浴剤を入れた風呂水は給水できない場合があるので、その場合は風呂水を使用しない。

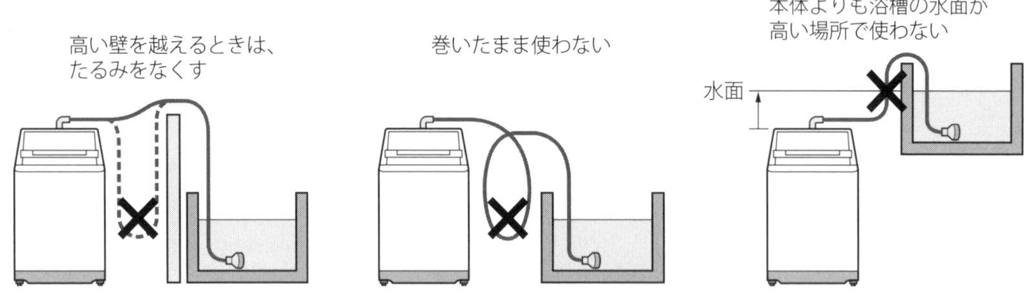

図 13-14　風呂水使用時の注意（例）

一口メモ　風呂水フィルターの洗い方／風呂水ホースの洗い方

■ 風呂水フィルターの洗い方

風呂水ポンプの吸水具合が悪いときは、風呂水フィルターが髪の毛や皮脂などで詰まりかけているので、図13-Aの要領でフィルターやカバー、ホース内を掃除する。なお、以下に注意する必要がある。

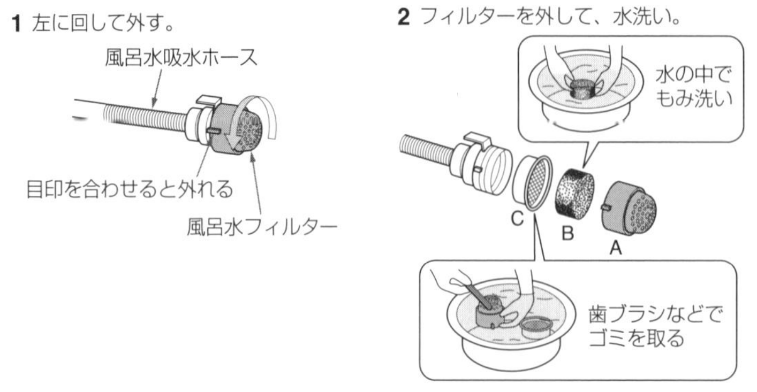

図 13-A　風呂水フィルターの洗い方

- 風呂水フィルターを外したまま使用しない。
  (糸くずなどが詰まり、故障の原因となる)
- 風呂水フィルター B の目詰まりや汚れがひどいときは交換する。

■ 風呂水ホースの洗い方

風呂水ホースを図 **13-B** の要領で洗う。塩素系漂白剤(刺激臭あり)を使用するので、洗う前に十分に換気するとともに、ゴム手袋をつけるとよい。

1 風呂水給水ホースを準備する
●フィルターを外しひもで束ねる

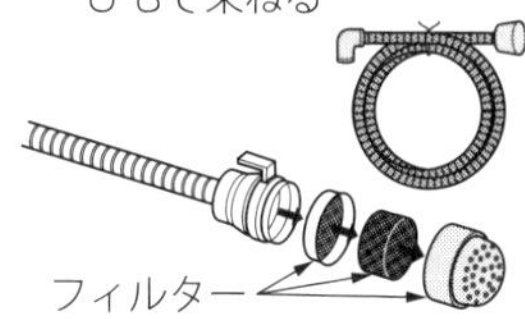

2 水道水(約18L)に衣類用の塩素系漂白剤(約200ml)を入れる

3 ホースを入れて、5回以上回転させる(ホース内を洗浄液で満たす)

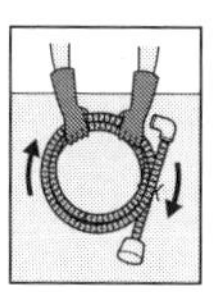

4 10時間以上つけ込み、取り出して、水道水で十分にすすぐ
●すすぎが不十分な場合、衣類が漂白される

図 13-B 風呂水ホースの洗い方

2. 洗濯機への水の出が悪くなったとき

供給される水の出が悪くなったときは、水道管の中の異物が給水口のフィルターに詰まっていることがあるので、掃除をする。掃除の手順は、水栓を閉じてから電源スイッチを押してスタートボタンを押し、約 1 分後に電源を切る。次に給水口のナットを緩めて給水ホースを外す。給水口のフィルターが見えるので、歯ブラシなどで異物を取り除く。

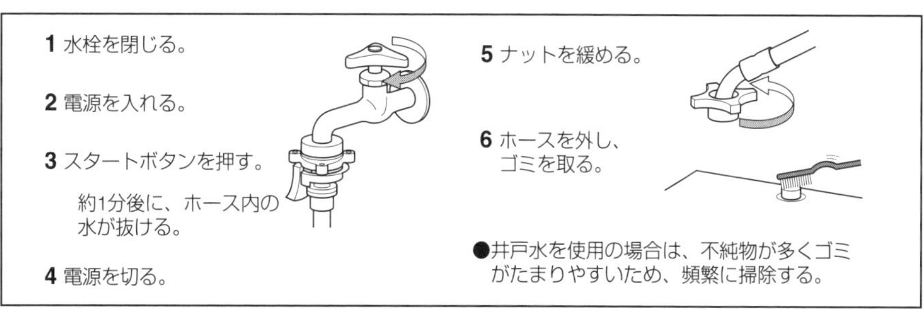

図 13-15 給水フィルターの掃除

3. 洗濯物の取扱い絵表示

繊維製品の洗濯表示に関する JIS L 0001:2014「繊維製品の取扱いに関する表示記号及びその表示方法」が 2014 年 10 月に制定され、洗濯表示記号は国際規格に統一された。洗濯表示記号は、22 種類から 41 種類に増え、繊維製品の取扱いに関するきめ細かな情報提供が可能となった。さらに 2015 年 3 月に家庭用品品質表示法に基づく繊維製品品質表示規程が改正され、2016 年 12 月 1 日から施行された。

旧 JIS と現行 JIS の取扱い絵表示比較を図 **13-16** に示す。旧 JIS は“この方法で洗濯するのがよい”とする「指示情報」であったが、現行 JIS は“繊維製品の洗濯などの取り扱いを行う間に回復不可能な損傷を起こさない最も厳しい処理・操作に関する情報を提供することを目的とし”となっている。すなわち、その記号の条件もしくはそれより弱い条件で洗うという「上限情報」の考え方となっている。

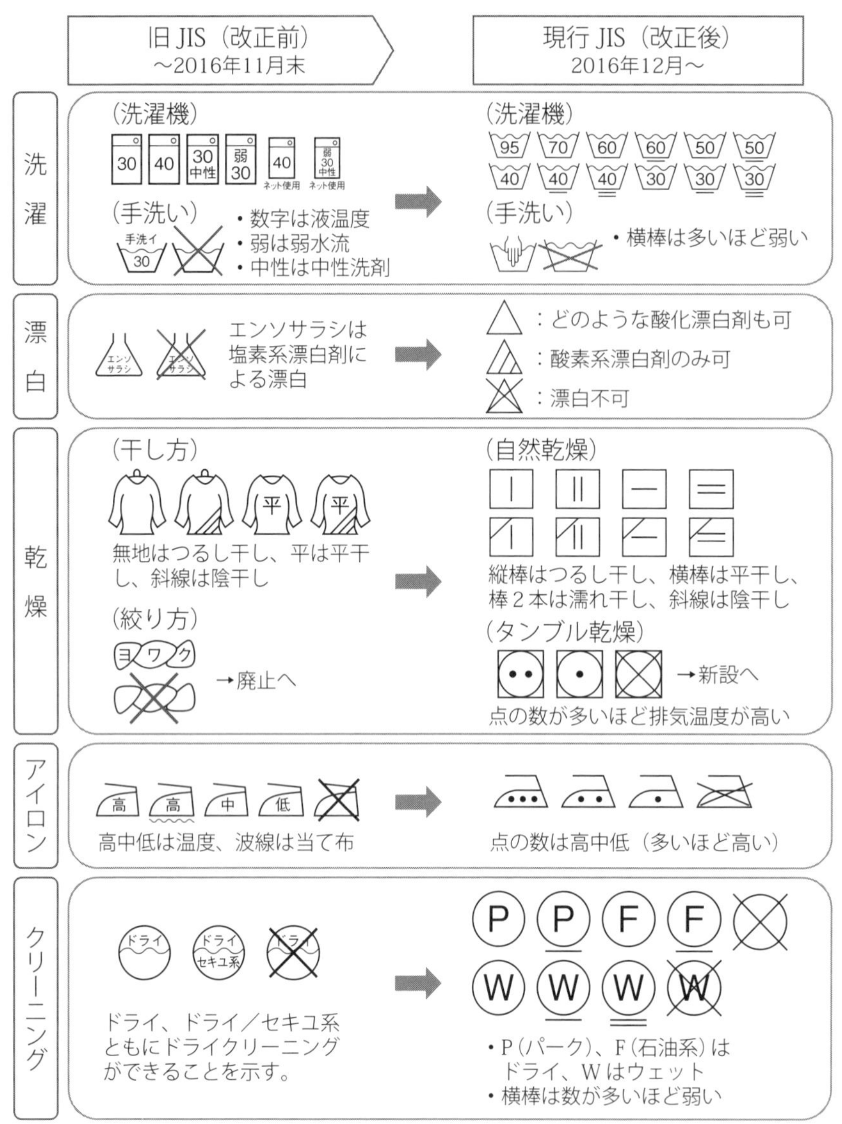

図 13-16　旧 JIS と現行 JIS の取扱い絵表示比較

4.　洗剤の量と種類

洗剤や柔軟剤の使い方について、以下に注意点をまとめる。

①洗剤は適正量を使用する。指定より多めに洗剤を使用しても汚れ落ちにあまり差はない。逆にすすぎが不十分になり、衣類を傷める原因になる。一方、洗剤が少なすぎると、一度落ちた汚れが再付着し、黒ずみやニオイの原因になる。

②粉せっけんは合成洗剤に比べ洗濯物に残りやすく、すすぎを十分に行わないと黄ばみやニオイの原因になる。粉せっけんは、30℃前後の湯約 5L に適量（標準使用水量 30L に対し 40g～60g）を少しずつ投入してかき混ぜて十分に溶かし、使用するとよい。ほとんどのドラム式洗濯乾燥機では、粉せっけんは使えない。せっけんを使う場合には液体せっけ

んを使うとよい。

③ドラム式はすべての行程で使用する水量が少ないため、洗剤量を適正量にしないとすすぎ不足になるので注意が必要である。

④柔軟剤を入れすぎると、柔軟剤が衣類に多く残り黒ずみの原因になる。特に液体洗剤と組み合わせると黒ずみが目立つことがある。

5. すすぎの種類

すすぎは、洗浄により落とされた汚れや洗剤分を取り除く行程であり、**表 13-4** のとおり、ためすすぎ、注水すすぎ、シャワーすすぎなどの方式がある。

表 13-4 すすぎの種類

種 類	特 徴
ためすすぎ	洗濯槽に水をためてすすぐ方式。大量の水を使用するので、すすぎ性能は高い。
注水すすぎ	洗濯槽内に水をため、設定水位に達してもさらに給水しながら（水をあふれさせながら）すすぐ方式。すすぎ性能は高い。
シャワーすすぎ	脱水槽をゆっくり回転させながら給水し、衣類に水を浸透させながら脱水する方式。

6. 省エネ、仕上がりのための上手な使い方

(1) 洗濯時

①できるだけまとめ洗いをする。定格容量以下なら一度に洗う量が多いほど、水や電気の節約になる。

②洗濯物を入れすぎると、衣類の回りが悪くなるため洗浄性能が悪くなる。

③洗剤の適量を守る。洗剤が少なすぎると洗浄性能は落ちるが、洗剤を多く入れすぎても洗浄性能はほとんど変わらず、水も電気もむだになる。また、溶け残りや黄ばみ・黒ずみの原因になる。

④汚れのひどい部分には事前に洗剤をすり込んで洗濯すると、汚れがよく落ちる。

⑤軽い汚れのときの洗濯は、洗剤量は半分程度、すすぎは 1 回でよい。

(2) 乾燥時

①洗濯物を入れすぎると、乾燥時間が長くなったり、乾きむらができたり、シワがつきやすくなる。

②フィルターの掃除はこまめに行う。フィルターが目詰まりすると、乾燥時間が長くなり電気代のむだになる。

③化繊と木綿、厚物と薄物などは分けて乾燥すると効率よく乾燥でき、電気代のむだが省ける。

④洗濯物を入れたままにしておくとシワがつきやすくなるので、乾燥終了後、早めに取り出す。

⑤脱水は十分に行う。しずくの垂れるような衣類は入れない（故障の原因にもなる)。洗濯機で十分に脱水しておくと、早く乾き、電気代も少なくなる。

⑥吸・排気口を塞がない。吸・排気口の周囲に十分な隙間（すきま）がないと、乾燥性能が悪くなり、電気代のむだにつながる。

⑦乾燥する前に衣類の表示、材質表示をよく確認する。衣類によっては、乾燥できないものがある。

7. 洗濯機の手入れ

①洗濯機は、湿気が少なく、風通しの良い場所で使用する。ぬれた所は乾いた布で拭き取る。洗濯機には多くのプラスチック製品が使用されており、シンナーやベンジンなど化学薬品を使用すると変色したり、変形したり、割れたりすることがあるので避けなければならない。
②水槽内の汚れは、湿った布に台所用洗剤をつけて拭くときれいになる。
③洗濯物にのり付けをしたあとは、水を流してのりを完全に取り除かないと、汚れとなってほかの洗濯物に再付着することがある。
④全自動洗濯機や洗濯乾燥機は二重槽構造になったものが多く、黒カビや洗剤カスが付着することがあるので、メーカー推奨の洗濯槽クリーナーを使用し定期的に手入れするとよい。

13.7 据え付け上の注意

洗濯機は水を使用する製品であり、高速回転機構を有しているため、正しく据え付けされないと事故や故障の原因になる。据付説明書に従って正しく設置する。

1. 設置場所

洗濯乾燥機は、換気が十分できる場所に設置する必要がある。換気が不十分な場合、温度差によっては窓、壁、本体などに若干結露を生じたり、乾燥時間が長くなり電気のむだにつながったりするため。

2. 輸送用ボルトの取り外し

ドラム式洗濯乾燥機は、安全輸送のためドラムと本体を輸送用ボルトなどで固定している（図13-17参照）。据え付け時には必ず輸送用ボルトを外すこと。外さないで運転すると、振動が大きくなり本体が動いたり、破損したりするおそれがある。なお、外した輸送用ボルトは、転居などの場合に備え、保管しておくこと。

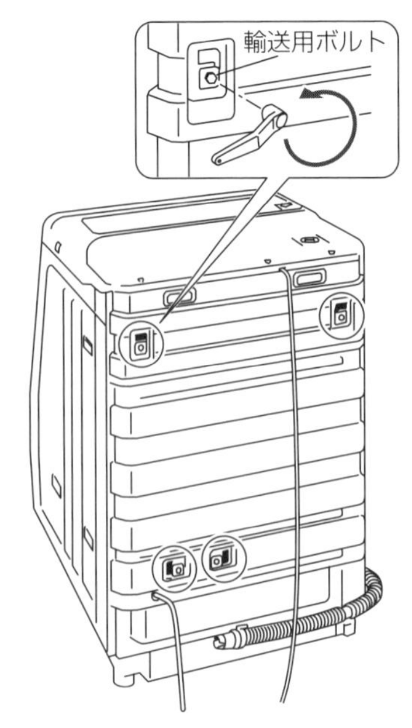

図13-17　輸送用ボルト（例）

3. 本体の据え付け

洗濯機が傾いていたりガタつきがあったりすると、脱水時に振動が大きくなるほか、安全装置が作動して給水やすすぎを繰り返し、場合によっては異常停止することがある。このため、水準器などを用い、調整脚の高さを調整し水平になるよう正しく設置する必要がある。据え付けにあたっては、洗濯機から床への漏水を防ぐため、防水パン（防水フロアー）を設置するとよい。

図 13-18 据え付け上の注意

4. 排水ホースの設置

防水パンには、洗濯機の排水ホースをつなげる排水口が付いている。排水口の位置や排水エルボの有無によって接続方法が異なるので、据付説明書に従って正しく接続する（表 13-5 参照）。必要に応じて、真下排水パイプや洗濯機の高さ調整用部材などを使用する。なお、排水ホースが途中で折れ曲がったり、先端が塞がったりしていると排水時間が長くなるだけでなく、「排水」「すすぎ」時に異常停止する場合があるので、正しく取り付ける必要がある。排水ホースを延長する場合は、ホースの長さ、内径、勾配に注意が必要である。

表 13-5 排水ホースの設置事例

排水口の位置	本体の真下	本体の真下以外	本体の真下	本体の真下以外
排水エルボの有/無	あり		なし	
処 置	エルボに排水ホースを接続する		排水ホースの先端を排水口に差し込む	排水ホースに真下排水パイプ（別売）を接続し、排水口に差し込む
概要図	外部排水ホース ホースバンド 排水エルボ スリーブ 排水口		排水口 スリーブ すき間	真下排水パイプ 両面テープ 排水口

一口メモ

排水口の掃除

排水口には糸くずや汚れがたまりやすく、放置しておくと排水エラーや悪臭の原因になるので、定期的（月に一度の目安）に掃除をするとよい。

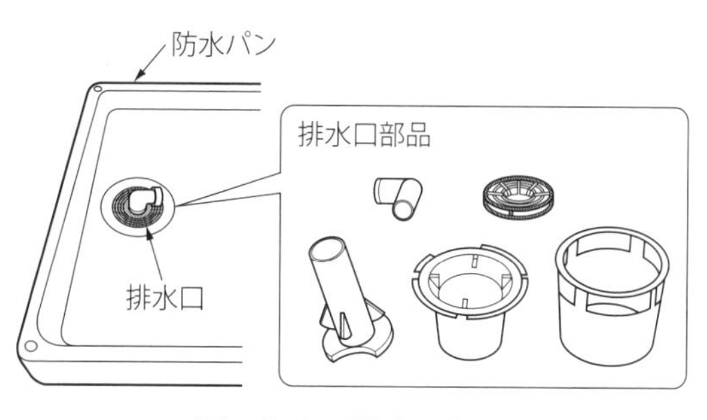

図 13-C 排水口部品

5.　給水ホースの取り付け

給水栓に給水ホースを接続するときに、給水栓の種類に応じた適切な接続をしないと、水漏れの原因になる。一般社団法人 日本電機工業会による「洗濯機の給水ホース取付時のご注意」という注意喚起が提示されているので、以下、その内容に沿って説明する。図13-19に示すとおり、給水栓の種類によって「そのまま給水ホースに接続できる場合」、「メーカー付属品の給水で対応できる場合」、「各メーカー指定の給水部材を取り付ける必要がある場合」があり、あらかじめ確認する。また、必ず試運転を行って水漏れしないことを確認する必要がある。

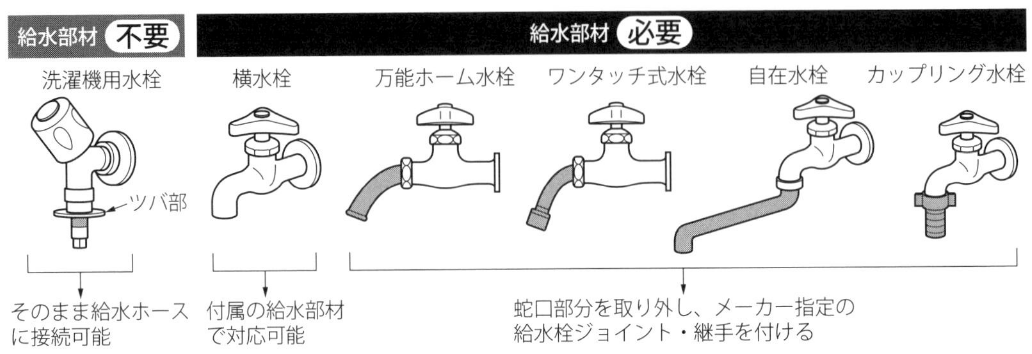

図13-19　給水栓の種類と給水部材の要否

(1) 洗濯機用水栓の場合

そのまま給水ホースに接続できる。ただし、ツバ部があることの確認が必要。

(2) 横水栓の場合

横水栓の場合、メーカー付属品（同梱）の給水部材（給水栓継手および給水ホース）が使用できる。取り付けの際、「給水ホースはゆっくりとまっすぐ取り付ける」、「給水栓継手のツバ部に（給水ホースの）レバーのつめを確実にかける」ことが必要である（図13-20参照）。

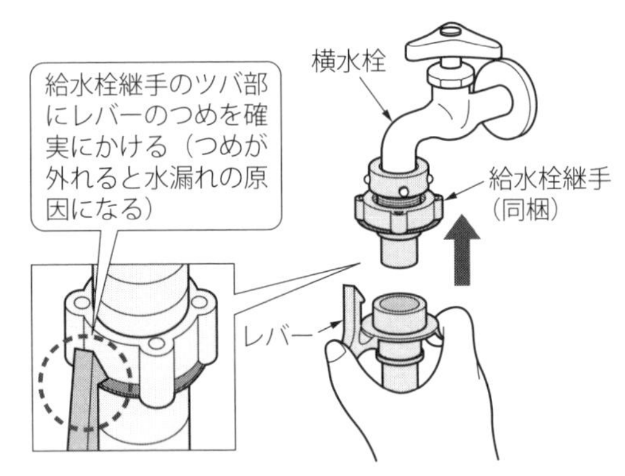

図13-20　給水栓継手と給水ホースの取り付け

(3) 横水栓以外の場合

付属のホース継手は使えず、各メーカー指定の給水栓ジョイント・継手（別売り）を用意する必要がある。給水ホースはゆっくりとまっすぐ取り付ける。給水ホースを取り付ける前には必ず水栓のジョイント部を確認し、以下のとおり適切な処置を行う。

- 水栓のジョイント部に汚れ、異物、サビや傷があると水漏れの原因になる。
- 汚れ、異物、サビは、濡れた布でよく拭き取ってから給水ホースを取り付ける。

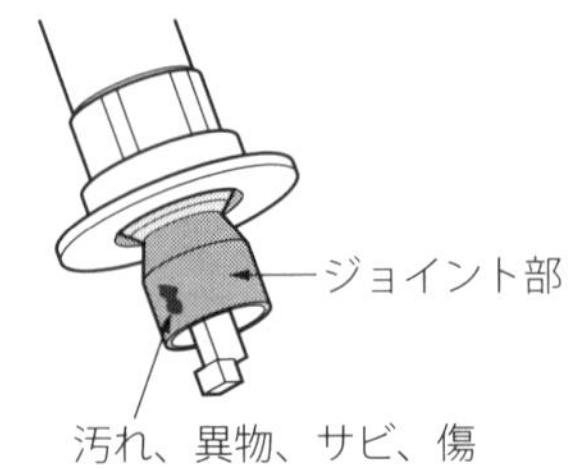

図13-21　給水栓ジョイント（ノズル）

- 汚れが拭き取れない場合や、傷がある場合には、必ず、新しい給水栓ジョイント・継手に取り換える。

(4) その他の注意事項

給水栓と給水部材が合っていなかったり、給水栓継手の取付ネジの締め付けが弱かったり、給水部材が適切に取り付けられていない場合、給水栓継手や給水ホースが突然外れて、水漏れ事故につながるおそれがある。例えば、ツバ部のないものは、給水ホースの差し込みすぎ、または差し込み不完全により、使用中の水圧の変動などで給水ホースが外れることがある。給水ホースが外れると、水漏れ防止のため給水を自動ストップするオートストッパー付き水栓ジョイント部品もある。

13.8 安全上の注意

①防水性のシートや衣類は、洗い・すすぎ・脱水をしない。異常振動で洗濯機、壁、床などが破損したり、衣類が損傷したり、洗濯物が飛び出してけがをしたりするおそれがある。防水性のものとは、寝袋、オムツカバー、サウナスーツ、ウエットスーツ、雨ガッパ、スキーウエア、自転車や自動車のカバーなど通水性のないものである。

一口メモ

なぜ異常振動が発生するか

洗濯・脱水時の異常振動について、一般社団法人 日本電機工業会の注意喚起チラシに基づき、以下記述する。異常振動の発生要因として、下記２点が考えられる。

- レインウエア、レジャーシートなどの場合、排水・脱水の際に槽内の排水用の穴を塞いでしまい、水が排水されずにたまった状態になる。
- スキーウエア、寝袋などの場合、内部に入った水がたまった状態になる。

これらの状態で脱水を開始すると、ほとんどの場合は、脱水し始めの低速回転時に洗濯機がアンバランスを検知して安全装置が作動し、自動的に脱水運転を停止する。ところが、脱水し始めの低速回転時に、たまたまバランスがとれた状態になっていると、そのまま高速回転になり時速約 150km に達して、以下のようなアンバランスが発生し、異常振動を引き起こすものと考えられる。

- レインウエアやレジャーシートなどによって水がたまっていた場合、高速回転で水が一気に抜けてアンバランスが発生する。
- スキーウエア、寝袋などの内部に多量の水がたまっていた場合、高速回転により槽内で移動し、アンバランスが発生する。
- 高速回転による遠心力で防水性衣類自体が脱水槽の上部に上がっていき、アンバランスが発生する。

②現在販売されている洗濯乾燥機、全自動洗濯機は、運転中にふたが開かないようになっている[※2]。ふたロック機構が働いているためで、運転が終了して洗濯槽の回転が停止するか、一時停止ボタンを押して完全に洗濯槽の回転が停止するとロックが解除され、ふたを開けることができる。運転中に電源を「切」にしたり、電源プラグを抜いたりするとふたロックを解除できず、ふたは開かない。運転中に停電になった場合もふたは開かない。ふたロック機構がある洗濯機で、運転中にふたがロックされない場合は故障なので修理する必要がある。

③脱水槽が完全に止まるまでは、槽の中の洗濯物には絶対に手を触れない。ゆっくりした回転でも洗濯物が手に巻きついてけがをするおそれがある。特に幼児には十分注意が必要である。

④脱水途中にふたを開けても15秒以内[※3]に洗濯・脱水槽が止まらない場合、またはふたロックが解除されても洗濯・脱水槽が止まらない場合は、故障のおそれがあるので、修理が必要である。

⑤油分の付着した衣類・タオルなどの布類を洗濯乾燥機や衣類乾燥機で乾燥すると、油分が乾燥による熱風で酸化・発熱して自然発火し、火災につながるおそれがある。油分の付着した布類は絶対に乾燥機で乾燥しない。

⑥浴室など、湿気の多い場所や風雨にさらされる場所には据え付けない。感電、漏電による火災のおそれや故障の原因になる。

⑦アース線はアース端子に確実に接続する。アース端子付きコンセントがない場合にはアース工事（D種接地工事）が必要である。アース線を接続しないと漏電のとき、感電するおそれがある。

⑧洗濯時に温水を使用する場合、50℃以上のお湯は使用しない。プラスチック部品の変形や傷みにより感電や漏電のおそれがある。

⑨洗濯前は必ず水栓を開いて、水漏れがないか確認する。ネジが緩んだりしていると、水漏れして思わぬ被害を招くことがある。

⑩洗濯機を使用しないときは、必ず水栓を閉じておく。万が一の水漏れを防ぐ。給水継手が外れた場合、大量の水漏れのおそれがある。

1.　経年劣化に係る安全上の注意

全自動洗濯機および２槽式洗濯機は、「長期使用製品安全表示制度」の対象製品であり、2009年４月１日以降に製造・輸入された製品には、製造年、設計上の標準使用期間、経年劣化についての注意喚起が製品に表示されている。設計上の標準使用期間が過ぎたら、異常な音や振動、ニオイなど、製品の変化に十分注意する必要がある。長年使用の全自動洗濯機および２槽式洗濯機で次のような症状がみられる場合は、電源スイッチを切り、コンセントから電源プラグを抜いて、販売店またはメーカーに相談する。（経済産業省「長期使用家電製品５品目

※2：電気用品安全法技術基準省令の一部改正（2009年９月）により「脱水機能を有する電気洗たく機及び電気脱水機にあっては、脱水槽のふたを開いた状態では通電することができず、かつ、脱水槽の回転が停止しなければ脱水槽のふたを開けることができない構造のものであること。」と規定された。

※3：電気用品安全法の技術基準により、洗濯機は無負荷時７秒、負荷時15秒以内で停止することが定められている。

の注意喚起チラシ」による）

①脱水中に蓋を開けても、15秒以内で止まらないことがある。

②給水ホース、蛇口の継ぎ手から水漏れや洗濯機の床面に水漏れの痕跡がある。

③焦げくさいにおいがする。

④スイッチを入れても動かない。

⑤長年、電源プラグを挿したままになっていて、ホコリや湿気がたまっている。

⑥アース線がアース端子に確実に取り付けられていない。

⑦運転中に異常な音や振動がする。

13.9 カタログに記載されている用語など

1. 洗濯容量の目安

洗濯容量の目安は、「1.5kg×人数」を基準とするが、まとめ洗いをしたり小さい子供がいたりする家庭なら、この目安よりもやや大きめのものがよい。また、一般的に、洗濯乾燥機は、洗濯容量より乾燥容量が少ないので、乾燥容量も考慮する必要がある。

表 13-6 洗濯容量の目安

洗濯容量	家族数等の目安
4～6kg	単身者。2人住まい。こまめに分け洗いする家庭
6kg	4人家族以下で、洗濯物があまり多くない家庭
7kg以上	5人家族以上の家庭。洗濯物の多い家庭。まとめ洗いをする家庭。タオルケットやカーテンなど大物を洗うことがある家庭

2. カタログに使用されている用語

カタログの仕様一覧表に記載されている用語は、JIS C 9606-1993「電気洗濯機」で定義されている（表13-7参照）。

表 13-7 用語の定義

JIS用語	定 義
洗濯容量	各水位において、1回に洗濯できる洗濯物の乾燥状態における質量(kg)
標準洗濯容量	洗濯容量の中で、1回に洗濯できる最大の洗濯物の乾燥状態における質量(kg)
標準脱水容量	1回に脱水できる最大の洗濯物の質量(kg)
標準脱水すすぎ容量	1回に脱水すすぎできる最大の洗濯物の乾燥状態における質量(kg)
水量	洗濯容量の洗濯物を洗濯するのに適した水槽水量の概数(L)
標準水量	水量のうち標準洗濯容量の洗濯物を洗濯するのに適した水量(L)
標準使用水量	1回の全工程の使用水量(L)
乾燥容量	1回に乾燥できる洗濯物の乾燥状態における質量(kg)
標準乾燥容量	乾燥容量の中で、1回に乾燥できる最大の洗濯物の乾燥状態における質量(kg)
標準乾燥時間	標準乾燥容量の洗濯物を乾燥させるのに要する時間(分)

3.　標準試験布

洗濯性能の評価のためにJIS C 9606では標準の模擬洗濯物を規定している。模擬洗濯物はシーツ、タオル、ハンカチから成っており、洗濯容量により使用する枚数が決められている。また、模擬洗濯物は木綿で、形状や質量、密度などが細かく規定されている。

4.　洗濯乾燥機の性能評価方法

洗濯乾燥機を洗濯から乾燥まで運転した場合の運転時間・消費電力量・使用水量を測定するための評価条件を一般社団法人 日本電機工業会の自主基準として定めている。評価に使用する布は試験値を安定させるため、化繊と綿を一定の比率にした試験布である。

この章でのポイント!!

洗濯機の種類と仕組み、乾燥の仕組み、ドラム式洗濯乾燥機とタテ型洗濯乾燥機の特徴、上手な使い方、据え付け上・安全上の注意などについて述べました。特にヒーター乾燥方式とヒートポンプ乾燥方式の特徴について理解しておく必要があります。

キーポイントは

- **洗濯の原理**
- **洗濯機の種類と仕組み**
- **水位、水流、洗濯時間の自動設定**
- **空冷除湿方式と水冷除湿方式**
- **ヒートポンプ乾燥方式の乾燥の仕組み**
- **ドラム式洗濯乾燥機とタテ型洗濯乾燥機の比較**
- **洗濯機の手入れ**

キーワードは

- 界面活性剤
- 布量センシング、布質センシング
- 空冷除湿方式、水冷除湿方式
- PTCヒーター
- ヒートポンプ乾燥方式
- 風呂水ポンプ
- 指示情報、上限情報
- ためすすぎ、注水すすぎ、シャワーすすぎ
- 防水パン
- 輸送用ボルト
- 給水栓、給水継手、給水ホース
- ふたロック機構
- 長期使用製品安全表示制度

掃除機

掃除機は図 14-1 のタイプに分類される（一般社団法人 日本電機工業会による）。タイプ別市場規模の推移を図 14-2 に示す。従来、掃除機はキャニスター型（シリンダー型）が主流であったが、近年、軽くて使いやすい掃除機としてコードレススティッククリーナーの需要が大きく伸びている。自動的に動いて掃除をしてくれるロボットクリーナーも注目されている。

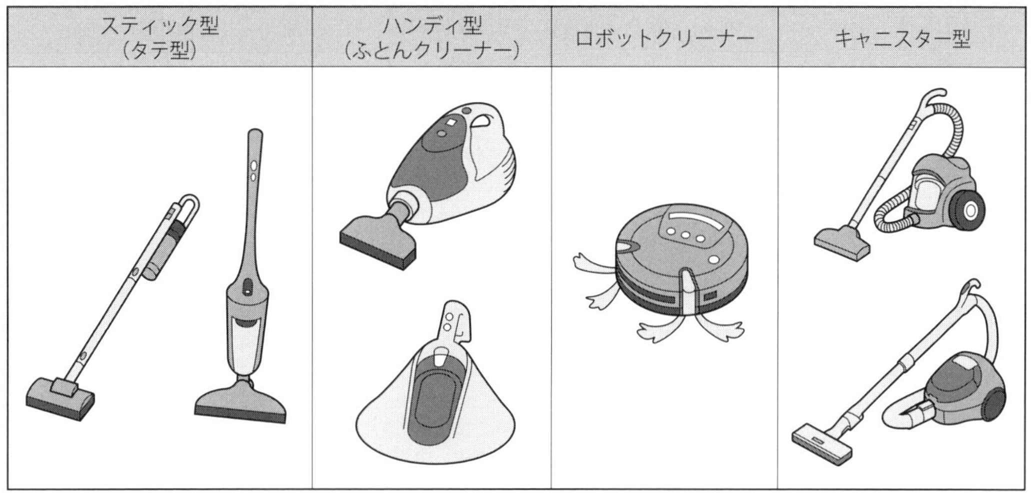

図 14-1　クリーナーの分類

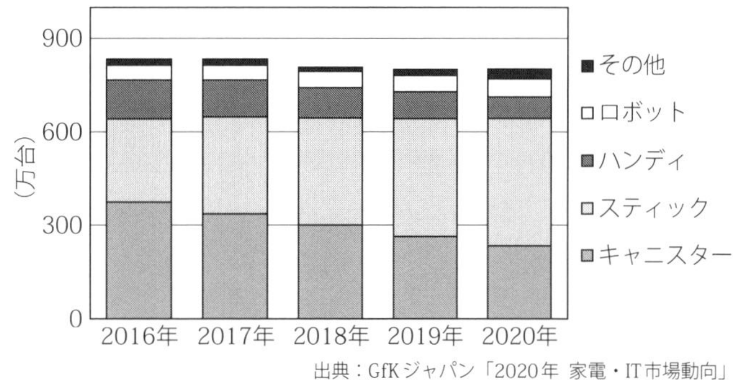

図 14-2　タイプ別市場規模の推移

14.1 スティッククリーナー

コードレススティッククリーナーは電源コードがなく、どこにでも持ち運んで掃除できる点が便利である。従来のコードレスタイプに対する不満点として、「吸引力の弱さ」や「使用時間の短さ」が挙げられていたが、最近のコードレスタイプは吸引力が大きくなり、連続使用時間も長くなった。また、パワーブラシを搭載している製品も多く、キャニスター型掃除機の代わりにメインの掃除機として使用されるケースが増えている。

各社コードレススティッククリーナーの主要な仕様を以下にまとめる。また、本来の掃除機能とは別に空気清浄機能を付加した製品なども販売されている。

- 集じん方式　：サイクロン式または紙パック式
- 集じん容積　：約 0.1 ~ 0.25 リットル
- ヘッド　　　：自走モーター式
- 製品質量　　：約 1.5kg ~ 約 2.5kg
- 連続使用時間：約 20 分 ~ 40 分間（標準モード）
- 電源　　　　：リチウムイオン電池（着脱式または内蔵型）

スティッククリーナーの形態は、手元モーター型と足元モーター型の 2 種類に大別される。

1. 手元モーター型

手元モーター型の構成例を図 14-3 に示す。この製品は、延長管を使わずに本体と床ブラシ（あるいは隙間ノズル・ふとん用ブラシなど）を直接接続してハンディ型としても使用することができる。

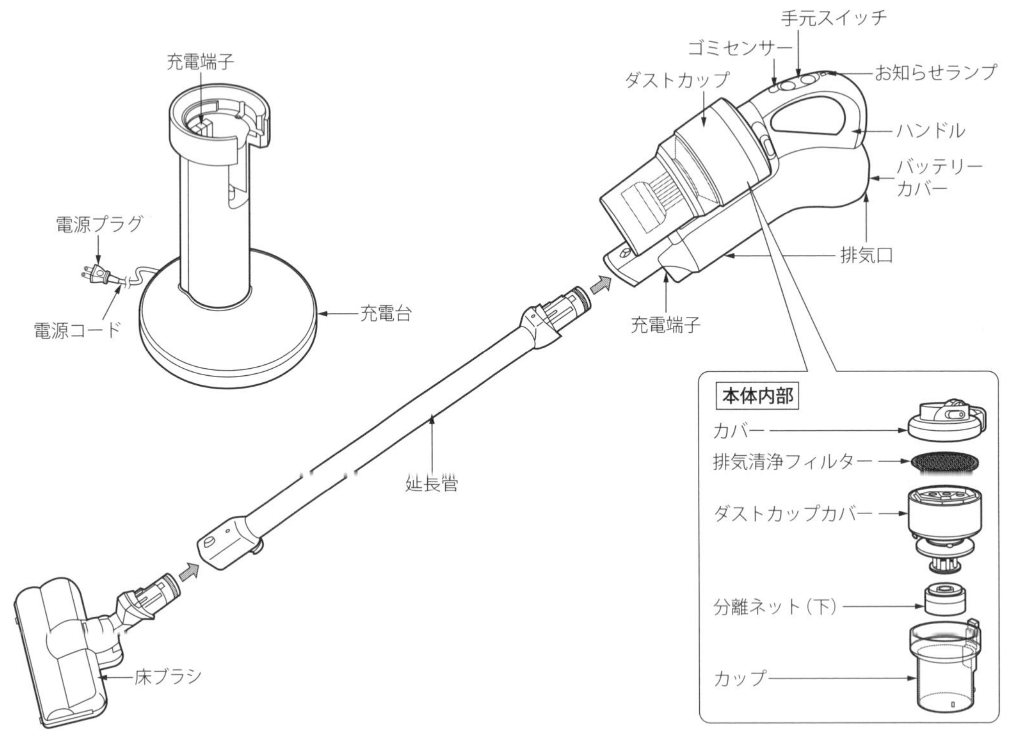

図 14-3　手元モーター型の構成（例）

2. 足元モーター型

足元モーター型の構成例を図 14-4 に示す。この製品は、本体からハンディクリーナー部を取り外し、付属の隙間ブラシや棚用ブラシを取り付けてハンディ型として使用することができる。

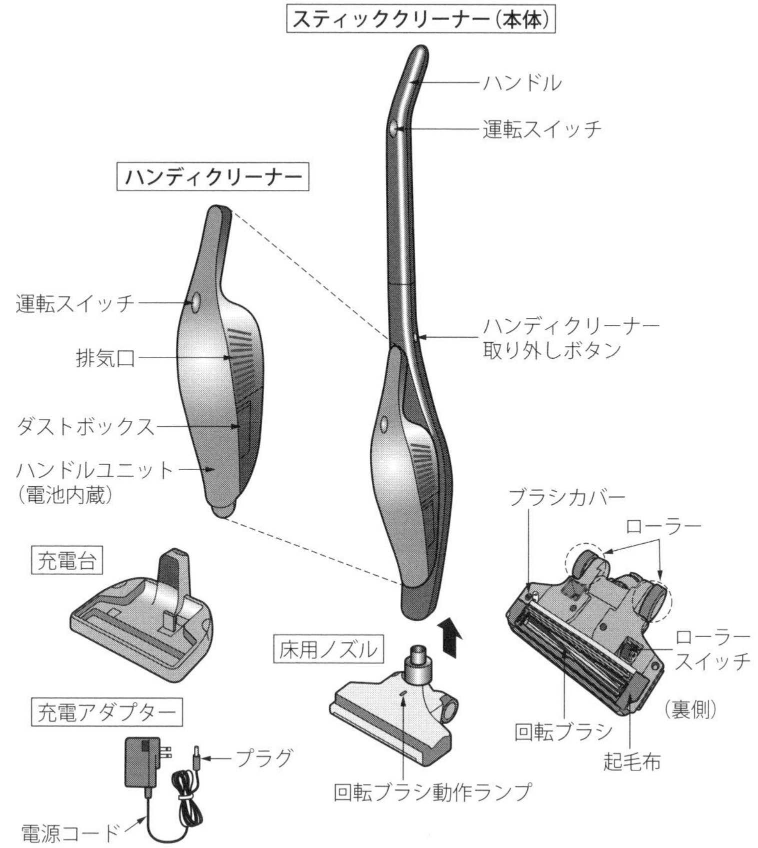

図 14-4 足元モーター型の構成（例）

14.2 ハンディ型

（本体とノズル部が一体化しており）本体ごと手に持って使用する小型・軽量の掃除機で、交流式、充電式、自動車の電源を使用するものなどがある。ハンディ型の分類の中で、最近、ふとんの掃除に特化した「ふとん掃除機」の需要が伸びている。

ふとん掃除機の構成例を図 14-5 および図 14-6 に示す。ふとん掃除機には、回転ローラーでふとんをたたきながら、ブラシでハウスダスト※1 やダニ※2 をかき出して吸引できる機能（専用のノズル）が付いている。赤外線センサーによりハウスダストの除去具合を検知できること、熱風を当ててダニをふとんから引き剥がしやすくしたことなどを訴求した製品が販売されている。

※1：繊維くず、ダニの死がい・フン、ペットの毛、花粉、カビ・細菌など、ホコリのなかでも肉眼では見えにくいものをハウスダストという。ハウスダストは空気中に舞い上がりやすく、体内に入るとアレルギー症状などを引き起こす原因になる。

※2：家屋内のダニの中で最も多く生息している（80%～90%）のがチリダニであり、体長は約 0.2mm～0.5mm。

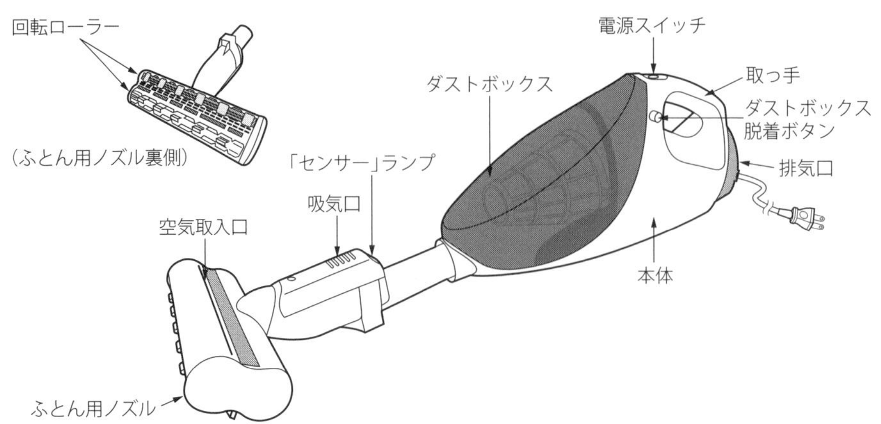

フィルター部の構成

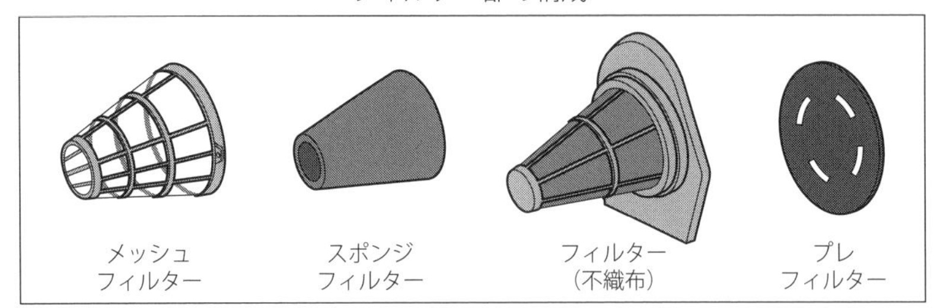

図 14-5　ふとん掃除機の構成（例 1）

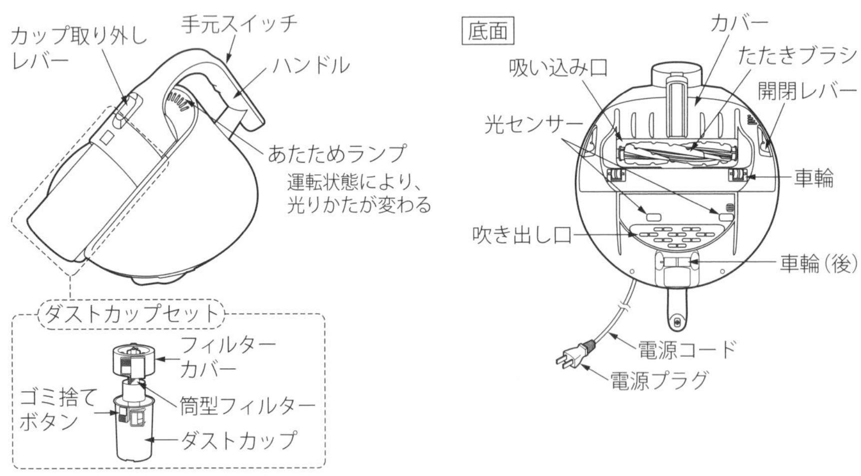

図 14 6　ふとん掃除機の構成（例 2）

14.3 ロボットクリーナー

1.　ロボットクリーナーの構造

床面を自律走行しながら、サイドブラシや本体底面の床ブラシでゴミをかき集めて吸引・収集するクリーナーである。ロボットクリーナーの構造を図 14-6 に示す。ロボットクリーナーは製品高さが 10cm 程度なので、人が掃除しにくいソファーやベッドの下にもぐり込んで掃除ができる。外形は円形状の製品が多いが、部屋の隅にブラシを届きやすくするために三角形状にした製品もある。段差などを乗り越えるために、車輪ではなく、ベルト駆動式転輪（無限軌道）を備えた製品もある。

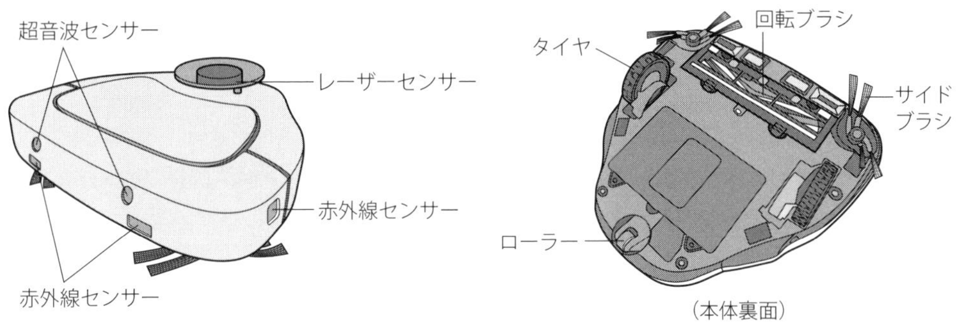

図 14-7 ロボットクリーナーの構造（例）

2. 走行方式の違い

走行方式は、ランダム型とマッピング型の 2 種類に大別されるが、最近はマッピング型を採用した製品が増えている。

(1) マッピング型

マッピング型は、カメラセンサーや LRF を用いた SLAM 技術※3 により、室内を移動しながら自己位置を認識するとともに、部屋の大きさや形、家具の配置などの情報を収集し、AI で分析して最適な走行経路を決定する。例えば、以下のような機能を持つ製品がある。

- 1 秒間に約 10 回転しながら（全方位 360°で）半径 8m 先まで検知するレーザーセンサーにより、自己位置を高精度に認識するとともに、間取りや障害物をすばやく正確に把握して部屋全体のマップを作成する。
- ゴミの多い壁に沿って走行（ラウンド走行）し、続いて部屋を塗りつぶすように矩形走行（ルート走行）することにより、走行した軌跡をマッピングして部屋の間取りとゴミの多い箇所を学習する。
- 無線 LAN 対応のロボットクリーナーでは、スマートフォンの専用アプリで運転スケジュールの設定や掃除モードの選択、掃除を徹底したいエリアや掃除して欲しくないエリアなどの設定が行える。また、室内のゴミの分布や掃除履歴の確認もできる。

マッピング型は、地図に基づいて走行するので、部屋の中でどこを掃除したかを把握しており、ランダム型に比べて効率的に掃除できる。

(2) ランダム型

ランダム型には、センサーで収集した情報によって人工知能が最適なパターンを選ぶ「人工知能＋パターン型」のほか、障害物に衝突したら進行方向を変えて移動する「単純ランダム型」やあらかじめ設定された数種類のパターンを繰り返して移動する「パターン型」などがある。「人工知能＋パターン型」のなかには、以下の機能などを有している製品もある。

※3：LRF（レーザーレンジファインダー）は、赤外線レーザーを目標物に照射し、その反射の度合いで目標物までの距離を測定する装置。SLAM（Simultaneous Localization and Mapping）技術とは、各種センサーから取得した情報から自己位置推定と地図作成を同時に行う技術。

- ゴミセンサーがゴミの多い場所を検知し、ゴミの量に応じてパワー・走行速度・走行動作を制御する。
- センサーで床面の凹凸を検知し、床面の種類（フローリング/畳/じゅうたんなど）に応じてブラシ・ファンの回転数や走行動作を制御する。
- 側面に備えた超音波センサーが家具や壁面を感知して衝突を回避したり、赤外線センサーが段差を感知して落下を回避したりする。

3. 充電方法

(1) 充電台への戻り方

ロボットクリーナーは、バッテリー（リチウムイオン電池やニッケル水素電池などの二次電池）を内蔵し、清掃完了後や電池残量が少なくなった場合、自動的に充電台へ自走して戻れる製品が多い。充電完了後は、掃除途中の場所に戻り、未清掃のスペースの掃除を自動的に再開する機能を有するものもある。

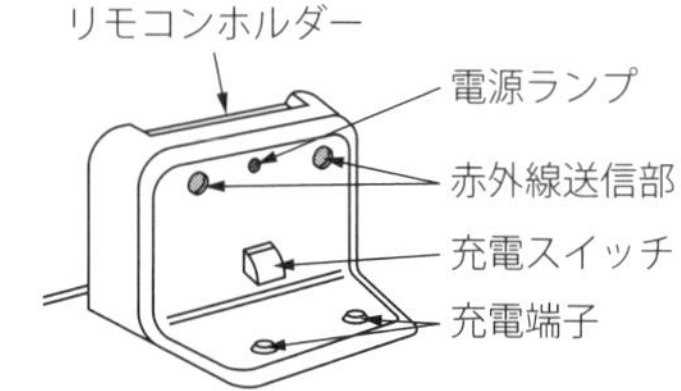

図 14-8　ロボットクリーナー充電台（例）

マッピング型の場合、本体のカメラにより充電台を画像認識して戻る製品もある。ランダム型の場合、充電台の絶対位置が分からないので赤外線センサーで充電台を探すため、充電台が電源につながっていないと充電台に戻れない。また、距離が遠い場合や障害物があって充電台と直接交信できない場合は、見つかるように以下のとおり移動しながら充電台を探すが、戻れない場合もある。

①回転しながら充電台を探し、見つけられない場合は壁を探す。

②壁を見つけると、壁に沿って進む。壁が見つからないときは、壁を見つけるまで直進する。

③壁に沿いながら充電台を探し、充電台を見つけたら、充電台に向かって進む。

④充電台に接続して充電する。

(2) バッテリー交換

バッテリー交換の際に、自分で交換できる製品と、自分では交換できず販売店やメーカーのサービス窓口への依頼が必要な製品がある。

4. 手入れ

手入れを容易にするために、下記の機能を有する製品がある。

- 充電台に戻るたびに自動で床ブラシを逆回転させ、床ブラシに付着したホコリなどを専用ブラシでかき取る。
- 充電台に戻るたびに強い気流でダストケース内のゴミを圧縮する。ゴミが圧縮されているので、ゴミ捨て時にホコリの舞い上がりを抑えられる。
- 充電台がゴミ収集容器を兼ねており、クリーナーが充電台に戻ると、クリーナー本体のゴミ容器からゴミを吸い上げて充電台のゴミ収集容器に収納する。ゴミ収集容器は大容量の紙パック式であり、ゴミ捨ての頻度も少なく、ゴミ捨て時のホコリの舞い上がりも抑えられる。

5. 最近の動向

最近の動向として以下が挙げられる。

- Wi-Fi 機能を内蔵し、専用アプリによりスマートフォンでの運転操作、掃除場所や掃除スケジュールの設定、掃除履歴などのデータ分析が行える。
- 搭載しているカメラを遠隔操作して部屋の様子を撮影し、宅外から確認する。
- 音声認識や音声合成の機能を有し、人と会話したり、クラウドに接続して天気やニューズなどに関する会話を行ったりする※4。

14.4 キャニスター型（シリンダー型）

基本的にフィルター、ファン、モーターなどがケースの中に横方向に配置されており、吸い込み口からゴミを吸い取り、フィルターを経て空気のみ機外に排気する構造となっている。集じん方式の違いにより「紙パック式」と紙パックフィルター不要の「サイクロン式」がある。掃除機は、空気を吸い込むためのファンおよびモーター、ゴミやホコリなどを集める紙パックフィルター（または集じん室）、これらを収納するケースなどから構成される。モーターには整流子モーター※5 が使われ、1 分間に 3 万～4 万回転の高速で回転する。このとき、モーターに直結しているファンにより、ファン中心部の空気は遠心力で外周方向に飛ばされて排気口から排出されるため、ファンより前方は大気圧より低い圧力（負圧）となり、この負圧と大気圧との圧力差が高速気流を生み出し、吸い込み口から空気が吸い込まれる。

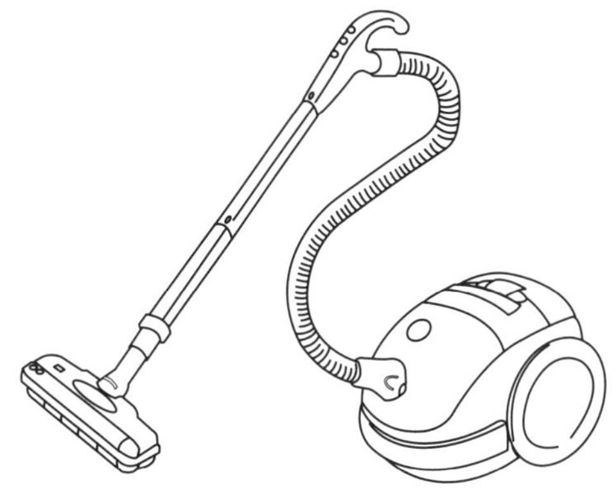

図 14-9 キャニスター型

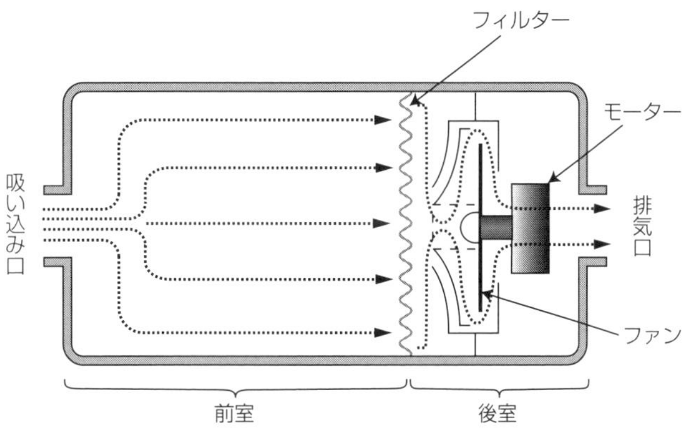

図 14-10 クリーナーの吸い込み原理

1. 紙パック式

紙パック式の構造例を図 14-11 に示す。空気と一緒に吸い込まれたゴミやホコリは、紙パックフィルター（紙パック）で集められ、空気だけがモーターを冷やしながら排気口から排出される。排気の除菌・除臭のためにモーターと排気口の間にフィルターが配置されている。

※4：あらかじめ決まった言葉を認識する。

※5：内側で回転する電機子、外側に配置された固定子、電流の向きを切り替える整流子、整流子に接触して電流を流すブラシから構成されるモーター。電流の向きを切り替えることにより、電機子を同じ向きに回転させる。

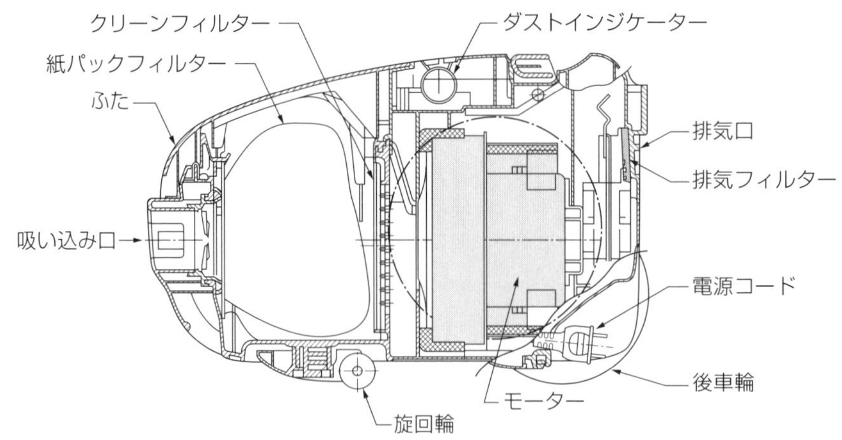

図 14-11　紙パック式の構造（例）

2.　サイクロン式

(1) 原理

サイクロン式の原理を図 14-12 に示す。サイクロン室、集じん室の2室で構成されているダストケースにゴミと空気を吸引し、サイクロン室で旋回気流を起こし、空気中のゴミに遠心力を作用させ、ゴミを遠心分離して集じん室に飛ばし込む構造になっている。ゴミを分離した後の空気は、サイクロン室の下方で反転して上昇し、ダストケースから排気される。紙パックは不要で、ゴミのたまる集じん室と空気の通り道を分け、吸引力を持続させている。

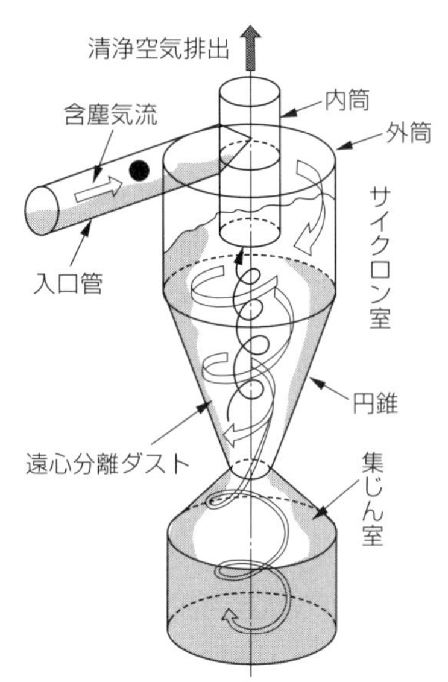

図 14-12　サイクロン式の原理

一口メモ

吸込力持続率

サイクロン式は、遠心分離によりゴミと空気を分けて強い吸込力を持続する。この持続率について、日本電機工業会自主基準「電気掃除機の吸い込み力持続率測定方法」に準拠した各社の試験基準に基づき、“フィルターやダストケースにゴミがない状態からゴミ捨てラインまでの風量の持続性が 99%以上”であることを確認し、カタログなどに「吸引力が 99%以上持続」などと表示している。各社の掃除機の性能を適切に比較できるように、2017 年 8 月には JIS C 9108 が改正され、吸込力持続率や捕集率を測定するための統一的な方法が追加された。

(2) 構造

サイクロン式の構造（例）を図14-13に示す。フィルター自動掃除機構を組み込んだ機種があり、電源コードを引き出すときにフィルターに振動を与えてゴミやホコリを落とすタイプ、電源スイッチを切ったときに自動的にフィルターをたたいてフィルターに付いたゴミやホコリを落とす機構を組み込んだタイプがある。これにより約10年間フィルターの手入れ不要としている機種もある。ただし、ゴミの種類や条件によってもっと短い期間で吸引力が落ちることもある。吸引力が落ちた場合は、各種フィルターの掃除が必要である。なお、商品によっては紙パックを取り付けて使用できるものもある。

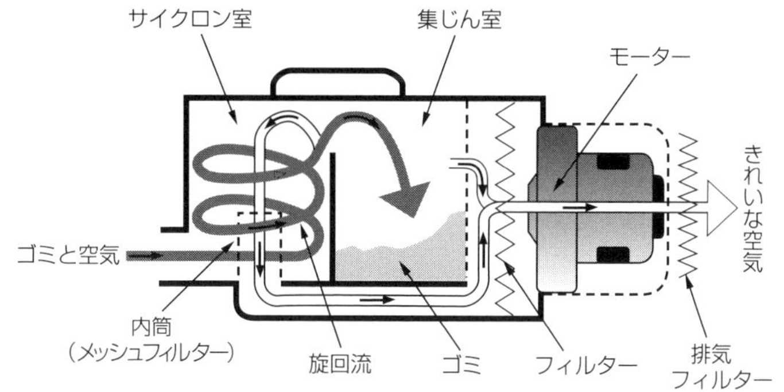

図14-13　サイクロン式の構造（例）

3. 床ブラシ

床ブラシは、畳、フローリングやじゅうたんなど、床面に応じてゴミやホコリを効率的に吸い込むために、走行性なども考慮して作られている。そのため、標準的な床ブラシのほかに、用途により次のようなものがある。そのほか一般にふとん用ブラシ、家具用ブラシ、棚用ブラシ、丸ブラシ、隙間ノズルなどがあり、掃除する場所により使い分けることができる。

(1) パワーブラシ

床ブラシにモーターが内蔵されていて、そのモーターにより回転する回転ブレードが、じゅうたんの糸くずや綿ゴミなどをかき出し、吸い込む構造になっている。パワーブラシは掃除機本体から電力を供給されて動作するものである。パワーブラシを持ち上げたり、裏返したりすると回転が止まる。

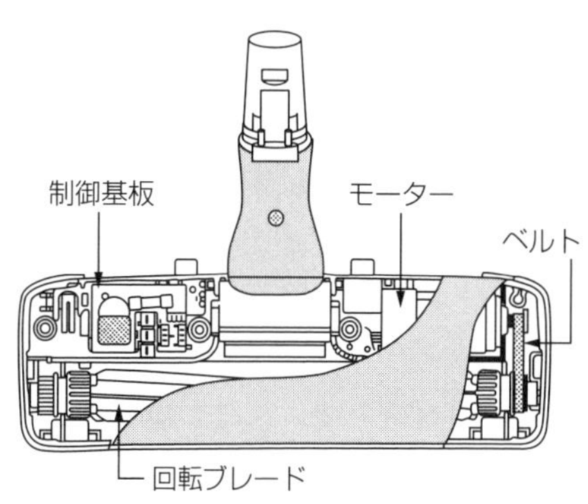

図14-14　パワーブラシ

(2) ターボブラシ（タービンブラシ）

掃除機の吸い込む空気の流れ（風）を利用し、ターボファンを介して回転ブレードを回転させ、じゅうたんの糸くずや綿ゴミなどをかき出し吸

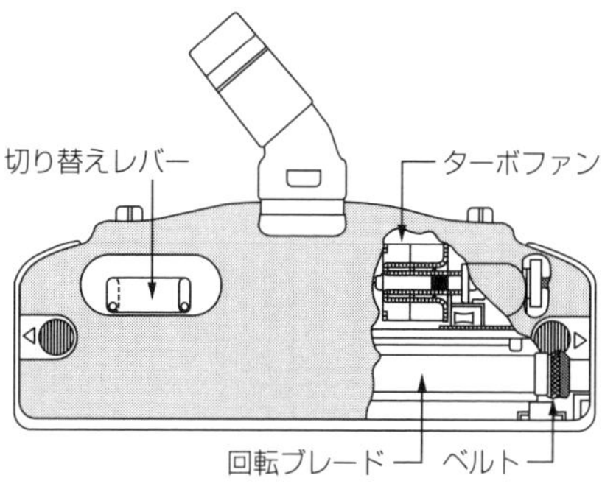

図14-15　ターボブラシ

い込む方式である。電力を供給する必要はないので、アタッチメントなどによりどの掃除機の延長管にも接続できる。電気部品を使用していないので、水洗いができる。

4. 排気および騒音

(1) 排気の清浄化

掃除機本体からの排気が床面のホコリを舞い上げないように、排気を分散させて風速を弱めるようにした機種や、上向きに排気する方式を採用している機種がある。また吸い込んだゴミやホコリを確実に捕集し、排気をきれいにするために HEPA フィルターや ULPA フィルターを搭載している機種もある。排気のニオイ対策として、紙パック式は純正紙パックに消臭機能を持たせたり、サイクロン式は各種フィルターを搭載したりして対応している。抗菌機能を持たせた各種フィルターを搭載している機種もある。床面近くに浮遊しているちりやホコリを床ブラシの上面や吸い込みホースの途中に吸い込み口を設けて捕集する機種もある。

(2) 騒音の低減

掃除機から出る排気をきれいにするため各種フィルターを搭載すると、風路の抵抗が増し吸引力が低下する。吸引力を上げるためにモーターの出力を強くすると騒音が増加する。この相反する課題を解決し低騒音化するために各社とも改善を進めている。主なポイントは以下のとおり。

①ホースや掃除機内部の風の流れをスムーズにし、風切り音を低減する。
②モーターから発生する振動音や電磁音を低減するために、防振装置を取り付ける。
③モーターとファンから発生した騒音を低減するために、周りを防音材で覆う。

14.5 吸込仕事率

吸込仕事率は、日本産業規格（JIS C 9108：2017「電気掃除機」）で定められた試験条件により、吸い込み状態を変化させた時の風量（m^3/min）と真空度（Pa＝パスカル）を測定し、次式から求めた曲線（空気力学的動力曲線、吸込仕事率曲線）の最大値のことである。

吸込仕事率（W）＝真空度（Pa）×風量（m$_3$/min）×0.01666（定数）

カタログなどでは、この値を掃除機の吸込仕事率（W）として表示しており、数値が大きいほど吸い込む力は強い。ただし、使用時のゴミの吸塵力は、吸込仕事率以外に吸込具の種類・ゴミのたまり具合や床材の違いなどによって異なるので、吸込仕事率が掃除機としての集じん性能を表しているわけではない。

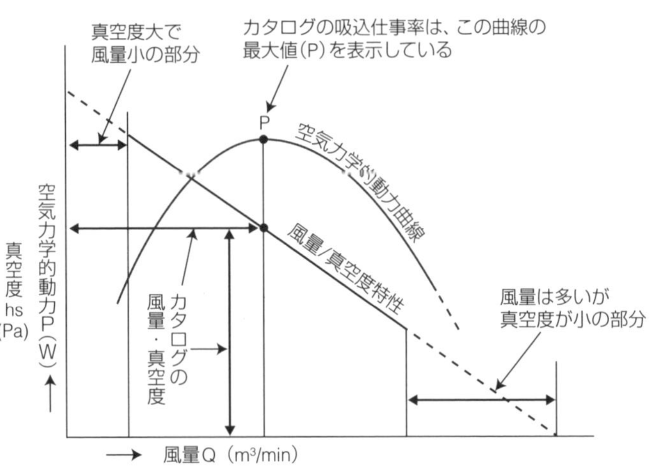

図 14-16　掃除機の空気力学的特性

一口メモ

ダストピックアップ率

ダストピックアップ率は、「じんあい除去能力」として、JIS C 9802：1999「家庭用電気掃除機の性能測定方法」において、“指定されたクリーニングサイクル中に除去されるじんあいの量と、テスト範囲上に散布されたじんあいの量との比率をパーセントで表したもの（規定回数で除去したじんあいの量／散布したじんあいの量）”と規定されている。ダストピックアップ率は、IEC が定めた主としてカーペットの清掃能力を表す指標であり、畳やフローリングでの清掃能力を表すものとは限らないので、JIS による表示義務はなく一般的には使われていない。

14.6 上手な使い方

1.　省エネ・節電のための使い方

①「自動」「強」「弱」など、掃除する場所やゴミの量に応じて運転モードを使い分ける。
②紙パックやフィルターをこまめにチェックする。
③部屋を片づけてから掃除機をかける。
④使い終わったら電源プラグを抜く。

2.　吸い込みが弱くなったときの点検

①紙パック式は、紙パックフィルターを点検し、ゴミがいっぱいたまっていれば紙パックフィルターを交換する。
②各種フィルターを点検し、目詰まりがあれば掃除するか交換する。水洗い可能なフィルターもあるが、水洗いしたら完全に乾いてから（24時間以上の陰干しが目安）取り付ける。生乾きで使用すると異臭の原因になる。
③ホースや延長パイプに破れ（穴あき）がないか点検し、破れがあれば交換する。
④ホースや延長パイプの途中にゴミなどが詰まっていないか点検する。詰まっている場合は、中のゴミをほぐして取り除く。

14.7 安全上の注意

①次のようなものは火災や故障の原因になるので吸引させない。
- たばこの吸い殻や灰など
- ガソリン、シンナー、塗料、マッチ、ライターなど引火性のもの
- 水、油、濡れたゴミ、薬品など
- 針、画びょう、かみそり、ガラスの破片など
- 金属粉、カーボン粉など導電性のもの

②紙パックフィルターは、必ずメーカー指定ものを使用する。紙パックは、本体性能を維持するための機能部品である。純正以外の紙パックを使用した場合は掃除機の性能が十分発揮できなかったり、吸い込んだゴミがモーター室に入った場合にはモーターが発煙、発火

したりするおそれがある。

③吸い込み口を密閉したり、排気口を塞いだりしてはいけない。モーターの故障や保護装置が働き運転が停止することがある。

④怪我や火傷、漏電火災の原因になるので、使用時以外はプラグを抜く。抜くときは、コードでなくプラグを持つ。

⑤コード巻き取り時のプラグの跳ね上がりによるけがや、家具への傷付きを防ぐため、コードを巻き取るときは、必ずプラグを持って巻き取る。

⑥ホースや延長管の先端で直接掃除をしない。端子部にホコリが付着し、接触不良の原因になる。

⑦パワーブラシやターボブラシの回転部には触れない。また、電源コードが回転部に巻き込まれないように注意する。

⑧火気には近づけない。排気風でストーブなどの炎があおられたり、本体が変形したりする原因になる。

⑨ホースは極端に屈曲させたり踏みつけたりしない。破れたり傷ついたりしたホースは使用しない。

⑩隙間ノズルで長時間運転しない。モーターの故障や保護装置が働き、運転が停止することがある。

一口メモ

電源コードの表示

掃除機の電源コード（コードリール式）には、JIS C 9108に基づき、コードの終端部に赤色と黄色の印が設けられている。赤印は「これ以上引き出したら断線など故障の原因になる」という警告である。赤印の約80cm前に黄印が出てくるが、これは「ここまでコードを引き出して使う」という意味である。コードを黄印まで引き出さず巻き取られた状態で使うと、発火事故につながる危険性があるので、注意が必要である。

この章でのポイント!!

掃除機の種類、紙パック式とサイクロン式の比較、パワーブラシとターボブラシの比較、安全上の注意などについて述べました。また、最近需要が伸びているコードレススティッククリーナーや、ふとん専用掃除機の製品の特徴などについて、理解しておく必要があります。

キーポイントは

- **掃除機の種類と特徴**
- **ロボットクリーナーの走行方式**
- **紙パック式とサイクロン式の比較**
- **パワーブラシとターボブラシの比較**

キーワードは

- スティッククリーナー
- ふとん掃除機
- ランダム走行方式、マッピング方式
- 紙パック式、サイクロン式
- 吸込力持続率
- パワーブラシ、ターボブラシ
- 吸込仕事率、ダストピックアップ率

15章 ふとん乾燥機

花粉の時期、梅雨や長雨の期間、雪国の冬期、昼間不在の家庭、高層住宅など、気候や住居などの事情でふとんを外に干せないことがある。ふとん乾燥機は、このような場合でも手軽に短時間でふとんの種類に応じた乾燥ができる商品である。また、最近は、ダニ退治や靴の乾燥、少量の衣類の乾燥などもできるよう多機能化されている。

15.1 構造と動作

1. 構造

ふとん乾燥機は、送風用ファン、風を温めるヒーター、温風をマットに送り込むための接続ホース、ふとん乾燥用マットで構成されている（**図 15-1** 参照）。最近は、ホースやマットをなくして使いやすさを向上させた製品も販売されている。

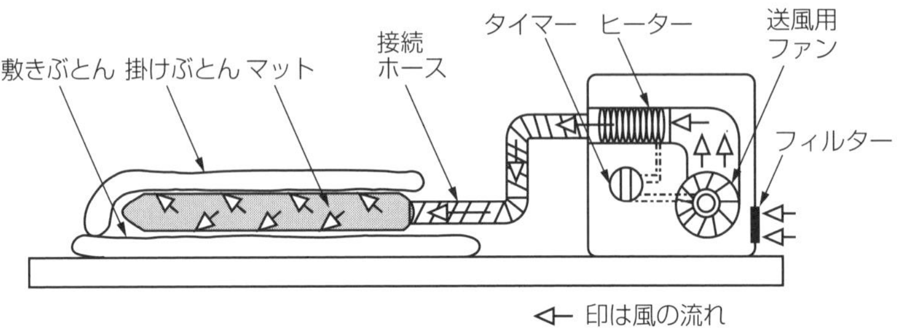

図 15-1　ふとん乾燥機の構造（例）

2. 動作

①タイマーと連動する運転スイッチを ON にすると、送風用ファンが回り風を送り出す。

②送風ファンより送り出された風は、ヒーターの熱で温風となり、接続ホースを介してマットに入る。

③ 2 枚のふとんに挟まれたマットは、送り込まれた温風により膨らみ、ふとんに密着したマット表面の熱と、表面から適度に抜ける温風により、ふとんを乾燥させる。

15.2 上手な使い方

①ふとんが重くマットの膨らみが少ないときは、マットを十分膨らませてから、静かにふとんを掛けると、マットがつぶれずに温風をふとんの隅々まで行き渡らせることができる。

②フローリングやタイルなどの上で布団乾燥や温めをするときは床と布団の間に湿気がこもり、結露の原因になることがあるので敷布団の下にタオルケットなどを敷くとよい。

③敷布団のみを乾燥させる場合は、マットを膨らませてから敷布団を直接マットの上にのせると効果的に乾燥させることができる。
④冬期、就寝前にふとん乾燥機でふとんを10分～15分くらい温めることで、快適に眠ることができる。
⑤室温が低い時期にダニ退治運転※を行うときは、ふとんの上から毛布を掛けてふとんの温度を上げると効果的である。
⑥ふとんに残ったダニの死がいやフンなどはアレルギー疾患の原因になるため、ダニ退治運転後は掃除機で吸い取る。その際、掃除機用の「ふとん専用ノズル」を使うか、掃除機のノズルに要らなくなったストッキングを被せて使うと、ふとんの布を吸い込まずに、楽に掃除機をかけることができる。

製品によっては、衣類をハンガーにかけたまま乾燥用の袋を被せて乾燥させることができるものもある。また、靴やロングブーツを乾燥させるための専用アタッチメントを付属している製品もあって便利である。

15.3 安全上の注意

①使用中や使用直後のふとんの中は高温でやけどのおそれがあるので、人やペットなどは中に入らない。
②子供だけで使わせたり、幼児の手の届くところで使ったりしない。
③乾燥機本体をふとんの中に入れて使用しない。
④他の熱器具（電気毛布、アンカなど）と併用しない。
⑤フィルター部を布などで塞がない。
⑥吸い込み口や吹き出し口を塞いだり、ヘアピンなどの異物を入れたりしない。

15.4 手入れ

ふとん乾燥機の空気取り入れ口には、フィルターが取り付けてある。フィルターがホコリなどで目詰まりすると、マットの膨らみが悪くなったり、乾燥機能が低下したりするのでこまめに手入れする。

※：温度25℃～35℃、湿度65%～85%がダニの最適な繁殖条件とされている。ダニは50℃、20分～30分間の加熱で死滅する。ダニが熱に弱いのは、ダニの体を構成するタンパク質が熱変性するため。

ADVISER

16章 アイロン

アイロンの起源は古く、8世紀ごろには既に衣類のしわのばしや、折り目をつける道具として利用されていた。電気式アイロンは20世紀になってから普及し発展してきた。衣類の素材に合わせて温度設定ができるようになり、スチームアイロンが出現し、水タンクも着脱できるカセット式へと変化した。掛け面温度をマイコンで制御するもの、本体を外して掛けられるコードレス式が主流となってきた。

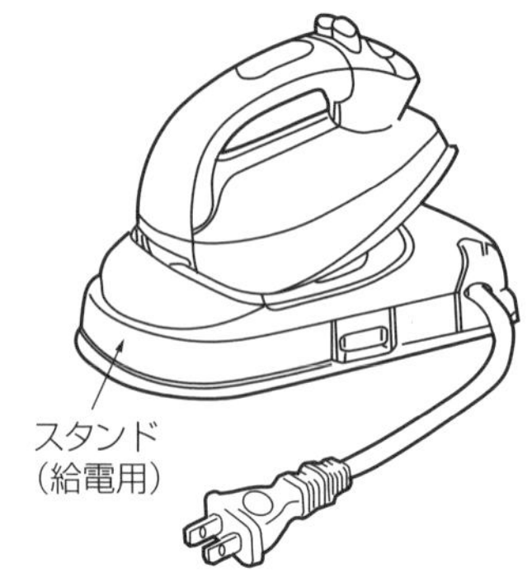

図16-1　コードレスアイロン

近年は、スチーム機能だけに特化した衣類スチーマーと呼ばれる製品も人気を集めている。軽量・小型化し、衣類をハンガーに吊るしてしわ伸ばしに機能を特化しながら、脱臭や花粉などのアレル物質の除去、除菌などの効果を訴求している。

16.1 構造

アイロンの構造例を図16-2に示す。構造の特徴を以下にまとめる。

①アイロン掛け面には、加熱用ヒーター、温度センサー、スチームを発生させる気化室、およびスチーム噴出孔がある。

②上部にタンクがあり、タンクの水を気化室に送るノズルがある。スチームボタンを押すことにより、ノズルを開閉し「スチーム」か「ドライ」の切り替えができる。

③ハンドル部分に、温度設定やスチーム使用の有無を選択する操作部が設けられている。

④アイロン掛け面は、滑りをよくするためにフッ素、チタンなどの表面処理をしている。

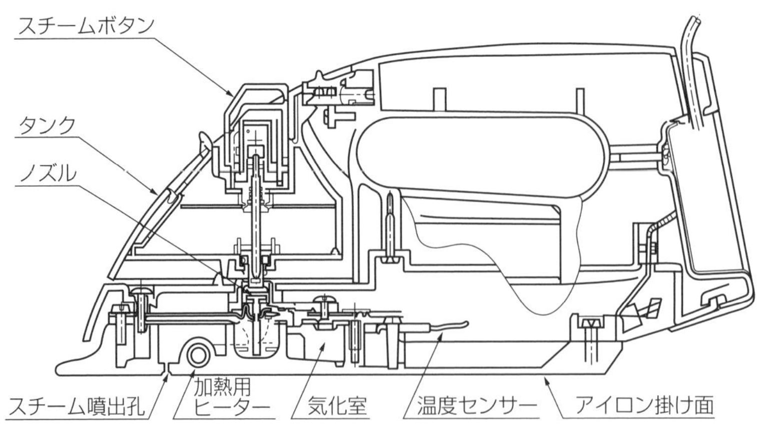

図16-2　アイロンの構造例

最近は、マイコンできめ細かく温度を制御し、低温設定でもスチームを発生させる製品が出ている。

16.2 仕組み

①布地に合わせて温度を設定すると、ヒーターに通電され、温度センサーによって設定した温度にコントロールされる。

②スチーム発生方式には、滴下式、タンク（加圧）式、半加圧式などがあるが、現在、構造的に最もシンプルな「滴下式」が多く採用されている。滴下式は、タンク内の水がタンク下方のノズルから、気化室に滴下されスチームを発生させる。スチームは内部の通路を経て、スチーム噴出孔から噴出される。なお、増量ボタンなどを操作して、スチーム噴出量を変化させることができる。また、気化室に一気に多くの水を送り込み約3倍の強力スチームを発生させる機能もある。

③コードレスアイロンのアイロン掛け面は、蓄熱体を兼ねている。給電用スタンドから供給された電力はヒーターに通電され、発生した熱がアイロン掛け面に蓄熱される。スタンドから外しても蓄熱された熱でアイロン掛けをしたり、スチームを発生させたりできる。スタンドへ戻せばまた蓄熱される。

16.3 上手な使い方

①布地の湿気、掛け面の温度（熱）と加圧により効果的にしわを伸ばす。

②繊維の種類と掛け面温度の関係をよく確認し、掛け面温度の低いものから順序よく掛けると時間のむだを防げる。高い温度から低い温度に設定すると、低い温度になるまで十数分かかる場合がある。

③繊維の種類によりスチームとドライを使い分けると、より一層仕上がり感が向上する。

④繊維の種類と掛け面温度を確認する（**表16-1**参照）。また、目立たない部分に試し掛けをして布地が傷まないか確認するとよい。

表16-1　繊維の種類と掛け面温度（例）

繊維製品の絵表示	低	・	中	・・	高	・・・
衣類・布地の種類	アクリル アクリル系 ポリウレタン ポリプロピレン		絹・毛・ナイロン ビニロン・レーヨン（長繊維） キュプラ・アセテート ポリエステル		綿 麻 レーヨン（短繊維） ポリノジック	
掛け面の温度	約85℃～120℃		約140℃～160℃		約180℃～200℃	
設定温度になるまでの時間	約40秒		約1分		約1分40秒	

・混紡の場合は、低いほうの繊維の温度に合わせる。

⑤ワイシャツなどは軽く滑らすようにする。
⑥ズボンなどの折り目は、しっかりと押さえつける。
⑦セーターなどは浮かせた状態でスチームを当てると、ふっくらと仕上げられる。

16.4 使用上の注意

1. スチームが出ない、スチーム量が少ない場合

①スチーム目盛りに合わせ、適温に達したあと、スチームボタンを数回上下に動かす。
②針・ピンなどでスチーム噴出孔を掃除後、不用の布上で２分～３分間スチームを噴出させ内部の汚れを取り除く。
③鉱物質や不純物を含んだ水は、気化室やスチーム噴出孔を詰まらせることがあるため、スチームアイロンに使用する水は「上水道」を使用する。スチーム使用時に白い粉が出ることがあるが、水あか（水に含まれる鉱物質など）が出るもので異常ではない。
④ミネラルウォーターや整水器の水を使用すると気化室の表面処理を劣化させ、スチーム量が低下するので使用しない。

2. スチーム噴出孔から水が漏れる場合

スチーム目盛りに合わせ、適温に達したあとでスチーム状態にする。

3. アイロン内部や掛け面の腐食防止

使用後はアイロンが熱いうちに、スチーム/ドライ切り替えボタンを「ドライ」にしてタンクを外し、タンク内の水をよく排水する。これにより気化室にたまった水分を蒸発させる。

4. 掛け面傷つき防止

ボタン、フック、ファスナーなどの硬いものには直接掛けない。

16.5 安全上の注意

①電源は交流 100V 定格 15A 以上のコンセントを単独で使用する。
②子供だけで使わせたり、幼児の手の届く所で使用したりしない。
③スチームが噴出し、やけどのおそれがあるので、アイロンを傾けたり、前後に激しく動かしたりしない。
④アイロン掛け面は熱くなっているので、手を触れない。
使用後は電源プラグをコンセントから抜く。

照明器具

照明器具は、家庭における消費電力量が冷蔵庫に次いで大きく、家庭全体の 13.4%を占める（「22 章 電源 22.4 節」参照）。従来、一般家庭では白熱電球、蛍光灯などが使用されてきたが、近年、これらに比べて省電力・長寿命・水銀レスといった特長を持ち、地球環境への影響が小さい LED 照明の普及が進んでいる（下記「フォーカス」参照）。

LED（Light Emitting Diode）は「発光ダイオード」と呼ばれる半導体であり、特殊な構造を持つ物質に与えた電気エネルギーが光エネルギーに変換され発光するという原理の光源である。1907 年に固体物質に電気を流すことで発光する現象が発見され、1960 年代には赤色と緑色の LED が表示用途で実用化された。1993 年には青色 LED が開発されて光の 3 原色である赤、緑、青の LED 光源がそろった。その後も改良が進み、現在は省エネ用照明光源として普及が進んでいる。

LED 照明は、同じ明るさであれば、白熱電球などに比べて発熱量が少なく、空調の効率化（節電）にもつながるというメリットもある。また、LED の特徴である調光、調色制御のしやすさ、デザイン性の高さ（器具の小型化、薄型化）などにより快適な空間をつくることができる。

フォーカス LED の普及推進

2018 年 7 月に発表された「第 5 次エネルギー基本計画」（経済産業省）では、高効率照明（例：LED 照明、有機 EL 照明）について、2020 年までにフロー（出荷）で 100%、2030 年までにストック（保有）で 100%の普及目標が設定されている。また、一般社団法人 日本照明工業会は「照明成長戦略 2030 ～あかり文化の向上と地球環境への貢献～」にて、国内照明器具ストック市場の SSL 化率*として、2020 年度：50%、2025 年度：75%、2030 年度：100%（消費電力量 60%削減）を目標に掲げている。これに伴い、大手メーカーは、既に蛍光灯照明器具の生産を終了しており、蛍光ランプも生産終了するメーカーが出てきている（メンテナンス用として当面蛍光ランプ生産を継続するメーカーもある）。

＊ SSL とは、Solid State Lighting の略であり、LED、有機 EL、レーザーなどの半導体照明のことである。

17.1 照明の基礎

1. 照明の単位

(1) 全光束（単位：ルーメン（ℓm））

全光束とは、光源がすべての方向に対して放出する光の量である。一般的にはこのルーメンの値が大きい光源ほど明るい光源といえる。蛍光ランプ、LED電球などの光源や照明器具の明るさを表す量として、カタログなどに表示されている。

(2) 光度（単位：カンデラ（cd））

カンデラは光源の光の強さを表す単位で、国際単位系（SI）の基本単位である。

(3) 照度（単位：ルクス（ℓx））

照度は、光源によって照らされている面の明るさを表す数値である。1カンデラの光源から1m離れたところの明るさ（照度）を1ルクスという。家庭や作業場の照明を設計する場合は照度を基準にして決めていく。一般に直射日光が約10万ルクス、部屋の窓際で2000ルクス程度である。四方八方へ光を放つ光源（点光源）の場合、光源からの距離が2倍になると照度は約1/4になる。例えば、100Wの白熱電球を点灯したときの直下の照度は、距離1mの場合160ルクスであるが、2倍の2mになると約40ルクスになる。（壁・床・天井のない空間において）光源からの距離と照度の関係を次式に表す。

$$E=\frac{I}{r^2}$$

E：光源からr（m）離れた点の照度（ルクス）

I：光源の光の強さ（カンデラ）

(4) 輝度（単位：cd/m²）

光源あるいは反射面や透過面などの2次光源から測定方向に向かって放射される光の強さ（まぶしさ）を単位面積当たりで表す数値である。ディスプレイの画面の明るさを表す際などに用いられる。照度と輝度の関係を図17-1に示す。

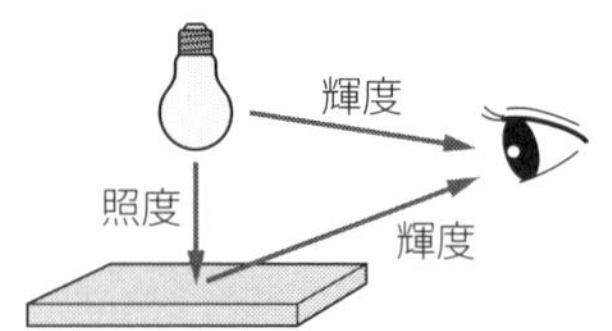

図17-1　照度と輝度の関係

> **一口メモ　グレアとは**
>
> グレアとは、不快感や物の見えづらさを生じさせるようなまぶしさのことで、光環境と観察者の生理的状態や特性で決まる。光源と観察者の関係によって直接グレア、間接グレア、反射グレアがある。グレアは程度によっては不快感にとどまらず、目の障害を引き起こしたり、見えづらいことで事故につながったりする。そのため照明器具設計や照明計画においてグレアを防ぐことが必要である。

(5) エネルギー消費効率（単位：ℓm/W）

全光束を定格消費電力で割った値で、ランプあるいは照明器具の効率を表す。

2.　光の三原色

光の三原色はR（Red：赤色）、G（Green：緑色）、B（Blue：青色）である。この三原色の光をさまざまな強さで混ぜ合わせると、あらゆる色を再現できる。テレビやディスプレイの発光体には、この三原色が使用されている。R・G・Bをバランスよく混合すると白色光になる。白の輝度を下げていくと灰色になり、輝度がゼロになると黒になる。YとB、MとG、CとR

との関係を補色という。補色同士を混ぜ合わせると白になる。

- Y（Yellow）＝R＋G
- M（Magenta）＝R＋B
- C（Cyan）＝B＋G
- R＋G＋B＝W（White）

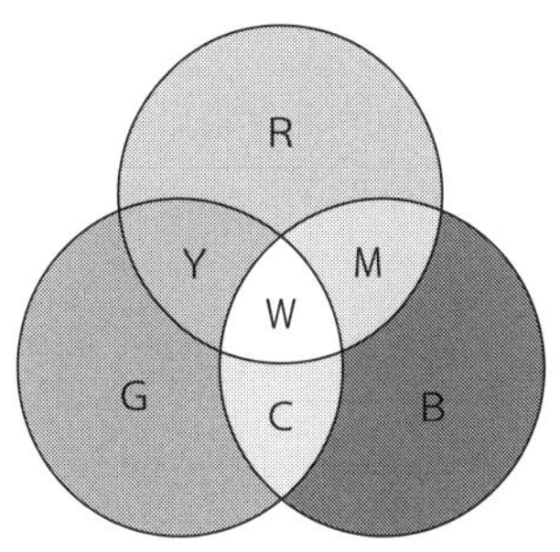

図 17-2　光の三原色

一口メモ

色の三原色

色の三原色とはシアン（Cyan）、マゼンタ（Magenta）、イエロー（Yellow）の三色であり、バランスよく混ざり合うと黒に近くなる。実際には完全な黒にはならず、濃い茶色のようなくすんだ色合いになるので、キープレート（Key Plate）としてブラックを加えて色を安定させる。一般的なカラー印刷機では、この４色「CMYK」のインクの組み合わせで色を表現している。

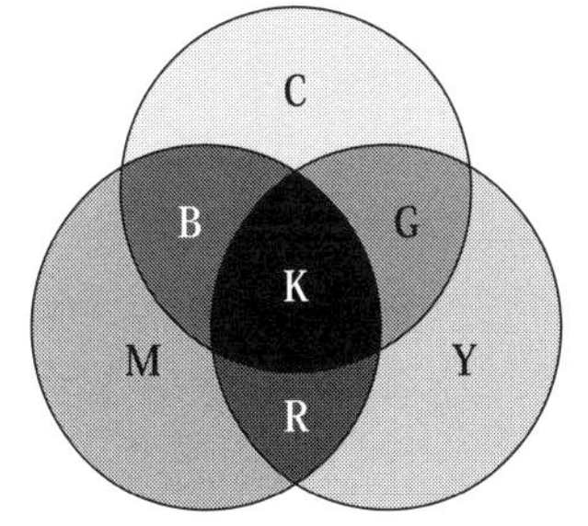

図 17-A　色の三原色

3.　光源色と色温度

蛍光ランプや LED の光源色は、JIS Z 9112：2019「蛍光ランプ・LED の光源色及び演色性による区分」により昼光色、昼白色、白色、温白色および電球色の５種類に区分されている。代表的な昼光色・昼白色・電球色の特徴を**表 17-1** にまとめる。

表 17-1　光源色とその特徴

光源色	色温度	特　徴
昼光色	約 6500K	すがすがしいさわやかな光であり、近年住宅で多く使われている。
昼白色	約 5000K	生き生きとした自然の光で、住宅、オフィスなどで幅広く使われている。
電球色	約 3000K	電球に似た温かみのある落ち着いた雰囲気を演出する光であり、リビングやダイニングなどのくつろぎの場に適している。

4.　良い照明の条件

良い照明の条件は、人間が目的とする仕事を十分に行い得るようになっていることである。したがって、その目的により照明の方法も変えられることになるため、次の条件が満たされていることが必要である。

①明るさが適度にあること。

②同一場所の照度が均一であり、まぶしくないこと。

③極端な影ができないこと。
④経済的であること。
⑤明るさの分布と影が考えられていること。
⑥保守が便利なこと。
⑦建築との調和がとれていること。

5.　部屋ごとの明るさの考え方

照度（単位：ルクス）が高いほどよく見えるが、あまり照度が高すぎても目によくない。室内の必要な明るさは、部屋の用途やその下で行う仕事の種類によって決まり、明るさの基準は日本産業規格（JIS Z 9110：2010）で**表 17-2** のように定められている。

表 17-2　部屋と照度基準

<table>
<tr><th>照度（ℓx）</th><th>居間</th><th>子供室
勉強室</th><th>応接室
（洋間）</th><th>食堂
台所</th><th>寝室</th><th>浴室
脱衣所</th><th>便所</th><th>廊下
階段</th><th>玄関
（内側）</th></tr>
<tr><td>2000</td><td rowspan="3">・手芸
・裁縫</td><td rowspan="2">——</td><td rowspan="5">——</td><td rowspan="4">——</td><td rowspan="3">——</td><td rowspan="4">——</td><td rowspan="8">——</td><td rowspan="9">——</td><td rowspan="3">——</td></tr>
<tr><td>1500</td></tr>
<tr><td>1000</td><td rowspan="2">・勉強
・読書</td></tr>
<tr><td>750</td><td rowspan="2">・読書
・化粧
・電話</td><td rowspan="2">・読書
・化粧</td><td rowspan="2">・鏡</td></tr>
<tr><td>500</td><td>——</td><td rowspan="2">・食卓
・調理台
・流し台</td><td rowspan="2">・ひげそり
・化粧
・洗面</td></tr>
<tr><td>300</td><td rowspan="2">・団らん
・娯楽</td><td rowspan="2">・遊び</td><td rowspan="2">・テーブル
・ソファ
・飾り棚</td><td rowspan="6">——</td><td rowspan="2">・靴脱ぎ
・飾り棚</td></tr>
<tr><td>200</td><td rowspan="2">——</td><td>——</td></tr>
<tr><td>150</td><td rowspan="2">——</td><td rowspan="2">全般</td><td rowspan="2">——</td><td rowspan="2">全般</td><td rowspan="2">全般</td></tr>
<tr><td>100</td><td rowspan="2">全般</td><td rowspan="2">全般</td></tr>
<tr><td>75</td><td rowspan="2">全般</td><td rowspan="8">——</td><td rowspan="2">全般</td><td rowspan="8">——</td><td rowspan="2">全般</td><td rowspan="8">——</td></tr>
<tr><td>50</td><td rowspan="7">——</td><td rowspan="5">——</td></tr>
<tr><td>30</td><td rowspan="6">——</td><td rowspan="6">——</td><td rowspan="2">全般</td><td rowspan="4">——</td></tr>
<tr><td>20</td></tr>
<tr><td>10</td><td rowspan="2"></td></tr>
<tr><td>5</td></tr>
<tr><td>2</td><td rowspan="2">深夜</td><td rowspan="2">深夜</td><td rowspan="2">深夜</td></tr>
<tr><td>1</td></tr>
</table>

※JISの照度基準による（住宅）

年齢が増すにつれ、暗い場所ではものが見えにくくなってくる。**図 17-3** のグラフは、新聞活字を見るとき必要な最低の明るさを年齢別に示したものである。20 歳の人に比べて 60 歳の人は 3.2 倍の明るさが必要であることを示している。これは現在の照明を 3.2 倍の明るさにすることではなく、例えば居間で JIS の照度基準が守られていれば、特に問題はない。必要に応じて局所照明などで補えばよい。

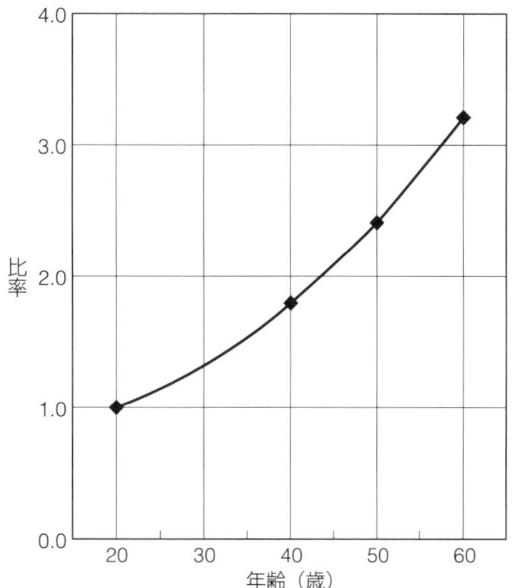

図 17-3 年齢による見え方の違い

17.2 LED 照明

1. LED の発光原理

LED の発光原理を図 17-4 に示す。P 型半導体をプラス極に、N 型半導体をマイナス極にして電圧をかけると、LED チップの中を電子と正孔が移動し、電流が流れる。移動の途中で電子と正孔がぶつかると結合（この現象を再結合という）する。再結合された状態では、電子と正孔がもともと持っていたエネルギーよりも小さくなる。そのときに生じたエネルギーの差が光と熱のエネルギーに変換される※1。

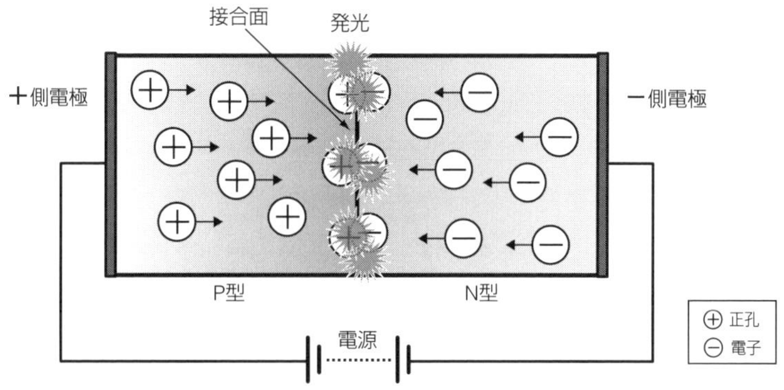

図 17-4 LED の発光原理

※1：再結合により、電気エネルギーの約 30％は光エネルギーに変換されるが、残り約 70％は熱エネルギーに変換される（損失となる）。LED 素子で発生した熱は、パッケージのリードを介して基板へ、基板からヒートシンクへと伝わり、外部に放熱される。

2. 白色LEDの仕組み

白色LEDの発光方式（例）を**図17-5**に示す。白色LEDには、「青色LED（または近紫外LED）と蛍光体の組み合わせで発光させるシングルチップ方式」や「赤・緑・青のLEDを1つのパッケージに実装して発光させるマルチチップ方式※2」などがあるが、一般照明用としてはシングルチップ方式が主流である。

シングルチップ方式として「青色LEDと黄色蛍光体の組み合わせ」と「紫色（近紫外）LEDと赤・緑・青色蛍光体の組み合わせ」などがあるが、「青色LEDと黄色蛍光体の組み合わせ」が主流である。また、「青色LEDと黄色蛍光体の組み合わせ」が発光効率は高いが、「紫色（近紫外）LEDと赤・緑・青色蛍光体の組み合わせ」のほうがより自然な白に見える（平均演色評価数Raが高い）。

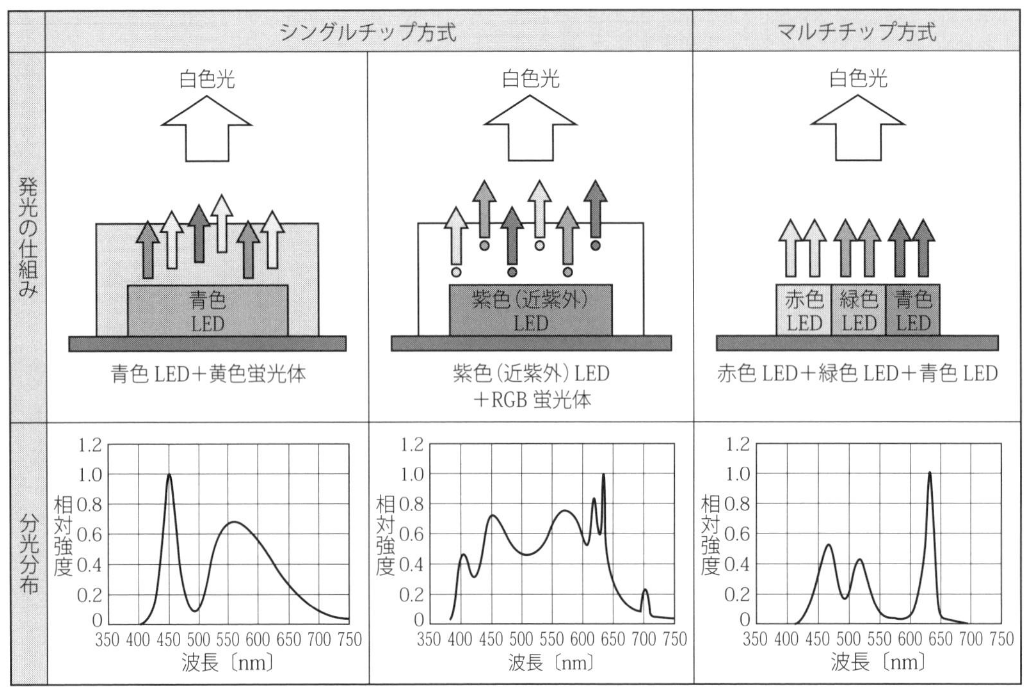

図17-5　白色LEDの発光方式（例）

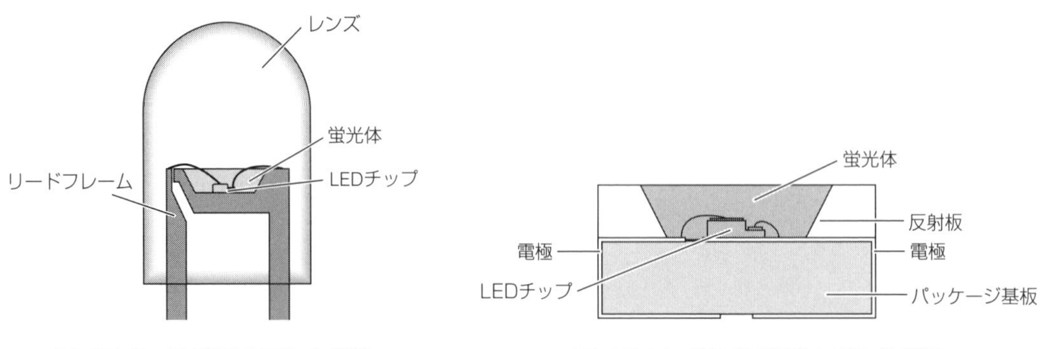

図17-6　砲弾型LEDの構造

図17-7　表面実装型LEDの構造

※2：マルチチップ方式は、一般的に照明ではなく、光を直接見せるディスプレイや大型映像装置などに使われている。

図 17-6 および図 17-7 に示すように、形状には砲弾型と表面実装型があり、用途により使い分けられている。

3. LED 照明の特徴

LED 照明の特徴のひとつは光の指向性である。白熱電球や蛍光ランプは、点灯すると全方向へ光が拡散するので、周囲全体が明るくなる。これに対して、LED 照明は狭い範囲しか光が拡散しないので、照射された部分のみが明るくなる。例えば、机の上で本を読む場合、本の部分だけを照らすことができる。したがって、発光効率が同じであれば少ない消費電力で、必要な部分だけを明るくできる。

(1) 長寿命である

LED は半導体そのものが発光するので、白熱灯のようにフィラメントが切れるという症状はない。LED モジュールは、LED そのものの発熱により半導体を封止している樹脂などの素材が劣化する。これにより光の透過率が低下して光束が下がっていくことが、LED モジュールの寿命を決める主な要因である。一般照明用白色 LED モジュールの寿命は、JIS C 8105-3：2011（照明器具－第 3 部：性能要求事項通則）により「照明器具製造業者が規定する条件で点灯したとき、LED モジュールが点灯しなくなるまでの総点灯時間、または全光束が点灯初期に測定した値の 70％に下がるまでの総点灯時間のいずれか短い時間。通常、点灯初期は 0 時間点灯とする」と規定されている。

(2) 小型化が可能である

小型化・薄型化ができるので、デザインの自由度が高い。

(3) 指向性が非常に強い

LED の光は、前方（正面）が一番強く、正面から角度がずれると急激に明るさは落ちる。図 17-8 に示すように、半減角 60 度の広角タイプでは、正面に対して周囲 30 度の角度で見た明るさは正面の半分となる。したがって中心部の輝度は高い。この特徴を生かして、明るくしたいところに光を当てることが可能で、ダウンライトや、商品などの局部照明に効果がある。光が周りに漏れては困るような用途にも使える。逆に室内照明などのように部屋全体を明るくする場合には、蛍光灯のほうが適しているが、LED 照明も部屋全体を明るくするための開発が進んでいる。

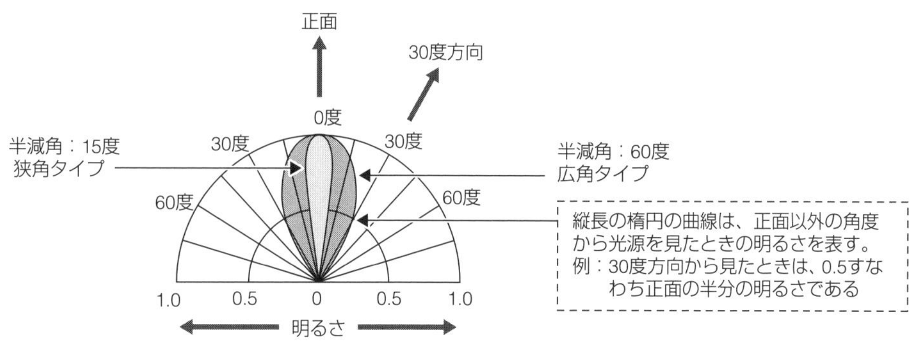

図 17-8 LED の指向性（例）

(4) 応答が速い

応答が速く、照明に用いた場合は点灯と同時に最大光量が得られる。

(5) 可視光以外の放射がほとんどない

白色LEDには赤外線や紫外線の波長をほとんど含まないので、生鮮食品など熱に弱いものへの照明、紫外線放射による色あせなどが心配なものへの照明などにも適している。また、紫外線をほとんど出さないため虫などを寄せ付けにくい。

(6) 振動や衝撃に強い

既存の光源は、ガラス管を用いているため振動や衝撃に弱いが、LEDはガラス管を使用していないので、耐振動、耐衝撃性に優れている。

4. 電球形LEDランプ

電球形LEDランプには、用途、形状、口金、配光などによりさまざまな種類がある。選び方について以下にまとめる。

(1) 形状

家庭で使われている電球は、形だけではなく、器具に取り付けるための口金も何種類かあるので、購入前に確認する必要がある。

(2) 光色

電球色、昼白色、昼光色などがあり、用途や好みに合わせて選択する。

(3) 明るさ

電球形LEDランプの明るさは光束（単位：ルーメン）で表され、日本産業規格（JIS C 8158：2017）に基づき、一般照明用白熱電球との代替表示をしている（**表17-3**参照）ので、選ぶときの参考にするとよい。例えば、定格光束が485ℓm以上640ℓm未満の電球形LEDランプは、“電球40形相当”と表示されている。最近は、光色、明るさを切り替えたり、調光器と組み合わせて自由に変化させたりできるタイプの電球形LEDランプが販売されている。

表17-3　一般照明用電球（E26口金）の代替表示区分

代替表示区分	定格光束（ℓm）
電球20形相当	170以上325未満
電球30形相当	325以上485未満
電球40形相当	485以上640未満
電球60形相当	810以上1160未満
電球100形相当	1520以上2400未満

(4) 光の広がり（配光）

LEDから発生する光は指向性があり、白熱電球から電球形LEDランプに取り替えたとき、光の広がり方が異なるため暗く感じることがある。最近は、白熱電球の光の広がり方に近づけた電球形LEDランプも販売されているので、白熱電球と同じように全体照明に使えるようになった。ランプの配光タイプは、**表17-4**および**図17-9**のように分類されるので、器具形状や用途に合ったランプを

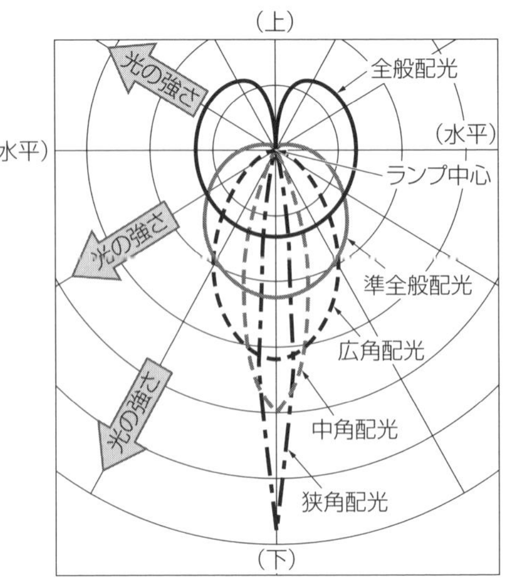

図17-9　光の広がりのタイプ

選ぶとよい。一般的に、同等の光の広がりを持ち、同等の全光束を持った電球で比較すると、電球形 LED ランプの消費電力は、白熱電球の 1/6～1/10、寿命は 40 倍である（後述の表 17-10 参照）。

表 17-4　光の広がり方による LED ランプの分類

光の広がりのタイプ（JIS C 8157：2011）	記号	一般呼称	光の広がり（口金を上にして点灯したときの下方光度の 1/2 の範囲）
全般配光形	G	全方向タイプ 広配光タイプ	180° 以上
準全般配光形	H	下方向タイプ	90° 以上 180° 未満
広角配光形	W		30° 以上 90° 未満
中角配光形	M		15° 以上 30° 未満
狭角配光形	N		15° 未満

一口メモ

LED ランプに関する JIS の改正および制定

2017 年 12 月、一般照明用電球形 LED ランプ（電源電圧 50V 超）に関する JIS 規格について、演色性、光束維持率性能、エネルギー消費効率に関して、既存の性能水準を超えた基準を満たした LED ランプを高機能タイプとして規定する改正が行われた（JIS C 8158：2017）。改正のポイントを以下にまとめる。これにより、優れた LED ランプが正しく評価され、一層普及していくことが期待される。

①平均演色評価数 Ra が 80 以上であること
② 6000 時間経過時点での光束維持率が 90%以上であること（図 17-B 参照）
③トップランナー基準に基づくエネルギー消費効率の値を規定
④高機能タイプであることが容易に識別できるよう製品または包装に表示すること

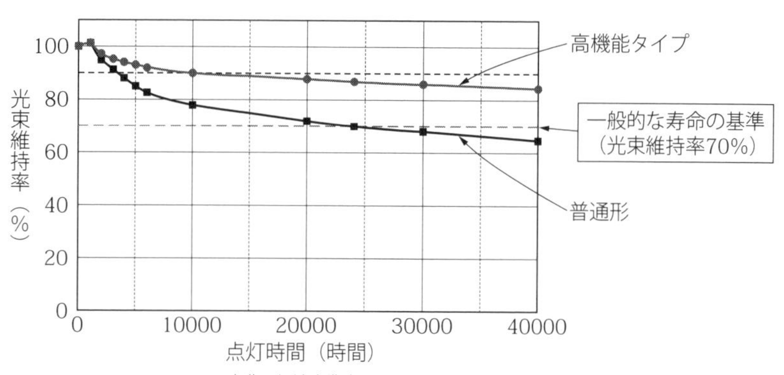

図 17-B　高機能タイプの光束維持率

上記改正と併せて、直管 LED ランプについても高機能タイプを規定した JIS C 8160：2017（一般照明用 GX16t-5 口金付直管 LED ランプ）が新たに制定された。

LED照明器具もトップランナー制度の対象に

高効率照明の普及促進のため、トップランナー制度の対象である照明器具および電球の範囲を拡大する等の措置を講じた改正省エネ法が2019年4月に施行された。改正の概要を以下にまとめる。

①従来、照明器具については蛍光灯器具が制度の対象であったが、新たにLED電灯器具を加えた。

②従来、電球については電球形蛍光ランプと電球形LEDランプが制度の対象であった*が、新たに白熱電球を加えた。

上記①は、LED電灯器具の普及率が向上したことや、LED電灯器具の省エネ性能の評価方法が整備されたことを踏まえた改正である。この改正により、蛍光灯器具およびLED電灯器具の固有エネルギー消費効率は、共通の式（次式）で表されることになった。

$$固有エネルギー消費効率\ (\ell m/W) = \frac{照明器具全光束\ (\ell m)}{消費電力\ (W)}$$

製品の表示についても「照明器具の光源の明るさ」ではなく、「照明器具の明るさ」の表示が義務づけられた。照明器具の統一省エネラベル（例）を図17-Cに示す。（目標年度は2020年度）

表17-A　照明器具の目標基準値

区分	光源色	基準固有エネルギー消費効率（ℓm/W）
1	昼光色・昼白色・白色	100.0
2	温白色・電球色	50.0

照明器具
目標年度2020年度

図17-C　統一省エネラベル（例）

上記②は、電球形LEDランプの普及が進んではいるものの、白熱電球との完全な互換性があるわけではなく、一部用途で白熱電球を使わざるを得ない状況が残っていることを踏まえた改正である。（電球類の目標年度は2027年度）

表17-B　電球類の目標基準値

区分	光源色	基準エネルギー消費効率（ℓm/W）
1	昼光色・昼白色・白色	110.0
2	温白色・電球色	98.6

＊：2013年10月、「エネルギーの使用の合理化等に関する法律施行令の一部を改正する政令」が閣議決定され、トップランナー制度の対象機器として電球形LEDランプも追加された（2013年11月1日施行）。

一口メモ

電球形LEDランプの安全仕様に関するJIS改正

2017年10月、「一般照明用電球形LEDランプ（電源電圧50V超）－安全仕様」に関するJIS規格について、ランプ本体と口金部分との取り付けの強度やランプ使用条件（調光器への対応、水気のある場所）に対する安全と注意喚起に関する要求事項等を追加する改正が行われた（JIS C 8156：2017)。改正のポイントを以下にまとめる。

①電球形LEDランプが横向きに使用される実態に対応するため、横向きのランプが自重によって口金に加えてもよい力（口金取り付け方向に直交する方向へモーメント）の大きさを定め、ランプの口金に求める機械的強度を規定した。

② LED光源部や制御装置が故障した場合でも、感電防止に関する機能に損傷を受けない構造や発火が生じない構造であることを定めた。

③文字を読まなくてもその内容が認識できるピクトグラムやその大きさを定めた。ピクトグラムの例を図17-D、図17-Eに示す。

図17-D 調光機能が付いた照明器具での使用を認めないランプ*

図17-E 水との接触に適さないランプ

*：調光機能が付いた照明器具での使用を認めないランプ（調光に対応していないランプ)」は、図17-Dのピクトグラムを表示するか、または文字での注意書きを表示する。「調光に対応していないランプ」とは、意図的な入力電圧または入力電流の大きさによって調光する機能を持たない、または耐久性を備えていないランプを指す。

5. LED照明の事例

(1) LEDレフランプ

レフランプと同じく口金がE26のLEDレフランプが販売されている。ビームの開き角度、明るさはレフランプと同等で消費電力は1/11、寿命は13倍である。

表17-5 LEDレフランプとレフランプの仕様比較（例）

	LEDレフランプ	レフランプ
口金	E26	E26
ビームの開き角度（度）	55	60
全光束（ℓm）	260	200
消費電力（W）	5.3	57
エネルギー消費効率（ℓm/W）	49.1	3.5
寿命（時間）	20,000	1,500

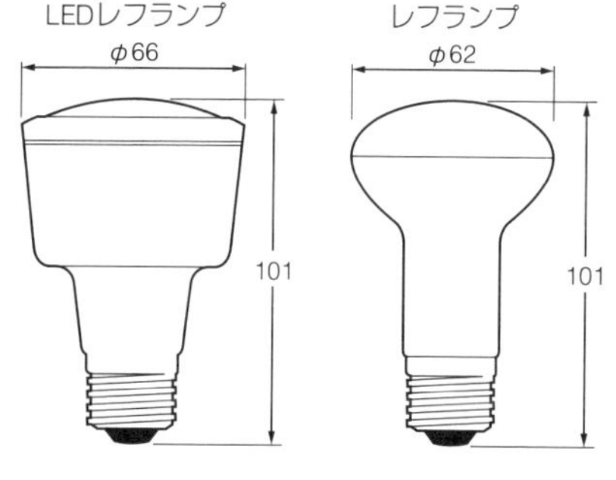

図17-10 LEDレフランプとレフランプ（例）

(2) 電球形LEDランプと照明器具との適合

①ダウンライトが取り付けられている天井に断熱材が敷き詰めてある場合、放熱が妨げられ器具内の温度が上がってインバーター回路が故障し寿命が短くなったり、LEDランプの発光効率が低下したりする。ダウンライトの枠や反射板にSマーク※3（**図17-11**参照）が付いている場合は、断熱材施工器具対応タイプを使用する。**図17-12**に示すように、パッケージに表示されているので確認する。

②密閉形器具は、ランプに内蔵された電子回路が高温になって寿命が短くなるので、使用できない場合がある。電球形LEDランプの適合表と照明器具の仕様書を照らし合わせて、適合するものを選ぶ。図17-12に示すように、パッケージに表示されているので確認する。

③調光器付の照明器具に取り付ける場合は、調光器対応タイプの電球形LEDランプを使用する。図17-12に示すように、パッケージに表示されているので確認する。ただし、リモコンで電子制御している器具や、電子制御式の調光器には適合しないものもあるため、選ぶときには注意が必要である。

④HIDランプ器具には使用しない。異常電流により発熱、発煙の原因になる。

⑤非常用の照明器具や誘導灯への使用は、消防法により禁止されている。

⑥電球形LEDランプは、白熱電球や電球形蛍光ランプに比べて重いので、器具の耐荷重にも注意が必要である。

図17-11　Sマーク

図17-12　パッケージ表示（例）

> **一口メモ　LEDランプが電気用品安全法の規制対象に**
>
> 電気用品安全法の改正により、定格消費電力が1W以上のLEDランプ、及びLED電灯器具（防爆型は除く）が、同法の規制対象品目として追加された（2011年7月6日公布、2012年7月1日施行）。適合品本体にはPSEマークが付いている。LEDランプでは、定格電圧100V～300Vかつ定格周波数50Hz/60Hzのものが対象となるため、一般的に流通しているE17口金、E26口金のものなどLED電球全般が該当する。

※3：「誰にもわかるLED照明」日本照明工業会による。

6. LEDシーリングライト

(1) 構造

LEDシーリングライトの構造（例）を**図17-13**に示す。LEDシーリングライトは、アダプター、本体、カバーなどで構成されている。天井への取り付けは、以下の手順による。

①まず、天井に設けられている配線器具（引掛シーリングボディ）にアダプターを差し込む。（安全上の注意として、ガタついたり破損したりしている配線器具には取り付けない。また、適正な状態にない配線器具には無理に取り付けない。）

②次に、アダプターに本体をはめ込んで、アダプター側コネクターと本体側コネクターを接続する。

③最後に、本体にカバーを取り付ける。本体へのカバー着脱は回転式になっており、簡単に行うことができる。専用アダプターを使って、約50度までの傾斜天井や和室に多い竿縁天井にも設置できる製品もある。パッキンなどにより、虫が浸入しにくい密閉構造になっている製品もある。

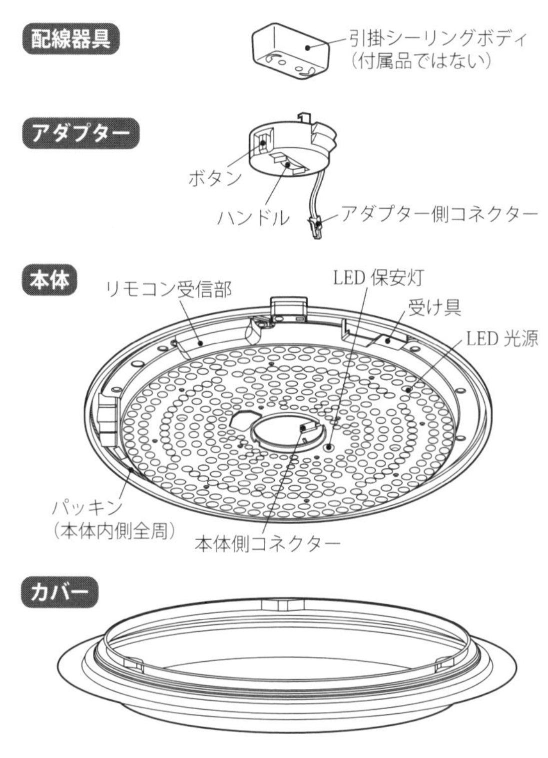

図17-13 LEDシーリングライトの構造（例）

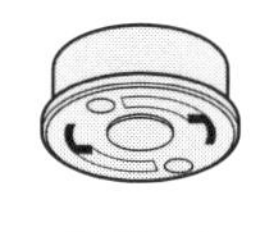

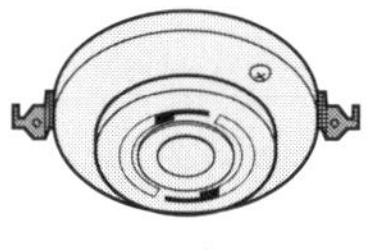

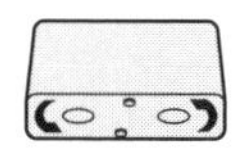

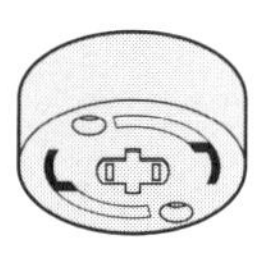

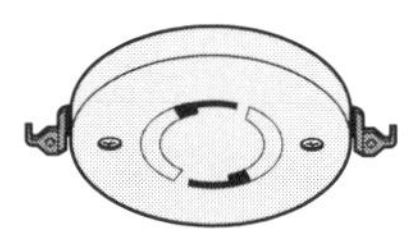

図17-14 引掛シーリングボディ

(2) 特徴

LEDシーリングライトは、光の色や明るさをユーザーが自由に設定できる。調色は、通常、白色と暖色のLED素子を組み合わせ、それぞれのLED素子の明るさを調整することで、白色から暖色までの光の色を調整している。光の色と明るさの関係は、白色と暖色の中間が最も明るいもの、どの色でも同じ明るさのもの、白色を最も明るくしたものなど、製品によって異なっている。センサーにより部屋の明るさを検知して自動的に調光する機能を備えた製品もある。

(3) 機種選定

1) 光束と適用畳数の基準

LEDシーリングライトを選ぶ際には、部屋の広さに合った明るさの製品を選ぶ必要がある。2011年12月に一般社団法人 日本照明工業会「住宅用カタログにおける適用畳数表示基準」(ガイド121：2011) が改正され、LEDシーリングライトの明るさについても光束(単位：ルーメン) と適用畳数の基準が制定された。LEDシーリングライトについては、**表17-6**の上の表を参照すること。

表17-6　光束と適用畳数

■ 全般配光形：配光角180度以上

適用畳数	～4.5畳 (約7m^2)	～6畳 (約10m^2)	～8畳 (約13m^2)	～10畳 (約17m^2)	～12畳 (約20m^2)	～14畳 (約23m^2)
標準定格光束 (ℓm)	2,700	3,200	3,800	4,400	5,000	5,600
定格光束の 範囲 (ℓm)	2,200以上 ～3,200未満	2,700以上 ～3,700未満	3,300以上 ～4,300未満	3,900以上 ～4,900未満	4,500以上 ～5,500未満	5,100以上 ～6,100未満

■ 準全般配光形：配光角90度以上180度未満

適用畳数	～4.5畳(約7m^2)	～6畳(約10m^2)	～8畳(約13m^2)	～10畳(約17m^2)
標準定格光束 (ℓm)	2,000	2,400	2,900	3,400
定格光束の範囲 (ℓm)	1,600以上 ～2,400未満	2,000以上 ～2,800未満	2,500以上 ～3,300未満	3,000以上 ～3,800未満

2) 平均演色評価数

機種を選定するときには演色性の数値 (平均演色評価数Ra) を確認したほうがよい。演色性とは、物の色の見え方に及ぼす光源の特性のことをいう。基準光で見たときを100とし、100に近いほど自然の色に近く見えることになるが、一般的にRaが80以上であれば、色の再現性が良いといわれている。LED照明をリビングや寝室などの住空間に設置する場合は、Ra80以上のものを選定したほうがよい。

7. LED照明の最新動向

LEDの特徴である調光・調色制御のしやすさやデザインの自由度の高さを生かした多灯分散照明や建築化照明などの手法により、空間演出を行ったり快適性を向上させたりする動きが進んでいる。また、センサー連動・一括制御・タイマー制御・スピーカー内蔵などにより、快適性や利便性を向上させた商品や防犯用途などの商品が出てきている。さらに、LED照明器具に通信機能を内蔵、もしくは通信アダプターを介してHEMSに接続することで、家中どこからでも照明の個別操作ができるシステムも販売されている。

間接照明と直接照明

間接照明とは、光源が直接見えない照明すべてをいうわけではなく、JIS Z 8113：1998「照明用語」に基づき、作業面＊に到達する光束の割合によって５段階で定義づけられている（表 17-C 参照）。

＊そこで作業が行われる面として定義される照明施設の基準面。屋内照明で特に指定がないときには、床上 0.85m の水平面を意味する。ただし米国では 0.76m、ロシアでは 0.8m。

表 17-C　間接照明の定義

	間接照明	半間接照明	全般拡散照明	半直接照明	直接照明
作業面に到達する光束の割合（%）	0～10%	10～40%	40～60%	60～90%	90～100%
照明のイメージ					

間接照明は、直接照明に比べて効率が下がるため、作業面の照度を重視する場所（事務室・工場など）では用いられないが、表 17-D に挙げたような間接照明の役割を生かした設計を行うことにより、効率だけでは計れない価値が得られる。

表 17-D　間接照明の役割

使用空間	具体的な場所	役割
オフィス	エントランス・廊下・休憩室	仕事の切り替え
商業施設	大型店舗の通路・エレベーターホール・店舗内のメインディスプレイ・壁面	境界・領域を強調する 動線を意識させる 空間を大きく明るく見せる
住宅	エントランス・寝室・トイレ	気持ちの切り替え

間接照明の種類（手法）の例を表 17-E に示す。

表 17-E　間接照明の種類（例）

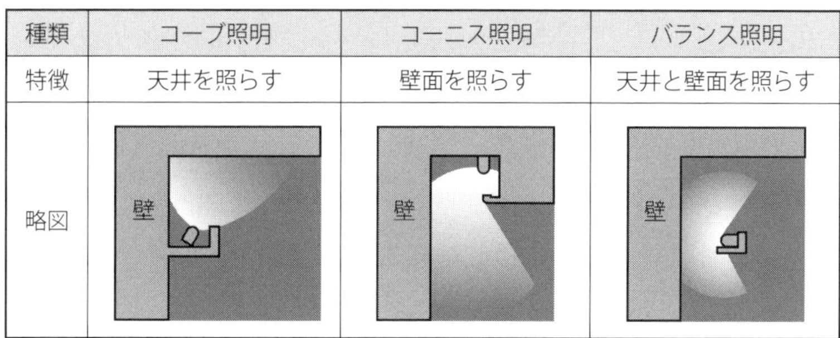

種類	コーブ照明	コーニス照明	バランス照明
特徴	天井を照らす	壁面を照らす	天井と壁面を照らす
略図	壁	壁	壁

多灯分散照明／建築化照明

■ 多灯分散照明

従来、１つの部屋に１つの照明器具を設置する「一室一灯照明」という方式が一般的であった。これに対し、多灯分散照明とは、一室に低ワット数の複数の照明器具（ダウンライト、ペンダントライト、スタンドなど）を分散させ、消費電力の合計を制限し設置することで、運用時の消費電力量削減と光環境の向上を図る「適時適照」の方式である。食事、読書、ホームシアターなど居室での過ごし方に応じて必要な照明器具を選択して点灯・調光することで、ムードを演出でき省エネルギーにもなる。

■ 建築化照明

建築化照明とは、建築物の一部として天井や壁などに照明器具を組み込み、あたかも建

表 17-F　建築化照明の種類

種　類	建築化照明の種類	特　徴	用　途
光天井照明		天井全面に拡散透過材（乳白プラスチックなど）を張り、天井内部に光源を配置し、柔らかい光とすっきりとした照明効果が得られる方式	エントランスホールやショールーム、器具の映り込みが少ないことから発変電所の制御室など
ルーバ天井照明		天井全面にルーバを張り、その上部に光源を配置した方式（光天井の拡散透過材がルーバに置き換わったもの）。ルーバを通して下方向に垂直光が照射され、斜め方向からはルーバの保護角によってランプが直接見えない。	
コーブ照明	壁	光源を折り上げ天井の中に取り付け、天井を照らして、その反射光によって室内を照明する間接照明方式	比較的作業面照度を必要としない場所の雰囲気照明や、他の照明と一緒に使われる
コファ照明		天井面を丸や四角に切り込んだ内部に埋込み器具が入り、天井の単調さをなくす方式	銀行の営業室、役員室、ビルのホール、レストランなど
ダウンライト照明		光源を天井内に埋込み、その穴から光を下に向けて照射する方式。天井直付やペンダントの照明と異なり、天井面を見たときに視界の妨げになるものがない。	
コーナー照明		天井と壁面との境の角に器具を配置して、天井と壁面とを同時に照射しながら室内を照明する方法。比較的柔らかな光が得られる。	料亭の大広間や地下道の照明によく使用される。天井の低い場所に適している
コーニス照明		壁の上部に照明を設置し、下方を照らすことによって壁・カーテン・窓などを美しく表現できる。蛍光灯の建築化照明として広く用いられ、天井が低い室に適している。	
バランス照明		壁面などに取り付けられ上下に光を出す方式。下方を明るくするだけでなく、上方の光が天井面を明るくし、明るさ感のある空間を作る効果がある。	

築部材そのものが照明装置であるかのように見せる方法。光源が直接見えないためグレアの防止にもなり、天井や壁面を照らすことにより空間を広く感じさせる効果もある。建築化照明の種類を表 17-F に示す。

8. 直管 LED ランプ

直管 LED ランプを使用するにあたって、以下のことに注意する必要がある。（一般社団法人日本照明工業会による）

①長期間使用した蛍光灯照明器具は電気部品の劣化が進んでいるため、ランプだけを直管 LED ランプに交換して、さらに長期間使用するのは危険である（照明器具の適正交換時期は 8 年～10 年）。直管 LED ランプに交換する場合、組み合わせによっては事故につながる危険性がある。そのためランプだけを直管 LED ランプに交換するのではなく、照明器具全体を交換することが推奨される。

②既設の蛍光灯照明器具への直管 LED ランプの装着に伴って改造された製品については、原則として製造事業者は責任を問われない。改造に係る事故や不具合に対しては改造実施者の責任となる。既設の蛍光灯照明器具に直管 LED ランプを取り付けた場合の懸念事項を表 17-7 にまとめる。

表 17-7　既設の蛍光灯照明器具に直管 LED ランプを取り付ける際の懸念事項

タイプ	DC 電源内蔵・非内蔵	結線方法		接続する既設安定器のタイプ	器具内改造の有無	推定される問題点		
		結線タイプ	結線図			推奨外ランプの誤挿入	ランプ挿入時や交換時の感電	器具トータル寿命
1	内蔵	商用電源直結型	両端に印加	無	有	過熱・発煙 不点灯	片側ピン挿入時 感電 （片側給電のものを除く）	寿命末期に安定器、ソケット、電線などの劣化 ↓ 安定器 最悪発煙 ソケット 最悪ランプ落下
2			両端に印加					
3			口金ピン間に印加					
4		既設安定器接続型	既設 安定器	磁気式スタータ式	無			
5				磁気式ラピッドスタート式				
6				電子式				
7	非内蔵	DC 入力型	新設 安定器	無	有			

（参照元：東京都生活文化局消費生活部の資料）

9. 環形 LED ランプ

既存の蛍光灯器具をそのまま利用できる環形 LED ランプが販売されているが、照明器具との組み合わせを間違うと発煙や火災の原因となる可能性があるので、十分な注意をする必要がある。（一般社団法人 日本照明工業会発行 JLMAP 2010A（2016 年 11 月）より）

①交換する LED 光源と照明器具の組み合わせが不適切な場合、重大事故の懸念がある。組み合わせが不適切な場合、LED 光源が点灯しないことがある。また、発煙や火災が懸念される例も確認されている。

②照明器具メーカーの製品保証が適用外になる。蛍光灯照明器具は、蛍光ランプと組み合わ

せることを前提に設計されており、製品保証は、照明器具メーカーの指定する蛍光ランプを使用した場合のみに適用される。

③「ランプを交換すれば、照明器具はずっと使える。」と考えるのは間違い。ランプ以外の照明器具の部品も、使用年数に伴い劣化する。一般に、使用年数が10年を過ぎると、故障率が急に増えることが知られている。

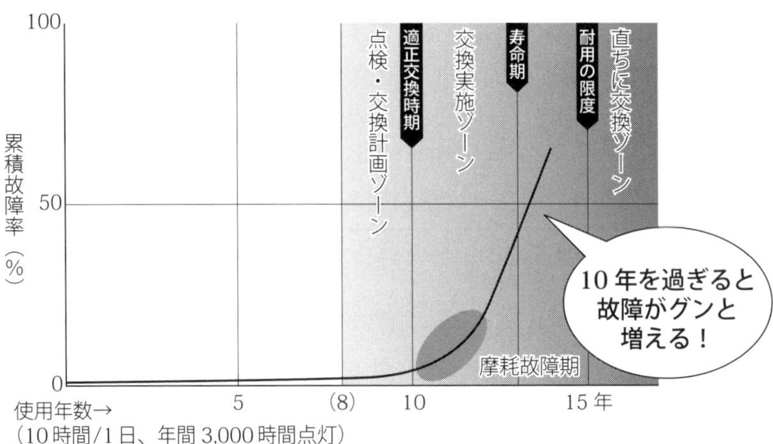

JIS C 8105-1(2017)「照明器具 - 第1部：安全性要求事項通則 解説」解説図9に基づきJLMA作成

図17-15　故障率と器具交換（イメージ）

10.　安全上の注意

①LED照明器具は確実に取り付ける。取り付けが不確実だと点灯しなかったり、落下したりするおそれがある。また、接触不良で短寿命・発熱の原因になることがある。

②LEDシーリングライトのカバーを外した状態で点灯したLED光源や、LED手元灯のようなカバーのないLED光源を長時間直視すると、輝度が高い（まぶしい）ため、目の痛みの原因となることがある。

③LED照明器具に使用されているLED光源は、電球形LEDランプを使用したもの以外は一般的にユーザーが取り替えできない構造となっているものが多い。

水俣条約による国内市販ランプへの影響

水銀が人の健康や環境に与えるリスクを低減するための包括的な規制「水銀に関する水俣条約」が2017年8月16日に発効となった。対象となるものは、電池類や体温計、血圧計をはじめ多岐にわたっており、今後製造・輸出入に制限が加えられる。蛍光ランプ・水銀ランプも対象であり、下記のとおりとなっている。

①一般照明用*の高圧水銀ランプを除き、現在市販されている蛍光ランプやHIDランプなどの水銀使用ランプについては、（すでに水銀含有量の基準をクリアするなど）規制対象の製品は存在しないので、製造・輸出入の規制を受けることはない。

②一般照明用の高圧水銀ランプについては、水銀含有量に関係なく、2020年12月31日以降、製造・輸出入が禁止となるので、メタルハライドランプ、高圧ナトリウ

ムランプ、LED照明などへ切り替えが必要。ただし、この規制は、製造・輸出入を禁止するものであり、一般照明用の高圧水銀ランプの継続使用、修理・交換のための使用（設置済みの街灯ランプの交換など）およびその販売を禁止するものではない。

＊：一般照明用とは「照度を確保するためのものであって、高演色用及び低温用その他特殊の用途にのみ用いられるもの以外のものをいう。」と定義されている。

17.3 蛍光ランプ

蛍光ランプは、日本では1952年ごろから一般家庭への普及が始まったが、明るく、高効率、長寿命といった特性が受け入れられ、現在も利用されている。

1. 蛍光ランプの発光原理

蛍光ランプは放電灯の一種である。電極（フィラメント）に電流が流れて加熱されると、電極から熱電子が放出され、ランプ両端の電極間に電圧がかかると放電を開始（ランプが点灯）する。つまり、電極から放出された熱電子が反対側の電極に向かって飛び出していく状態になる。このとき、熱電子がガラス管内で蒸発して気体となっている水銀原子に衝突し、この衝突により水銀原子が紫外線を発生する。この紫外線は人間の目には見えないが、ガラス管内面に塗布された蛍光物質に当たり、目に見える光（可視光）として外部に放射される。蛍光物質の種類により白、赤、青、緑などの光が出せる。

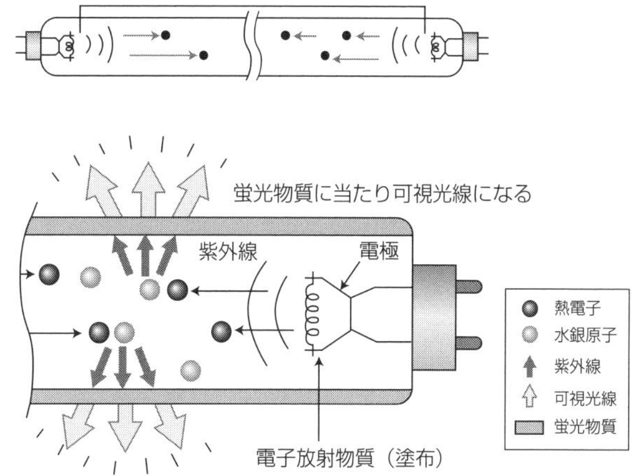

図 17-16 蛍光ランプの発光原理

2. 蛍光ランプの構造

蛍光ランプの内部には、両端にフィラメントがあり、不活性ガス（アルゴンなど）と水銀が封入されている。フィラメントには、電子放射物質（エミッター）が塗布されており、この電子放射物質が熱電子を放出し放電を持続する。したがって、この物質が消耗し終えると寿命（不点灯寿命）となる。

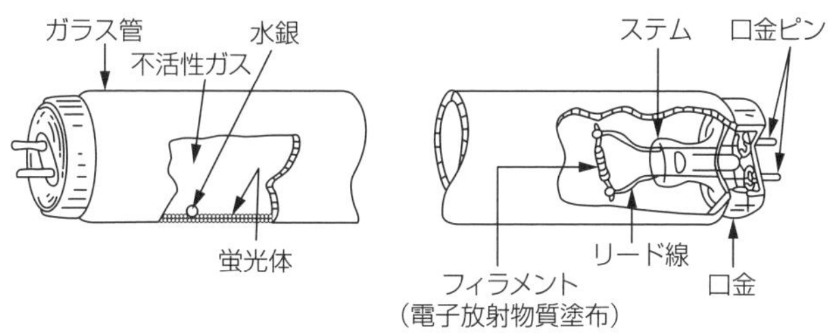

図 17-17 蛍光ランプの構造（例）

3. 蛍光ランプの点灯方式

主な点灯方式として、スターター方式、ラピッドスタート方式、インバーターによる方式がある。

(1) スターター方式

一般的によく使われるのはスターター方式で、点灯管（グロースターター）方式と電子スターター方式がある。スターターはどちらも共通で使うことができる。

■ 点灯管方式

点灯管の電極がグロー放電をしたあと通電し、蛍光ランプのフィラメントを加熱する。その後、接点が開いた瞬間、安定器から高電圧が発生し、蛍光ランプが点灯する。そのため、スイッチを入れてから点灯まで少し時間がかかる。

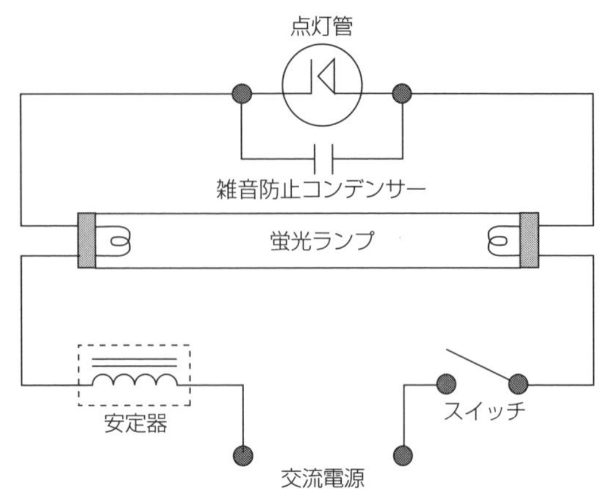

図 17-18　スターター方式の点灯回路

■ 電子スターター方式

点灯管（グロースターター）の代わりに半導体を使用して即時（0.5 秒～1 秒）に点灯できる。

(2) ラピッドスタート方式

スイッチを入れると即時に点灯し、点灯管は不要である。事務所や工場、店舗などに広く採用されている。ラピッドスタート方式専用の蛍光ランプを使用する。

(3) インバーター方式（高周波点灯方式）

電子回路により高周波でランプを点灯させる方式で、従来の安定器より軽量、小型、省電力設計となっており、ちらつきやうなりがなく、50Hz、60Hz 共用など多くのメリットを持っている。

4. 安定器

安定器には蛍光灯が点灯するための高圧の発生と、点灯後は蛍光管に流れる電流を制限して安定した動作をさせるという2つの役割がある。ランプの始動時には、点灯管の接点が開いた瞬間に高電圧（点灯中の約2倍程度）を発生させ、放電をするきっかけを作り点灯させる。放電が始まるとそのままではランプ電流は無制限に増えて、ついには蛍光ランプが破壊される。安定器はこの電流増加を抑制し、安定した放電（点灯）を持続させる役割を持っている。

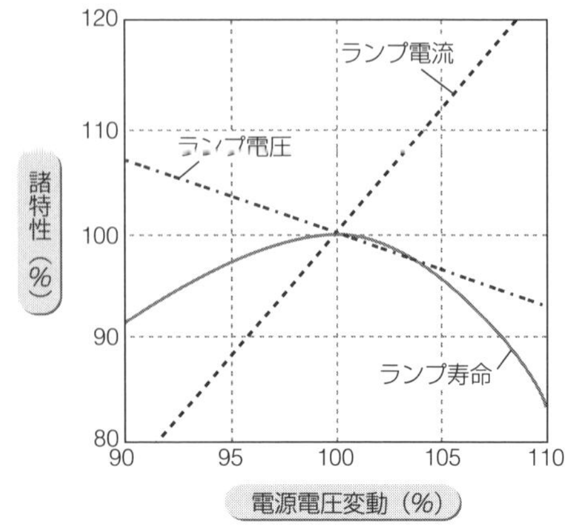

図 17-19　電源特性とランプ特性（例）

5. 蛍光ランプの特性

(1) 電源電圧とランプの寿命

ランプを確実に点灯させ、適正な明るさと寿命を得るためには、電源電圧は定格値（100V）の±6%以内に保つ必要がある。電源電圧が高いとランプ電流が増加してランプは明るくなるが、寿命は短くなる。また、電源電圧が低いとランプが暗くなるとともに、フィラメント（電子放射物質）の予熱が不足するために点灯に時間がかかり、電子放射物質の消耗が多くなるため寿命が短くなる。

(2) 点滅回数と寿命

蛍光ランプは点灯するとき電極に塗布された電子放射物質（エミッター）から電子が放射される。電子放射物質は点灯するたびに消耗していく。この物質が消耗し終えると寿命（不点灯寿命）となる。蛍光ランプは、点灯するときに最も負担がかかり、1回の始動だけで1時間～2時間寿命が短くなる。1日数回の点滅では表示寿命の範囲であるが、20回～30回も点滅すると寿命は半減する。電子放射物質の塗布量を増やし、寿命を長くした製品もある。3時間周期の点滅を100とし、点滅周期を変化させたときのランプ点滅周期と寿命の関係を**図17-20**に示す。

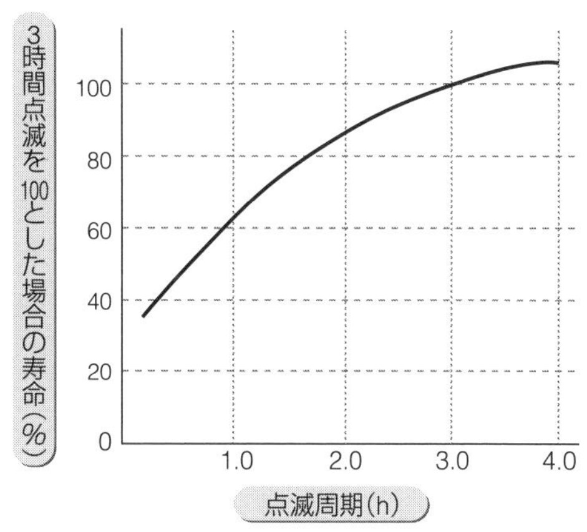

図17-20　点滅周期と寿命（例）

(3) 周囲温度とランプの明るさ

一般に蛍光ランプは、周囲の温度によって明るさなどの特性が変化する。これは、ガラス管内の水銀蒸気圧が周囲温度によって変わるためである。**図17-21**に示すように、蛍光ランプは20℃前後で所定の明るさが得られるよう設計されており、周囲温度がこれより高くても低くても明るさは低下する。

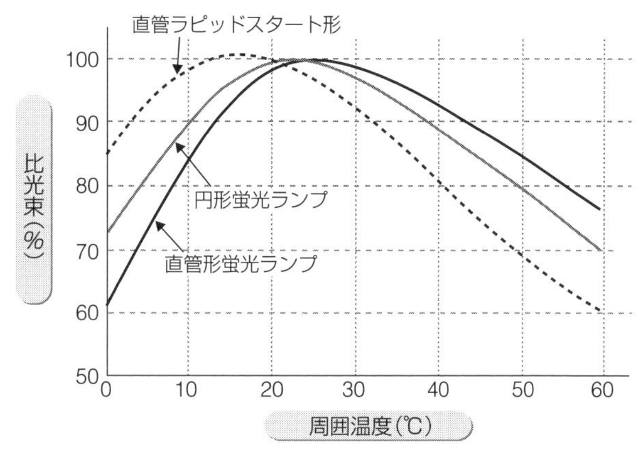

図17-21　周囲温度と明るさの関係（例）

6. 電球形蛍光ランプ

電球形蛍光ランプは、電球ソケットに取り付けて使用できる小型で高効率

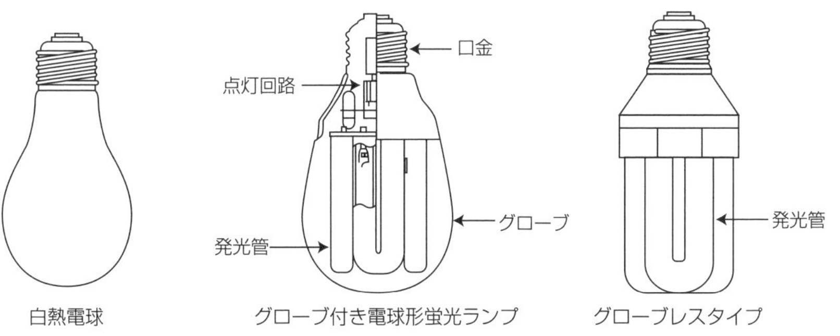

図17-22　白熱電球と電球型蛍光ランプの外観（例）

な蛍光ランプである。形状が白熱電球に似たグローブ付きタイプと、発光管が露出しているグローブレスタイプの２種類がある（**図 17-22** 参照）。安定器はランプに内蔵されているが、大きさはほぼ白熱電球と同一である。また、白熱電球に比べて低消費電力（約 1/4）、長寿命（6 倍～ 10 倍）である（後述の表 17-10 参照）。

7. 電球の口金

電球に電源を供給する部分を口金という。電球の種類により形状が異なるので、交換の際は注意が必要である。

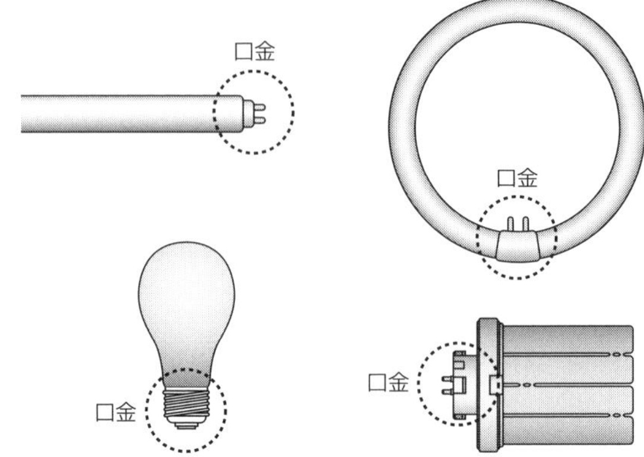

図 17-23　各種電球の口金形状

表 17-8　主な口金の種類と用途

口金形状	10mm E10	12mm E12	17mm E17	26mm E26	39mm E39
用途	表示用電球 豆電球	常夜灯用電球	白熱電球 電球形蛍光ランプ LED電球 ミニクリンプトン電球	白熱電球 電球形蛍光ランプ 電球形LEDランプ	150W以上の大型ランプ
口金形状	G13	G5	G10g	GX10q	GY10g
用途	10～40W 直管形蛍光ランプ	8W以下 直管形蛍光ランプ	環形蛍光ランプ	コンパクト形蛍光ランプ	

一口メモ　口金記号の E17、E26 とは

ねじ込形の電球のねじの直径を表す呼号であり、JIS 規格で決められている。E は白熱電球の実用化に成功したエジソンの頭文字（英語では Edison Base、エジソンベース）にちなんだ記号であり、その後ろの数字は口金のねじの直径（mm）を表す。

17.4 省エネ性比較

白熱電球は、フィラメントが消耗し断線した瞬間が寿命となる。点灯した状態で断線することはほとんどなく、電源を入れた瞬間の突入電流によりフィラメントが焼き切れることが多い。定格電圧より高い電圧を印加したり、頻繁に電源を入り切りさせたりすると大幅に寿命は短くなる。蛍光ランプは点灯しなくなるまでの点灯時間、またはランプの光束が70%（コンパクト形、電球形などは60%）に下がるまでの点灯時間のうち、短いほうを寿命とする。また、短いほうの点灯時間の平均値が定格寿命である。なお、蛍光ランプの点灯管は古くなると、バイメタルと固定電極が接触している時間が長くなり、フィラメント温度が上昇しすぎてランプの寿命を短くする。ランプの交換時は、点灯管も同時に交換することが望ましい。

各種ランプの仕様比較を**表17-9**に、各種ランプの特徴と寿命を**表17-10**にまとめる※4。電球形LEDランプは、白熱電球に比べて価格は高いが、寿命は白熱電球の約40倍と長い（交換頻度が約1/40）。したがって、使い始めから一定期間を過ぎるとトータルでのコストは逆転する。

表17-9 白熱電球・電球形蛍光ランプ・電球形LEDランプの仕様比較（例）

	白熱電球	電球形蛍光ランプ	電球形LEDランプ
写真			
全光束（ℓm）	810	810	810
消費電力（W）	54	12	7.3
エネルギー効率（ℓm/W）	15	68	111
寿命	1000時間	6000～10000時間	40000時間
特徴	・安価	・省電力（白熱電球の約1/4） ・長寿命（白熱電球の6～10倍）	・省電力（白熱電球の約1/7） ・長寿命（白熱電球の40倍）

※白熱電球60W相当品での比較。電球形LEDランプは昼白色相当。

※4：ランプの寿命はランプ電力等によって異なる。また、電圧や点滅などの使用条件によって多少のばらつきがある。

表 17-10　各種ランプの特徴と寿命

		特　徴	主な形状と寿命の目安（単位：時間）
LED	電球形LEDランプ	長寿命、省エネ、点滅に強い、スイッチONですぐに明るくなるなどのメリットがある。一般電球(E26)やミニクリプトン電球(E17)などと同じサイズのソケットに取り付けられる。	小型電球形 20,000～40,000 一般・ボール電球形 40,000
蛍光ランプ	電球形蛍光ランプ	一般電球(E26)と同じサイズのソケットに取り付けられる蛍光ランプ。ミニクリプトン電球(E17)と同じソケットに取り付けられるものもある。	6,000～13,000
	環形蛍光ランプ	一般照明用として主に住宅のシーリングライトなどで使用されている。	6,000～15,000
	Hf環形蛍光ランプ、Hf二重環形蛍光ランプ、Hf角形蛍光ランプ ほか	長寿命、高効率で、より経済的になったHf蛍光灯器具専用の蛍光ランプ。一般の環形蛍光ランプに比べチラツキ感を感じさせないタイプである。	9,000～18,000 10,000～16,000 15,000 15,000 12,000～20,000
	コンパクト形蛍光ランプ	発光管をコンパクトにした蛍光ランプで、ダウンライトやスタンドなどに使用されている。より経済的なHf蛍光灯器具専用の蛍光ランプもある。	FPL 6,000～9,000 FDL 6,000 Hf形 10,000～20,000
	直管蛍光ランプ	住宅、店舗、事務所などの一般照明用として数多く使用されている。	10形：6,000 20形：8,500 40形：12,000
	Hf直管蛍光ランプ	長寿命、高効率で、より経済的になったHf蛍光灯器具専用の蛍光ランプ。一般の直管蛍光ランプに比べチラツキ感を感じさせないタイプである。	16形：8,500 32形：12,500～15,000
白熱電球	一般電球ボール電球	住宅などで一般的に用いられているランプで、点滅に強くスイッチONですぐに点灯し、調光が自在である。	一般電球 1,000～2,000 ボール電球 2,000
	ミニクリプトン電球	一般電球と同じく点滅に強く、スイッチONですぐに点灯し、一般電球よりコンパクトで効率のよいランプで、調光が自在である。	2,000～4,000
	ハロゲン電球	一般電球と同じく点滅に強く、スイッチONですぐに点灯し、一般電球より長寿命で高効率のランプで、調光が自在である。	2,000～4,000

※Hfとは、高周波点灯専用形蛍光ランプを表す。
※ランプの寿命はランプ電力等によって異なる。また、電圧や点滅などの使用条件によって多少のばらつきがある。

この章でのポイント !!

照明の基礎、各種ランプの特徴・省エネ性比較、LED 照明の発光原理と特徴などについて述べました。また、直管 LED ランプおよび環形 LED ランプの使用上の注意を記載しました。市場でも直管 LED ランプに交換した場合の事故が発生しており、内容を理解しておく必要があります。

キーポイントは

- **照明の基礎**
- **各種ランプの特徴、省エネ性比較**
- **口金の種類と用途**
- **LED 照明の発光原理と特徴**
- **LED シーリングライトの構造・特徴**
- **直管 LED ランプの使用上の注意**
- **環形 LED ランプの使用上の注意**

キーワードは

- 全光束、光度、照度、輝度、グレア、エネルギー消費効率
- 光の三原色
- 光源色と色温度
- 白熱電球、蛍光ランプ、電球形 LED ランプ
- 発光原理、白色 LED、シングルチップ方式、マルチチップ方式、分光分布
- 口金記号
- 寿命、定格寿命
- 全般配光形、準全般配光形、広角配光形、中角配光形、狭角配光形
- LED シーリングライト
- 平均演色評価数 Ra
- 引掛シーリングボディ
- 直管 LED ランプ、環形 LED ランプ
- 水俣条約
- 直接照明、間接照明
- 多灯分散照明（適時適照）、建築化照明
- 光天井照明、ルーバ天井照明、コーブ照明、コファー照明、ダウンライト照明、コーナー照明、コーニス照明、バランス照明

ADVISER

18章 ヒートポンプ給湯機

ヒートポンプが有効活用する空気中（大気中）の熱は、太陽光や風力と同じ再生可能エネルギーであることから、法令などで明示して政策的に推進する動きが世界的に広まっている。我が国でも「エネルギー供給構造高度化法施行令※1」において、再生可能エネルギー源が定義され、ヒートポンプが利用する空気熱も再生可能エネルギー源として位置づけられている。「エコキュート」の名称は、電力会社・給湯機メーカーが自然冷媒CO2ヒートポンプ給湯機の愛称として使用している。

図18-1に、最終エネルギー消費の部門別構成比および家庭部門の世帯当たりのエネルギー消費内訳を示す。最終エネルギー消費の構成比で家庭部門の比率は14.1％を占める。世帯当たりのエネルギー消費内訳では「給湯」の比率が28.8％と高く、省エネ対策としてのエコキュー

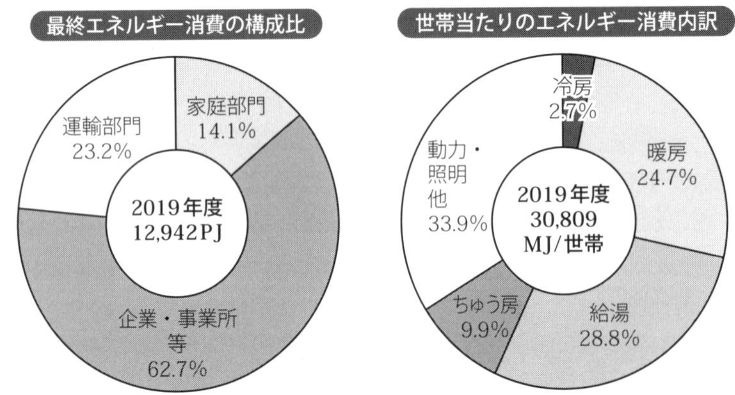

出典：資源エネルギー庁「令和2年度エネルギーに関する年次報告」

図18-1　日本のエネルギーの消費状況

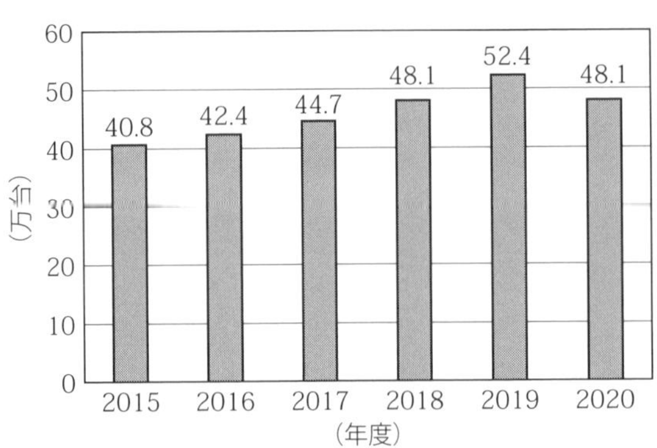

出典：一般社団法人 日本冷凍空調工業会「家庭用ヒートポンプ給湯機の出荷台数」による

図18-2　エコキュート市場規模の推移

※1：「22章 22.3 電気料金」中の一口メモ「再生可能エネルギー」参照。

ト普及拡大への期待は大きい。

一般社団法人 日本冷凍空調工業会および一般財団法人 ヒートポンプ・蓄熱センターによると、2020年6月末現在でエコキュートの累計出荷台数は700万台を突破し、エコキュートからエコキュートへの買い替え需要も本格化している。**図18-2**に、エコキュート市場規模の推移を示す。2015年7月に策定された長期エネルギー需給見通しでは、2030年度までの普及目標として1,400万台が掲げられている。

18.1 仕組み

1. 使用冷媒

ヒートポンプ給湯機は、エアコンの暖房と同じ原理で大気から熱を吸収して湯を沸かす給湯機である。エアコンの冷媒はHFC（ハイドロフルオロカーボン）を使用しているが、エコキュートは自然冷媒のひとつであるCO2（二酸化炭素）を使用している。ほかにR32を用いたヒートポンプ給湯機があり、「ネオキュート」の名称で販売されている。自然冷媒はオゾン層破壊係数が0（ゼロ）で、地球温暖化係数もフルオロカーボン冷媒に比べてはるかに低い冷媒として注目されている。中でもCO2冷媒は、HC（炭化水素。例えばプロパンなど）、NH3（アンモニア）に比べて可燃性や毒性がなく、たとえ空気中に排出されたとしても無害なため、理想的な冷媒といわれている。

フルオロカーボン冷媒は、気体から液体に状態変化（凝縮）する際に発生する潜熱（せんねつ）を利用して熱交換を行う。冷媒の温度は、気体が完全に液体になるまで変わらないので、冷媒と水との温度差が少なくなり熱交換効率が悪くなる。このため、高温の冷媒の熱を効率よく利用できない。CO2冷媒は、超臨界状態※2で熱交換を行う。低温から高温まで冷媒と水との温度差が確保できるので、高温の冷媒とも効率よく熱交換ができ、高温の湯が沸かせる。

表18-1 冷媒特性比較

冷 媒	CO_2（R-744）	R-410A	R-22
臨界圧力	7.38 MPa	4.95 MPa	4.99 MPa
臨界温度	31.1℃	72.5℃	96.2℃
熱交換特性	温度 / 冷媒 / 90℃ / 水 / 加熱器 / 冷媒 out / 冷媒 in	温度 / 凝縮域 / 冷媒 / 65℃ / 水 / 加熱器 / 冷媒 out / 冷媒 in	
地球温暖化係数（GWP）	1	2,090	1,810
オゾン破壊係数（ODP）	0	0	0.055

※2：二酸化炭素は圧力を加えると液化を始めるが、この液体と気体が混ざった状態からさらに温度と圧力を高くしていくと、液体と気体の境目が分からない状態になる。この状態を超臨界状態という。この状態では、液体と気体の両方の性質を持ち、圧力をかけると連続的に密度を変化でき、高密度でありながら粘性が低い。熱容量や熱伝導度が大きく、水などのほかの物質に熱を伝えやすい。

2. 湯を沸かす仕組み

エコキュートの構成を図18-3に示す。エコキュートは、基本的に湯を沸かす「ヒートポンプユニット」と沸かした湯をためる「貯湯タンクユニット（以下、貯湯ユニット）」で構成されており、湯水混合栓を経由してキッチンや洗面所などに給湯される。

湯を沸かす仕組みを図18-4に示す。エコキュートは、下記①～④の行程を繰り返すことにより、ヒートポンプユニットの「空気熱交換器」で大気からの熱を吸収し、その熱を「水熱交換器」で水に伝えて約90℃の湯を沸かす仕組みである。

①ファンで風を空気熱交換器に送って大気熱（空気熱）を集め、冷媒（CO2）に熱を伝える。

②熱を吸収した冷媒は、コンプレッサーで圧縮されてさらに高温になる。

③高温になった冷媒の熱を水熱交換器で水に伝え、湯をつくる。

④水に熱を奪われた冷媒は、膨張弁により減圧され、空気熱交換器へ送られ蒸発する。

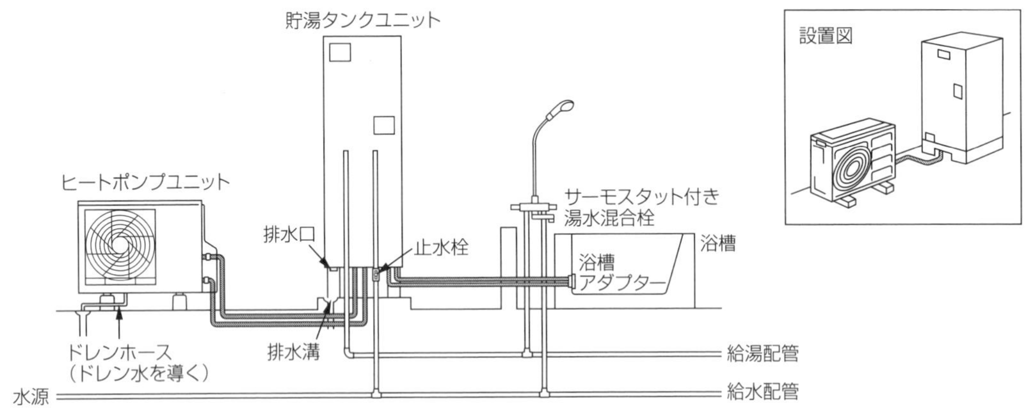

図18-3　エコキュートの構成（例）

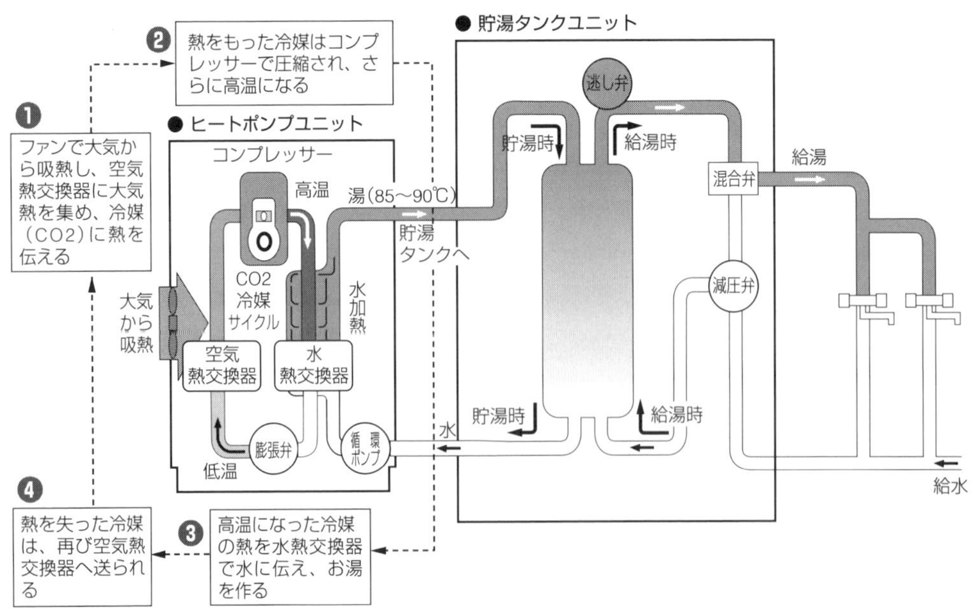

図18-4　湯を沸かす仕組み

ヒーター式電気温水器（深夜電力利用電気温水器）の COP（Coefficient of Performance、成績係数。加熱能力÷消費電力で算出する）が 0.9～1 に対して、エコキュートは 3 以上と高効率であり、給湯ランニングコストはヒーター式電気温水器の約 1/3 である。

他熱源との年間のランニングコスト比較（例）を**図 18-5** に示す。エコキュートのランニングコストは、高効率に加えて夜間の安い電力を使用することにより石油給湯機やガス給湯機の半分以下である。

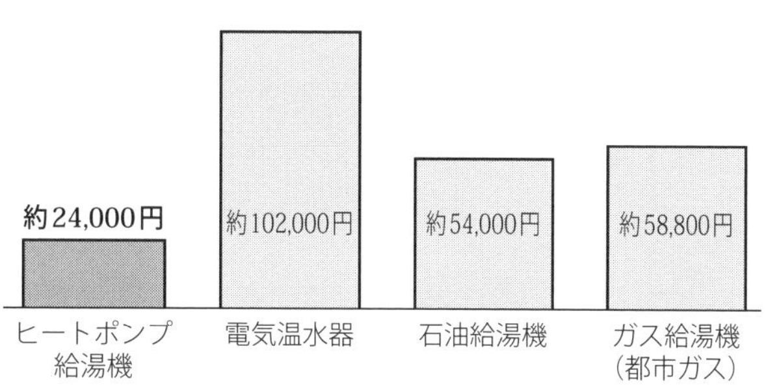

図 18-5　年間のランニングコスト比較（例）

3. 貯湯ユニットの構成品

（1）貯湯タンク

貯湯タンクは、水道水を自動給水し、湯をタンク上部まで押し上げる仕組みになっている。湯を使用すると、タンク上部から給湯され、使用した湯量の分の水が給水口から水道圧を利用して自動的に補給されるため、常にタンクは満タン状態となっている。例えば、370L のタンクの湯を 70L 使用すると、湯は 300L になるが、70L の水道水が補給される。水温が高いと水の比重は小さくなるので、**図 18-6** に示すように湯はタンク上部にたまり、冷たい水がタンク下部に残る。上部の湯と下部の水は混合されていくが、湯水の温度差が 20℃以上になると、密度の違いで湯水混合層ができる（タンク全体の約 5%）。この混合層を境にして湯水の対流はほとんど起きなくなるため、出湯操作を行うと、混合層より上部の熱い湯が出て（下部の水はすぐには出てこず）、安定した湯温を保つことができる。レジリエンス機能として、停電時にも貯湯タンクに湯が残っていれば、シャワーや蛇口で湯が使用できる。ただし、追いだきや沸き上げはできない。

残湯量	370 L	340 L	330 L	300 L	210 L	150 L
湯水の状態イメージ	湯	湯 水	湯 水	湯 水	湯 水	湯 水

図 18-6　貯湯タンク内の湯水の状態（370L の場合）

（2）減圧弁

エコキュートでは、減圧弁で水道圧を減圧してタンクに給水することによりタンクを保護する。減圧したままの水（湯）を使って給湯や湯はりを行うので、2 か所同時に使用したりするとシャワーの水圧が低下する。最近は、タンクの改良により減圧弁の設定圧力を高くした製品がある。そのほかに、水道直圧給湯方式により給湯圧力を高めた（超高圧力型対応の）製品もある。

(3) 逃がし弁（安全弁）

逃がし弁は、湯沸し時の水の体積膨張による圧力上昇に対してタンクを保護するための安全装置であり、タンク上部に取り付けられている。例えば、4℃の水が85℃の湯になると、膨張して体積が約3%増加する（370Lのタンクの水は体積が約11L増える）。この体積膨張分の湯水を逃がす目的で逃がし弁が設けられており、体積膨張した湯水は、自動的に排水ホースから排水される。

一口メモ

水道直圧給湯／減圧弁・逃がし弁の交換

■ 水道直圧給湯

水道直圧給湯方式は、図18-Aに示すとおり、水道水を（タンクを通さずに）熱交換器で沸かすので、水道水の水質ほぼそのままの湯を給湯することができる。すなわち、タンクの湯は熱交換用の熱源として利用するが、直接給湯に使用するわけではない。給湯圧力が高く、2か所同時に給湯しても給湯圧力の低下は少ない。

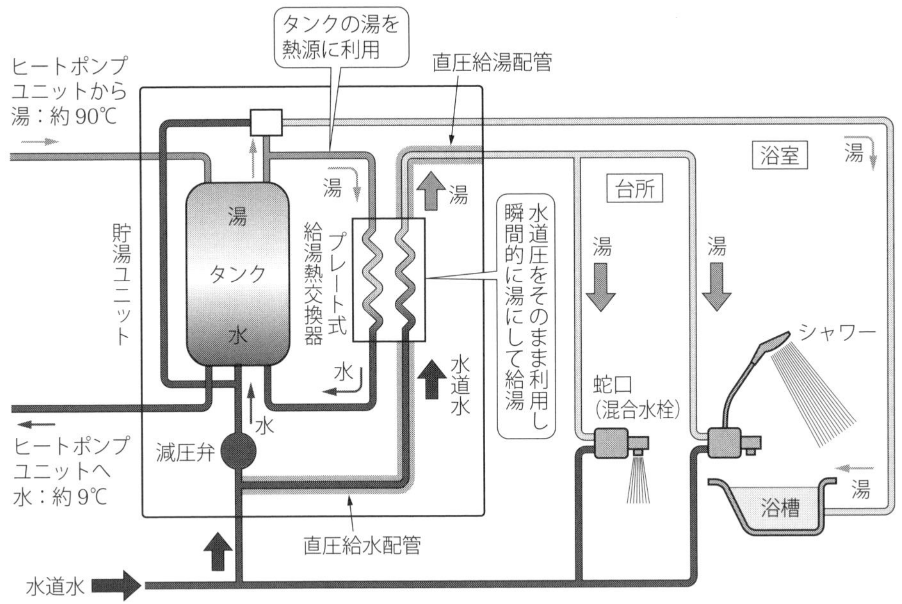

図18-A　水道直圧給湯のメカニズム

■ 減圧弁・逃がし弁の交換

メーカーは、（通常の手入れとは別に）3年に1回程度の定期点検整備により、エコキュートの据付状態の点検（設置面、配管状態、配管その他の保温処置、電気配線などの確認）や機能部品の点検（電気部品、弁類、逆流防止装置などの点検および消耗部品の交換）、清掃などを行うことを推奨している。減圧弁、逃がし弁は消耗部品であり、以下のとおり、使用水質によって3年程度で消耗・劣化しやすい部品があるため、点検の結果によっては交換が必要となる。

- 逃がし弁：使用水質によっては、弁摺動部にスケールが付着したり、弁座シート部が磨耗したりして水漏れの原因になる。

・減圧弁　：使用水質によっては、減圧弁のダイヤフラム（ゴム製）や弁摺動部にスケールが付着したり、弁座シート部が磨耗したりして水漏れの原因になる。

(4) (電動) 混合弁

ステッピングモーターで弁の開度を調整して、給湯温度が設定温度になるように湯水を混合するための弁である。混合弁から出る湯の温度は、サーミスターで制御される。

(5) 非常用取水栓

災害などで水道の供給が止まったときに、タンク内の水または湯を生活用水として使用できるようタンク下部に非常用取水栓が設けられている。非常用取水栓を使用するときは、最高約90℃の熱湯が出ることがあるので、やけどに注意しなければならない。なお、飲用水としては使用できないが、やむを得ず飲用に使用する際は、必ず一度沸騰させる必要がある。

18.2 エコキュートの効率表示

エコキュートは省エネルギーラベリング制度の対象製品であり、カタログなどには日本産業規格（JIS C 9220「家庭用ヒートポンプ給湯機」）の評価に基づく省エネルギーラベルが表示されている。ラベルに記載される“エネルギー消費効率”は、機種によって異なり、年間給湯保温効率、年間給湯効率、寒冷地年間給湯保温効率あるいは寒冷地年間給湯効率がある。また、2021年10月からエコキュートも小売事業者表示制度の対象製品として追加された。

電気温水機器の新しい省エネ基準

2021年6月1日、「電気温水機器のエネルギー消費性能の向上に関するエネルギー消費機器等製造事業者等の判断の基準等の一部を改正する告示」が施行された。対象機器は“CO2を冷媒とする家庭用ヒートポンプ給湯器”であり、2025年度を目標年度とする新しい基準エネルギー消費効率等が定められた（表18-A参照）。改正前の基準年度（2017年度）の実績値と比べて約5%のエネルギー消費効率の改善が見込まれている。

表18-A　区分及び省エネ基準

区分名	想定世帯	貯湯缶数	貯湯容量	仕様	省エネ基準値
A	少人数	—	—	一般地	3.0
B				寒冷地	2.7
C	標準	一缶	320L未満	一般地	3.1
D				寒冷地	2.7
E			320L以上 550L未満	一般地	3.5
F				寒冷地	2.9
G			550L以上	一般地	3.2
H				寒冷地	2.7
I		多缶	—	一般地	3.0
J				寒冷地	2.7

1.　年間給湯保温効率（ふろ保温機能あり）

適用機種はふろ自動保温機能があるフルオートタイプである。年間給湯保温効率は、1年を通してヒートポンプ給湯機を運転し、洗面・台所・ふろ（湯はり）・シャワーで給湯した分の「給湯熱量」とふろ保温時の「保温熱量」の合計熱量を「1年間で必要な消費電力量」で割って算出する値である。

$$\text{年間給湯保温効率} = \frac{\text{1年で使用する給湯とふろ保温に係る熱量}}{\text{1年間で必要な消費電力量}}$$

年間給湯保温効率の算出方法と条件を以下にまとめる。

1）ヒートポンプユニットと貯湯ユニットを組み合わせた状態で給湯モード性能試験を行い、給湯熱量と保温熱量及び消費電力量を測定し、給湯保温モード効率を算出する。

①給湯モード性能試験は、標準的な家庭の平均的な1日の湯の使用状況を想定し規格化した給湯パターンで行う。

②この試験は、冬期環境下で行う。

③ふろ保温機能がある場合は、約3時間の保温負荷を含む。

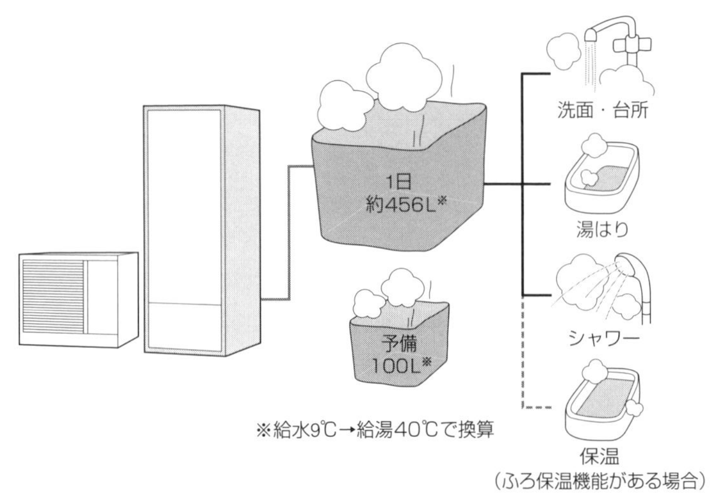

図 18-7　給湯モード試験のお湯の使用状況

2）ヒートポンプユニット単体のエネルギー消費効率を**表 18-2** に示す6条件で測定する。

表 18-2　測定の 6 条件

（単位 :℃）

	夏期	中間期	冬期標準	冬期給湯（保温）モード	冬期高温	着霜期
外気温度（乾球/湿球）	25/21	16/12	7/6			2/1
給水温度	24	17	9			5

3）1)、2）で測定したおのおのの効率と、1年間の夜間平均外気温度ごとの発生日数（東京と大阪の平均日数）から1年間の給湯保温熱量と消費電力量を積算して年間給湯保温効率を算出する。

2. 年間給湯効率（ふろ保温機能なし）

適用機種はセミオートタイプ・給湯専用タイプである。年間給湯効率は、1年を通してヒートポンプ給湯機を運転し、洗面・台所・ふろ（湯はり）・シャワーで給湯した分の「給湯熱量」を「1年間で必要な消費電力量」で割って算出する値である。年間給湯効率は、年間給湯保温効率から保温に係る部分を除いて算出する。

ふろ熱回収機能

家庭用ヒートポンプ給湯機の性能を評価するためにJIS C 9220（家庭用ヒートポンプ給湯機）を2011年に制定したが、その後、省エネルギー性能を適正に評価できない新製品（例えば、ふろ熱回収機能を持つ製品）も出てきたため、2018年3月、当該JISを改正し、適正に評価できるようにした。ふろ熱回収機能とは、ふろの残り湯の熱を熱交換器を介して貯湯タンク内の水に移してタンク内の水を温めることで、タンク内の湯水を沸き上げる際に必要な熱量を減少させ、省エネルギー化を図る機能である。

なお、改正JISの適用範囲としてR32冷媒を使用するヒートポンプ給湯機も追加された。また、ヒートポンプの運転音は、従来音圧レベルで表示するよう規定していたが、この改正で音響パワーレベルでの表示に変更された。

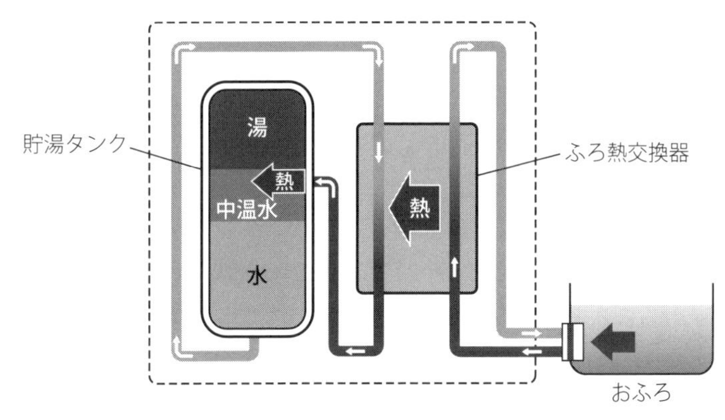

図18-B　ふろ熱回収機能の仕組み

3. ヒートポンプユニットの性能表示

ガスなどの燃料を使う給湯器や電気温水器では、給水へ加える熱量はその器具の発熱量で決まり、外気温度にはあまり影響されない。ヒートポンプ給湯機は、外の空気の熱をくみ上げて湯を沸かすので、くみ上げる熱量はくみ上げるもとの空気の温度によって大きく変化する。冬は外気温度が低くなり、それだけ空気中の熱エネルギーが少なくなるので、くみ上げる熱量が減る。このため、ヒートポンプユニットはインバーター制御により、圧縮機を高速運転することで、冬の厳寒期でも必要な熱量を確保している。カタログなどには季節に応じた下記2つの条件で性能を表示する。

■ 中間期標準加熱能力／消費電力

ヒートポンプユニットの代表的な性能を示す値である。年間平均気温に近い気温16℃を標準的な条件として性能を表示している。

■ 冬期高温加熱能力／消費電力

気温 7℃のときの性能を冬期条件として表示している。

一口メモ

性能検定証

家庭用ヒートポンプ給湯機について、2017年４月より「冷凍空調機器性能検定制度」における合格品に対し、検定証を貼付した製品が出荷されることになった。

図 18-C　日本冷凍空調工業会検定証

18.3 エコキュートの種類

1.　フルオートタイプ

湯温を設定してスイッチを入れると湯はりを開始し、設定水位になると自動的に停止する。保温（追いだき）、足し湯も自動でできる。手動でも可能である。フルオートタイプには、浴室暖房乾燥機や温水循環式床暖房などを接続できるシステムもある。フルオートタイプ・セミオートタイプは、リモコンで湯はり用の温度と給湯用の温度を別々に設定できる。

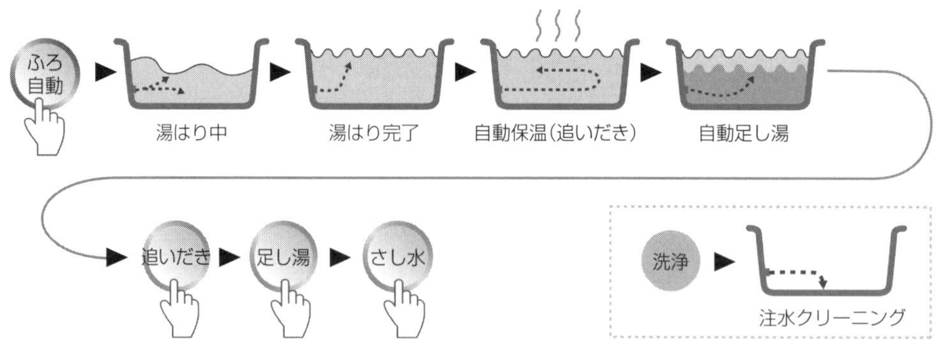

図 18-8　フルオートタイプ湯はりイメージ

フルオートタイプの主な機能を以下にまとめる。

- 自動保温　：浴槽内の湯を設定した温度に保つ機能
- 追いだき　：浴槽内の湯量は変えずに、温度だけを上げる機能
- さし湯　　：浴槽内の湯の温度が下がった場合、高温の湯を足す機能
- さし水　　：給水温度の水を注水し、浴槽内の湯の温度を下げる機能
- 足し湯　　：浴槽内の湯量が減った場合、あらかじめ設定した温度の一定量（例えば、約 20L）の湯を浴槽内に足す機能

- 自動足し湯：浴槽の水位が下がるとリモコンで設定した水位まで、あらかじめ設定した温度の湯を足す機能

2.　セミオートタイプ

湯船に湯をはるとき湯温を設定して給湯スイッチを押すと湯はりを開始し、設定水位になると自動的に停止する。高温さし湯、足し湯は手動でスイッチを押す。

図 18-9　セミオートタイプ湯はりイメージ

3.　給湯専用タイプ

湯温を設定して蛇口から給湯する最も基本的なシステムである。

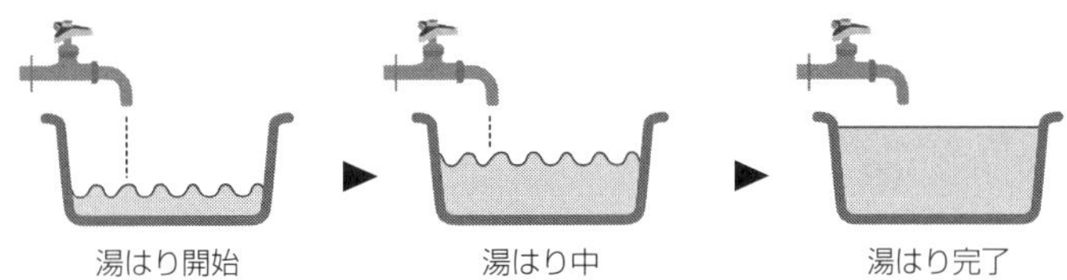

図 18-10　給湯専用タイプ湯はりイメージ

18.4 エコキュートの給湯能力

エコキュートには、減圧弁の設定圧力により高圧力型と超高圧力型（パワフル高圧型）がある。高圧力型と超高圧力型の違いは、2 階 3 階への給湯能力の差である（表 18-3 参照）。ただし、メーカーによって高圧力型や超高圧力型といった区分名称や給湯能力は異なるため、カタログなどで確認するとよい。超高圧力型では、その性能を発揮するために水道の水源圧力は 300kPa 以上必要である。

表 18-3　高圧力型と超高圧力型の能力比較（例）

項　目	高圧力型	超高圧力型
水側最高使用圧力	190kPa	320 ～ 360kPa
減圧弁設定圧力	170kPa	280 ～ 320kPa
3 階への給湯能力	給湯が可能	浴槽への湯はりとシャワーが可能
2 階への給湯能力	浴槽への湯はりとシャワーが可能	

18.5 便利な機能

下記の機能を有する製品が販売されている。

1.　学習機能

過去1週間～2週間程度の湯の使用状況をマイコンが学習し、湯が必要な時間帯と必要な湯量をあらかじめ予測する。ユーザーの生活スタイルに合わせて、適切なタイミングで必要な湯量を自動的に沸き上げるので電気代を節約できる。表18-4のようないくつかのモードがあるので、使用状態によって選択するとよい。

表18-4　各モードの特徴

モード	特　徴
省エネモード	メーカー推奨の（製品出荷時の）モードであり、むだの少ない沸き上げを行うことができる。昼間でも湯がなくなりそうになったら自動で沸かす。
湯多めのモード	省エネモードでは湯が足りない場合に設定する。昼間でも湯が減ったり、なくなりそうになったら自動で沸かす。ただし、その分消費電力量が増える場合がある。
湯少なめのモード	省エネモードより湯の使用量が少ない場合に、少なめに湯を沸かす。

2.　リモコンのナビゲーション機能

リモコン操作を音声や文字で分かりやすく案内する。また、警告のアナウンスもある。

3.　リモコンのインターホン機能

浴室とリモコンを設置した場所（例えば台所）との間で会話ができる。

4.　人感センサーによるふろ加熱

浴室への入室を人感センサーで検知し、設定温度までふろ加熱を開始する。これにより、浴室不在時の（繰り返しの）湯温チェックとふろ保温加熱を行わないので、省エネとなる。

5.　気象警報・注意報時の自動沸き上げ

気象警報・注意報が発令されると、自動沸き上げで十分な湯を確保するとともに、解除されると自動的に停止する。対象の警報・注意報は下表のとおりであり、スマートフォンの専用アプリで個別にON/OFFの設定ができる。

特別警報	大雨、暴風、暴風雨、大雪、波浪、高潮
警報	大雨、洪水、暴風、暴風雨、大雪、波浪、高潮
注意報	雷

18.6　機種選定

機種選定にあたっては、以下の項目について検討する。

1.　設置地域

平成25年省エネ基準における地域区分に応じて、居住地域に合った仕様の機種を選定する（表18-5参照）。耐塩害・耐重塩害仕様については、一般社団法人 日本冷凍空調工業会標準規格（JRA9002）に準拠している。

表 18-5 地域区分による選定基準

地域区分	仕様の種類	目安	
4～8地域	一般地仕様	最低気温が－10℃までの地域	
1～3地域	寒冷地仕様	最低気温が－25℃までの地域	
1～8地域	臨海地仕様	耐塩害仕様	耐重塩害仕様
		海までの距離が約300mを超え1km以内	海までの距離が約300m以内

臨海地域には、耐塩害仕様品あるいは耐重塩害仕様品を設置する（図18-11参照）。

潮風はかからないが、その雰囲気にあるような場所

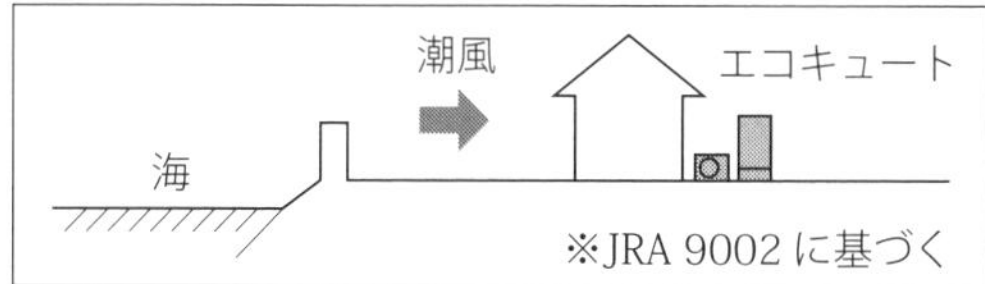

	設置距離目安 300m 500m 1km	備考
内海に面する地域	耐塩害仕様 ＼ 標準品	瀬戸内海
外洋に面する地域	耐重塩害仕様 ＼ 耐塩害仕様	
沖縄、離島	耐重塩害仕様 ＼ 耐塩害仕様	

潮風の影響を受ける場所
（ただし、塩分を含んだ水が直接かからないこと）

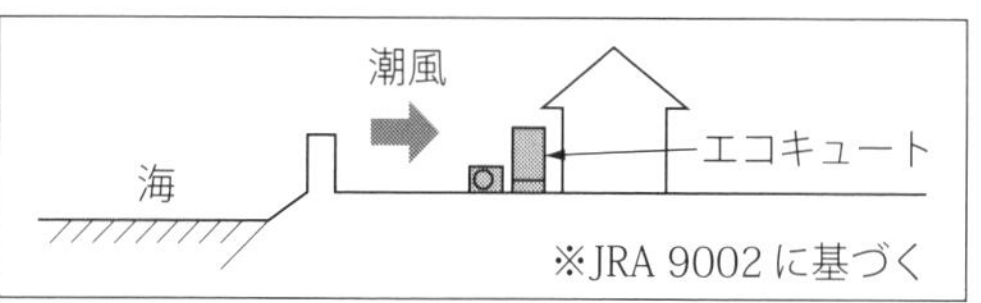

	設置距離目安 300m 500m 1km	備考
内海に面する地域	耐重塩害仕様 ＼ 耐塩害仕様 ＼ 標準品	瀬戸内海
外洋に面する地域	耐重塩害仕様 ＼ 耐塩害仕様	
沖縄、離島	耐重塩害仕様	

図 18-11 臨海地域への設置基準

一口メモ

平成25年省エネ基準とは？

平成25年省エネ基準とは、「エネルギーの使用の合理化に関する建築主等及び特定建築物の所有者の判断の基準」（平成25年経済産業省・国土交通省告示第1号）のことであり、日本の住宅の省エネルギー性を高めるために、断熱性や気密性、冷暖房に関する基準を定めたものである。気候条件に応じて日本全国の地域分けを行い、住宅設計のための基準値を示しており、その地域の気候に合った性能の住宅を建てる目安となる。平成25年省エネ基準の地域区分は、改正前（平成11年省エネ基準）の6区分に対し、8区分に細分化された。なお、平成28年省エネ基準の地域区分は、平成25年省エネ基準の地域区分と同じである。

2. 設置場所

貯湯ユニットを屋外・屋内のどちらに設置するかを決定し、屋内に設置する場合は、万が一の水漏れ時に給水を止める機能を付けた機種を選定する、あるいは、給水遮断キットを付加する。また、設置場所の広さに応じて、角型タイプ・薄型タイプなどのうちから貯湯ユニットの形状を選定する。貯湯ユニットには、1タンク式、2タンク式の2種類があるが、設置場所が狭い場合は、2タンク方式を選択するとよい。

3. タイプ

以下の3つのタイプのなかから選定する。

- フルオート：スイッチ1つで湯はり・保温・足し湯まで全自動でコントロール
- セミオート：スイッチ1つで自動湯はり。入浴中のさし湯・足し湯もできる
- 給湯専用　：手動で給湯

4. タンク容量

タンク容量と家族の人数の目安との関係を図 18-12 に示す。

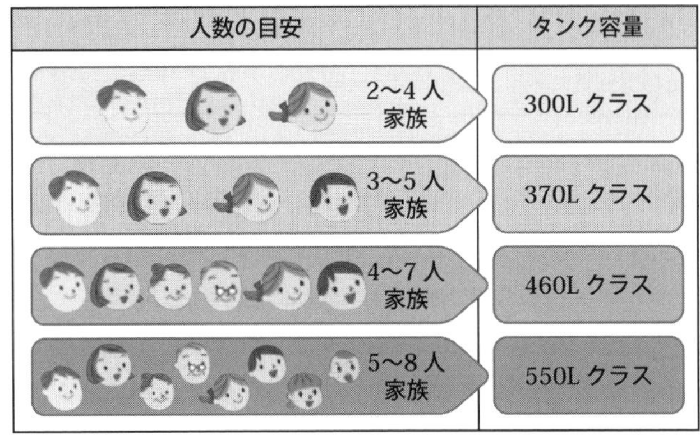

図 18-12　家族の人数とタンク容量

一口メモ

電力契約／太陽光発電システムとの連携機能

■ 電力契約

エコキュートの価格は、ヒーター式電気給湯器より割高であるが、「高効率なヒートポンプ方式」と「昼間の約1/3という割安な夜間電力」を組み合わせることにより、電気代は約1/3〜1/5となる。また、都市ガス給湯器に比べて初期投資コストは高いが、ランニ

表 18-A　料金プラン例（東京電力エナジーパートナー）

プラン名	夜間時間帯	昼間時間帯	電力量料金（1kWh当たり）		基本料金	対　象
			夜間時間帯	昼間時間帯		
スマートライフS	1：00〜6：00	6：00〜翌日1：00	17.78円	25.80円	10A当たり286.0円	エコキュートなどの夜間蓄熱式機器を使用し、キッチンや空調も電気を利用している方
スマートライフL	1：00〜6：00	6：00〜翌日1：00	17.78円	25.80円	1kVA当たり286.0円	
スマートライフプラン	1：00〜6：00	6：00〜翌日1：00	17.78円	25.80円	1kW当たり458.33円	
夜トクプラン（夜トク8）	23：00〜翌日7：00	7：00〜23：00	21.16円	32.74円	1kW当たり214.5円	日中不在がちだったり電化製品を夜間に使用することが多い方
夜トクプラン（夜トク12）	21：00〜翌日9：00	9：00〜21：00	22.97円	34.39円	1kW当たり214.5円	

ングコストは約 1/3～1/7 程度である。電源は単相 200V の引込線が必要である。電力契約は「従量電灯」契約から「時間帯別電灯」契約に変更する。

2016 年 4 月から始まった電力自由化により料金プランが変わっている。例えば、東京電力エナジーパートナーの場合、関東エリア向けに夜間の割引時間帯が異なる**表 18-A** のプランが用意されている。(2021 年 9 月現在の税込料金)

料金プランを選ぶ際は、各家庭の使用する湯量に応じてエコキュートの沸き上げにかかる時間や、ほかの電気製品などの使用時間帯の状況などを含めて選ぶとよい。料金プランは電力会社によって違うので、注意が必要である。

■ 太陽光発電システムとの連携機能

現在販売されているエコキュートは、太陽光発電システムとの連携機能を搭載した製品が多い。通常、エコキュートは割安な電力量料金が適用される夜間時間帯に湯を沸かし始めて翌朝に沸き上げるが、太陽光発電連携モードでは、沸き上げ時間の一部を日中にシフトし、太陽光発電の電力で湯をつくる。一般的に、卒 FIT 後の太陽光発電の電力は売るよりも使うほうが得になるので、電力の一部をエコキュートに活用することで、経済的に給湯を行いながら自家消費率を高めることができる。

太陽光発電連携モードへの切替方法として、AI が翌日の天気予報や過去の太陽光発電量実績を基に発電量を予測したうえで自動切替を行う HEMS 式、ユーザー自ら給湯リモコンを操作して切り替えるボタン式がある。なお、天気予報が外れた場合は、昼間電力で沸き上げることになり、その分の電気代はかかることになる。

18.7 据え付け上の注意

①配管からの放熱ロスを少なくするため、できるだけ給湯場所に近い所に据え付ける。

②ヒートポンプユニットは主に深夜に運転するため、騒音などが問題になることがある。据え付け位置や据え付け方法を工夫することにより騒音の発生を抑制することができる。一般社団法人 日本冷凍空調工業会では「家庭用ヒートポンプ給湯器の据付けガイドブック」を発行して騒音防止の啓蒙をしている。

③ヒートポンプユニットは、屋外の通気性の良い場所に据え付ける。据え付け説明書の指示に従い、風路と点検スペースを確保する。

④貯湯ユニットは、浴室など湿気の多い場所には据え付けない。

⑤貯湯ユニット満水時の質量に十分に耐える基礎工事を行う。

⑥給水には水道法に定められた飲料水の水質基準に適合した水道水を必ず使用する。井戸水等を使用すると、水質によっては故障の原因になるとともに、タンク、減圧弁、逃がし弁などの寿命が短くなることがある。なお、井戸水であっても飲料水の水質基準に適合し、かつ、遊離炭酸[※3]および硬度が一定の基準以下であれば対応している製品もある。

⑦太陽熱温水器を接続してはいけない。機器故障や異常動作の原因となる。

※3：遊離炭酸は水中に溶けている炭酸ガスのことで地下水に多く含まれている。遊離炭酸が過剰に含まれていると、水道施設に対しては腐食などの障害を引き起こす原因になる。

⑧排水配管には必ず排水トラップを設置する。排水トラップがないと、浄化槽などから下水ガスが逆流し、機器が著しく腐食して故障の原因となる（図 18-13 参照）。

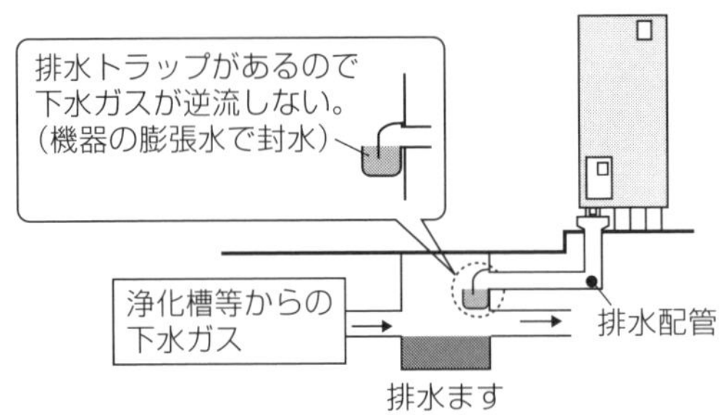

図 18-13　正しい排水配管施工（例）

1.　給湯設備の転倒防止対策に関する告示の改正

大規模地震による給湯設備（瞬間湯沸器、貯湯ユニット等）の転倒・移動による被害を防止するため、「建築設備の構造耐力上安全な構造方法を定める件（平成 12 年建設省告示第 1388 号）」の一部改正が行われた（2012 年 12 月 12 日公布、2013 年 4 月 1 日施行※4）。この改正により、満水時の質量が 15kg を超えるすべての給湯設備について、転倒防止等の措置の基準が明確化された。転倒防止措置として次の①②いずれかの方法とする必要がある。

①設置場所、固定部位、満水質量等に応じて規定された、アンカーボルト等の種類及び本数とする。

②計算により安全上支障のないことを確認する。

一口メモ

ウォーターハンマー現象（水撃現象）／浴槽の湯が青く見える／湯が白く濁って見える／湯に油が浮いたりニオイがする

■ ウォーターハンマー現象（水撃現象）

水や湯を急に止めたときに配管をたたいたような音がすることがある。これはウォーターハンマー現象といわれている。シングルレバー給水栓や電磁弁（全自動洗濯機にも付いている）などで水や湯の流れを急に止めたときに発生する。蛇口を回して給水、止水をしていたときには問題にならなかった現象である。水や湯の流れを急に止めると、流れが止まることにより配管内に異常な衝撃圧を生じ騒音や振動を発生させる。周りと共鳴共振して大きな音になることがある。最悪の場合、水道管の破裂に至ることもある。ウォーターハンマー現象が発生するときは、水道の元栓や器具手前の止水栓を調整する（吐水に支障がない程度まで栓を閉める）と改善する場合がある。改善しない場合は、配管の途中に水撃防止装置を取り付ける。シングルレバーの止水で現象が発生するときは、ウォーターハンマー低減機構付きシングルレバー給水栓を使用するとよい。

※4：エコキュートは貯湯ユニットのみが対象。ヒートポンプユニットは告示の給湯設備に該当しないが、据付工事説明書に従って据え付ける必要がある。

■ 浴槽の湯が青く見える

浴槽の湯が青っぽく見えるのは、赤側の波長を持った光が吸収され青色の波長を持った光がたくさん反射するためである。水道水が青くなっているわけではない。また、使い始めのころ、浴槽や浴室タイルが青く汚れることがある。これは設置してすぐの銅管の内面が新しいときは銅イオンが溶出しやすく、その溶出した微量の銅イオンが湯あかや石鹸かすと反応して銅石鹸ができたり、水中の炭酸ガスと反応して緑青の物質ができたりして付着したものである。使い続けて時間がたつと銅イオンの溶出は少なくなり、青い汚れはつかなくなる。この汚れは、浴槽用洗剤をつけたスポンジでこすれば除去できる。

■ 湯が白く濁って見える

蛇口を開けたとき、水中に溶け込んでいた空気が細かい泡となって出てくる現象。鍋で湯を沸かすときに泡が出るのと同じであり、無害である。

■ 湯に油が浮いたりニオイがする

初めて使用するとき、配管工事のときの油やニオイが湯に混ざって出る場合があるが、しばらくすると消える。

18.8 補助金制度など

エコキュートの導入に対する国の補助金制度は2010年度で終了したが、補助金制度を設けている自治体もあるので、購入時に問い合わせるとよい。また、オール電化を導入すると優遇処置が受けられる場合がある。

18.9 エコキュート不良工事の事例

独立行政法人 国民生活センターの発表によると、2011年東日本大震災や2016年熊本地震での給湯器の貯湯タンクの転倒被害の相談が多数寄せられ、設置工事の不備が疑われる事例として、以下のようなものがあった。

【事例1】アンカーボルトで固定されていなかった。

【事例2】アンカーボルトの大きさがメーカー指定のものより小さかった。

【事例3】アンカーボルトを打つ位置が据付工事説明書どおりではなかった。

【事例4】コンクリートの基礎が薄かったためアンカーボルトごと抜けた。

【事例5】振れ止め金具で固定されていなかった。

消費者はメーカーの据付工事説明書どおりに設置されたかどうかを、工事業者から設置工事後に渡されるチェックシートで確認したほうがよい。

この章でのポイント!!

エコキュートの仕組みと種類、効率表示、給湯高さ、据え付け上の注意などについて述べました。なお、エコキュートについては、不良工事による転倒被害なども報告されているので、設置の際には十分な注意が必要です。

キーポイントは

- **エコキュートの仕組み**
- **年間給湯保温効率および年間給湯効率の算出方法**
- **エコキュートの種類**
- **エコキュートの給湯高さ**
- **給湯設備の転倒防止対策**

キーワードは

- 自然冷媒、CO2冷媒、R32冷媒
- 超臨界状態、熱交換効率
- 空気熱交換器、水熱交換器
- 減圧弁、逃がし弁、混合弁、非常用取水栓
- 年間給湯保温効率、年間給湯効率
- ヒートポンプユニット、貯湯ユニット
- フルオートタイプ、セミオートタイプ、給湯専用タイプ
- 給湯能力、水道直圧給湯
- ふろ熱回収機能
- 平成25年省エネ基準
- 耐塩害仕様、耐重塩害仕様
- 排水トラップ

19章 温水洗浄便座

人々の健康意識や衛生意識が高まってくるなかで、用便時の清潔性・快適性を求めて、おしり洗浄・ビデ洗浄の機能を有する温水洗浄便座※1 が急速に普及してきた。**図 19-1** に示すように、2021 年の国内の一般世帯における普及率は約 80%であり、世帯当たり 1 台以上保有している。近年、温水洗浄便座は家庭だけではなく、オフィスビルや商業施設、公共施設などにも多く採用されるようになり、国内では必需品になったといえる。さらに今後、買い替え需要の増加により省エネ性や節水性に優れた製品に置き換わっていくものと推測され、CO_2 削減効果が期待できる。

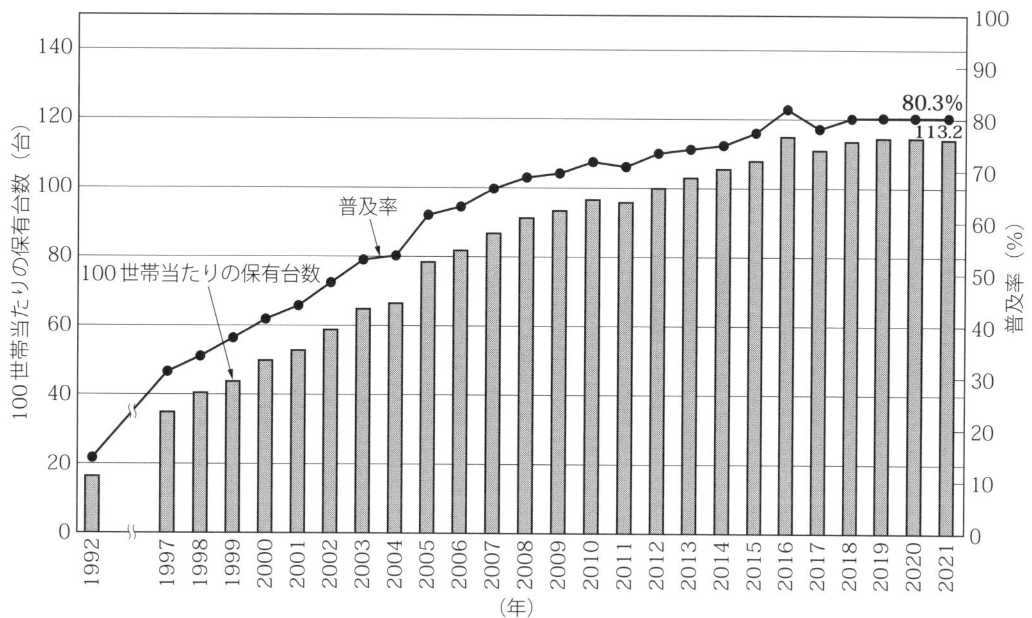

※グラフは一般世帯の普及率、保有状況
（一般世帯：全国の一般世帯のうち外国人・学生・施設等入居世帯、世帯人員が一人の単身世帯を除く世帯）
※普及率：所有している世帯数の割合
※保有数量：100 世帯当たりの保有数

出典：内閣府 消費動向調査

図 19-1　温水洗浄便座の普及率

※1：電気便座の種類として、温水洗浄便座の「貯湯式」、「瞬間式」と温水洗浄機能のない暖房専用の暖房便座がある。

便器図記号

2019年2月、一般社団法人 日本レストルーム工業会では、温水洗浄便座の利用拡大に向けて、ホテル、商業施設、駅および公共施設などのトイレにおいて温水洗浄便座が設置してあることを示すシンボルマークを策定した。洋式トイレ・和式トイレの設置を示すシンボルマークも策定し、これら3つのシンボルマークが日本産業規格（JIS Z 8210：2019R「案内用図記号」）に登録された。

表示事項	図記号	備　考
洋風便器		・洋風便器または洋風便器を備えたお手洗いを表示。 ・お手洗いで、洋風便器と和風便器と識別するため、便房のドア表面またはドアの横、およびお手洗い施設案内図などに使用。
和風便器		・和風便器または和風便器を備えたお手洗いを表示。 ・お手洗いで、洋風便器と和風便器と識別するため、便房のドア表面またはドアの横、およびお手洗い施設案内図などに使用。
温水洗浄便座	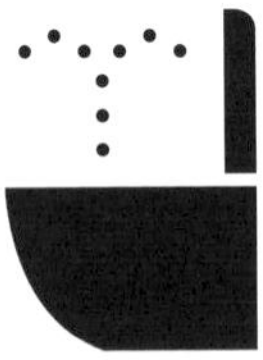	・温水洗浄便座が付いた洋風便器または温水洗浄便座が付いた洋風便器を備えたお手洗いを表示。 ・お手洗いの入り口の壁面、便房のドア表面またはドアの横、およびお手洗い施設案内図などに使用。

図 19-A　便器図記号

19.1 種類・仕組み

1. 形態による区分

JIS A 4422:2011「温水洗浄便座」により、温水洗浄便座の形態には下記の２つの区分（種類）がある。

- シート形用　：一般洋風便器に組み付けて使用するもの
- 便器一体形用：特定の洋風便器と組み合わせて形態上一体としたもの

2. 構造とサイズ

温水洗浄便座の構造例を図 19-2 に示す。本体、便座のふた、便座は容易に着脱できる構造になっている。便器の大きさとして、普通（レギュラーまたはR）サイズと大型（エロンゲートまたはE）サイズがあり（図 19-3 参照）、最近は大型サイズが増えている。温水洗浄便座も便器サイズに応じて普通サイズと大型サイズがあるが、両サイズ取り付け可能な共用サイズが主流である。

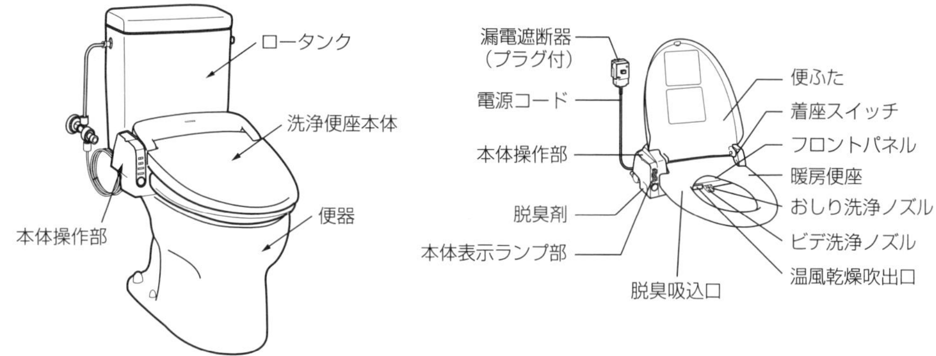

図 19-2　温水洗浄便座の構造（例）

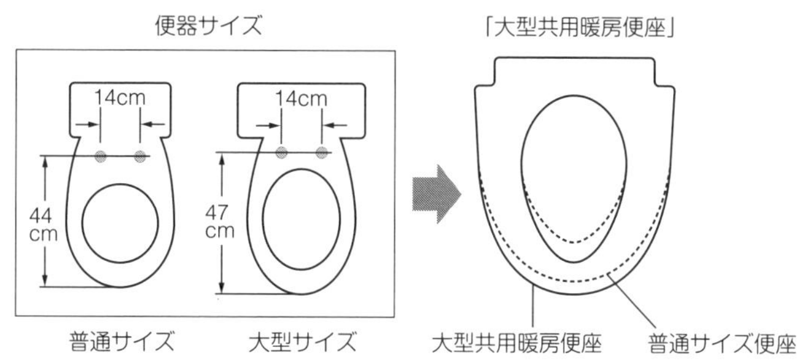

図 19-3　便器・便座のサイズ

3.　洗浄水の加温方式

おしり洗浄水およびビデの洗浄水は、JIS A 4422：2011「温水洗浄便座」に基づいた試験を行ったときの水温が 35℃～45℃、水量は 200mL/min 以上と規定されている。

洗浄水の加温方式には貯湯式と瞬間式がある。貯湯式は一定量の湯を常に保温するための電力が必要である。そのため、必要なときに湯を沸かす瞬間式のほうが省エネ性に優れている。

（1）貯湯式

内蔵のシーズヒーターにより、貯湯タンクの水（1L～1.4L）を設定温度になるように温めておく。おしり・ビデの洗浄時にはタンク内の湯をノズルよりシャワーとして出すが、タンク内の湯は 1 分程度でなくなり、その後は水が出てくる。再度湯を温めるのには数分かかる。瞬間式に比べて電気代はかかるが、構造が簡単であり、製品価格は安い。

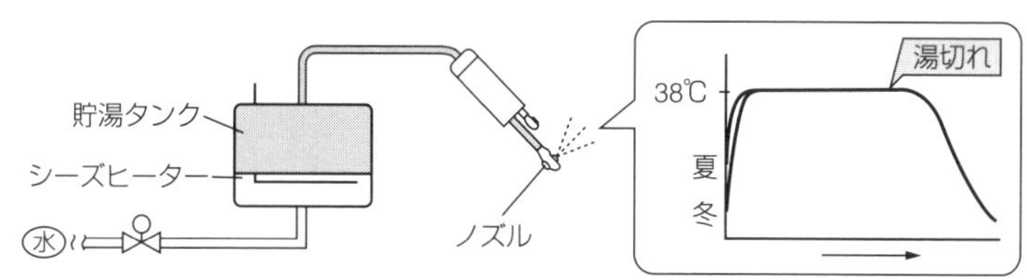

図 19-4　貯湯式の湯の供給構造

（2）瞬間式

貯湯式のような専用タンクは持たず、使用するときに、セラミックヒーターを用いた高効率の熱交換器に水を流して湯を一気に温める方式である。そのため常に湯が使用できる。湯を沸かすときの消費電力は大きいが、保温するための電力は不要なため、消費電力量は少なくなる。瞬時に湯を沸かす構造が複雑であり、製品の価格は高い。

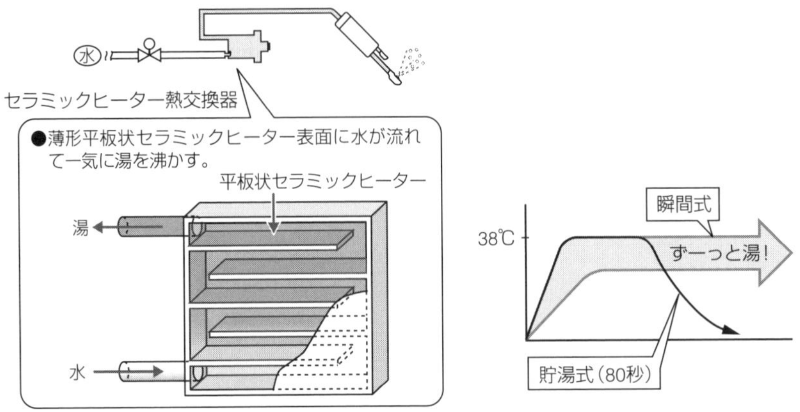

図 19-5　瞬間式の湯の供給構造

19.2 機能

1. 基本機能

温水洗浄便座は、「おしり洗浄用の温水」と「ビデ洗浄用の温水」が出るノズルを備えている。2本のノズルがそれぞれの機能を持った機種（図 19-6 参照）と、1本のノズルで両方に対応している機種（図 19-7 参照）がある。

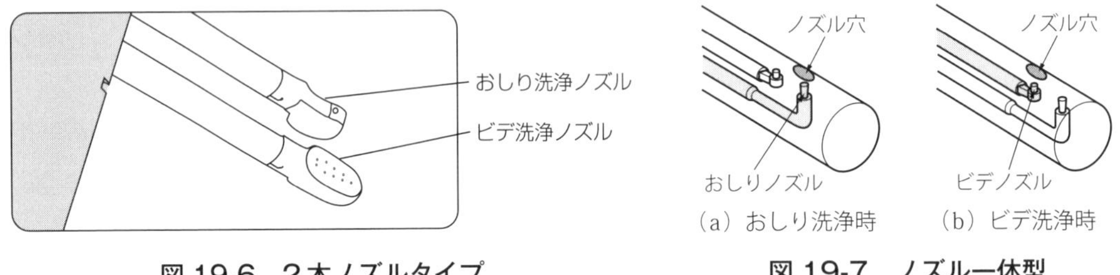

図 19-6　2本ノズルタイプ

図 19-7　ノズル一体型

便座に座り操作ボタンを押すと、ノズルから湯が出て洗浄を行う。ノズル位置は使う人に合わせて調整できる。また、洗浄力アップのため、以下のようにさまざまな工夫がなされている。

(1) おしり洗浄シャワー

おしり洗浄シャワーには、ノズルが前後に動いて幅広く洗えるようにした方式、水流に気泡を混ぜて噴射しソフトに汚れを落とす方式、水玉を連続して噴射し洗浄する方式、水流の強弱をリズミカルに変化させてマッサージ感を与える方式などがある。

(2) ビデ洗浄シャワー

ビデ洗浄シャワーは、ソフトかつワイドに洗える。水流に気泡を混ぜて噴射しソフトに洗浄する方式などがある。なお、ノズルを清潔に保つために、ステンレス製にして継ぎ目をなくし、汚れの付着や黒カビの発生を抑えたり、水道水に含まれる塩化物イオンを電気分解して作られる除菌成分（次亜塩素酸）でノズルを洗浄・除菌したりする製品などがある。約 60℃の温水を連続して約1分間流し、ノズル除菌を行う製品もある。

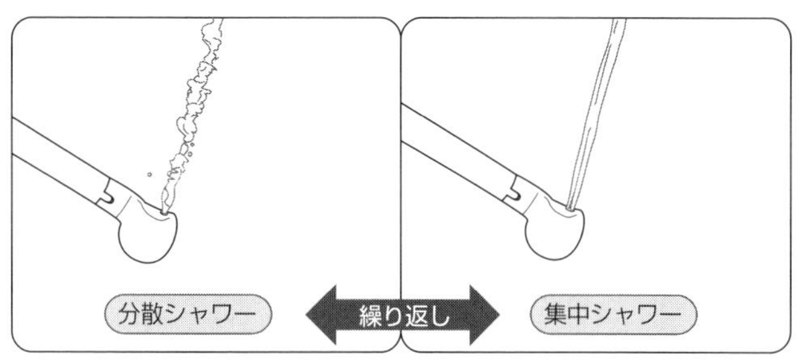

図 19-8　水流の変化（例）

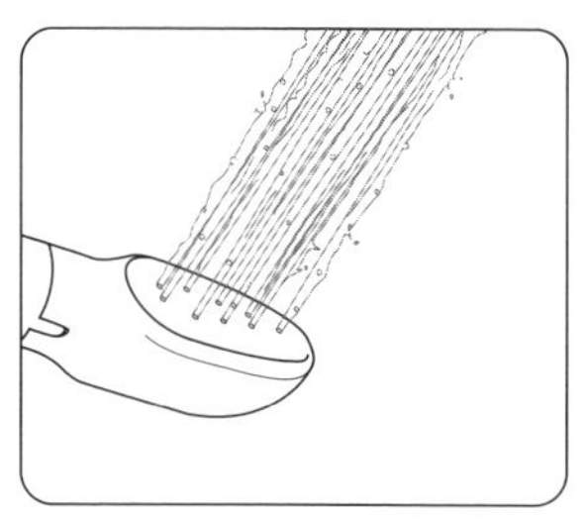

図 19-9　ビデ洗浄シャワー（例）

一口メモ　トイレの節水化／水の CO2 換算係数／節水化の事例

■ トイレの節水化

一般家庭における水の使用実態（東京都水道局調べ）は、図 19-B に示すとおり、トイレでの水使用量が風呂に次いで 2 番目に多い。トイレの節水は、CO2 削減効果が高い*1 ことから、省エネの重要な課題である。最近は、洗浄水 6L 以下の「節水形便器」が主流となっており、従来形の便器と比べ、約 60%節水化されている（図 19-C 参照）。年間便器洗浄水量が少ないほど、目安となる年間水道料金は安くなる。2020 年 10 月には、洗浄水量が 6L 以下の“節水トイレ“の出荷台数が累計で 3000 万台（普及率 36%）を突破した*2。

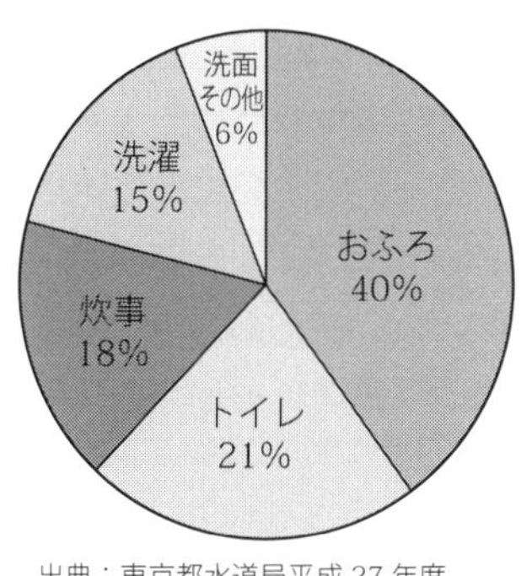

図 19-B　家庭における水の使用用途（2015 年度）

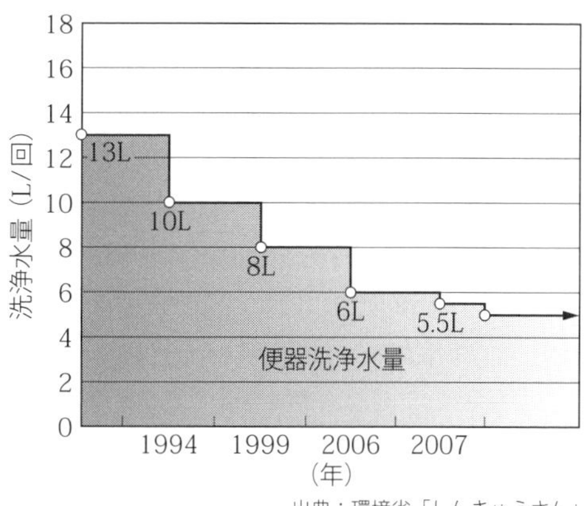

図 19-C　使用洗浄水量の変遷

■ 水の CO2 換算係数

一般社団法人 日本レストルーム工業会は、上下水道に接続される水まわり製品を使用することによって発生する水使用に由来する CO2 排出量の算出にあたり、「0.54kg CO_2/m^3」を用いて計算することを推奨している。この係数は、メーカー各社が同じ尺度で CO2 削減量を算定できるよう下記により求められた値である。

上水道 CO2 換算係数（CO2 排出量÷上水道給水量）
＋下水道 CO2 換算係数（CO2 排出量÷下水道処理水量）

■ 節水化の事例

用便後、排水する際に便器内を旋回させながら排出せずに水をためていき、（最後に）排水トラップを下向きに動かし、たまった水と便を一気に勢いよく流すという機能を持つ製品がある。この方式は、少ない水量で効率的に便器内を洗浄できる。

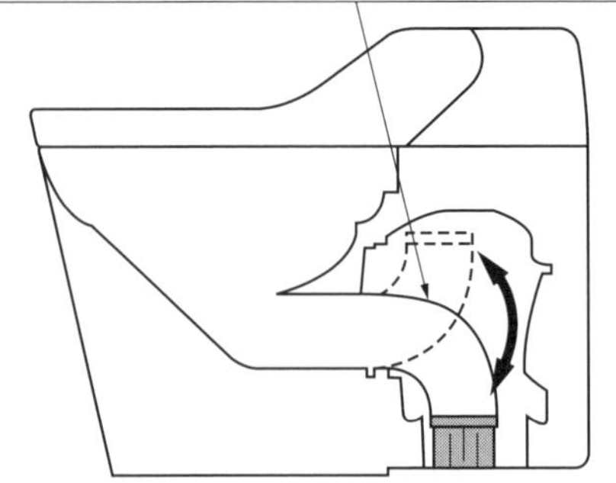

図 19-D　排水トラップを動かして節水

＊1：家庭で使用する水道水は、浄水場で処理されて飲用に供せられ、また、家庭で使用した後の水は、下水道を通り、処理されて河川に戻されるが、これらの処理を行うときに電力を消費する。すなわち、節水は節電につながり、節電は CO_2 削減につながる。

＊2：節水トイレは、国として 2010 年に住宅エコポイント制度の対象製品、「都市の低炭素化の促進に関する法律」の「低炭素建築物」対象製品、2016 年に住宅ストック循環支援事業の対象製品、2019 年に次世代住宅ポイント制度の対象製品にするなど普及促進に取り組んでいる。

一口メモ

ピクトグラム（絵記号）の標準化

一般社団法人 日本レストルーム工業会では、昨今の訪日外国人観光客の急増を受け、“だれでも安心して使えるトイレ環境”を目指し、トイレ操作パネルにおける主要項目の標準ピクトグラムを策定した。これらのピクトグラムは、同工業会に加盟する国内主要メーカーの 2017 年度以降の新製品より順次採用されている。また、2018 年 1 月に国際規格（ISO7000：機器・装置で用いる図記号－登録図記号）として登録され（**図 19-E** 参照）、2018 年 12 月には、ISO7000 に登録された 6 種類に「乾燥」を加えた 7 種類が JIS S 0103「消費者用図記号」に登録された。

名　称	便器洗浄（大）	便器洗浄（小）	おしり洗浄	ビデ洗浄
図記号				
名　称	乾燥	便ふた開閉	便座開閉	
図記号				

図 19-E　標準ピクトグラム

2. 付加機能

温水洗浄便座は、基本的な洗浄機能に加えて、快適性や清潔性を保つために、以下のような機能が付加されている。

(1) 便座のふたの自動開閉

トイレに人が入ってきたことを人感センサーが検知すると、自動的に便座のふたが開き、用済み後、人が退出して一定時間がたつと便座のふたが自動的に閉まる。リモコンで開閉できる製品もある。

(2) 着座センサー

人が座ったことを検知するための着座センサーには、赤外線式とマイクロスイッチ式があり、着座が確認できないと洗浄ボタンを押しても温水は出ない。したがって、誤って洗浄ボタンを押しても温水は噴き出さない。ただし、試運転のときには注意が必要である。

(3) 便座の暖房

常時通電して温める方式、学習機能で予測してあらかじめ温める方式、人が近づいたことを検知して瞬時に温める方式などがある。瞬時に温める方式でも、気温が低い場合には一定温度まで温めておき、人を検知して適温まで温めるようにしている。どの方式でも便座のふたを閉めることで節電になる。便座の保温（例）を図19-10に示す。ヒーターの上に熱伝導性の高いアルミ合金を重ねた構造になっている。日本産業規格 JIS A 4422：2011「温水洗浄便座」において、温度調節装置を最高温度に設定して便座温度性能試験を行ったときの便座温度は35℃～45℃と規定されている。

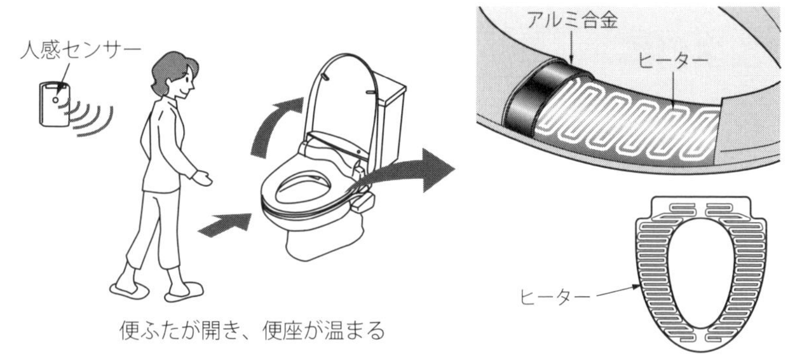

図19-10 便座の保温（例）

(4) 便座の抗菌

便座に抗菌効果の高い銀イオンを練り込んだ塗装を施し、菌の繁殖を抑える製品もある。

(5) 脱臭

用便時に発生するニオイを除去するための機能であり、ニオイの元である硫化水素、メチルメルカプタン、アンモニアなどを取り除く。ニオイを吸着して触媒で分解する方式が一般的であり、ニオイを吸着する部分は定期的に交換する必要がある。人感センサーで入室を検知したり、ふたを開けたりすることで起動して脱臭を開始し、一定時間後に自動的に停止する。

(6) 温風乾燥

温水での洗浄後、温風で乾かすことができる。温風温度は、JIS A 4422:2011「温水洗浄便座」に基づいた試験を行ったとき、周囲温度に対して温度上昇が15℃～40℃と規定されている。また、風量は 0.2m^3/min 以上と規定されている。

(7) タイマー

設定した時間に便座と温水の電源を切ったり、学習機能によって使用する時間帯に自動的に電源を入れたりできる。

一口メモ

便器の汚れ防止

台所用合成洗剤（中性）＊を原液で補充することにより、洗剤・水・空気を混ぜて泡を発生させ、その泡をノズルから噴射して便器内で旋回させる機能を持つ製品が販売されている。この製品は、以下の特徴を持っている。

- 便器の内側表面が泡の膜でコーティングされるため、便器に汚れが付きにくく、付いた汚れも落ちやすい。
- 定期的に泡を噴射し、常時、泡を便器の水面にためておく（水面上の泡は約３時間維持される）ことにより、水位線部の汚れ（輪じみ）が発生しにくい。
- 男性の立ち小便時は、便座を上げると自動で泡を噴射し、水面の泡で小便を受け止めて、飛びはねを抑える。

＊：酸性・アルカリ性・塩素系洗剤、台所用合成洗剤以外のもの（トイレ用洗剤、風呂用洗剤、食洗機用洗剤など）などは、成分によっては動作不良や故障の原因になるため使用不可。

19.3 省エネ目標

1. トップランナー基準

1999年に「エネルギー使用の合理化等に関する法律（省エネ法）」が改正施行され、トップランナー基準が導入された。これは省エネ法で指定された特定機器の省エネ基準策定において、現行商品のうち、省エネ性能が最も優れている製品（トップランナー）の性能以上の水準に目標値を定めるという方式である。製品には省エネ性能達成基準値が設定され、その基準達成が義務づけられた。電気便座において、トップランナー基準を達成すべき目標年度は、現在、2012年度となっている。

表 19-1　温水洗浄便座（電気便座）のトップランナー基準（2012年度基準）

洗浄機能の有無	貯湯タンクの有無	目標基準値（kWh/年）
暖房便座（洗浄機能なし）	−	141
温水洗浄便座（洗浄機能あり）	貯湯式（貯湯タンクあり）	183
	瞬間式（貯湯タンクなし）	135

2.　年間消費電力量の測定方法

年間消費電力量は、省エネ法（2012年度基準）の測定方法にて、温水加熱部・便座部・制御および操作部の機能毎に測定した消費電力量を合計して算出する。測定条件を以下に示す。

- 4人家族（男性2人・女性2人）でおしり洗浄1日4回、ビデ洗浄1日8回、男性小用1日4回
- 室温：冬季5℃・春秋季15℃・夏季28℃
- 水温：15℃

電気便座の統一省エネラベル（例）を図19-11に示す。

電気便座　目標年度2012年度

図19-11　統一省エネラベル（例）

省エネラベルには、「省エネ性マーク」、「目標年度」、「省エネ基準達成率」、「年間消費電力量」が記載されている。省エネ基準達成率は次式で表される。

$$\text{省エネ基準達成率}(\%) = \frac{\text{基準エネルギー消費効率}(\text{kWh/年})}{\text{年間消費電力量}(\text{kWh/年})} \times 100$$

年間消費電力量は、温水加熱部、便座部、制御および操作部の機能ごとに測定した消費電力量を合計して算出（図19-12参照）し、整数で表示される。また、年間消費電力量は、節電機能を使用した場合の値とともに、節電機能を使用しない場合の値も括弧書きで併記されている。

時間あたりの消費電力量から365日に換算している。
※通常動作に脱臭、部屋暖房、温風乾燥などの付加機能は含まない。

図19-12　便座の年間消費電力量

19.4　省エネ対策

温水洗浄便座は、必要なときすぐに役立てるよう常に通電していなければならないが、次のような使い方で節電効果がある。

①便座の暖房温度、水温は高めに設定せず、季節に合わせて調節する。夏は便座の暖房を切る。

②むだな放熱を防ぐため、使用が終わったら便座のふたを閉じる。

③長時間使わないときは、電源スイッチを切る。

④タイマー機能を活用することで節電ができる。設定した時間に便座と温水の電源を切ったり、学習機能で使用する時間帯に自動的に電源を入れたりすることができる。

⑤便座カバーを取り付ける。

一口メモ

待機電力ゼロモード

トイレに人が居ないときの「待機電力ゼロモード」を搭載した製品では、電源プラグを抜かずに待機電力をゼロ（国際規格 IEC62301 に基づく実測値 0.005W 未満）にすることができる。「待機電力ゼロモード」では、必要最低限の機能（人の出入りを検知するリモコンのセンサー信号の受信）のみ常時通電し、本体への通電と便座保温*を停止することにより消費電力を低減する。そのため、「待機電力ゼロモード」設定時は、入室してから便座が所定の温度に達するまで時間がかかる。

＊：トイレに人が入室したことをセンサーが検知すると、約6秒で便座を温める。冬場など室温が低い（17℃以下）ときは、便座を早く温めるために便座を約17℃に保温している。

19.5 据え付け上の注意

①本体の取り付けは、緩みのないようにしっかり取り付ける。

②分岐金具（分岐水栓）を取り付ける際、必ず水道の元栓を締める。現在使用している止水栓のタイプを確認し、止水栓に合わせた工事方法で水漏れのないよう取り付ける。

③本体と分岐金具を給水ホースで接続する。

④水道の元栓を開け、次に止水栓を開けて接続部より水漏れがないかを確認する。

⑤電源は交流 100V 定格 15A のアース端子付きコンセントを単独で使用する。アース線はアース端子に確実に接続する。アース端子がない場合にはアース工事（D 種接地工事）が必要なので販売店に相談する。

⑥バスルーム内など湿気の多い場所では感電、火災のおそれがあるので設置しない。

⑦中水道や工業用の水道、井戸水との接続はしない※2。膀胱炎や皮膚の炎症を起こしたり、機器の故障の原因となったりすることがある。

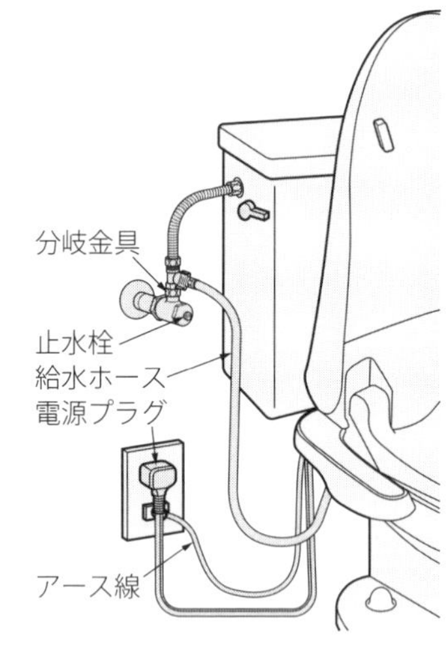

図 19-13　据え付け（例）

19.6 使用上の注意

一般社団法人 日本レストルーム工業会では、温水洗浄便座の利用について、「適度に局部の表面を洗うことにより局部を清潔に快適に保てる」とし、「おしり・ビデとも洗浄時間は 10 秒～20 秒を目安に使用する」ことを勧めている。また、以下の注意事項を挙げている。

①長時間の洗浄や洗いすぎに注意する。また、局部内は洗わない。常在菌を洗い流してしま

※2：各メーカーとも「飲料に適した水であることを確認すること。また、定期的に水質検査を行うこと」を前提条件として井戸水の使用を認めてはいるが、人体への悪影響や機器故障を引き起こすおそれがあることから注意喚起を行っている。

い、体内の菌バランスが崩れる可能性があるため。
②習慣的に便意を促すためには使用しない。また、洗浄しながら故意に排便しない。
③局部に痛みや炎症などがあるときは使用しない。
④局部の治療・医療行為を受けている場合の使用については、医師の指示を守る。

19.7 安全上の注意

①便ふたの上に座ったり、乗ったりすると便ふたが割れて転倒したり、けがをする原因となる。
②空気の吸い込み口や吹き出し口の開口部から針などの金属を入れると、感電や故障の原因となる。
③暖房用の温風吹き出し口近くにスプレー缶などを置くと発火、または爆発のおそれがある。
④本体や漏電遮断器に洗剤などをかけると、本体樹脂の割れや漏電のおそれがある。
⑤低温やけどのおそれがあるため、便座の温度や使用時間に注意する。
⑥漏電遮断器付きのプラグは根本まで確実に差し込む。
⑦お掃除のとき、濡れた手で漏電遮断器のプラグを触ったり、抜き差したりすると感電のおそれがある。
⑧部屋暖房機能の空気吸い込み口のフィルターが目詰まりすると、機能が停止する場合があるので、定期的にフィルターの清掃を行う。

この章でのポイント!!

温水洗浄便座の種類・仕組み、基本機能・付加機能、省エネ目標、据え付け上の注意、安全上の注意などについて述べました。貯湯式と瞬間式の構造・省エネ性の違いについて、内容を理解しておく必要があります。

キーポイントは

- **洗浄水の温め方**
- **貯湯式と瞬間式の省エネ性比較**
- **基本機能と付加機能**
- **便座のふたの自動開閉**

キーワードは

- 貯湯式、瞬間式
- おしり洗浄シャワー、ビデ洗浄シャワー
- 節水形便器、水の CO2 換算係数
- ピクトグラム
- 人感センサー、着座センサー
- トップランナー基準、年間消費電力量
- 待機電力ゼロモード
- 止水栓

ADVISER

20章 火災警報器

戸建住宅、アパート、マンションなどの住宅火災による死者数は、建物火災による死者数全体の約9割を占めている。そのうちの約6割が65歳以上の高齢者であり、高齢化が進むにつれ、住宅火災の犠牲者は増加するおそれがある。住宅火災で亡くなった人のうちの6割～7割は「逃げ遅れ」が原因であり、火災に早く気付けば助かった人も多かったものと推測される。このような背景を踏まえ、住宅火災による死者数の低減を目的として消防法が改正され、2006年6月から戸建住宅やアパート、マンションなど住宅の新築および改築の際には、住宅用火災警報器または住宅用火災報知設備の設置が義務づけられた。

火災警報器は煙または熱を検知して火災の発生を警報音、または音声で知らせる機器である。既築住宅についても設置が義務づけられ、設置完了の期限は2011年6月に設定された。設置および維持の基準は各市町村条例で定められているが、総務省の調査で2021年6月1日現在の設置率※1は83.1%、条例適合率68.0%である。

フォーカス　LED搭載の住宅用火災警報器

火災検知時に部屋を照らすLED照明付きの住宅用火災警報器が販売されている。この製品は、火災を検知すると、警報音と音声で知らせることに加えて、暗所での避難を補助するためにLEDが部屋をほのかに照らし、「逃げる」ための補助を行うようになっている。また、ワイヤレス連動により、1箇所で火災を検知すると、連動するすべての火災警報器が発報・点灯するため避難経路を確認しやすい。

なお、この製品は、設置後10年（内蔵電池の寿命）が経過すると、機器の交換時期を作動灯の点滅と音声で知らせる機能も搭載している。

20.1 種類・仕組み

1. 煙式

「光電式」と呼ばれている方式で、火災で発生する煙を検知して警報を発する。火災の発生を初期段階で検知できる。寝室や居室に設置する。煙式の動作原理を図20-1に示す。

警報器内に発光ダイオード（LED）と受光素子（光を受ける場所）があり、通常、LEDの光は遮光板に遮られて受光素子に届かないが、煙（減光率15%程度の濃度）が入ると、LED

※1：設置率とは、市町村の火災予防条例において設置が義務づけられている住宅の部分のうち、一か所以上設置されている世帯（条例適合世帯を含む）の全世帯に占める割合。条例適合率とは、市町村の火災予防条例において設置が義務づけられている住宅の部分すべてに設置されている世帯（条例適合世帯という）の全世帯に占める割合。

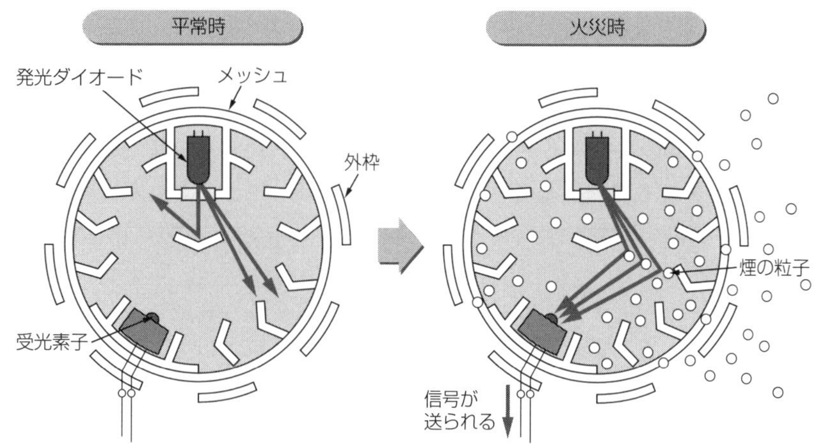

図 20-1 煙式火災警報器の動作原理

の光が煙の粒子に反射して受光素子が光を検知する。これを信号に変え警報を発する。ただし、煙以外の水蒸気などが警報器に入ると誤報が発生する場合も有りうる。

2. 熱式

警報器内部の感熱素子が一定の温度（約 65℃）以上になると、警報を発する。調理で発生する湯気や煙では作動しないという特徴から台所などに設置する。なお、天ぷら油火災などでも煙の検知が早期発見につながるので、台所も「煙式」を設置するとよい。

3. 供給電源

供給電源として、内蔵電池方式と家庭用電源（AC100V）方式がある。

(1) 内蔵電池方式

電池容量が少なくなると「電池切れ警報」を発する機能は付いているが、故障や電池切れがないか定期点検を行う必要がある。なお、電池寿命は約 10 年であるが、使用環境により短くなる場合がある。

(2) 家庭用電源方式

電気工事が必要である。

20.2 検定制度

2006 年 6 月 1 日から新築・改築住宅には住宅用火災警報器の設置が義務づけられている。消防法の政省令の改正により 2014 年 4 月 1 日から検定制度が開始され、検定適合品には合格したことを示す表示（図 20-2 参照）が付されている。

図 20-2 合格の表示

20.3 設置場所の基準

近年の住宅火災の発生状況を時間帯別にみると、火災件数は起きている時間帯が多いが、火災による死者数は就寝時間帯が多くなっている。そのため、住宅用火災警報器は、必要最小限で効果の高いと考えられる場所として、寝室に設置する※2 こととされた。寝室が2階以上にある場合などは、その階の階段上部にも設置しなければならない。これは、階段が火災による煙の集まりやすい場所であり、2階以上の寝室で就寝している人にとっては、ほとんどの場合唯一の避難経路となるからである。なお、市町村条例によって、台所などにも住宅用火災警報器の設置が義務づけられている場合もあるので、管轄消防署へ問い合わせるとよい。

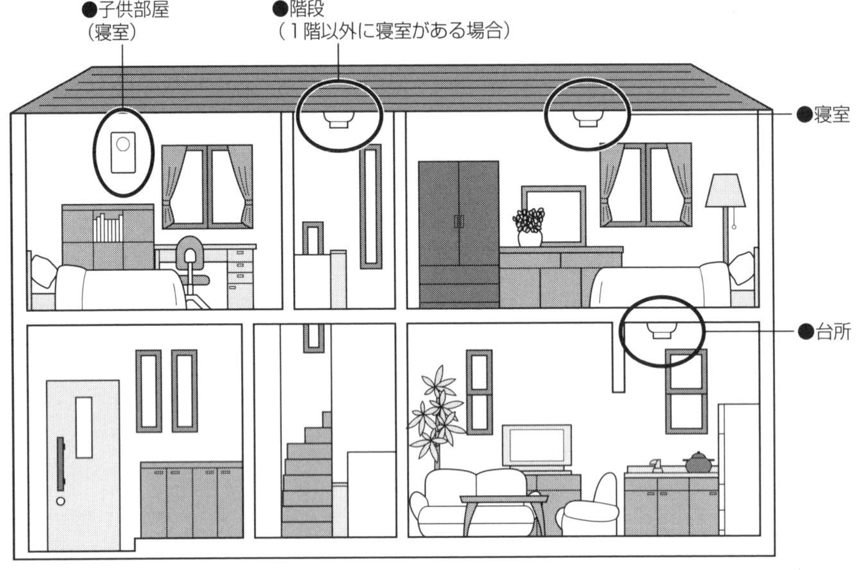

図 20-3　火災警報器取り付け位置

20.4 取り付け位置

天井取り付け式と壁取り付け式がある。

1.　天井の場合の取り付け位置

天井に設置する場合には、住宅用火災警報器の中心を壁または梁（はり）から 60cm 以上離して取り付ける（図 20-4 参照）。

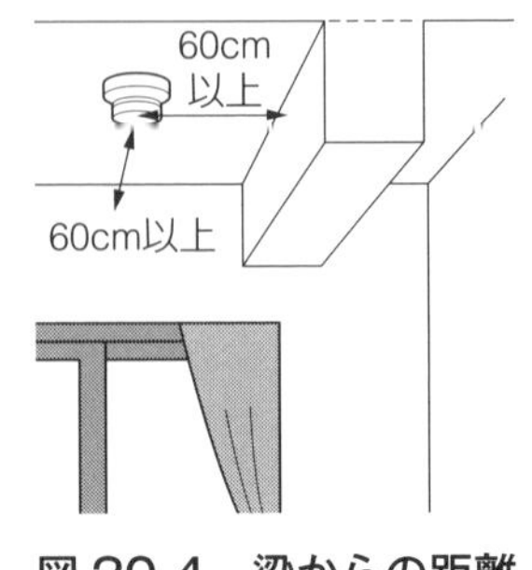

図 20-4　梁からの距離

※2：主寝室のほか、子供部屋も含まれる。来客が時々、就寝するような客間は除く。

2.　エアコンなどの吹き出し口付近の取り付け位置

換気扇やエアコンなどの吹き出し口付近に設置する場合には、吹き出し口から 1.5m 以上離す（図 20-5 参照）。

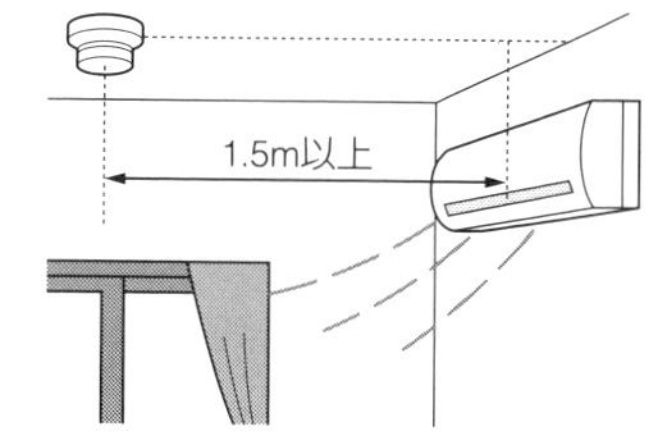

図 20-5　エアコン吹き出し口からの距離

3.　壁面の場合の取り付け位置

壁面に設置する場合は、天井から 15cm ～ 50cm 以内に火災警報器の中心がくるように取り付ける（図 20-6 参照）。

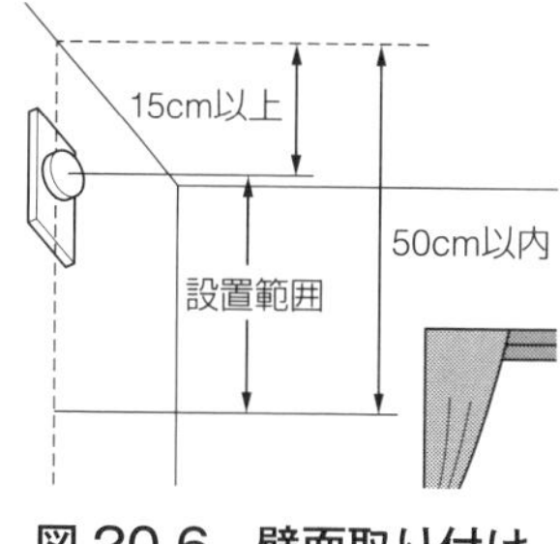

図 20-6　壁面取り付け

20.5　住宅用火災警報システムの種類

1.　住宅用火災警報器（単独型）

火災を感知した警報器だけが鳴る。

2.　住宅用火災警報器（連動型）

1 つの警報器が火災を感知すればすべての警報器が鳴る。無線で連動するものと有線で連動するものがある。

3.　住宅用火災報知設備（受信機型）

感知器が火災を感知すれば、受信機と補助警報器が鳴る。感知器は鳴らない。受信機が 1 階に設置されているときは、2 階には補助警報装置を設置する。

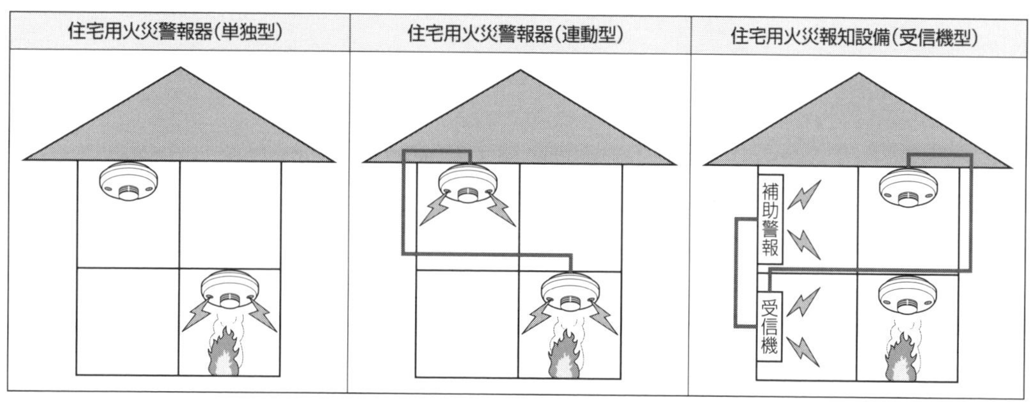

図 20-7　火災警報システム

21章 太陽光発電システム

日本の総エネルギーの 80％以上が石油・石炭・天然ガスの化石燃料を使用しているが、化石燃料の大量消費により、燃料資源の枯渇化に加え、二酸化炭素（CO2）や窒素酸化物（NOx）などの排出による地球温暖化や酸性雨といった環境問題が深刻化している。

フォーカス　カーボンニュートラルおよびビヨンド・ゼロ

2020年10月、我が国は「2050年までに温室効果ガスの排出を全体としてゼロにする、カーボンニュートラル（脱炭素社会）の実現を目指す」ことを宣言した。世界でも120以上の国と地域が同じ目標を掲げている（2021年3月時点）。温室効果ガスにはCO2だけでなく、メタン、一酸化二窒素、フロンガスが含まれる。また、「全体としてゼロにする」とは「排出量から吸収量と除去量を差し引いた合計をゼロにする」ことを意味する。

ビヨンド・ゼロとは、過去にストックされたCO2も回収し、CO2の全体量を現状に比べてマイナスにしていくことをいう。

太陽光エネルギーは、地球全体に降り注ぐ太陽エネルギーを100％変換できるとしたら、世界の年間消費エネルギーをわずか1時間でまかなうことができるほど巨大なエネルギー※1であり、かつ、枯渇の心配がないエネルギー源である。太陽光発電は、太陽光エネルギーを直接電力に変換するので、太陽光が直射している限り発電し続けることができるとともに、発電の際に地球温暖化の原因とされる二酸化炭素を排出せず、環境負荷も少ないシステムである。

上記により、太陽光発電はエネルギー自給率約11.8％※2（2018年現在）の我が国にとって自給率向上のための大きな柱と期待されている。2030年度の温室効果ガス削減目標が2013年度比46％減に拡大された（従来は26％減）ことに伴い、資源エネルギー庁が策定する第6次エネルギー基本計画案では、2030年度の電源構成案（エネルギーミックス）として再生可能エネルギー比率は36～38％※3となる見込み（従来は22～24％）である（**図21-1**参照）。

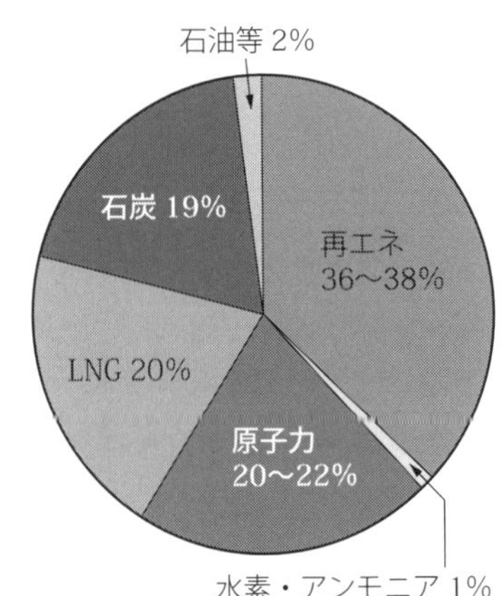

図21-1　2030年度の電源構成案

※1：一般社団法人 太陽光発電協会ホームページによる。
※2：「日本のエネルギー 2020年度版　エネルギーの今を知る10の質問」経済産業省 資源エネルギー庁による。
※3：再エネの内訳は太陽光 14～16%、水力 11%、風力 5%、バイオマス 5%、地熱 1%。

そのうち、太陽光発電の比率は14～16%が想定（従来は7%程度）されている。

国内の住宅用太陽光発電システムの導入件数推移を**図21-2**に示す。2012年の固定価格買取制度の開始後、年ごとに導入件数が急増していることが分かる。

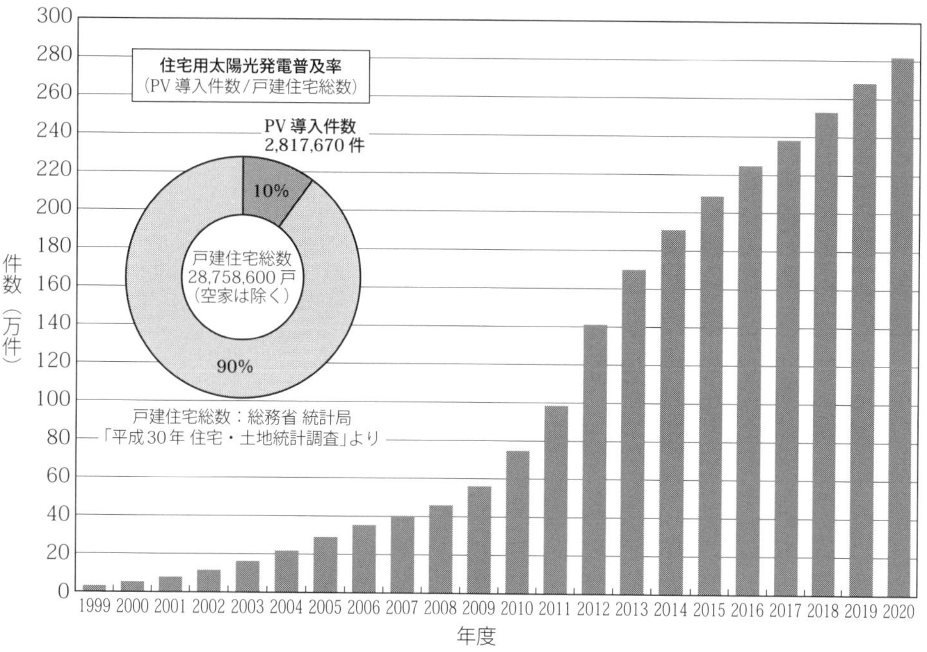

図21-2　住宅用太陽光発電システムの累計導入件数の推移

21.1 太陽電池

1. 発電の原理

太陽の光エネルギーを電気エネルギーに変えるものを太陽電池という。発電の際、化学電池のように活物質※4や電解液などの資源を消費せず、半導体の接合部に光を当てることで、電気が発生する物理電池である。

太陽電池の原理を**図21-3**に示す。太陽電池は、性質の異なるP型とN型の半導体を接合させた構造で、光が当たると光のエネルギーにより電子と正孔が発生し、電子がN型半導体側に、正孔がP型半導体側に引き寄せられる。両半導体に負荷を接続すると電流が流れる。また、光が強い（光のエネルギーが大きい）ほど、太陽電池からたくさんの電気を取り出すことができる。

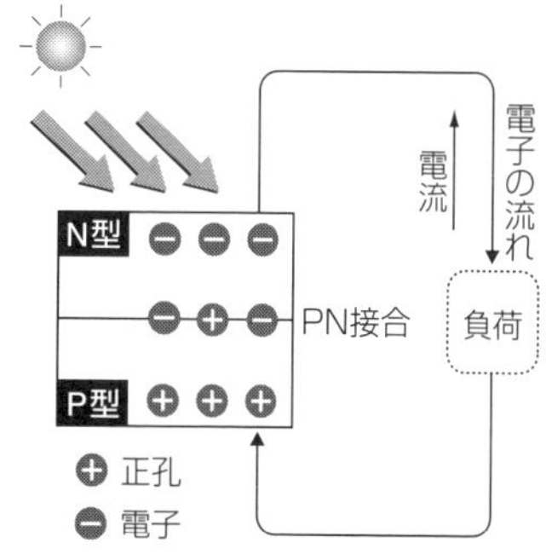

図21-3　太陽電池の原理

※4：電池の電極材料で、電気を起こす反応に関与する物質のこと。例えば、アルカリ乾電池では、正極活物質は二酸化マンガン、負極活物質は亜鉛である。化学電池は2つの電極の活物質の電位差によって起電力が生じる。

2. 太陽電池の種類と特徴

太陽電池の種類は、図21-4のように材料や構造などにより分類される。住宅用の太陽電池として一般的に普及しているシリコン結晶系太陽電池の特徴を以下にまとめる。

- 単結晶：シリコンの原子が規則正しく配列した構造で、変換効率の高い太陽電池を作ることができる。
- 多結晶：単結晶シリコンが多数集まってできている太陽電池。単結晶シリコンに比べて、変換効率は若干低いが安価に製造できる。

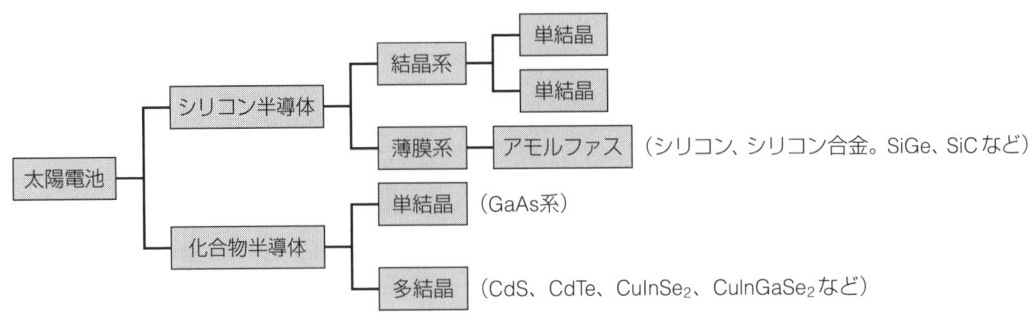

図21-4　太陽電池の種類

多結晶太陽電池セルでは、小さな結晶の集まりを示す「まだら模様」が見られるが、単結晶太陽電池セルでは見られない（図21-5および図21-6参照）。

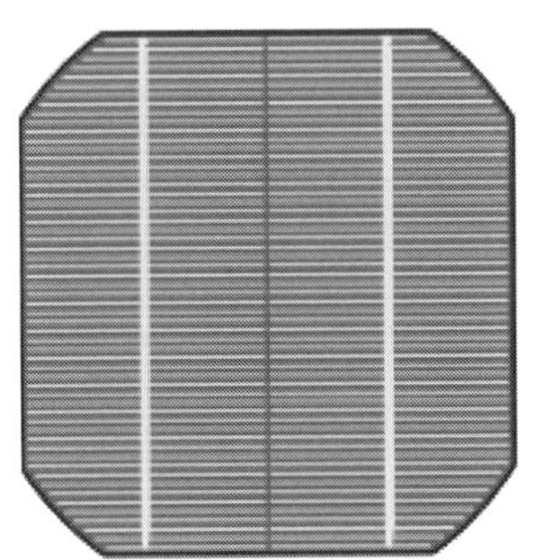

図21-5　単結晶太陽電池セル

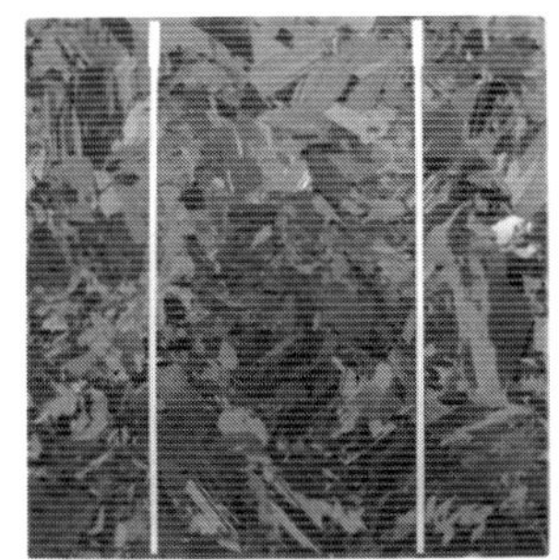

図21-6　多結晶太陽電池セル

フォーカス　**透明太陽電池**

太陽光は赤外光・可視光・紫外光の3つの波長から成るが、現在、最も普及している太陽電池はシリコンを材料とし、赤外光と可視光を吸収して発電する仕組みである。これに対して赤外光と可視光を透過させ、（目には見えず人体に有害な）紫外光を吸収してそのエネルギーで発電するのが「透明太陽電池」であり、その開発が進められている。透明太陽電池が実用化されれば、例えば、家の窓や車の窓などに設置して紫外光を発電に用いるとともに、可視光を照明に、赤外光を熱源として利用することなどが可能となる。

3. 太陽電池の構成

太陽電池は、セル、モジュールおよびアレイで構成されている。

表 21-1　太陽電池の構成

要素	内容
セル	太陽電池の機能を持つ最小の単位。厚み0.3mm程度で、大きさは、約100mm、125mm、155mm角または丸のシリコンの薄い板
モジュール	セルを複数枚つなぎ合わせ、高出力を取り出せるように強化ガラスなどのパッケージに納めたもので、工事の際の最少単位
アレイ	さらに大きな電力を取り出せるように、モジュールを複数枚接続し、架台に設置したもの

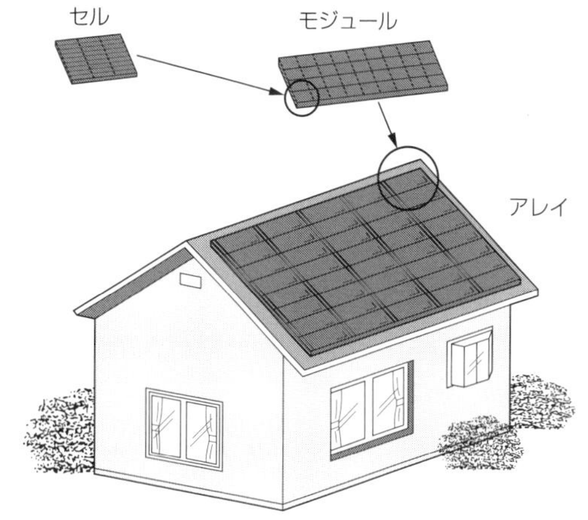

図 21-7　太陽電池の構成

21.2 住宅用太陽光発電システムの構成

電力系統（商用系統）と並列に接続され、太陽光発電と商用電源（電力会社からの電力）の両方から電気を供給できるシステムは系統連系型と呼ばれる。系統連系型には、太陽光発電の余剰電力を電力系統に返す（売る）ことができるシステム（逆潮流有）と、余剰電力を電力系統に返せないシステム（逆潮流無）の２種類がある。現在設置されている太陽光発電システムのほとんどは、系統連系型（逆潮流有）である。その基本構成例を図 21-8 に示す。

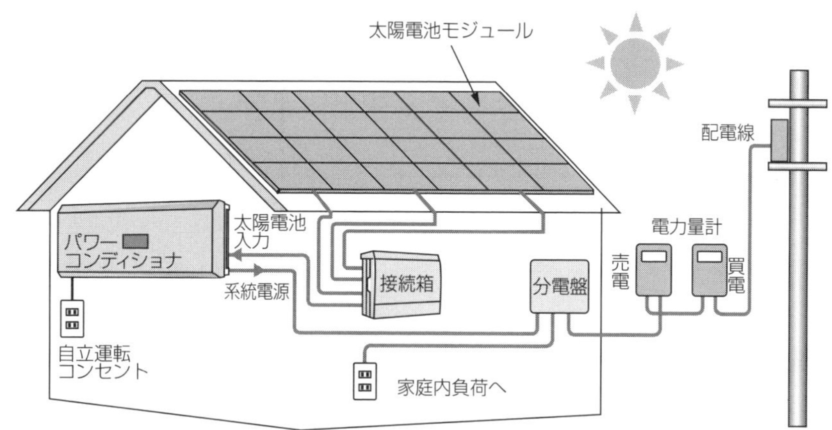

図 21-8　住宅用太陽光発電システムの基本構成（例）

■ 接続箱

太陽電池モジュールで発生した直流電力配線を集め、パワーコンディショナにつなげる。落雷による機器故障を防止するための避雷素子なども組み込まれている。

■ パワーコンディショナ

太陽電池で発電した直流電力を、電力会社と同じ交流電力に変換する。インバーターとも呼ばれる。

■ 分電盤

パワーコンディショナで交流に変換された電力をコンセントで使えるように分配する。既存の住宅に太陽光発電システムを設置する場合は、新たに太陽光発電システムに対応している分電盤を設置する必要がある。

■ 電力量計（買電）

各家庭に通常設置されている積算電力量計で、電力会社から買った電力を測定する。買電用電力量計には、逆転防止機能が必要である。

■ 電力量計（売電）

電力会社に売った電力を測定する積算電力量計である。売電用電力量計にも、逆転防止機能が必要である。

■ 自立運転コンセント

電力会社側が停電したときは、余剰電力が系統側（商用電力側）に供給されないように、パワーコンディショナからの出力が停止し、家庭内負荷への電力供給も停止する（単独運転防止機能）。しかし、停電時でも日射があれば、手動で「自立運転モード」に切り替える※5ことにより「自立運転コンセント」から交流 100V、最大 1.5kW ※6 まで電気が使える。自立運転については、以下の注意が必要である。

①発電を行わない夜間は使用できない。
②雨天・曇天時など、発電量が少ないときは小容量の電気機器にしか使えない。
③モーターで動作する製品（洗濯機、掃除機、冷蔵庫など）のなかには、運転開始時に大電流（突入電流）が流れて使用できないものがあるので、接続を避ける。
④停電が復旧したときは運転切り替えスイッチを「連系運転モード」に戻す必要がある。
⑤自立運転での発電で余剰電力が発生しても、電力会社への売電は行えない。

フォーカス　ハイブリッドパワーコンディショナ

太陽電池用と蓄電池用を兼用したハイブリッドパワーコンディショナは、以下のメリットを有する。

- 太陽電池で発電した電力を DC（直流）→ AC（交流）に変換することなく、直接蓄電池にためることができるため、ロスが少ない。
- 2 台必要であったパワーコンディショナが 1 台で済み、省スペース化を図れる。
- イニシャルコストを削減できる。
- 電圧上昇抑制時や出力制御時に売電できない電力をむだなく蓄電できる。
- 一般的に、停電時でも電気を使いながら同時充電ができる。

※5：ハイブリッドパワーコンディショナの自立運転機能では、事前に設定をすることにより自動で運転切り替えを行えるものもある。
※6：太陽電池モジュールが 1.5kW 以上設置されている場合でも、最大 1.5kW までしか電力供給できない。

21.3 発電量の目安

1. 発電量の目安

地域や太陽電池の方位、傾斜角度により発電量は変わる。また、発電量は日射強度に比例する。太陽電池容量 1kW システム当たり年間約 1000kWh（東京地区で、太陽電池を水平から 30 度傾け、真南に向け設置した場合）発電できる。一般家庭の平均年間消費電力量は約 4892 kWh（太陽光発電協会表示ガイドライン 2020 年度）であり、標準的規模の 4.0kW システムを設置すると、8 割程度をカバーできる計算になる。

2. モジュール変換効率

モジュール変換効率とは、太陽電池に注がれた光エネルギーのうち何％を電気エネルギーに変換できるかを表す数値で、JIS C 8918「結晶系太陽電池モジュール」により次式で求められる※7。

$$\text{モジュール変換効率 (\%)} = \frac{\text{出力電気エネルギー}}{\text{入射する太陽光エネルギー}} \times 100$$

$$= \frac{\text{モジュール公称最大出力 (W)}}{\text{モジュール面積 (m}^2\text{)} \times 1000\text{W/m}^2} \times 100$$

快晴時に地上に降り注ぐ太陽光のエネルギー（放射照度、日射強度）は、約 1000W/m^2 なので、例えば、モジュール面積 1m^2 で変換効率 15％の太陽電池からは、150W の電力が取り出せることになる。なお、シリコン系太陽電池の変換効率の理論限界値は約 30％といわれている。

21.4 太陽光発電と商用電源の切り替え

太陽光発電の電力が住宅内の消費電力量以上になった場合は、電力会社に逆送電し、余剰電力を買い取ってもらう。また、夜間や雨天などの太陽電池が発電しないときや発電量が不足した場合には、電力会社より電力を購入する。

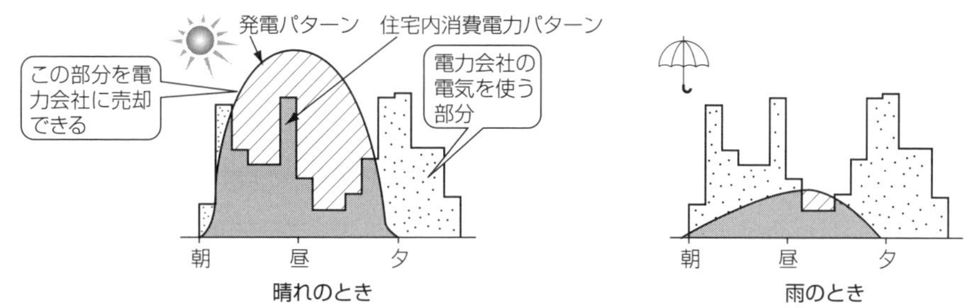

図 21-9　発電量と電気の使用量の関係（買電力、売電力）

※7：公称最大出力は、JIS C 8918 で規定する AM1.5、放射照度 1000W/m^2、モジュール温度 25℃での値である。

21.5 買電力と売電力

1. 太陽光発電のメリット

太陽光発電システムを設置して、電力会社との契約を「従量電灯」から「時間帯別電灯」に変更すると、次のようなメリットがある。

①電力単価の割高な昼間の時間帯は、太陽光発電で発電した電力で自給する。

②余った電力は、高い電力単価で売ることができる。

③太陽光発電システムが発電しない夜中の時間帯は、安い夜間時間料金の電力を購入する。

2. 余剰電力の買い取り

(1) 固定価格買取制度（FIT）

2009年11月から開始された「太陽光発電の余剰電力買取制度」は、余剰電力を法令で定める条件で電力会社が買い取り、その買取費用を電気を使用する消費者が「太陽光発電促進付加金」として負担する制度である。その後、本制度は2012年7月から「再生可能エネルギーの固定価格買取制度」に移行した。再生可能エネルギーの固定価格買取制度では、太陽光、風力、水力、地熱、バイオマスによって発電した電力を（法令で定められた価格・期間で）電力会社が買い取ることを義務づけるとともに、その買取費用を、電気を使用する消費者が使用量に応じて「再生可能エネルギー発電促進賦課金」という形で電気料金の一部として負担する。

2020年度～2022年度の太陽光発電の買取価格（調達価格）および買取期間（調達期間）を**表21-2**に示す。買取価格は設置容量の大きさによって異なり、また、毎年度更新される。住宅用太陽光発電は10kW未満であり、10kW以上は事業用である。

表21-2　太陽光発電の買取価格・期間

区分	1kW当たり調達価格			調達期間等
	2020年度	2021年度	2022年度	
50kW以上250kW未満	12円＋税	11円＋税	10円＋税 （50kW以上入札対象未満）	20年間
10kW以上50kW未満	13円＋税	12円＋税	11円＋税	
10kW未満	21円	19円	17円	10年間

(2) 改正FIT法

固定価格買取制度（FIT）は、2012年の開始以降、再生可能エネルギーの導入量が大幅に増える一方で、国民負担の増大、未稼働案件の増加、地域とのトラブル増加などの問題を生じていた。改正FIT法は、再生可能エネルギーの最大限の導入と国民負担の抑制の両立を図る目的で同制度を見直したものであり、「設備認定」から「事業計画認定」とすることで事業の適切性や実施可能性をチェックし、責任ある発電事業者として再生可能エネルギーの長期安定発電を促すという趣旨で改正された。中長期の価格目標や入札制度を設け、将来の再エネ自立化に向けた仕組みも構築している。

事業計画認定のフローを**図21-10**に示す。また、すべての電源において、事業計画認定後は事業に関する情報提供が義務づけられる。

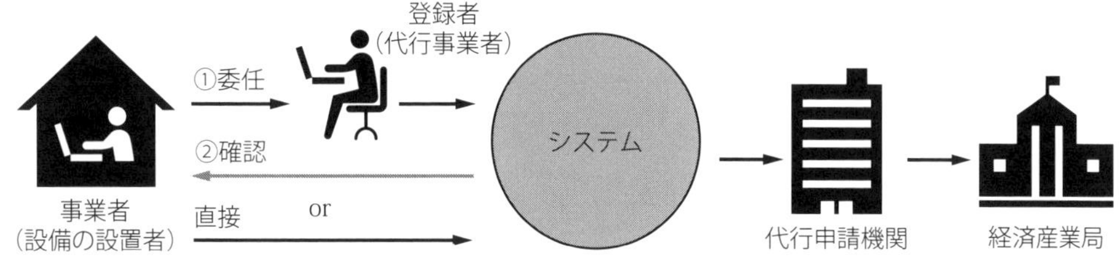

出典：再生可能エネルギー固定価格買取制度等ガイドブック2021年度版（経済産業省 資源エネルギー庁）

図 21-10　事業計画認定の申請フロー（太陽光発電 50kW 未満の場合）

(3) 卒FIT

2019年11月以降、再生可能エネルギーの固定価格買取制度により太陽光発電の余剰電力を売電してきた世帯の買取契約期間が順次終了する（10年間の契約期間が満了となる）。契約終了後の余剰電力の使い方として以下が挙げられるが、まずは太陽光発電ユーザーへの周知が必要である。

- 住宅用蓄電池や電気自動車などに余剰電力を蓄電したり、エコキュートで湯の沸き上げに使ったりして自家消費する
- 電力会社・小売電気事業者と太陽光発電ユーザーが新たな売電契約を締結して売電する（買取価格は大幅に安くなると予想される）
- 電力会社に無償譲渡する

FIP（Feed-in Premium）制度

FIP制度とは「再生可能エネルギーの自立化」へのステップとして電力市場への統合を促しながら投資インセンティブが確保されるように支援する制度であり、“FIT制度から他電源との共通環境下で競争するまでの途中経過”に位置づけられる制度である。FIP制度は、欧州などでは既に取り入れられているが、日本では大規模太陽光・風力等の競争力のある電源への成長が見込まれる電源に対して、2022年度から導入される予定である。

FIT制度では市場価格が変化しても調達価格は変化しない（収入は変わらない）が、FIP制度では市場価格が高いとき（需要ピーク時）に蓄電池の活用などで供給量を増やす（収入も増える）インセンティブがある。FIP制度の認定を受けると、再エネで発電した電気を卸電力取引市場や相対取引により自ら市場で売電できる。その際、あらかじめ設定された基準価格（FIP価格）から参照価格（市場取引などにより期待される収入）を控除した額（プレミアム単価）に、再エネ電気供給量を乗じたプレミアムが1か月ごとに決定され、当該発電事業者に交付される。

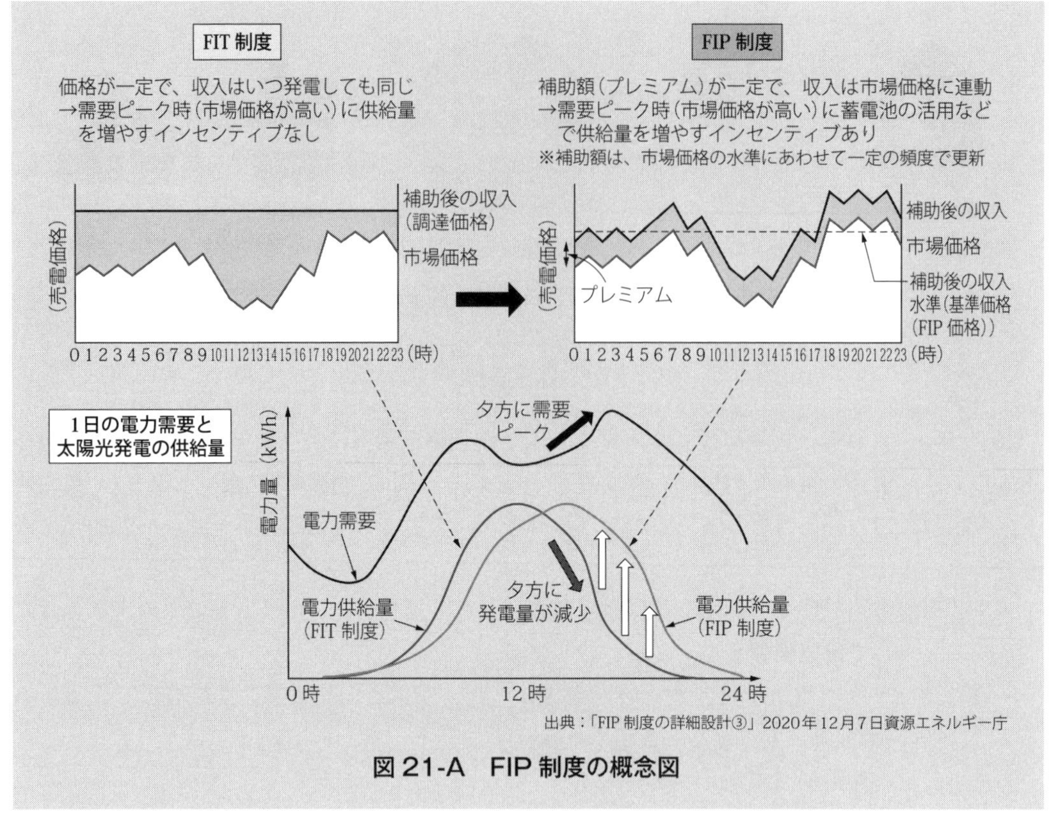

図 21-A　FIP 制度の概念図

一口メモ

グリッドパリティ

太陽光発電などの再生可能エネルギーの発電コストが、既存の系統電力コストと同等かそれ以下になることをグリッドパリティという。再生可能エネルギーの多くは、火力発電などと比べると導入コストが高く、補助金や固定価格買取制度なしでは普及が進まないという問題がある。グリッドパリティは、このような優遇措置がなくても普及が進むような市場を作るために達成すべき最低ラインと考えられる。

21.6 設置

1.　設置の流れ

太陽光発電の導入計画から運転開始までのフローを図21-11に示す。電力会社に対する接続契約や国からの事業計画認定の申請などの作業を併行して進める必要がある。

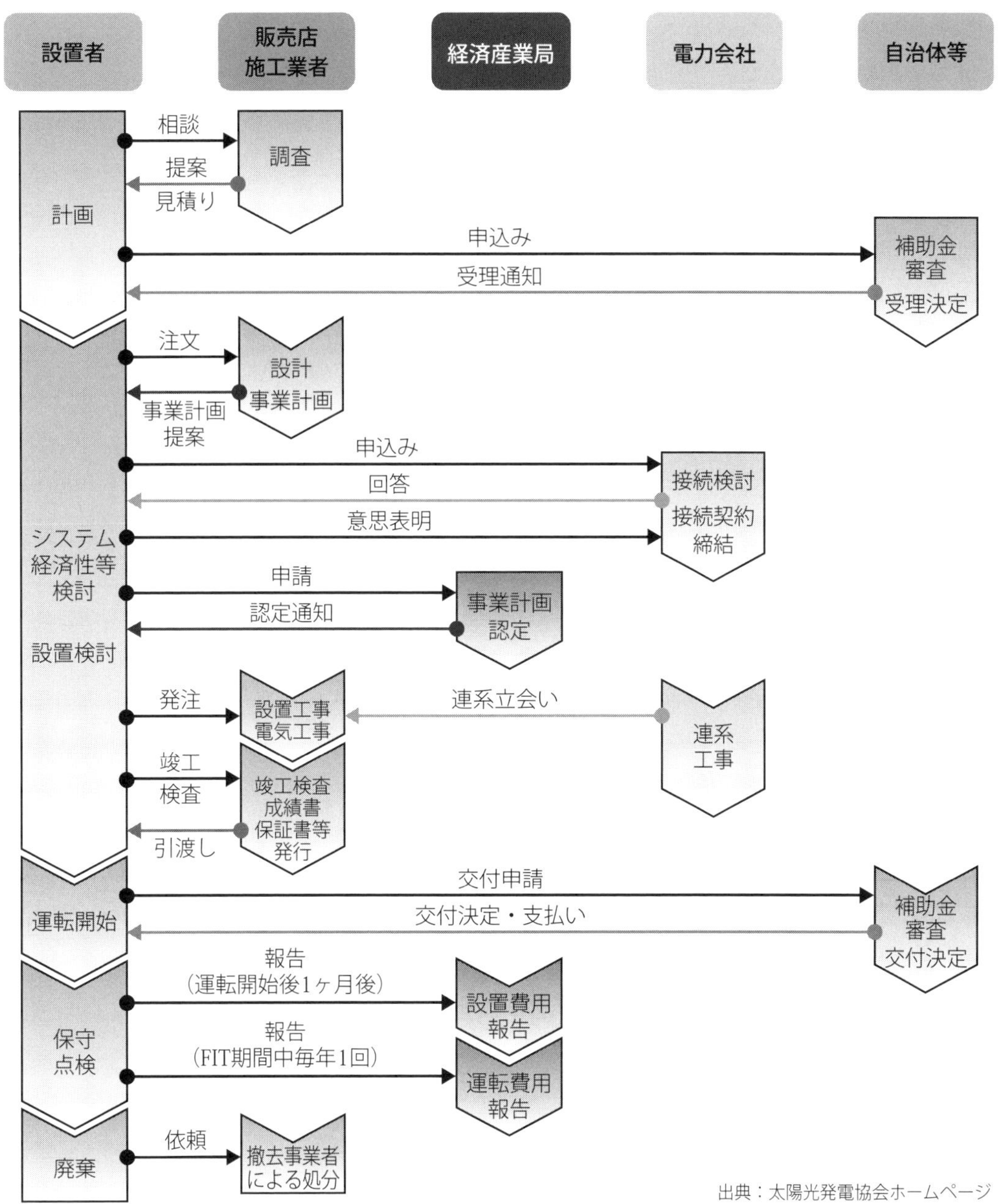

図 21-11 設置の流れ

2. 設置費用

国内の住宅用(10kW 未満)太陽光発電システムの設置費用(太陽光パネル・パワコン・架台・工事費を含む)は毎年低下傾向にあり(図 **21-12** 参照)、2020 年は新築設置で平均 28.6 万円/kW、既築設置で平均 32.7 万円/kW ※8 となっている。標準的規模 4.0kW の太陽光発電システムを設置する場合、新築で 114 万円、既築で 131 万円程度となるが、実際には、以下のような設置条件により費用は異なってくる。

※8:「令和3年度以降の調達価格等に関する意見(令和3年1月27日(水)調達価格等算定委員会)」による。

①新築時に取り付ける場合と、既に住んでいる住宅に取り付ける場合
②屋根葺ふき材方式の太陽電池を利用する場合と、屋根置き型の太陽電池の場合
③屋根形状が傾斜屋根か平らな陸屋根か、また和洋瓦かカラーベスト材かなど
④電力会社からの引き込み線が単相3線式でない場合は、分電盤の取り替えが必要

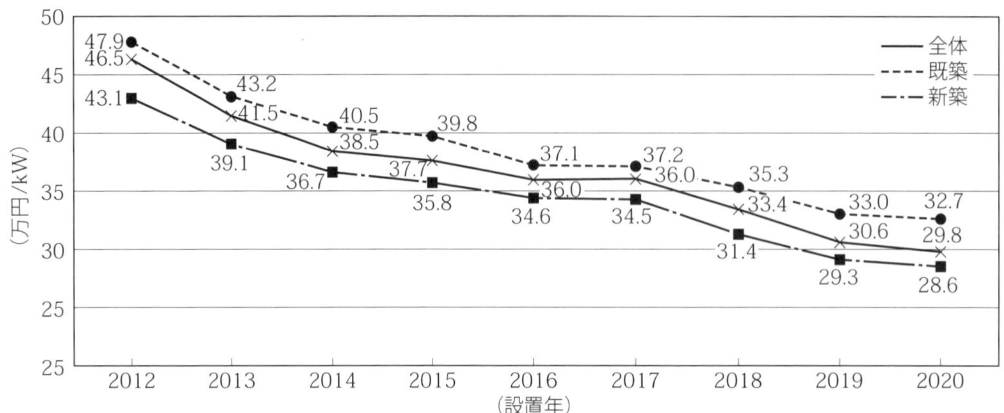

出典：令和3年度以降の調達価格等に関する意見(調達価格等算定委員会)

図 21-12　住宅用太陽光発電のコスト動向（システム費用の平均値の推移）

一口メモ

屋根の種類

日本の家屋の屋根形状として、切妻屋根・寄棟屋根・陸屋根・片流れ屋根などがある。太陽光パネルを設置するうえでの、各屋根の特徴を表 21-A にまとめる。

表 21-A　屋根の種類と特徴

種類	切妻屋根	寄棟屋根	陸屋根 (ろくやね、りくやね)	片流れ屋根
形状				
特徴	屋根が2方向に向いており、太陽光パネルを設置するうえで比較的広い面積を確保できる。	屋根が4方向に向いており、北向きの面以外は太陽光発電に利用できるが、一つ一つの屋根面積が小さく、三角形や台形の形状なのでパネルの設置面積を確保しづらい。	傾斜がほとんどなく、平らな屋根。鉄筋コンクリート住宅などに多く見られる。屋根全体にパネルを設置できるが、パネルに傾斜をつけるために強風に耐えられるだけの頑強な土台を造る必要がある。	屋根全体にパネルを設置できるが、北側に傾斜している場合が多いため、パネル設置には不向きな場合が多い。

3. 設置に対する助成制度

住宅用太陽光発電システムの設置に対する国の補助金制度は、2013年度で終了した。なお、自治体によって支援策を設けている場合もあるので、支援内容や申請期間については、自治体に問い合わせを行うとよい。

> **一口メモ　太陽光発電の工事不良事例**
>
> 工事不良による事故が数多く発生しているので、設置時には慎重に施工業者を選定する必要がある。太陽光発電の設置工事については、メーカーごとに施工業者に対して研修を行い、施工免許（施工 ID）を発行しており、それが業者選定基準のひとつとなる。メーカーの施工基準を無視した工事の場合、事故が起きてもメーカー保証を受けることはできない。
>
> - 接続箱などの焼損事故（電気工事不良が原因）
> - 屋根からの雨漏り（野地板部への金具取付などの基礎工事不良が原因）
> - 強風などによるパネルの落下事故（屋根からのパネルはみ出し設置などが原因）
> - 配線や架台の錆付き（塩害地域の施工基準の無視、粗悪部材の使用などが原因）

4. PV マスター技術者制度

PV 施工技術者制度は、一般住宅に太陽光発電システムを設置する際に必要とされる施工者の知識・技術レベルを（事業者団体である）一般社団法人 太陽光発電協会（JPEA）が認定することにより施工品質の確保・向上を図るための制度として2012年に創設されたものである※9。

その後、2017年4月の改正 FIT 法施行に伴い、事業者は事業計画において適切に点検・保守を行うことを盛り込むことと規定されたため、住宅用に加え、地上設置を含む全ての太陽光発電設備の設計・施工および保守点検の水準確保を目的とした PV マスター技術者制度が新たに創設された。

PV マスター技術者制度のなかに、PV マスター施工技術者認定制度および PV マスター保守点検技術者認定制度の2つがある。いずれも認定試験に合格し、認定登録を完了した合格者には認定証が交付される。認定の有効期間は4年間であり、継続を希望する場合、有効期限内に所定の手続きを行い、更新を行う必要がある。

※9：PV 施工技術者資格は現在も継続されているが、認定試験は2016年度で終了した。PV とは、Photovoltaics の略であり、「太陽光発電」のことである。

この章でのポイント!!

発電の原理、太陽電池の構成、住宅用発電システムの構成、買電力と売電力、再生可能エネルギーの固定価格買取制度などについて述べました。設置支援制度については、常に最新情報を入手するように心がける必要があります。

キーポイントは

- **発電の原理**
- **太陽電池の構成**
- **住宅用発電システムの構成**
- **買電力と売電力**
- **再生可能エネルギーの固定価格買取制度**
- **シングル発電とダブル発電**
- **屋根の種類**

キーワードは

- カーボンニュートラル、ビヨンド・ゼロ
- 単結晶シリコン、多結晶シリコン
- 透明太陽電池
- セル、モジュール、アレイ
- パワーコンディショナ、自立運転コンセント
- モジュール変換効率
- 余剰電力、固定価格買取制度（FIT)、改正 FIT 法、卒 FIT
- FIP 制度
- グリッドパリティ
- 切妻屋根、寄棟屋根、陸屋根、片流れ屋根
- PV マスター技術者制度

家庭用の電気は、電力会社から高圧配電線（6600V）で各家庭の近傍まで供給されており、柱上トランス（変圧器）にて100Vまたは200Vに降圧され、引込線により供給される。

22.1 電気の配電方式

1. 引込線

引込線とは、図22-1のように電柱の柱上トランスから家庭に引き込まれ、引込線取付点までの配線をいい、ここまでを一般送配電事業者（電力会社）が施工する。引込線取付点以降の配線は、電気工事店などに依頼して配線工事を行う。引込線取付点から屋内の分電盤までの配線の途中に、家庭で使用した電力量を計測する電力量計（スマートメーターなど）を設置するが、この工事は一般送配電事業者（電力会社）が実施する。配線工事は、登録電気事業者の電気工事士資格保有者により、電気設備技術基準（電気設備に関する技術基準を定める省令）に従って工事を行うことが法律で義務づけられている。

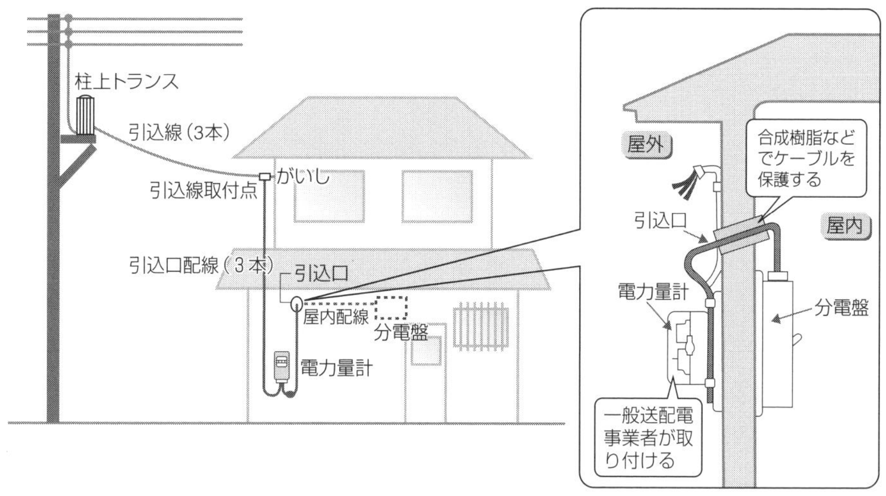

図22-1　電柱から住宅への引込線

2. 引込線の種類と電圧

引込線には、2本の電線で引き込む単相2線式と、3本の電線で引き込む単相3線式とがある。単相2線式は通常「単二」と呼ばれる。図22-2のように、2本の電線のうちの1本が接地（アース）されており、単相100Vのみが供給される。単相3線式は通常「単三」と呼ばれる。図22-3のように、3本の電線のうちの中央の1本（中性線）が接地（アース）されているので、おのおの外側の電線と中性線との間は単相100Vが供給され、両側の電線間では単相

200V が供給される。大型家電製品を多く使う現在では、電力損の少ない単相 3 線式が一般的である。

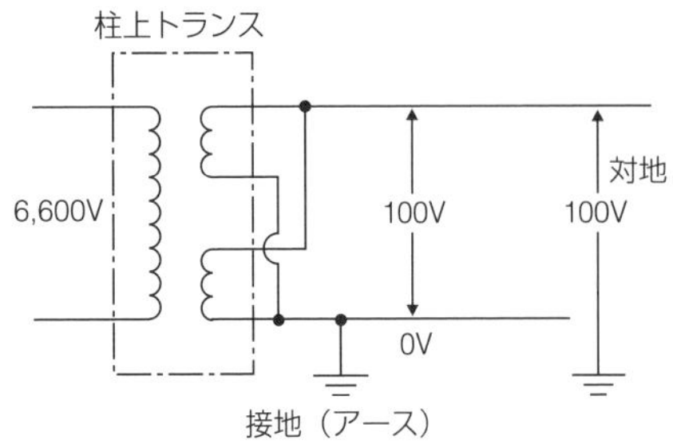

図 22-2　単相 2 線式

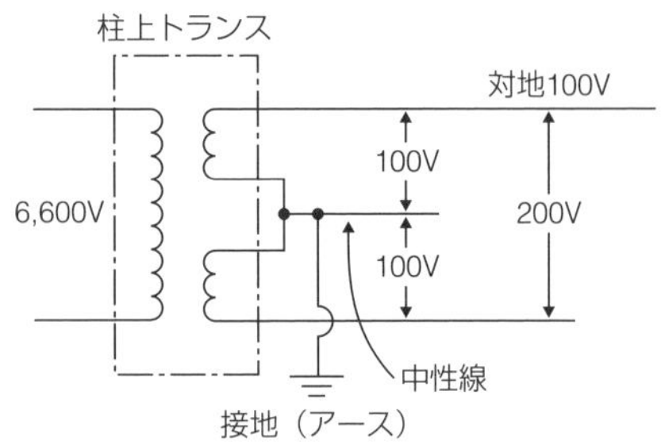

図 22-3　単相 3 線式

22.2 単相 3 線式分電盤の例

屋内には分電盤が設置され、各部屋の必要な部分へ電気が供給される。分電盤の内部配線は図 22-4 のようになっており、100V と 200V がそれぞれ供給される。電力会社によっては、分電盤の中に契約電流に合わせた電流制限器（アンペアブレーカー）が設置される。最近の分電盤はコンパクトになっており、各配線用遮断器がプラグイン式になっているものがあり、内部配線は確認しにくい。

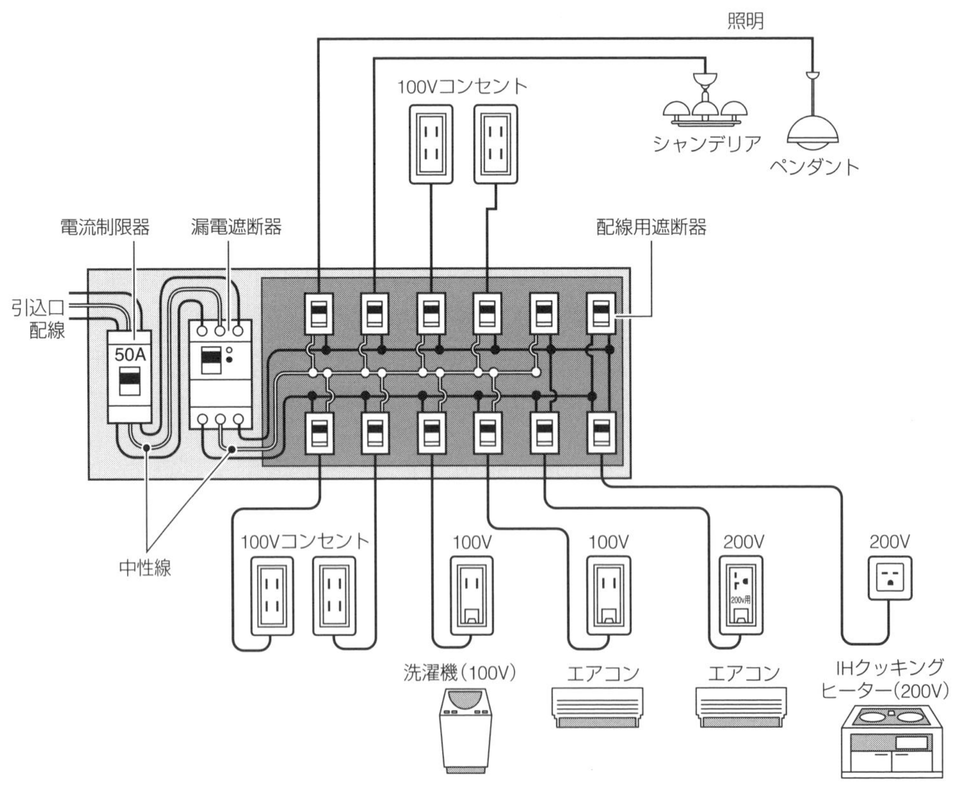

図 22-4　従量電灯契約の分電盤と配線例

1. 電流制限器（アンペアブレーカー）

分電盤の左端に付いているのがアンペアブレーカーであり、契約電流以上の電流が流れると自動的に電気が遮断される。アンペアブレーカーは、契約電流の大きさによって色分けされている。北海道、東北、東京、中部、北陸、九州の各電力会社管内では、アンペアブレーカーが設置されている。関西、中国、四国、沖縄の各電力会社管内では、契約電流の区分がないため設置されていない。

また、スマートメーター対応の分電盤では、遠隔操作で電力の契約容量を変更できるため、アンペアブレーカーは付いていない。

2. 漏電遮断器（漏電ブレーカー）

家の中の配線や電気器具が万が一漏電したとき、その異常を素早く感知して、火災や感電事故を防ぐために、自動的に電気を切るのが漏電遮断器である。もし漏電遮断器が作動したときは、電気工事店または電力会社に相談し、原因を究明し取り除いてからスイッチを入れる。

一口メモ

感電による人体への影響と感電防止対策

電圧がかかっている電気機器や電線に触れたり、漏電している電気機器に触れたりすることで、電気が身体を通って地面へと流れることを“感電”という。感電による人体への影響の大きさは「電流の大きさ」、「流れた時間」、「流れた経路（人体の部位）」によって異なる。下表に示すとおり、数値的にはわずかと思われる電流でも人体に大きな影響を与えることがある。身体が水に濡れていたり汗をかいたりして、電気が流れやすい状態で感電すると危険性が高まる。

電流値	人体への影響
1mA	電気が流れるのを感じる程度
5mA	痛みを生じる
10mA	我慢できないくらいにビリビリと衝撃を感じる
20mA	痙攣（けいれん）を起こして呼吸困難となる。電気が流れ続けると死亡する
50mA	短時間でも命が危険な状態になる
100mA	致命的な障害を起こす

冬など乾燥した時期にセーターを脱ごうとしてバチッバチッと音がしたり、ドアノブに手を伸ばしてバチッと手に痛みが走ったりする“静電気”も感電のひとつである。静電気の電圧はおよそ2000～10000V（ボルト）とされるが、何かに触れようとしてバチッと静電気が起きて指先から放電発光を生じた場合、およそ5000～12000Vの電圧がかかっている。しかし、それほど高い電圧を受けても痛みを感じる程度なのは、電流値が小さいからである。

感電防止のためには「電気機器にアースや漏電遮断器を設置する」、「濡れた手で電気機器を触らない」、「壊れている電気機器は使用しない」、「コンセントカバーを使う」などの対策が必要である。

3. 配線用遮断器（ブレーカー）

電気は、分電盤からいくつかの回路に分かれて必要な場所のコンセントへ供給される。この分岐回路の安全を守るのが配線用遮断器で、1回路に1つずつ付いている。一般的に1つの回路に流すことのできる電流は20A（アンペア）である。専用回路では15Aのものや、IHクッキングヒーター専用回路の配線用遮断器は30Aのものがある。回路をいくつかに分けておくことで何か異常が起きても、その影響を限定的に抑えることができる。例えば、照明用とコンセント用に回路を分けておけば、コンセントに接続した器具に過電流が生じてその回路の遮断器が切れても、照明は点灯したままとなる。

フォーカス

避雷器搭載分電盤

離れた場所で雷が落ちても、その周辺の電源線や電話線、アース線などに瞬間的に何万ボルトもの雷サージ（過電圧・過電流）が発生し、これらを伝わって住宅内に入り、家電製品などを故障させる場合がある。避雷器を搭載した分電盤では、避雷器が雷サージをカットし、家電製品を守ることができる。仕組みは以下のとおりである。

①雷によって電源線やアース線から入ってくる過電圧を避雷器が抑制する。

②避雷器により過電流を小さくし、地面へ逃がす。

ただし、家電製品単独で直接地面にアースを取ると保護できないので、必ず、避雷器とともにアースを取る必要がある。なお、直撃雷*や電話線、テレビアンテナなどから侵入してくる雷サージに対しては、家電製品の保護はできない。

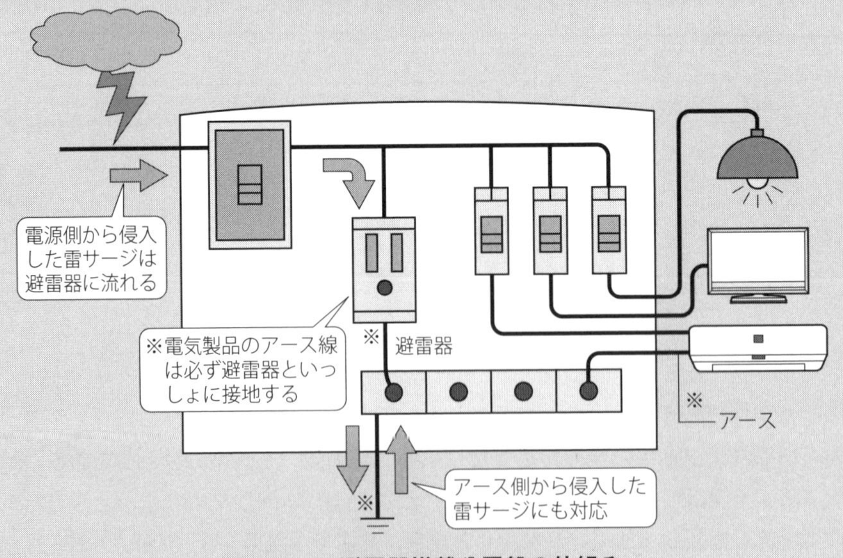

図22-A　避雷器搭載分電盤の仕組み

*：建築物の避雷針やアンテナ、送配電線、通信線などに雷撃が発生する現象。

「通電火災」と感震ブレーカー

地震による火災の６割強は、電気が原因で発生している。地震が発生すると、送電線の保安点検のため一時的に停電になる場合があるが、地震がおさまり電気が復旧したときに倒れた電気ストーブなどが「通電火災」を引き起こす“二次災害”の危険がある。「通電火災」を起こさないために、下記に注意する必要がある。

- 電気製品のスイッチを切って電源プラグを抜く
- 電流制限器（アンペアブレーカー）を落とす

また、感震ブレーカーは、設定値以上の震度の地震が発生したときに自動的に電気の供給を遮断することで、「通電火災」を予防できる。主な感震ブレーカーの種類を表 22-A に示す。

表 22-A 感震ブレーカーの種類

分類	分電盤タイプ		コンセントタイプ	簡易タイプ
	内蔵型	後付型		
概要図			埋込型 タップ型	おもり玉式 バネ式
仕組み	分電盤に内蔵されたセンサーで揺れを感知し、ブレーカーを切って通電を遮断する。	分電盤に感震機能を外付けするタイプ。センサーで揺れを感知して疑似漏電を発生させ、既設の分電盤の漏電ブレーカーを切って通電を遮断する。	コンセントに内蔵されたセンサーで揺れを感知し、コンセントから通電を遮断する。	バネの作動やおもり玉の落下などによりブレーカーを切って通電を遮断する。
特徴	基本的にすべての電気が遮断される。避難までのタイムラグが設定できる。	基本的にすべての電気が遮断される。避難までのタイムラグが設定できる。(漏電ブレーカーが設置されている場合に設置可能)	壁面などに取り付けて使う「埋込型」と既設のコンセントに差し込んで使う「タップ型」がある。コンセントごとに通電を遮断できる。	—
費用	約５万〜８万円（標準的なもの）	約２万円	約５千円〜２万円	約２千円〜4 千円
電気工事	必要	必要	埋込型 ：必要 タップ型：不要	不要（ホームセンターや家電量販店で購入可能）

一口メモ　無停電電源装置（UPS）

無停電電源装置（Uninterruptible Power Supply）とは、二次電池など電力を蓄積する装置を内蔵し、停電や急な電圧変動などの電源トラブルが発生しても、一定時間安定した電力を外部に供給できる電源装置である。日本では、交流出力のものを CVCF (Constant Voltage Constant Frequency、定電圧定周波数）電源と呼ぶこともある。

22.3 電気料金

1. 電気料金の計算基礎

(1) 消費電力

電気製品に電気を供給すると、電流が流れて仕事をする。仕事とは、モーターを回したり、明かりをつけたり、テレビを映したり、ヒーターで温めたりすることなどであり、電圧（V）と電流（A）の積である消費電力（W）で表される。

(2) 電力量

電力量は消費電力と時間の積であり、ワットアワー（Wh）で表される。電力量は各家庭に設置された電力量計で積算され、電力料金として電力会社から請求される。電力料金の計算にはキロワットアワー（kWh）が用いられる。

電力量（Wh）＝消費電力（W）×時間（h）

(3) 電気料金（電気代）

カタログなどに表示されている電気製品の電気代は、公益社団法人 全国家庭電気製品公正取引協議会が規定した電力料金目安単価 27 円（税込）/kWh を用いて算出される。

電気料金の目安（円）＝電力量（kWh）× 27 円

実際の家庭の電気代は、電力量計で積算された電力使用量をもとに各電力会社の料金メニューにより算出される。

2. 電気料金の計算基準

東京電力エナジーパートナーの電気料金計算式を図 22-5 に、従量電灯 B※の場合の電気料金を表 22-1 に示す。各電力会社により料金メニューと電力量料金が異なるので、各電力会社に問い合わせるかホームページで確認するとよい。電力料金単価は 3 段階料金制度といって使用量によって異なる。また、燃料費調整額の加算（差し引き）および再生可能エネルギー発電促進賦課金の加算が必要である。また、電気料金票（例）を図 22-6 に示す。

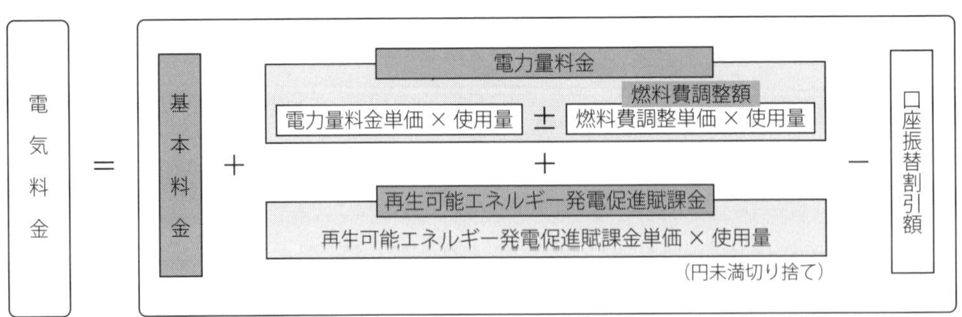

図 22-5　電気料金計算式（従量制）

※：一般家庭で最も多い契約のメニュー。契約の大きさは 10A ～ 60A の範囲。

表 22-1 電気料金（従量電灯 B、2021 年 9 月現在）

		単位	料金（税込）
基本料金	10A	1 契約	280.8 円
	15A	1 契約	421.2 円
	20A	1 契約	561.6 円
	30A	1 契約	842.4 円
	40A	1 契約	1123.2 円
	50A	1 契約	1404 円
	60A	1 契約	1684.8 円
電力量料金	最初の 120kWh まで	1 kWh	19.52 円
	120kWh を超え 300kWh まで	1 kWh	26.00 円
	上記超過	1 kWh	30.02 円
最低月額料金		1 契約	231.55 円

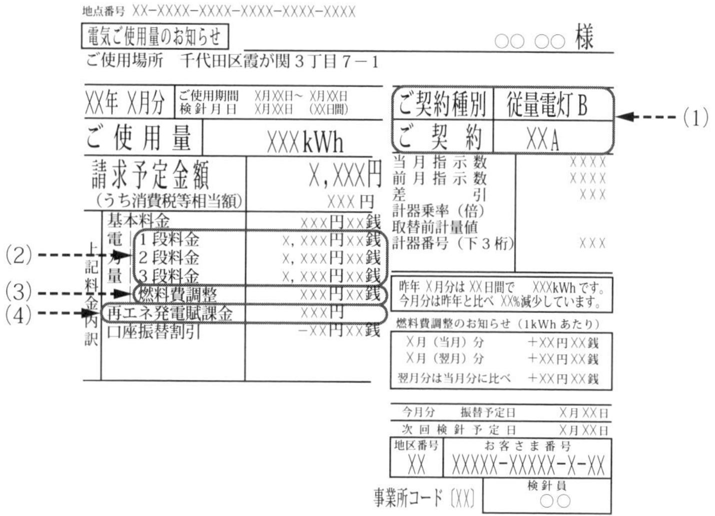

図 22-6 電気料金票（従量電灯 B）

(1) 契約種別と契約アンペア

契約の種類と契約アンペアが表示される。契約アンペアの大きさによって基本料金が異なる。

(2) 3 段階料金制度

3 段階料金制度とは、生活必需的な部分は安い水準とする一方、省エネルギーの観点から、平均的な使用量を超える部分については料金を相対的に高くしている。

- 第 1 段階：生活必需的な使用電力量に相当する比較的安い料金　＜120kWh まで＞
- 第 2 段階：ほぼ平均的な料金　＜120kWh から 300kWh まで＞
- 第 3 段階：省エネルギー化に配慮した比較的高い料金　＜300kWh を超える部分＞

(3) 燃料費調整制度

燃料費調整制度とは、原油・LNG（液化天然ガス）・石炭の燃料価格（実績）の変動に応じて、毎月自動的に電気料金を調整する制度である。

(4) 再生可能エネルギー発電促進賦課金

「再生可能エネルギーの固定価格買取制度」では、電気事業者に対し、再生可能エネルギーにより発電された電気を、一定の期間、固定価格で買い取ることを義務づけている。この買取費用は、電気を使用する側が使用量に応じ、「再生可能エネルギー発電促進賦課金」として負担することになっている。2021年5月～2022年4月までの再生可能エネルギー発電促進賦課金単価（従量制）は@3.36円/kWh（消費税等相当額を含む）なので、1か月に260kWhの電力を使う家庭では873円の負担となる。

一口メモ　再生可能エネルギー

2009年に制定されたエネルギー供給構造高度化法*において、再生可能エネルギー源とは、「エネルギー源として永続的に利用することができると認められるもの」をいう。太陽光、風力、水力、地熱、太陽熱、大気中の熱その他の自然界に存する熱、バイオマスが同法の施行令で規定されている。再生可能エネルギーは、資源が枯渇せず繰り返し使え、発電時や熱利用時に地球温暖化の原因となる二酸化炭素をほとんど排出しない優れたエネルギーである。対義語は枯渇性エネルギーで、化石燃料（石炭、石油、天然ガス、オイルサンド、シェールガス、メタンハイドレート等）やウラン等の地下資源を利用するもの（原子力発電等）である。

*：正式名称は、「エネルギー供給事業者による非化石エネルギー源の利用及び化石エネルギー原料の有効な利用の促進に関する法律」である。

一口メモ　デマンドレスポンス／電力小売の全面自由化

■ デマンドレスポンス

従来、電力需要量に応じて供給量を変動させることにより、需給バランスを一致させていた。これに対し、電力供給量に応じて需要量を変動させて需給バランスを一致させることをデマンドレスポンスという。需要制御の方法によって、以下の2つに大別される。

- ピーク時の電気料金を高めに設定することにより、需要家が電気料金の安い時間帯に電気を使うように促す方法
- ピーク時などに節電するという契約に基づき、需要家が需要を制御するネガワット取引

■ 電力小売の全面自由化

電力小売の自由化とは、小売の地域独占などの規制を緩和することにより、既存の電力会社（一般電気事業者）以外の参入を促進し、企業や個人の選択肢を増やすための一連の改革のことである。2000年以降段階的に進められてきたが、2016年4月からは、全面自由化により、低圧連系（契約電力50kW未満）の一般家庭を含むすべての需要家が電力会社や料金メニューを選べるようになった。

22.4 家庭内の消費電力量の機器別ウエイト

家庭内の消費電力量の機器別ウエイトを図 22-7 に示す。消費電力量の多い順に、冷蔵庫、照明器具、テレビ、エアコン、電気便座となっており、これらの合計で全消費電力量の約 50% を占めている。これらの機器のむだづかいを減らすことにより、大きな省エネ効果（節電）が期待できる。

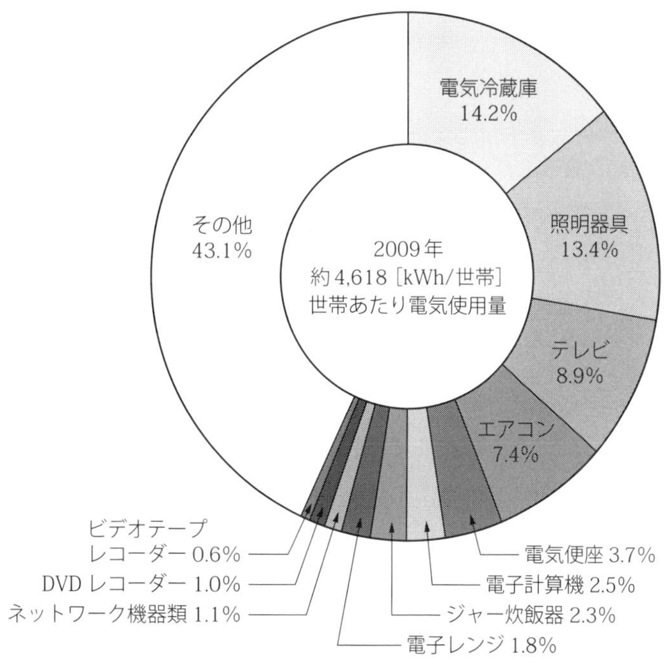

出所：資源エネルギー庁 平成 21 年度 民生部門エネルギー消費実態調査（有効回答 10,040 件）および機器の使用に関する補足調査（1,448 件）より日本エネルギー経済研究所が試算（注：エアコンは 2009 年の冷夏・暖冬の影響含む）。

図 22-7 家庭内の消費電力量の機器別ウエイト

22.5 待機時消費電力

多くの家電製品は、リモコンを切っただけで電力使用がゼロになるわけではない。主電源を切ってもコンセントにつないでおくだけで、タイマー、メモリー、内蔵時計などの機能維持のために電力を消費する。これを待機時消費電力という。家庭の消費電力量に占める待機時消費電力量の割合を図 22-8 に示す。一世帯当たりの待機時消費電力量は平均 228 kWh/年・世帯（電気料金で約 6,160 円/年）であり、一世帯当たりの全消費電力量 4,432kWh/年・世帯の 5.1% に相当する。また、図 22-9 に待機時消費電力量の機器別構成比を示す。待機時消費電力量が多い順に、ガス温水機器、エアコン、電話機、BD・HDD・DVD レコーダーとなっている。

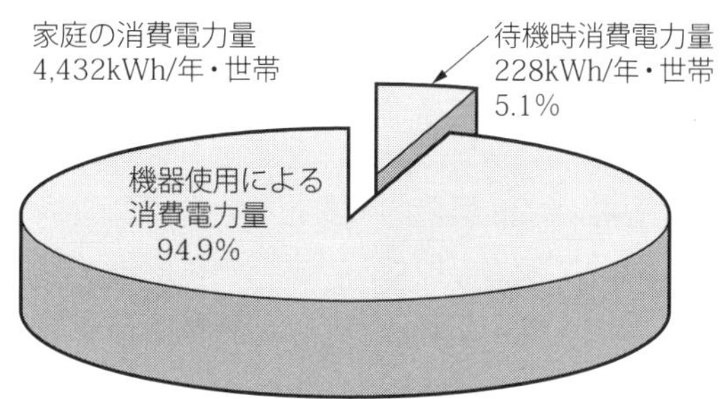

図 22-8 家庭の消費電力量に占める待機時消費電力量の割合

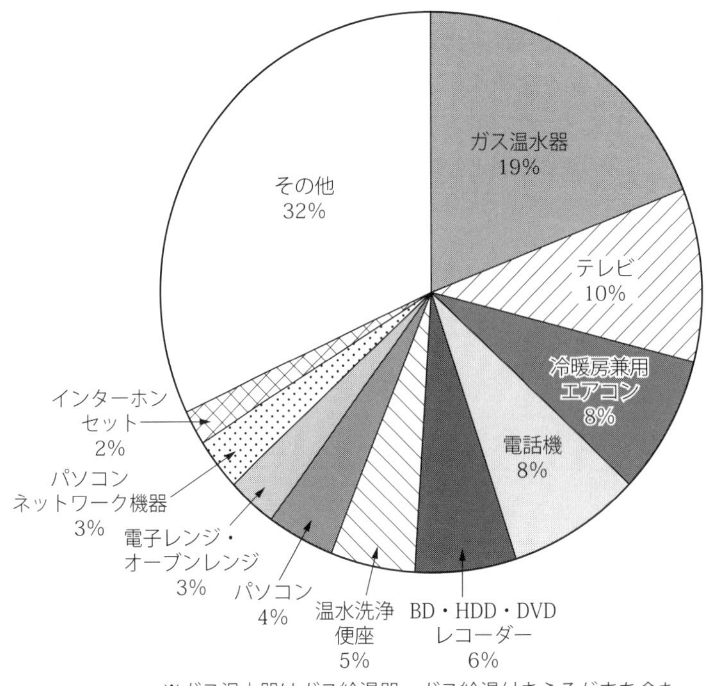

図 22-9　待機時消費電力量の機器別構成比

以下のことに気をつければ、待機時消費電力を削減できる（図22-10参照）。なお、待機時消費電力が1W以下という非常に省エネ性に優れた製品も出ている。

①使わないときは、機器本体の主電源スイッチを切ることにより、待機時消費電力量を約19%削減できる。

②使っていないときにプラグをコンセントから抜いても機能的に問題ない機器については、プラグを抜くか、あるいは節電タップなどを利用すれば、年間の待機時消費電力量を約49%削減できる。

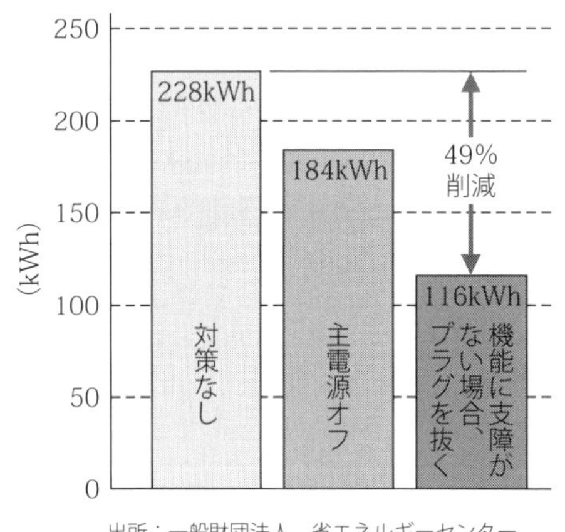

図 22-10　待機時消費電力量の削減効果

一口メモ

定格125V 15Aのコンセントの一方の穴が長いのはなぜか

刃受部の片側はもう一方より穴が長くなっている。この理由は、柱上トランスの二次側の中性線は大地に接地されており、基本的にこの接地された側の電源線が穴の長いほうへつながっていることを示している。したがって、長いほうとアース線の間の電圧をテスターで測定すると0Vを示す。また、短いほうとアース線間の電圧を測定すると100Vを示す。

22.6 電源コンセントと電源プラグ

電源コンセントおよび電源プラグは定格電圧、定格電流により形状が定められており、定格に合ったものを使用しなければならない。定格を超えた電流の消費は、発熱や発火の危険がある。コンセントとプラグそれぞれの形状と定格を表 22-2 にまとめる。

表 22-2　電源コンセントと電源プラグ

コンセントの種類		記号	コンセントの形状	適用プラグの形状
250V 30A	200V仕様据置型IHクッキングヒーターなど大容量の電気機器に使用される			
		—		
250V 20A/15A	200V仕様のエアコンなどの大容量の電気機器に使用される。20Aのものと、15Aのものは形状が異なるが20Aのものはどちらのプラグも挿入可能となっている。また接地極付コンセントは接地極付、および接地極なしのいずれのプラグも挿入可能である	250V 20A接地極付 250V 20A 250V 15A接地極付 250V 15A		
125V 20A	大容量の必要な機器に使用されるコンセントであるが100V 15Aのプラグも挿入することができる	125V 20A接地極付 125V 20A		
125V 15A 接地極付 コンセント	電気洗濯機、電子レンジ、OA機器などで、接地極付のプラグを接続するためのコンセントである。またアース線を接続するためのアースターミナルが別に設けてあるコンセントもある	125V 15A接地極付		
125V 15A	一般住宅で最も多く使用されているコンセントである	125V 15A		
125V 15A 抜止型 コンセント	使用中にプラグが簡単に抜けないように、一般のプラグを挿入後回転させることでロックできるコンセントである。屋内のほか屋外の防水型コンセントなどに利用される	—		
引掛 シーリング	天井吊り下げ形の照明器具専用のコンセントであり定格は250V 6A。 吊り下げることのできる照明器具の重さは補強コードの場合5kg以下、ハンガー使用時10kg以下である	—		

22.7 電源周波数

家庭に電力会社から送られてくる電気は交流といい、電気のプラス、マイナスが1秒間に何十回と入れ替わっている。この回数を周波数といい、単位はHz（ヘルツ）と表示される。**図22-11**のように西日本地区が60Hz、東日本地区が50Hzと地域によって周波数が大別される。周波数が異なるのは、明治時代に輸入された発電機の違いによるものである。当初関東にはドイツから50Hz、関西にはアメリカから60Hzの発電機が輸入されたことに発している。以来、日本での電源周波数は、静岡県の富士川から新潟県の糸魚川付近を境に分かれている。

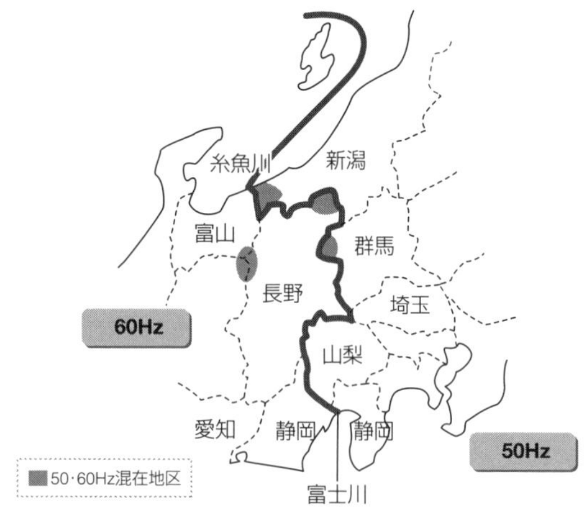

図22-11　50Hz/60Hz地区（沖縄は60Hz）

使用できる電源周波数が限定されている商品は、周波数が異なると正常に動作しなくなるだけでなく、故障などの原因につながることがある。電源周波数が異なる地区へ転居する場合は、部品交換が必要になる。最近は周波数自動切り替え、インバーター、DCモーターの使用などで周波数に影響を受けないヘルツフリー（サイクルフリー）のものが増えている。

一口メモ　電源周波数の一部例外地域

①新潟県（東北電力管内だが、下記地域は60Hz）
　佐渡市、妙高市の一部、糸魚川市の一部
②群馬県（東京電力管内だが、下記地域は60Hz）
　甘楽郡、吾妻郡
③長野県（中部電力管内だが、下記市、郡の一部地域は50Hz）
　大町市、飯山市、小諸市、松本市、安曇野市、下水内郡、下高井郡、北安曇郡

22.8 安全上の注意

コンセントは電気の取り出し口で、家事労務のスピードアップや快適な電化生活の決め手である。取り扱いの基本を守り、安全に注意して使うことが重要である。

1. たこ足配線

コンセントが足りないときに、コンセントに栓刃式マルチタップ（三ツ口タップ）を2つ以上重ねたり、テーブルタップに栓刃式マルチタップ（三ツ口タップ）を重ねたりして、多数の電気機器のプラグを同時に差し込んで使用することを「たこ足配線」という。たこ足配線で多

数の機器を使用すると、コンセントやテーブルタップの定格電流容量を超えてしまったり、接続部が増えることで接触抵抗がある箇所が増えるためコンセントやプラグ、コードが発熱したりして火災の原因となる。したがって、消費電力の大きな機器を使用する場合は、テーブルタップなどを使用せずコンセントに直接差し込んで使用する。

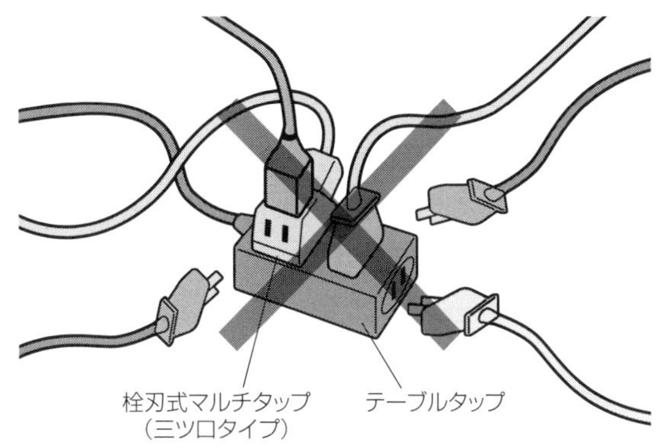

図 22-12　たこ足配線

電気器具が増えたら、コンセントを増設する必要がある。消費電力の大きい器具や、決まった場所で使用する器具には専用コンセントの設置が推奨されている。

2.　定格の順守

電気製品を使用するときには、その機器の消費電力や電流に注意しなければならない。家庭用のコンセントの定格は、125V 15A である。コンセントからテーブルタップや栓刃式マルチタップ（三ツ口タップ）を介して複数の電気器具を接続して使用する際は、その合計電流が15A 以下になるようにする。テーブルタップにも定格があり、1500W まで、125V 15A、125V 12A、125V 10A などと表示されている。合計電流が定格を超した状態で使用すると、電線が発熱し発煙や発火の危険がある。100V 用の電気製品の電流は、消費電力が分かると次式で容易に計算ができるので、定格を越えないように注意して使用する。

電流（A）＝消費電力（W）÷100（V）

下記の３種の電気機器を定格 125V 15A のテーブルタップに接続して使用する場合を考える。

■ 使用する機器の電流（例）

- 消費電力 900W のオーブントースターの電流　：　900÷100＝9（A）
- 消費電力 990W の炊飯器の電流　：　990÷100＝9.9（A）
- 消費電力 550W のジャーポットの電流　：　550÷100＝5.5（A）

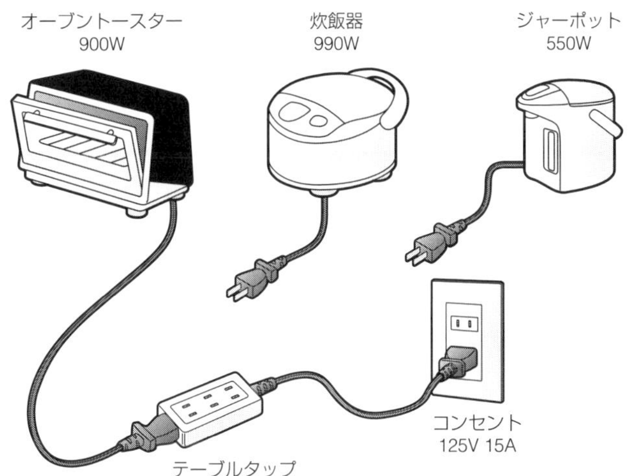

図 22-13　電気製品とテーブルタップ

①オーブントースターと炊飯器を接続し同時に使用すると、電流の合計は 18.9（A）なのでコンセントとテーブルタップの両方の定格を超過しており、使用してはいけない。発煙、発火の危険がある。

②オーブントースター、炊飯器、ジャーポットを接続し同時に使用すると、合計電流は 24.4（A）なので、コンセントとテーブルタップの両方の定格を超過しており使用できない。この場合、分電盤の配線用遮断器（ブレーカー）の容量が 20A であれば遮断して電流は流れない。

③オーブントースターとジャーポットを接続し同時に使用すると、電流の合計は 14.5（A）である。15A のテーブルタップの場合、定格内である。12A、10A のテーブルタップの場合、定格を超過しており、発煙、発火の危険があるので使用してはいけない。

3.　トラッキング現象

コンセントに長期間プラグを差し込んだままにするとホコリがたまる。そこへ湿気が加わるとプラグの刃と刃の間で放電が起こりはじめ、その熱で絶縁部が徐々に炭化していく。そのうち連続して放電が起こるようになり、さらに炭化が進行して発火に至る。これをトラッキング現象という。その際、漏電遮断器や配線用遮断器（ブレーカー）は作動せず、火が出てはじめて気付く。電気製品の電源スイッチを OFF にしていてもコンセントまで電気が来ていれば、トラッキング現象は発生する。

トラッキング現象を防ぐため、エアコン、冷蔵庫など、長期間接続したままのコンセントとプラグを定期的に清掃・点検することが安全に使用するための条件である。経済産業省はトラッキングによる事故防止のため、2016 年 3 月 18 日以降、一般家庭で使用されるすべての電気用品にプラグの耐トラッキング性を義務づけており、輸入品を含め第三者機関の試験に合格した製品しか販売できなくなった。

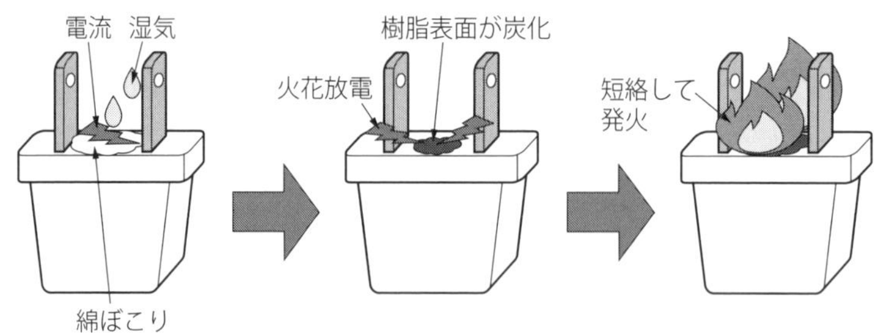

図 22-14　トラッキング現象のメカニズム

一口メモ　**トラッキング防止**

現在販売されている家電製品は、トラッキング防止のため、電源プラグの刃の根元にあらかじめ絶縁処理が施されている（図 22-C 参照）。また、従来販売されていたトラッキング非対策品のプラグについても、後付けで取り付けられる“ホコリ防止カバー”が販売されている（図 22-D 参照）。さらに、トラッキング火災防止コンセントタップも販売されている。トラッキング現象が発生すると、瞬時に微弱電流をアース極に流し、分電盤の漏電遮断器を作動させて電気を切る仕組みである。

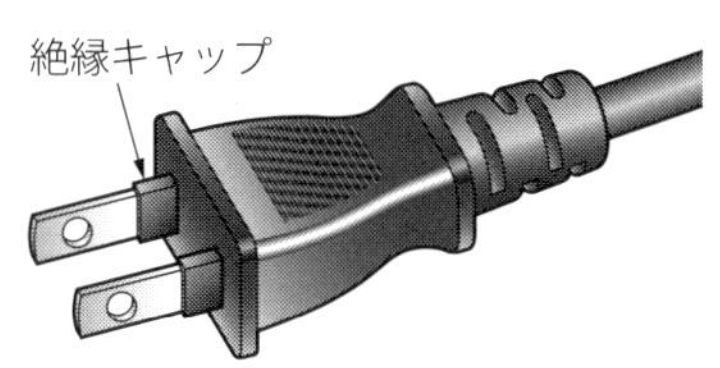

図 22-C トラッキング防止プラグ

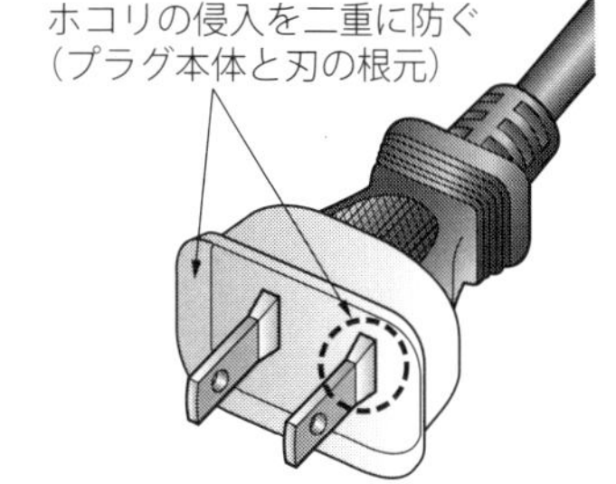

図 22-D トラッキング防止用プラグカバー

4. 電気を安全に使用するための注意点

①「たこ足配線」はしない。そのためにはコンセントの増設も必要である。

②コンセントやプラグは定期的に清掃する。差し込み部分が緩くなったコンセントは交換する。

③コンセントの許容電力量を超える製品の接続はしない。容量に合ったコンセントを使用する。専用コンセントの設置も必要である。

④プラグはコンセントにしっかりと差し込む。

⑤熱器具などの使用後は、プラグをコンセントから抜くのを忘れないこと。

⑥コードやプラグは丁寧に取り扱うこと。ステープルで固定してはいけない。

⑦コードを束ねて使用すると発熱することがあるため、伸ばして使用する。特に電力量の大きな機器を使用する場合などは、必ず伸ばして使用する。

一口メモ

「延長コードセット」が特定電気用品に指定

従来、テーブルタップや延長コードにおいて、構成部品である「差し込みプラグ」、「コード」、「マルチタップ」、「コードコネクターボディ」の各単体は特定電気用品*であったが、組立品全体は規制対象でなかった。2012年、テーブルタップの事故防止対策として、電気用品安全法施行規則の改正により「テーブルタップ」、「延長コード」の技術基準が法制化され、「延長コードセット」として特定電気用品に指定された(2012年1月13日公布・施行)。延長コードセットの例を図 22-E に示す。2013年1月13日以降は、新基準に該当する「延長コードセット」を製造・輸入する場合、製造・輸入事業者は経済産業省への事業届け出を行い、第三者検査期間による適合性検査を受け、製品に法定表示をすることが必要となった。

*:「特定電気用品」とは、構造又は使用方法その他の使用状況からみて特に危険又は障害の発生するおそれが多い電気用品であって、法令で定めるものをいう。

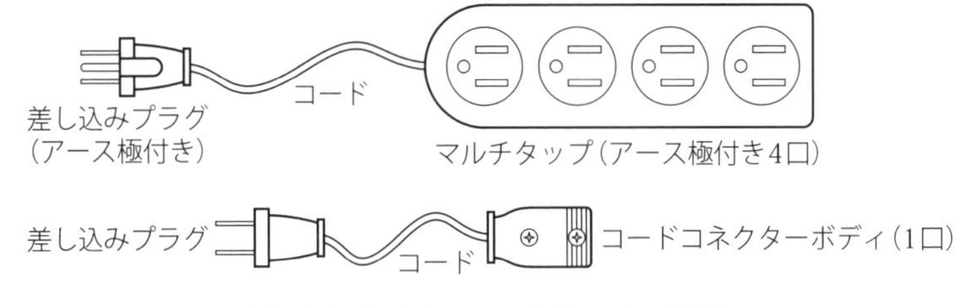

図 22-E　延長コードセット（例）

この章でのポイント!!

電気の配電方式、分電盤の構成、電気料金の計算、電源コンセント・電源プラグの種類や安全上の注意などについて述べました。また、節電を行ううえで知っておきたい待機時消費電力について追記しました。家庭で電気を使用するにあたっての基本的な知識なので、理解しておくことが必要です。

キーポイントは

- **電気の配電方式**
- **引込線の種類と電圧**
- **単相３線式分電盤の構成**
- **電気料金の計算方法**
- **家庭内の消費電力量**
- **電源コンセントと電源プラグの種類**

キーワードは

- 一般送配電事業者
- 単相２線式と単相３線式
- 電流制限器、漏電遮断器、配線用遮断器
- 避雷器搭載分電盤
- 感震ブレーカー
- 消費電力量と待機時消費電力
- 再生可能エネルギー、再生可能エネルギー発電促進賦課金
- デマンドレスポンス
- USB パワーデリバリー
- たこ足配線、トラッキング現象
- 延長コードセット、特定電気用品

23章 電池

日常生活で使われる家電製品には、電池で動くものが多い。ポータブル機器の歴史は、小型・軽量化の歴史でもあるが、それを支えてきたのが電池の小型化と高性能化である。最近は、太陽光発電システムの導入と合わせて、住宅用蓄電システム（定置用リチウムイオン蓄電池）の導入が図られている。電池の性能は機器の消費電流の違いや使用頻度、使い方によって違ってくる。ここでは電池の種類・特徴や使用済み電池の廃棄方法などについて述べる。

23.1 電池の種類

現在使用されている電池は、**図23-1**に示すように「化学電池」と「物理電池」に大別される。化学電池は、化学反応などで物質を電気エネルギーに変換するものをいう。一般的に電池と呼ぶ場合は、化学電池を指すことが多い。化学電池は、正極（以下、プラス）・負極（以下、マイナス）に使われている物質で分類される。化学電池には、マンガン乾電池のように使い切ると（以下、放電）寿命が終わってしまう「一次電池」と、充電式電池のように充電器でエネルギーを電池に蓄える（以下、充電）「二次電池」がある。

物理電池は光エネルギーや熱エネルギーを利用するもので、太陽電池や熱起電力電池、原子力電池などがある。

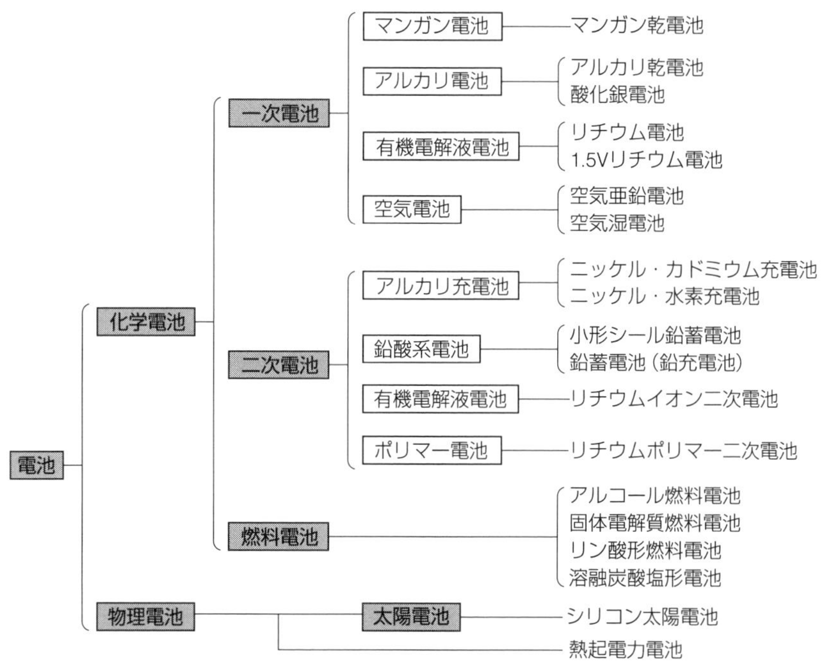

図23-1　電池の種類

1.　電池の電圧

電池の電圧は、プラス極、マイナス極に使用する材料（活物質）と、化学反応を起こさせる電解液に何を使用しているかによって決まる。マンガン乾電池やアルカリ乾電池1本当たりの公称電圧は1.5Vである。リチウム電池は3Vであり、リチウムイオン二次電池は3.6V～3.7Vで、充電終了のときは4.2Vにもなる。ボタン形電池にはサイズが同じでも1.4V～3Vのものがあるので、使用時には記載事項や電圧に注意が必要である。

表23-1　各種電池の公称電圧

一次電池		二次電池	
電池の分類	公称電圧	電池の分類	公称電圧
空気亜鉛電池	1.4V	ニッケル・カドミウム充電池	1.2V
マンガン乾電池	1.5V	ニッケル・水素充電池	1.2V
アルカリ乾電池	1.5V	鉛蓄電池	2.0V
酸化銀電池	1.55V	二酸化マンガン・リチウム二次電池	3.0V
二酸化マンガン・リチウム電池	3.0V	リチウムイオン二次電池	3.6V~3.7V
塩化チオニル・リチウム電池	3.6V		

2.　電池の容量

図23-2は、代表的な電池のエネルギー（以下、容量）を比較したものである。マンガン乾電池とアルカリ乾電池の電圧は同じだが、アルカリ乾電池のほうが容量は大きく長時間使用できる。また電流も多く流すことができる。リチウム電池は容量がさらに大きく、電圧は3Vが一般的であるが、1.5Vのものもある。

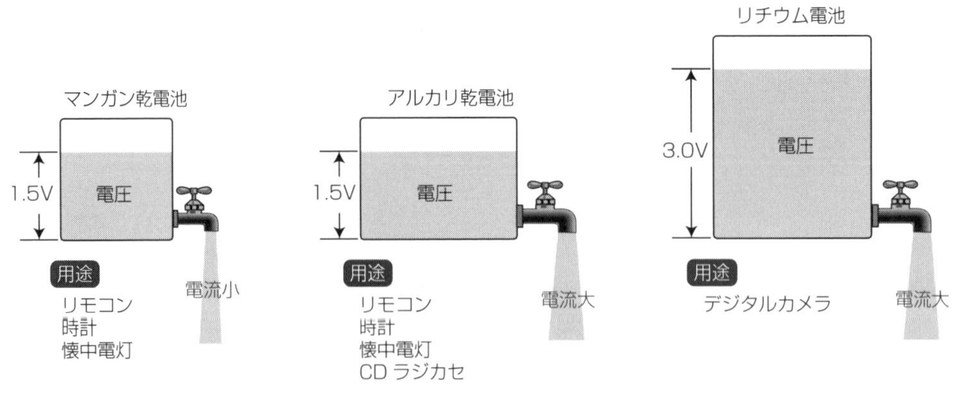

図23-2　電池の比較

3.　電池の極性と形状

電池にはプラスとマイナスの極性があるので、機器の指示どおりに正しい向きに入れる。最も一般的な円柱形のほかに、直径よりも高さが小さいボタン形やボタン形の中でさらに薄いコイン形がある。音楽プレーヤーなどに使われているガム形や、組み込み用としてリード線とコネクターが付いているタイプもある（図23-3参照）。

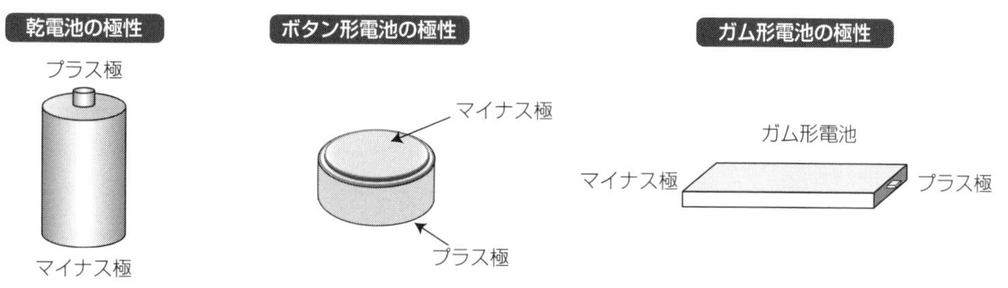

図 23-3　電池の極性

2個以上の電池を入れる場合は、誤って1つだけ逆向きに入れると機器が正常に動かなくなるだけではなく、危険な状態になる場合もある。**図 23-4** のように、逆向きの電池は他の電池から充電されることとなり、プラス極とマイナス極をショートする以上に電流が流れ、液漏れしたり、発熱や破裂したりするおそれがある。機器によっては、電池を誤って逆向きに入れた場合、マイナス同士の電極が接触しないよう安全構造を施しているものもある。

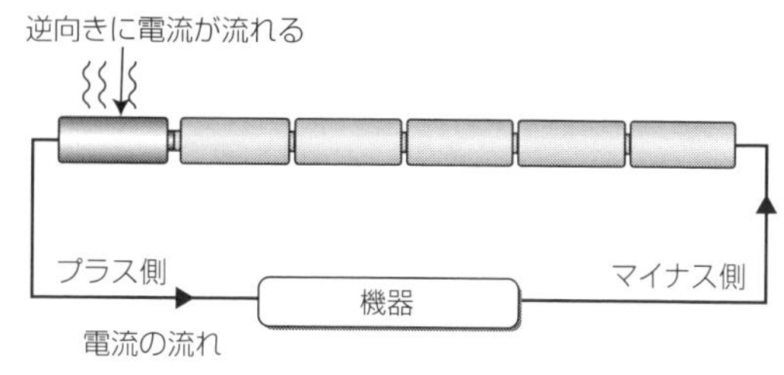

図 23-4　電池の誤挿入

23.2 電池の表示記号

電池の名称は、日本産業規格（JIS）で決められており、国際規格（IEC 方式）と整合が取られている。JIS の名称は 1990 年 10 月までに適用した形式命名法と、それ以降に適用する形式命名法が併用されている。**図 23-5** の方式 1 は 1990 年 10 月までに命名された電池、方式 2 は 1990 年 10 月以降に命名された電池である。図中（1）～（4）のシンボルの意味は下記である。

（1）直列につながっている電池の数

（2）電池の種類（表 23-2 の記号）

（3）電池の形状（R：円筒形、ボタン　F：非円筒形　B：ボタン）

（4）方式 1 の場合は連番や寸法で決められている。方式 2 の場合は寸法を表す。筒形の場合、直径と厚さを表す。「/」で区切るものもある。図 23-5 の方式 1 に表示された電池の記号「4LR44」は 44 番目に命名された電池で、ボタン形のアルカリ電池を 4 個直列に接続してパッケージしたもの。公称電圧は 6V である。方式 2 の「CR2032」は、直径

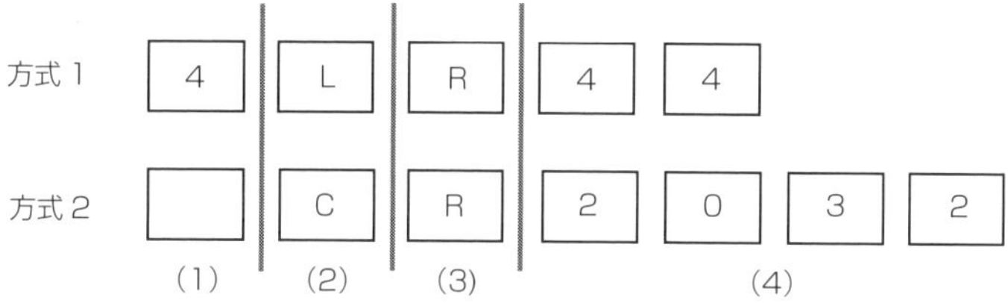

図 23-5　電池の記号の読み方

20mm 厚さ 3.2mm の二酸化マンガン・リチウムボタン電池である。公称電圧は 3.0V である。

なお、同じ仕様の電池が方式 1 と方式 2 別々の名称になっていることがある。対照表があるので参考にするとよい。また、電池に両方の方式の名称が表示されていることもある。新しい方式の電池については、この方式に合致しないものもある。現在、世界で使用されている電池の種類は 30 種類以上あるが、代表的な電池の種類と記号を**表 23-2** に示す。

表 23-2　各種電池の表示記号

一次電池		二次電池	
電池の分類	電気化学系記号	電池の分類	電気化学系記号
マンガン乾電池	表示なし	ニッケル・水素充電池	H
アルカリ乾電池	L	ニッケル・カドミウム充電池	K
二酸化マンガン・リチウム電池	C	リチウムイオン二次電池	IC
塩化チオニル・リチウム電池	E	鉛蓄電池	PB
酸化銀電池	S		
空気亜鉛電池	P		

日常使用している円筒形の電池の日本の通称と JIS（国際規格）および米国での呼称をそれぞれ比較すると、**表 23-3** のようになる。

表 23-3　日本の通称と JIS（国際規格）、米国での呼称

日本の通称	JIS（国際規格）	米国での呼称
単 1	R20	D
単 2	R14	C
単 3	R6	AA
単 4	R03	AAA
単 5	R1	N

一口メモ

ボタン形とコイン形の違い

ボタン形とコイン形とは**表 23-A** に示すとおり、形状（厚さ）が異なるが、電池の種類も異なる。

表 23-A　ボタン形とコイン形

形	電池の種類	記号
ボタン形	アルカリボタン電池	LR
	酸化銀電池	SR
	空気亜鉛電池	PR
コイン形	リチウム一次電池	CR、BR
	リチウム二次電池	VL、ML、TC、CLB、MS、MT、UT

23.3 一次電池

使用することで内部の化学反応が進み、元の電圧に戻らなくなる。一次電池には、プラス極・マイナス極の物質や電解液の種類により、マンガン乾電池、アルカリ乾電池、酸化銀電池、空気亜鉛電池、リチウム電池などがある。電池の性能は、一般的に放電曲線で示される。図 23-6 に、それぞれの特性を示す。

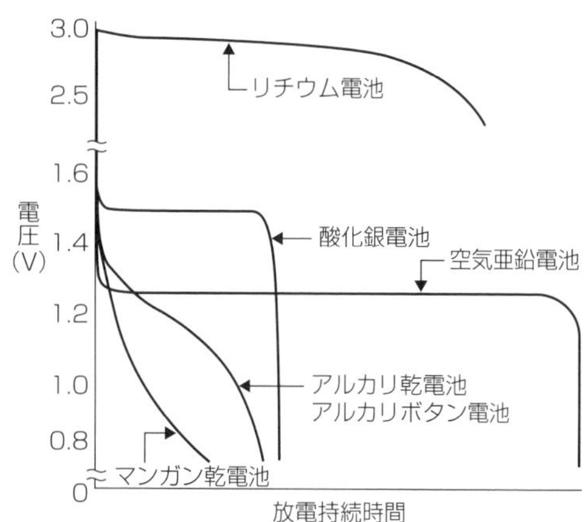

図 23-6　電池の特性
（一次電池の放電曲線の特徴）

一口メモ

乾電池の使用推奨期限

乾電池には図 23-A のように、使用推奨期限（月－年）が記されている。表示の場所は電池本体（底面または側面）または最小包装単位で表示されており、ボタン電池・リチウム電池の場合は台紙に記載がある。これは「記載してある 2023 年 9 月までに使い始めれば JIS に定められた所定の性能が発揮できる」ということで、期限が過ぎても使えなくなることを意味するものではない。酸化銀電池と充電式電池には、製造年月が表示されている。

一次電池の使用奨励期限

09－2023　または　09－23

図 23-A　乾電池の使用推奨期限標記の例

1. マンガン乾電池

マンガン乾電池は価格面から広い利用範囲がある。用途として時計やリモコン、小型ラジオなど弱い電流でも動作する機器に向いている。使ったあとしばらく休ませると電圧が少し上昇するので、連続使用より長く使用できる（図 23-7 参照）。

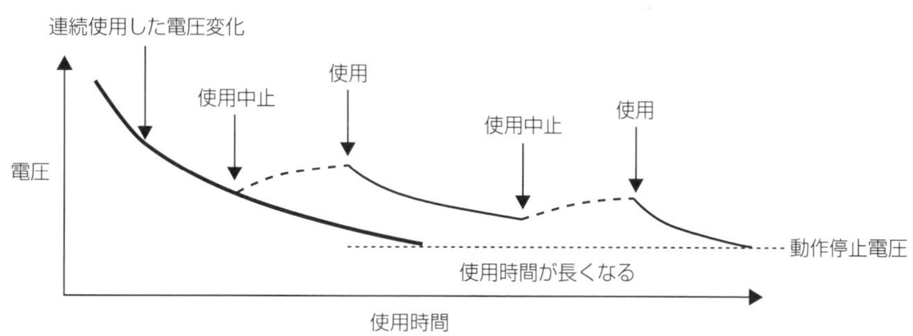

図 23-7　間欠使用の電圧変化

最近は耐漏液性のものや、比較的消費電流が多い機器にも対応したマンガン乾電池がある。使わずに置いておくだけで自然に放電してしまい、数年単位の保存には向かない面がある。マンガン乾電池の単3が持っているエネルギーを1とすると、単2は約3倍で、単1は8倍～10倍くらいになる。**表23-4**に、マンガン乾電池とアルカリ乾電池の仕様例を示す。6F22（通称006P）は、電圧が9Vである。これは内部で小さな電池セルが6本直列に接続されて構成している。円筒形の電池が接続されている場合には6R22、非円筒形（角形）の電池が接続されている場合は6F22となる。

表23-4　マンガン乾電池とアルカリ乾電池の仕様例

種類	品名(JIS)	公称電圧(V)	寸法(mm)		備考
			径	総高	
マンガン乾電池	R20P	1.5	34.2	61.5	単1
	R14P	1.5	26.2	50.0	単2
	R6P	1.5	14.5	50.5	単3
	R03	1.5	10.5	44.5	単4
	R1	1.5	12.0	30.2	単5
	6F22	9.0	幅17.4 長26.2	48.5	006P
アルカリ乾電池	LR20	1.5	34.2	61.5	単1
	LR14	1.5	26.2	50.0	単2
	LR6	1.5	14.5	50.5	単3
	LR03	1.5	10.5	44.5	単4
	LR1	1.5	12.0	30.2	単5

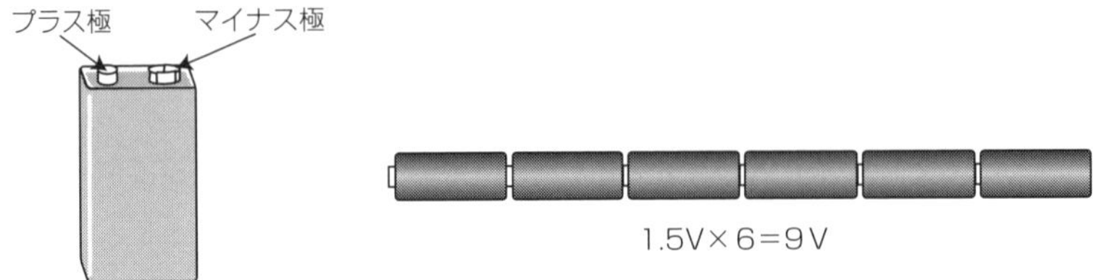

図23-8　006P電池の内部模式図

マンガン乾電池とアルカリ乾電池は内部構成材料が異なり、放電特性も異なる。単独ではそれぞれ互換性があり使用できるが、放電特性や内部抵抗が異なるので、混用して使用してはいけない。**図23-9**に示すように、発熱や漏液の原因になる。

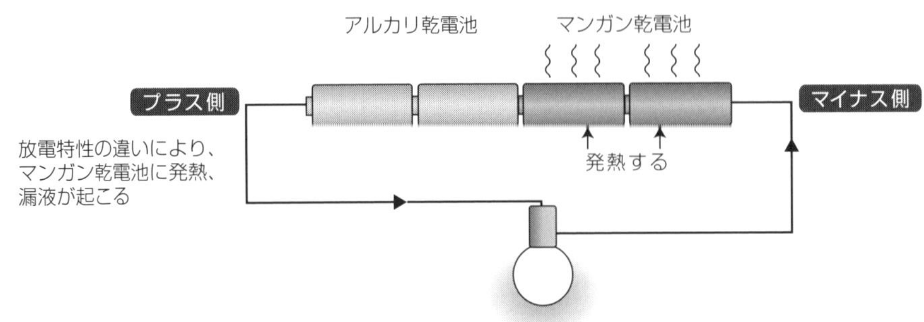

図23-9　電池の混用による現象

2. アルカリ乾電池

アルカリ乾電池は、正式名をアルカリマンガン乾電池という。この電池はマンガン乾電池と電圧、電池サイズで互換性があり、高容量で放電特性に優れている。アルカリ乾電池の仕様例は、表 23-4 に示したとおりである。アルカリ乾電池を微電流の時計などの機器に使用すると、持っている特性を生かせず、マンガン乾電池の寿命と大きな差が出ないこともある。マンガン乾電池同様、間欠使用することで若干電圧が戻る良さを持っている。アルカリ乾電池は、改良が進み、マンガン乾電池と価格的にも差がなくなってきている。アルカリ乾電池はマンガン乾電池の数倍のパワーを持つので長持ちし、交換する頻度も少なく、使い終わって廃棄する量も減るため環境にも良い。

3. アルカリボタン電池

アルカリボタン電池（型式記号 LR）は、公称電圧が 1.5V のボタン型電池である。廉価なので玩具、小型ラジオ、体温計などに使用される。酸化銀電池と互換性があるが、機器が対応しているか確認が必要である。

アルカリボタン電池を直列で使用する際の安全について

アルカリボタン電池を３個以上直列接続して使用する LED ライトなどの機器において、電池が破裂する事故が発生している。アルカリボタン電池は、過放電や誤使用によって電池内部でガスが発生する可能性がある。特に３個以上直列接続して使用すると、わずかな性能バラツキによって最初に消耗した電池が、他の電池から強制的に放電されることで過放電状態となり、ガス発生に伴い電池内の圧力が高まりやすくなる。アルカリボタン電池は、乾電池にある内圧を解放するためのガス排出機能を備えていないことから、内圧が高まると封止部分が外れて破裂に至る場合がある。事故防止のため、下記の注意事項を必ず守ること。

- 電池を使い切ったら機器に入れたままにしない。
  ライトなどの機器では当初の点灯時よりも暗くなったと感じた時、その他の機器では動きや反応が鈍くなったり、音が小さくなったと感じた時は、早めに電池を取り外し、すべての電池を新しいものと交換する。
- 電池をショートさせない。
- 新しい電池と古い電池は混ぜて使わない。
- 違う種類・銘柄の電池を混ぜて使わない。
- 電池の（＋）（－）を逆にして使わない。

4.　酸化銀電池

酸化銀電池（型式記号 SR）は平坦な放電電圧特性を持っており、大半はボタン形電池として腕時計、カメラ、ゲーム、電卓などに使用されている。アルカリボタン電池が使える機器には酸化銀電池が使える。酸化銀電池は容量が約２倍で価格は高い。ボタン形酸化銀電池とアルカリボタン電池の対応表を**表 23-5** に示す。**図 23-10** は、酸化銀電池の放電特性を表したものである。時計はゲーム機より消費電流が少ないので、長時間使用することができる。

表 23-5　酸化銀電池とアルカリボタン電池の互換性対応

酸化銀電池（1.55V）	アルカリボタン電池（1.5V）
SR41	LR41
SR43	LR43
SR44	LR44
SR54（SR1130）	LR54（LR1130）
SR55（SR1120）	LR55（LR1120）

表 23-6　ボタン形酸化銀電池の仕様例

品名（JIS）	公称電圧（V）	公称容量（mAh）	寸法（mm）		質量（g）
			径	総高	
SR55	1.55	45	11.6	2.05	0.9
SR54	1.55	72	11.6	3.05	1.4
SR43	1.55	125	11.6	4.20	1.9
SR44	1.55	180	11.6	5.40	2.3

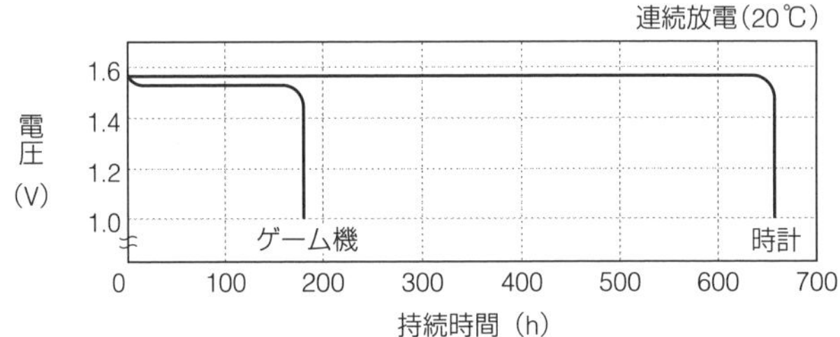

図 23-10　ボタン形酸化銀電池の放電特性例

5.　空気亜鉛電池

空気亜鉛電池（型式記号 PR）は、ボタン型電池として主に補聴器で使用されている。空気亜鉛電池は電池に空気穴が設けてあり、酸素を取り込むことで電気エネルギーを発生する。購入時はシールが穴に接着してあり、そのままではエネルギーを取り出せないようになっている。シールをはがすと化学反応が始まり、30 秒から１分くらいで規定の電圧になる。一度反応が始まると電池の性質上、機器を使用していなくても放置しておくだけで少しずつ放電してしまう。この放電は再度シールを穴に貼っても完全には止まらないので、電池を使い始めるときにシールをはがすようにする。

空気亜鉛電池の仕様例を**表 23-7** に示す。同じサイズの他のボタン形電池と比較すると、公称容量は大きい。

表 23-7 ボタン形空気亜鉛電池の仕様例

品名 (JIS)	公称電圧 (V)	公称容量 (mAh)	寸法 (mm)		質量 (g)
			径	総高	
PR536	1.4	60	5.8	3.6	0.3
PR41	1.4	125	7.9	3.6	0.6
PR48	1.4	230	7.9	5.4	0.8
PR44	1.4	540	11.6	5.4	1.8

■ 使用上の注意

①一度シールやテープを剥がすと、使わなくても消耗していく。

②防水加工などの完全密閉型の機器は、酸素が供給できなくなるので、空気電池の性能が発揮できなくなる。

③低温下では性能を十分に発揮できない。

④電池用電圧チェッカーなどでチェックしても電圧はほぼ一定のため、残容量が分からない。

⑤電解液にアルカリ水溶液を使用している。酸やアルカリは他の物質を溶かしたり分解したりするので、液漏れのときは注意が必要である。

6. リチウム電池

一次電池のリチウム電池は、コイン形二酸化マンガンリチウム電池（CR）3.0V と塩化チオニル・リチウム電池（ER）3.6V などの種類がある。ここでは、コイン形二酸化マンガンリチ

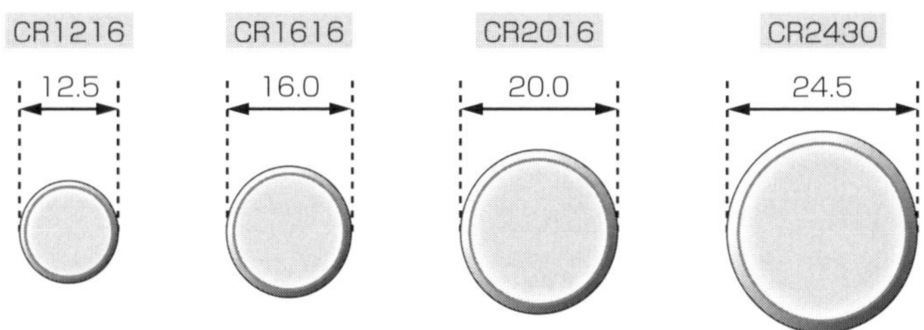

図 23-11 コイン形二酸化マンガンリチウム電池のサイズ表示

表 23-8 コイン形二酸化マンガンリチウム電池の仕様例

品名 (JIS)	公称電圧 (V)	公称容量 (mAh)	寸法 (mm)		質量 (g)
			径	総高	
CR1216	3	25	12.5	1.6	0.7
CR1616	3	50	16.0	1.6	1.2
CR2016	3	90	20.0	1.6	1.9
CR2025	3	160	20.0	2.5	2.5
CR2032	3	220	20.0	3.2	3.1
CR2430	3	300	24.5	3.0	4.3
CR2450	3	560	24.5	5.0	6.2
CR123A	3	1400	17.0	34.5	17.0

ウム電池を説明する。この電池は高エネルギーで、製造から10年を経ても自然放電は1/10程度で長期保存性に優れている。またアルカリ乾電池やマンガン乾電池よりも使用できる温度範囲が広く、低温での使用にも向いている。コイン形のCRの後ろの数値は、直径と高さを表す。CR1616のサイズは、径が16.0mm、高さは1.6mmである。

7.　一次電池の使用上の注意

①一次電池は充電しない。また、使い終わった電池を火の中に入れない。

②電池の電極は直接はんだ付けしない。はんだ付け時の温度上昇でセパレーターが溶け、内部で短絡したり電解液が沸騰して破裂したりするおそれがある。

③電池の電圧は低いので、ちょっとした端子の汚れでも、接触不良の原因になる。スイッチを入れても機器が動作しないときは、電池の端子の接触部分を清掃する。

④直列使用の電池は、同一品種のものを同時に交換する。減っているものだけを交換すると、寿命が短くなったり、新品の電池から他の電池に逆に充電したり、漏液や破裂のおそれがある。

⑤機器に電池を入れるときは、前もって機器のスイッチを切っておく。誤って電池を逆に入れて、機器を故障させる場合もある。

⑥電池を短絡させない。特に容量の大きな電池は、発熱して破裂するおそれがある。

⑦分解しない。漏れた電解液が目に入ると、失明などの重大な障害が発生するおそれがある。また、リチウム電池の場合は、負極の金属リチウムや有機電解質がもとで、引火するおそれがある。

⑧長時間使用しない機器の電池は、外しておく。放電末期は漏液しやすい。

⑨電池の保管は、幼児や子供の手の届かない場所にする。ボタン形電池などを誤って飲み込んだ場合には、直ちに医師と相談する。医師に相談できない場合は、公益財団法人 日本中毒情報センターの指示を受けるとよい。

- 大阪中毒110番　　072-727-2499（365日24時間）
- つくば中毒110番　029-852-9999（365日9時～21時）
- 日本中毒情報センターホームページURL　https://www.j-poison-ic.jp/

誤飲防止パッケージ（コイン形リチウム一次電池）

誤って電池を飲み込んだ場合、最悪の場合は死に至ることがある。一般社団法人 電池工業会は、乳幼児が素手で開封できないパッケージに関する基準「コイン形リチウム一次電池の誤飲防止パッケージガイドライン」を2016年に発行した（2017年10月第2版発行済み）。本ガイドラインによると、誤飲対策パッケージは「乳幼児が飲み込めないサイズとする」、「乳幼児が素手で開封できないようにする」を原則として仕様が定められている（例えば、パッケージの開封にはハサミなどが必要となっている）。電池工業会会員会社は、ガイドライン第2版に準拠したパッケージを2018年3月末めどに市場導入済み（販売中）である。

公称容量／電池パックの容量表示

■ 公称容量

ある特定の時間率放電における電池の容量を公称容量という。電池の容量は、容量（mAh）＝放電電流（mA）×放電時間（h）で表す。例えば1000mAhと記載があれば、100mAの放電で10時間もつことになる。ただし、電流が大きくなるほど使用時間は計算値より短くなる（図23-B参照）。すなわち、1000mAhの電池の消費電流を100mAから200mAにすると5時間以内と短くなり、50mAにすれば20時間以上もつようになる。

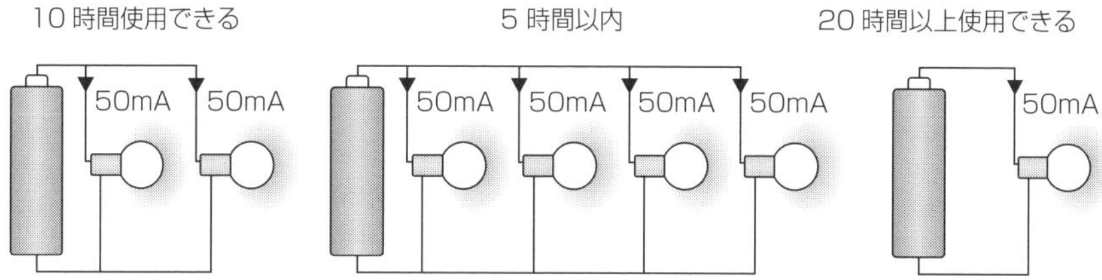

図23-B　電流の違いによる使用時間（1000mAhの場合）

■ 電池パックの容量表示

現在、電池パックの容量は［定格容量］で表示されている。［定格容量］とは、規定された条件下で放電させたときに取り出せる電気量のこと。これは、欧州地域での電池への有害物質の含有を制限するとともに、リサイクルを要求する規制「欧州電池指令」に対応したものである。この規制の中で、容量表示の不統一を解消するため、国際規格での表示が統一化された。従来は［公称容量］（充電池の製造者が指定する設計上の中心容量）で表示されていた。

23.4 二次電池

二次電池は、一次電池と異なり充電・放電の繰り返しができる電池である。一般的に蓄電池と呼ばれ、使われているプラス極・マイナス極の材料（活物質）や電解液の種類によりリチウムイオン二次電池、ニッケルカドミウム充電池、ニッケル水素充電池などがある。

1.　リチウムイオン二次電池

（1）特徴

リチウムイオン二次電池は、プラス極とマイナス極の間をリチウムイオンが移動することにより充放電を行う二次電池であり、モバイル電子機器用、自動車用、住宅用、産業用など幅広い分野で活用されている。リチウムイオン二次電池の特徴を以下に挙げる。

- ほかの二次電池と比べて、体積エネルギー密度、質量エネルギー密度ともに高く、最も小型・軽量化が可能である（図23-12参照）。
- 「電圧が高い」、「サイクル寿命が長い」、「急速充電が可能」、「自己放電が少ない」、「高出力が取り出せる」など。

- 使い切らずに頻繁に継ぎ足し充電してもメモリー効果は発生しないが、過充電や過放電により性能が劣化することがある。充電には専用充電器などを使用し、過度な継ぎ足し充電は避ける。
- 長期保管する場合は満充電や完全放電の状態ではなく、使用機器などで適度に放電させておくほうがよい。

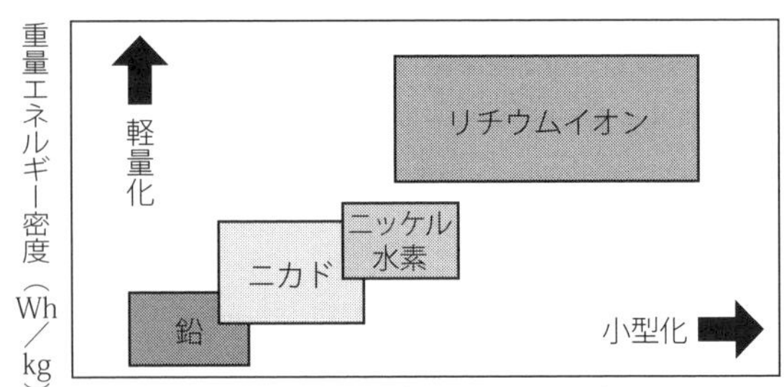

出典：一般社団法人 電池工業会「リチウムイオン蓄電池まるわかりBOOK」

図 23-12　二次電池の種類と特徴

- 使用しない場合でも機器に装着しておくと、内蔵の時計やバックアップデータ保持のため、微少な電流が流れて容量が少しずつ低下する。完全に低下すると復帰させることができないことがあるので、長期保存をする場合には時々充電する必要がある。

一口メモ

メモリー効果

メモリー効果は、充電池を使い切らずに継ぎ足し充電を繰り返し行うことで、使用可能な容量が見かけ上、減ってしまうことをいう。メモリー効果が起きると電池を使い切っていないのに急激に電圧が低下して、正常な容量の電力が取り出せなくなり使用時間が短くなる。この現象は使用する機器で充電池を使い切らないうちに（例えば、機器の「電池残量」表示が少し減ったところで）満充電にしようと充電を行うことで発生しやすくなる。この繰り返しにより、継ぎ足し充電を開始した残容量付近で急激に放電電圧の低下が起きるようになる。充電を開始した残容量を記憶しているように見えるので、メモリー効果という。ニッケルカドミウム充電池とニッケル水素充電池で起きる。

図 23-C に、メモリー効果の発生状態を示す。メモリー効果が発生した電池は、機器が完全に動作しなくなるまで使い切るか、ラジオなど他の機器でさらに使い切る。そのあとで充電を２回～３回繰り返すと、回復する場合がある。何度か繰り返しても回復しない場合は、メモリー効果とは別の要因と考えられる。なお、最近は使用する機器の対応が進みメモリー効果は起きにくくなっている。また、ニッケル水素充電池は、電池そのものの改良が進みメモリー効果は起きにくくなっている。

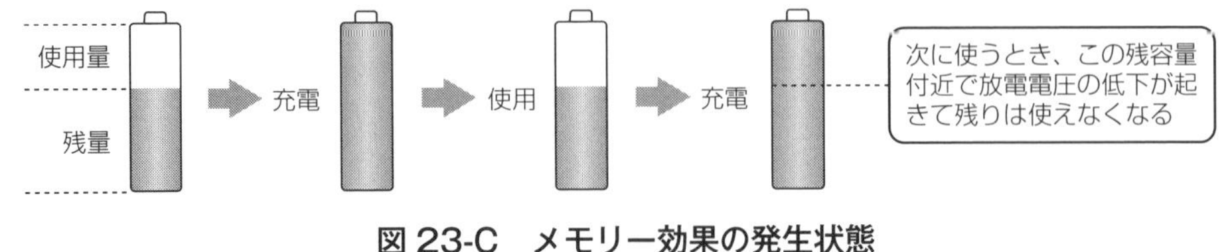

図 23-C　メモリー効果の発生状態

(2) 住宅用蓄電システム

再生可能エネルギーの多くは、「天候による出力変動が大きい」、「発電コストが高い」、「効率が低い」などの問題がある。蓄電システムは、再生可能エネルギーの出力変動を抑制し、電力品質（周波数、電圧）を確保するのに役立ち、また、災害時・停電時の非常用電源として有効である。リチウムイオン蓄電池は、商用電力系統に対して双方向に充放電できるので、電力需要の少ない早朝や夜間などの時間帯に電力を蓄え、電力需要の多い昼間に放電するピークカット、ピークシフトの電源として活用することができる。住宅用の定置用リチウムイオン蓄電池の導入に対する補助金制度は2014年度で終了したが、地方自治体では補助金を設けているところもあるので、購入前に確認するとよい。

太陽光発電と蓄電池を設置した場合のシステム構成例を図23-13に示す。通常時（昼間）は、太陽光発電や蓄電池から家電品への電力供給を行うとともに、太陽光発電の余剰電力を電力会社に売電できる。停電時（昼間）は、太陽光発電の電力を蓄電池に充電しながら、蓄電池から家電品への電力供給ができる。

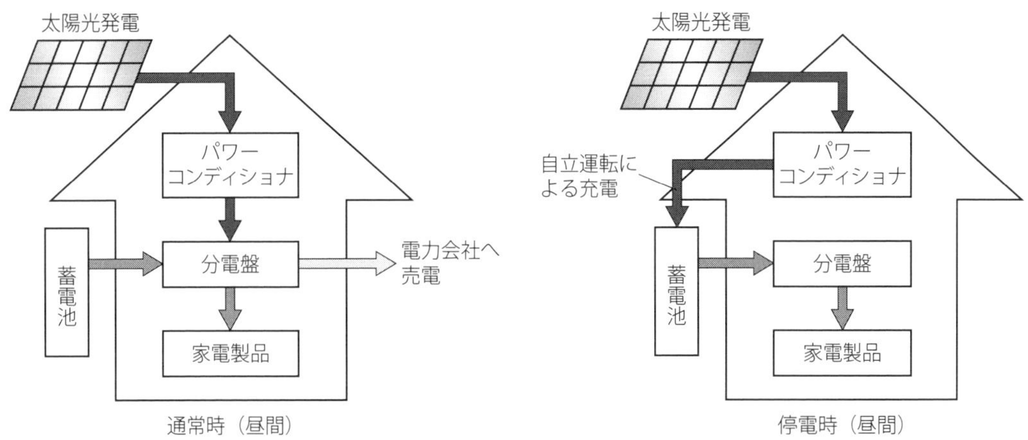

図23-13 住宅用蓄電システム構成（例）

一口メモ ピークカットとピークシフト

電力会社は常に一定の電力を作り続けており、電力量は昼間のピーク時に合わせている。電力がひっ迫する昼間になるべく電気を使わないようにすることをピークカットといい、電気を使う時間を昼間から深夜にずらすことをピークシフトという。ピークカットとピークシフトのイメージを図23-Dに示す。昼間や夜間の電力ピーク時に、前日の夜間電力で

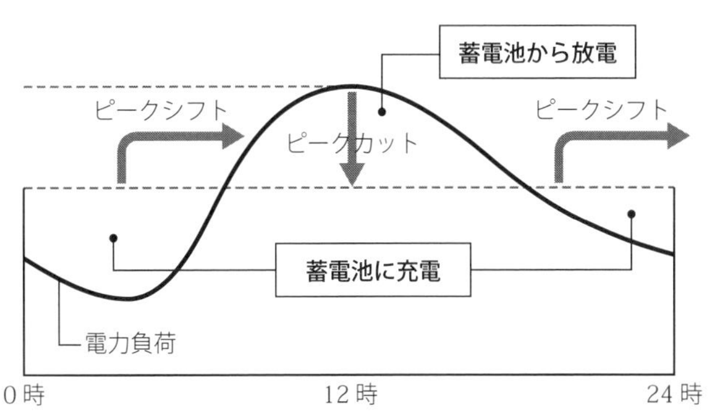

図23-D ピークカットとピークシフト（イメージ）

蓄えた蓄電システムからの電気を使用することで、電力会社から購入する日中の電力量を抑制し、電気代の節約（電力料金差を利用）、ピーク電力削減（契約電力低減）、消費電力の平準化ができる。

フォーカス　フレキシブルリチウムイオン電池／全固体電池

■ フレキシブルリチウムイオン電池

カード型デバイスやウェアラブル端末などに適した薄型のフレキシブルリチウムイオン電池が開発中である。ラミネート外装体・積層電極構造により繰り返しの曲げやねじりに対して強く、高い安全性を持つため身体に装着して使用する機器にも搭載可能であり、実用化が期待されている。

■ 全固体電池

現在主流のリチウムイオン二次電池の３倍以上の出力特性を持つ“全固体電池”の開発が進められている。リチウムイオン二次電池の電解質には可燃性の有機溶媒が使用されており、液漏れや過熱などの問題はあるが、電解質にセラミックなどの固体を使用する全固体電池は、液漏れの心配がなく高熱にも耐えるため安全性が高い。

全固体電池の実用化に向けては、リチウムイオンが電解質／電極界面を移動するときの抵抗を低減する（イオン伝導率を高める）ことが大きな課題であり、現在、３種類の固体電解質材料（硫化物系材料・酸化物系材料・樹脂材料）について開発が進められている。日本の大手自動車メーカーのひとつは、「フル充電を数分で済ませ、航続距離を大幅に延ばせる」次世代の全固体電池を搭載した電気自動車（EV）を 2022 年にも国内で発売する方針を発表するなど、EV 開発で先行する欧米に対して巻き返しを図っている。

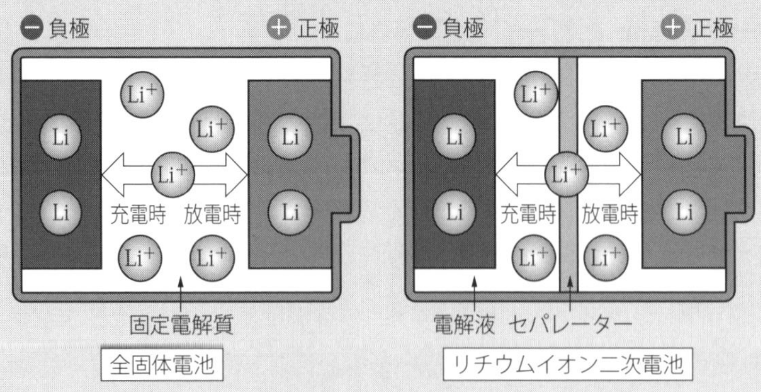

図 23-E　全固体電池とリチウムイオン二次電池

2. ニッケルカドミウム充電池

一般の充電池は低温では性能を十分発揮できないが、ニッケルカドミウム充電池は 0℃以下の寒冷地での使用にも耐える。電圧は 1.2V とアルカリ電池やマンガン電池より若干低めだが、ほとんどの機器で使用できる。ニッケルカドミウム充電池に含まれているカドミウムは、微量でも長期摂取すると人体に健康障害を及ぼすので、廃棄時はリサイクル協力店への相談か、メーカーの案内に従うようにする。ニッケルカドミウム充電池の使用を中止したメーカーもあり、今後はニッケル水素充電池に代わることが予測される。

3. ニッケル水素充電池

ニッケルカドミウム充電池のカドミウムの代わりに、水素を含んだ合金を使用したものがニッケル水素充電池である。ニッケルカドミウム充電池と同じサイズで2倍近い容量がある。ニッケルカドミウム充電池とニッケル水素充電池は、充電しておいても保存しておくと使えないことがある。使用しなくても日数とともに容量が減少（自己放電）してしまい、保存する温度が高いほど減少する量は多くなる。現在は保存しておいても容量があまり減らず、メモリー効果も発生しにくく継ぎ足し充電も可能で、購入後すぐに使用できる充電池もある。

フォーカス　ニッケル水素充電池の「くり返し使える回数」

ニッケル水素充電池について、表記されている「くり返し使える回数」と実際に使える回数が大きく異なるとの指摘を受け、2019年3月、JIS規格が改正され、JIS C 8708：2019「ポータブル機器用密閉型ニッケル・水素蓄電池（単電池及び組電池）」となった。これにより、くり返し回数の試験条件が見直され、改正後は図23-Fのように、新・旧条件でのくり返し回数が併記されることになったが、電池そのものの性能が変わったわけではない。

くり返し使える回数
○○回※1/△△回※2
※1. JIS C 8708：2013(7.5.1.3)の試験条件に基づく電池寿命の目安
※2. JIS C 8708：2019(7.5.1.4)の試験条件に基づく電池寿命の目安

図23-F　改訂後の表示（例）

4. 二次電池の使用上の注意

①電池、充電器および電池使用機器の説明書または注意書をよく読み、その内容に従って取り扱う。また、必要なときに読めるよう大切に保管する。

②電池の充電・放電の温度は、電池の説明書または注意書に記載してある範囲内とする。この温度範囲以外では電池が漏液・発熱したり、電池の性能や寿命が劣化したりする。

③電池を使用する前に点検し、サビ・漏液など異常と思われるときは使用しない。

④電池の充電は専用充電器を使用するか、指定の充電条件を守る。指定の充電条件以外で充電すると、電池が発熱・発火・破損するおそれがある。

⑤電池を充電器や電池使用機器に入れるときは、電池端子の極性を確認する。

⑥使用する機器が指定されている電池の場合、指定機器以外の用途に使用すると、電池の破損や性能・寿命の劣化につながる。

⑦電池の保管は、幼児や子供の手の届かない場所に置く。また、使用機器や充電器に入っている電池を触らせないように注意する。ボタン形電池など誤って飲み込んだ場合には、直ちに医師と相談するか、「一次電池の使用上の注意事項」で説明した公益財団法人 日本中毒情報センターに電話をして指示を受ける。

⑧電池のプラス端子とマイナス端子を金属でショートすると大きな電流が流れ、発熱・発火

に至ることがある。金属製のネックレスなどと一緒に持ち運んだり、保管したりしない。

⑨電池に釘などを刺したり、ハンマーでたたいたり、踏みつけたり直接はんだ付けしない。

⑩乾電池などの一次電池や、容量・種類・銘柄・充電・放電状態の異なる電池を混ぜて使用しない。

⑪放電後はすぐに充電しなければならない電池（鉛充電池）と、放電後は放置してもよい電池（ニッケルカドミウム充電池やニッケル水素充電池）とがあるので、保管時には各電池に合った状態にしておく。

⑫充電時に、所定の充電時間を越えても充電が完了しない場合は、充電をやめる。そのまま充電を続けると、電池が発熱・発火・破損するおそれがある。

⑬電池の保管は、高温、高湿および直射日光を避ける。高温では自己放電が促進されるだけでなく、劣化することがある。

⑭電池から漏れた電解液が皮膚や衣服に付着した場合は、多量の水で洗い流す。液が目に入ったときは、障害を起こすおそれがあるので、きれいな水で十分に洗ったあと、眼科医と相談する。

⑮電池が漏液したり、異臭がしたりするときは、直ちに火気から遠ざける。漏液した電解液に引火し、発火・破損のおそれがある。

23.5　使用済み電池の廃棄方法

各種電池を廃棄する際は、一般社団法人 電池工業会が制定した方法に従って行う（表23-9参照）。

表 23-9　各種電池の廃棄方法

分類	種類	リサイクルの義務	廃棄方法
小型充電式電池	ニカド電池 ニッケル水素電池 リチウムイオン電池	あり（資源有効利用促進法）	端子部をテープなどで絶縁 ⇩ リサイクル協力店・協力自治体・リサイクル事業者等の回収拠点に設置されている小型充電式電池リサイクルBOXに入れる
ボタン電池	アルカリボタン電池 酸化銀電池 空気亜鉛電池	なし（自主回収）	電極をテープなどで絶縁（電池のショート防止） ⇩ 電器店などに設置されているボタン電池回収缶に入れる（投入口に入らない電池は対象外）
乾電池、リチウム一次電池	アルカリ乾電池 マンガン乾電池 リチウム一次電池	なし	電極をテープなどで絶縁 ⇩ 一般の不燃ゴミとして自治体の指示に従って廃棄する

- 小型二次電池には、ニッケル、カドミウム、コバルト、鉛などの希少な資源が使われている。これらの資源を有効活用するために 2001 年施行の「資源の有効な利用の促進に関する法律」に基づき、小型二次電池の回収・再資源化が義務づけられた。小型充電式電池リサイクルBOX で回収可能な小型二次電池には**図 23-14** に示したようなリサイクルマークが電池本体に表示されている。
- ボタン電池を廃棄する際は、電極を絶縁性のテープで絶縁（電池のショート防止）したうえで、ボタン電池回収缶に入れる。回収されたボタン電池は、収集運搬業者を通じてリサイクラーに送られ、適正に処理・リサイクルされる※。なお、ボタン電池回収缶の投入口に入らない電池は対象外である。
- コイン形リチウム電池（型式記号 CR および BR）は、水銀を含んでいないため回収の対象外であり、自治体の指示に従って廃棄する。

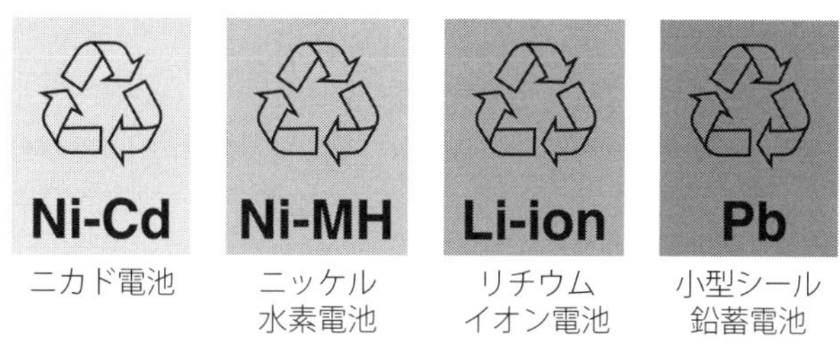

図 23-14 小型二次電池のリサイクルマーク

フォーカス リチウムイオン電池を“不燃ゴミ”で出してはいけない！

誤って“不燃ゴミ”として捨てられたリチウムイオン電池がゴミ収集車で回収されるときに、収集車内の回転板で押しつぶされて電池パックの絶縁体が断裂してショートし発火する火災事故が全国各地で多発している。また、ゴミ処理施設で“不燃ゴミ”を粉砕する際に、混じっていたリチウムイオン電池から発火したものと見られる事故も多発している。これらの火災事故防止のためにも、リチウムイオン電池を“不燃ゴミ”で出してはいけない。

一口メモ ボタン電池回収の背景と目的／ボタン電池の無水銀表示

■ ボタン電池回収の背景と目的

国連環境計画（UNEP）による水俣条約（2013 年）および国内における「水銀による環境の汚染の防止に関する法律」（2015 年）の制定などを通じて、水銀から人の健康と環境を守る取り組みが行なわれている。従来、電池業界では、乾電池の水銀ゼロ化（1992

※：回収されたボタン電池は、最終的に中間処理業者の施設に送られて水銀、鉄、亜鉛化合物などとしてすべてリサイクルされるため、廃棄処分や埋立処分は発生しない。

年)、水銀電池の生産・販売中止（1995年）など、環境負荷の軽減に努めてきたが、ボタン電池には性能面・品質面の理由から今なおごく微量の水銀が使用されているものがあり、現時点で完全な無水銀化は実現していない*。そのため一般社団法人 電池工業会(BAJ) では、使用済みのボタン電池の回収および水銀の適正処理（自主取り組み）を行なっている。

■ ボタン電池の無水銀表示

ボタン電池には、一般社団法人 電池工業会が 2017年8月に制定した「ボタン電池の適正分別・排出の確保のための表示等情報提供に関するガイドライン（第2版）」に基づき、原則として「表示」、「カタログへの記載」、「WEBへの掲載」という3つの方法全てを実施することが望ましいとされている。ただし、ボタン電池はサイズが小さくスペースに余裕がないこと、品質確保のため本体刻印が難しいことを考慮し、表示は原則としてパッケージに行うものとされており、実際、製品パッケージには「水銀0（ゼロ）使用」などと表示されている。表示のないものは、水銀含有品である。

＊：空気亜鉛電池については、品質・安全確保のため、当面の間、水銀使用が続く見通しである。

この章でのポイント!!

電池の種類、一次電池と二次電池の違い、一次電池および二次電池の使用上の注意、使用済み電池の廃棄方法などについて述べました。特に、小型二次電池は法律によりリサイクルが義務づけられているので、回収方法などを理解しておく必要があります。

キーポイントは

- **電池の種類**
- **一次電池と二次電池の違い**
- **使用済み電池の廃棄方法**

キーワードは

- 化学電池、物理電池
- 一次電池、二次電池
- 誤飲防止パッケージ
- 定格容量、公称容量
- メモリー効果
- 定置用リチウムイオン蓄電池
- ピークカット、ピークシフト
- フレキシブルリチウムイオン電池
- 全固定電池
- リサイクルマーク

暖房器具

24.1 電気ファンヒーター

エアコン暖房や石油暖房機器が部屋全体を暖めることを目的としているのに対し、電気ファンヒーターは基本的には個人で直接「暖」をとるパーソナル暖房である。そのため、台所や勉強部屋、トイレあるいは店舗のレジの近くなど、特定の狭い箇所で「暖」をとるために使われる場合が多い。他の熱源（石油、ガス）と異なり、燃料供給の手間もかからず排気ガスの心配もない。

1. 仕組み

図 24-1 に構造を示すように、ファンにより吸い込まれた冷たい空気は、発熱体で暖められ温風となって吹き出される。暖房の立ち上がりを早めるため、運転前にヒーター通電して蓄熱材に熱を蓄え、運転時にセラミックヒーターの熱と蓄熱分で一気に暖房する蓄熱セラミックファンヒーターや、空気清浄機能などを備えた機種もある。発熱体は、鉄クロム線、ニクロム線および、セラミックヒーターなどがあるが、ここではセラミックヒーターについて説明する。

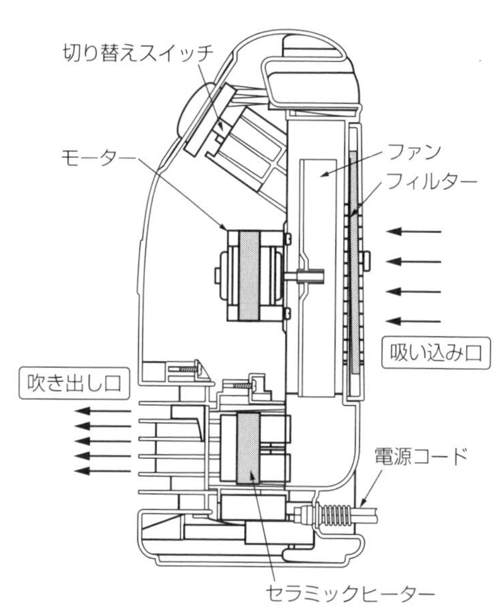

図 24-1　電気ファンヒーター構造（例）

セラミックヒーターは、半導体ヒーター（正の抵抗温度係数を有する抵抗体で、チタン酸バリウムを主成分とする PTC サーミスター）に、放熱効果を良くするため、コルゲート状のアルミニウム放熱板を取り付けたものである。このヒーターの特徴は、自己温度制御特性によって200℃以上の温度にならず、またニクロム線ヒーターのように赤熱することがなく、安全な熱源である。

2. 上手な使い方

①フィルターが詰まると暖房能力が低下するので、こまめにフィルターを清掃する。

②平らで水平な場所で使用する。本体を倒したり傾けたりして使用すると、転倒スイッチ（転倒すると通電を OFF する）が働き運転が停止する。

3.　安全上の注意

①電源は交流 100V 定格 15A 以上のコンセント単独で使用する。
②スプレー缶（ヘアスプレー、殺虫剤など）を近くに置かない。
③引火性危険物（ベンジン、ガソリン、シンナーなど）の近くで使用しない。
④可燃物の近くで使用しない。
⑤吸い込み口、吹き出し口を塞がない。
⑥吹き出し口など高温のところに触れない。
⑦転倒スイッチをテープなどで固定しない。

4.　電気暖房の目安

電気ファンヒーターや電気ストーブなどの高ワット機器について、一般社団法人 日本電機工業会では暖房能力を表示するよう基準が設けられ、1m² 当たり必要ワット数の計算基準が定められている（表 24-1 参照）。

表 24-1　暖房の目安（1m² 当たりの必要 W 数計算基準）

構造	木造住宅		コンクリート住宅	
断熱材	なし	50mm	なし	50mm
1m²当たりのW数	244W	140W	174W	93W

＊室内外温度差15℃の地区で1畳＝1.65m²として（50Hzを基準）算出

カタログでは、表 24-2 のように機器のヒーターの消費電力により部屋の大きさを表示し、目安としている。

表 24-2　1220W 暖房機の暖房目安表示例

断熱材	木造住宅	コンクリート住宅
なし	約3畳まで/5m²まで	約4.5畳まで/7m²まで
50mm	約6畳まで/8.7m²まで	約8畳まで/13.1m²まで

＊室内外温度差15°Cの地区で1畳＝1.65m²として（50Hzを基準）算出

24.2　電気カーペット

電気カーペットは不織布にヒーターを挟み、ヒーターの発熱によりカーペットが暖かくなる仕組みである。面の暖房であるが、床暖房などとは違い部屋全体を暖房するのではなく、その上に居ることで、暖をとる機器である。

1.　仕組み

（1）構成

電気カーペットは、図 24-2 に示すように、本体の端に電流の流れを制御するコントローラーを設け、発熱量の制御を行っている。また、発熱体には図 24-3 のようにコードヒーターのみの一線式と、温度検出用のセンサーコードが別になっている二線式の 2 種類がある。

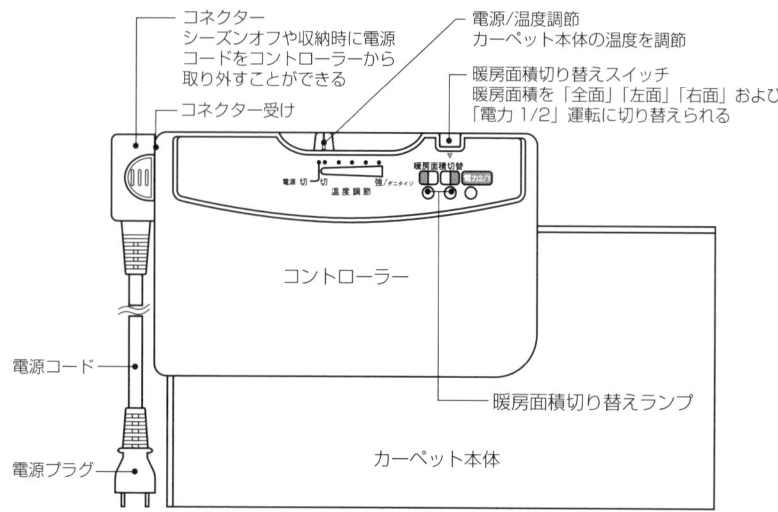

図 24-2　電気カーペットの構造（例）

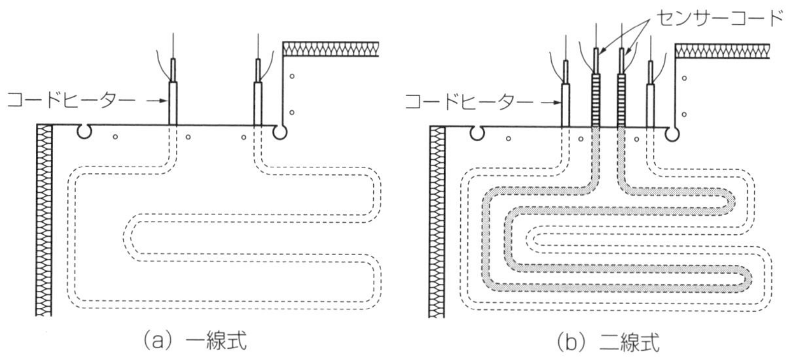

図 24-3　カーペット本体の構造

(2) 発熱体の構造（コードヒーター）

コードヒーターは**図 24-4** に示すように二重構造になっており、中心側が発熱線で、短絡層を介し検知線が巻かれている。

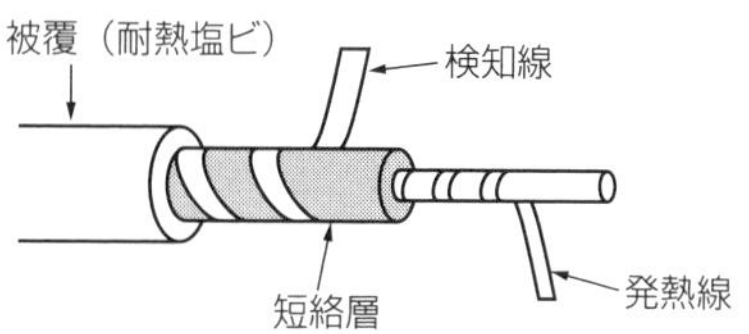

図 24-4　コードヒーターの構造

(3) センサーコードの構造（検知線）

センサーコードは**図 24-5** に示すように、コードヒーターと酷似した構造を持ったもので、検知線間の抵抗は温度によって変化する。

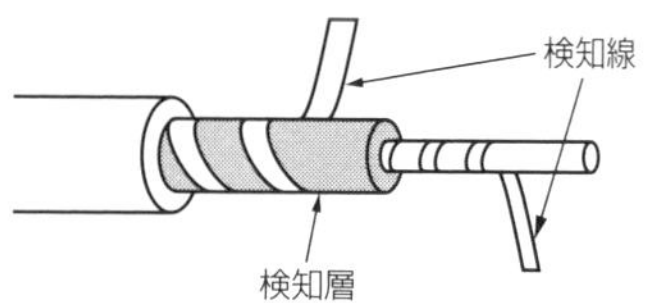

図 24-5　センサーコードの構造

(4) 温度制御

①一線式の場合は、発熱線と検知線間の温度による抵抗の変化をコントローラー側で検出し、電流を制御するものである。また、コードヒーターの温度を直接検出するため、ヒーターの異常温度上昇に敏感である。

②二線式の温度制御は、検知線と検知線間の抵抗の変化をコントローラー側で検出して行う。また、二線式は、センサーコードで間接的な検知をするため、スタート時の温度上昇が早

いなどの特徴がある。

(5) 保護回路

一線式、二線式とも異常発熱や強い衝撃時に、コードヒーター側の短絡層が溶融したりつぶれたりして、ヒーター線と短絡線間がショートしたとき、コントローラー内の温度ヒューズを溶断させて電源を遮断し安全を保っている。

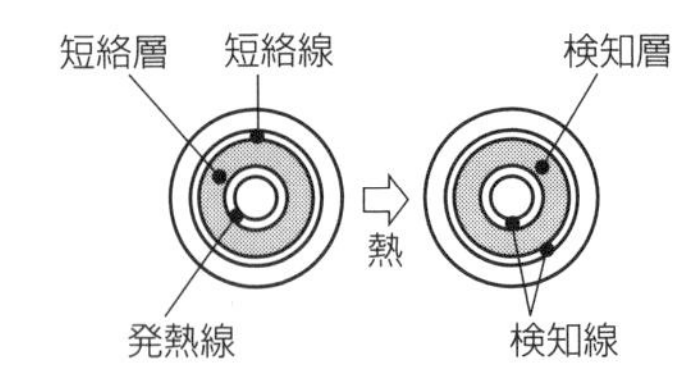

図 24-6　二線式ヒーターと検知線

2. 上手な使い方

①フローリングなど断熱性の低い床で使うときは、熱が逃げるため消費電力が大きくなるので、断熱性の良いマットなどを下に敷くとよい。

②汚れ防止のため、別売りの専用カバーがある。厚手のカーペットなどや、熱に弱い材質のものなどをカバーとして使うと、熱がこもって暖かくならなかったり、変色したりするので注意する。

3. 安全上の注意

①就寝用の暖房器具としては使用しない。低温やけどになるおそれがある。

②応接セットや机など脚部の面積が小さいものは、重みでカーペットを傷めることがある メーカーの取扱説明書に従って当て板や脚ゴムを使用する。

一口メモ

低温やけどとは？

心地よく感じる程度（体温より少し暖かい温度）の熱源に、皮膚の同じ部分が長い時間接触して、じわじわと皮膚の深いところまでやけどしてしまった状態をいう。特に熱さを感じないような温度でも、熟睡中など知らず知らずのうちに発症することがある。熱いものに接触している皮膚の温度とやけどになるまでの時間はおおよそ次のとおり*。

- 44℃では 3 時間～4 時間
- 46℃では 30 分～1 時間
- 50℃では 2 分～3 分

皮膚の表面は大したことないように見えても、内部が壊死してしまうと、手術が必要になるなど重症になることもある。低温やけどは商品が正常であっても発生するので、使い方に十分注意する必要がある。

*：製品と安全第 72 号『低温やけどについて』山田幸生著（製品安全協会）による。

4. 手入れ

①カーペットの表面が汚れてきたときは、市販のカーペット用洗剤を薄めて使用する。

②コーヒー、紅茶、その他しみが残るおそれがあるものをこぼしたときは、乾かないうちに食器用中性洗剤を浸した布でたたくようにして拭く。また、使用後は陰干しをして十分乾

燥を行う。

③ドライクリーニングは、本体を傷めるので行わない。

④シーズンオフは、日陰で十分乾燥させてビニール袋や箱に入れて湿気の少ない場所に保管する。

⑤防虫剤は、発熱線やコントローラーなどのプラスチック部分を傷めるので使用しない。

⑥天然素材（ウール、シルクなど）を使ったカーペットカバーは虫食いに弱く、手入れには十分注意する。

24.3 電気毛布

電気毛布は、毛布内部に埋め込んだヒーター線の発熱により毛布全体を暖めることで、冬の寒い夜も快適な睡眠が得られるようにする製品である。電気毛布には、掛け毛布、敷き毛布および掛け毛布と敷き毛布両用の掛け敷き毛布がある。掛け毛布は、敷き毛布に比べて軽くて柔らかい素材で大きめにできており、掛け敷き毛布は両者の中間の特徴を持つ。

1. 構造と仕組み

電気毛布の構造例を図24-7に示す。発熱部である毛布本体と、電流の流れを制御するコントローラー部が分離できるようになっている。また、胸元側に比べて足元側のほうが約10℃温度が高くなるように、ヒーター線の配置密度を変えてある。これは使用時の快適さを目的としたものであり、胸元側と足元側は逆にして使用しない。

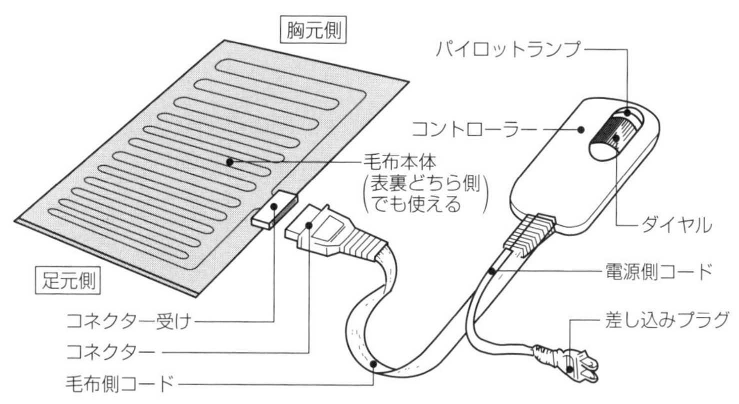

図24-7　電気毛布の構造（例）

(1) ヒーター線の構造

ヒーター線の構造は図24-8のように、発熱線の周りに検知層（短絡層を兼ねる）を設け、さらに検知線（短絡線を兼ねる）を巻いた二重構造に作られている。発熱線と検知線間の電気抵抗の変化をコントローラー側で検出することにより設定した温度に制御している。このように、1本のヒーター線で発熱と温度検出の両方ができる一線式が主流である。

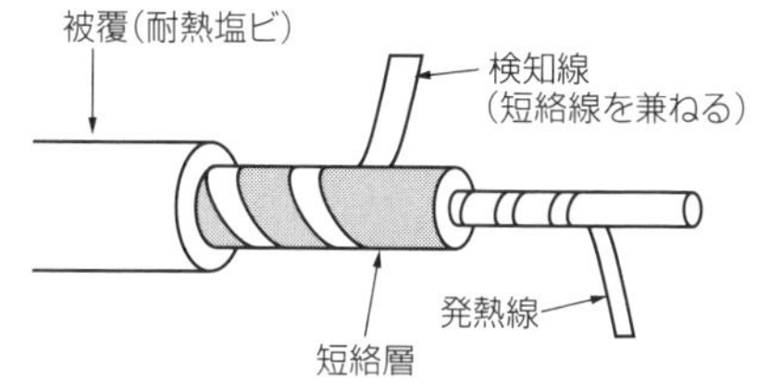

図24-8　ヒーター線の構造（例）

(2) コントローラー

コントローラーは、発熱線と検知線間の抵抗の変化を電子回路で検出し、ヒーター線に流れる電流を制御することで毛布の温度を一定に保つ。

(3) 異常過熱

通常はヒーター線の温度を常に制御しているが、万が一、局部的な過熱がどこで生じても発熱線の外側の短絡層が溶けるため、発熱線と検知線間が短絡し、コントローラー内の温度ヒューズを溶断することで、電流を遮断し安全を保っている。

2. 上手な使い方

①就寝前に温度を高めで予熱し、就寝時は寒くない程度（体温よりやや低め）に戻すくらいが快適。

②電気毛布は、ヒーター線の配置密度を胸元側と足元側で変えるなどの工夫がされており、胸元側と足元側を逆にしては使わない。

③掛け毛布と敷き毛布は、それぞれ目的に合わせて発熱量が異なり掛け毛布を敷きに使用すると熱く感じたり、反対に「敷き毛布」を掛けに使用するとぬるく感じたりする場合がある。

④購入後すぐやシーズンの初めには、毛布全体が湿気を含んでいるため温度が低くなることがある。このような場合は予熱時間を長めにし、温度設定を通常より高くするなどして、湿気を取り除くと正常に戻る。

3. 安全上の注意

①電源コードの差し込みプラグやコネクター部を外すときは、コードを持たず差し込みプラグやコネクターを持って抜く。

②比較的低い温度（40℃～60℃）でも、発熱体が皮膚の同じ箇所に長時間触れていると、低温やけどのおそれがある。乳幼児や高齢者、皮膚の弱い方、また、カゼ薬や睡眠薬などを服用した場合、あるいは深酒をしたときや疲労のはげしいときは温度感覚が鈍くなったりするので、使用時には注意が必要である。

③ペットが発熱体を傷めることがあるので、ペットの暖房には使わない。

④電気毛布と湯たんぽや電気アンカ、掛け毛布、敷き毛布を併用して使用しない。局部過熱や異常な温度上昇で健康を害したり、ヒーター線を傷めたりすることがある。

⑤使い始めや日常点検として、毛布本体を光に透かして発熱体の折れぐせや、よじれのある場合は使用しない。

⑥折り畳んだまま使用しない。また、ほかの用途には使用しない。故障の原因になる。

4. 手入れ

①毛布本体は十分自然乾燥させてから表面のホコリを取り除き、たたんで箱に入れ湿気の少ない場所に保管する。

②ナフタリンなどの防虫剤は、コントローラーやコネクターを傷めるので使用しない。

③押し洗いができる毛布本体の洗濯洗えるタイプの毛布は、発熱体が入ったまま手洗い（押し洗い）ができるが、次のことに注意する。

- ドライクリーニングは行わない。
- 道具を使用する手洗い（ヘラ洗い、たたき洗い）は行わない。
- 長時間、水や洗濯水に浸さないようにする（つけ置き洗いはしない）。
- 洗濯機では洗わない。
- 柔軟仕上げ剤を使用すると静電気を防止できる。

④洗濯機で洗える毛布本体の洗濯

- ドラム式洗濯機では洗わない。たたき洗いのためヒーターを傷めることがある。
- 衣類乾燥機や洗濯乾燥機で乾燥しない。熱でヒーターを傷めることがある。

24.4 電気こたつ

こたつは、古くから日本の和室環境になじみ、炭火式の時代から使用されてきており、安全性や温度制御の容易さから使い勝手の良い電気こたつとして発展してきた。最近では和室のみならず、テーブルを足長にした洋風調いす式こたつも商品化されている。ここでは、現在主流となっているやぐらこたつについて述べる。

1. 構造

図24-9は、やぐらこたつの構造で、一般的にはやぐら（木製またはプラスチック製）の直下にヒーターを取り付け直接暖めるタイプである。やぐらに高級なテーブルを使った家具調こたつや、ふとんを取り外して座卓として年間使用できるものもある。

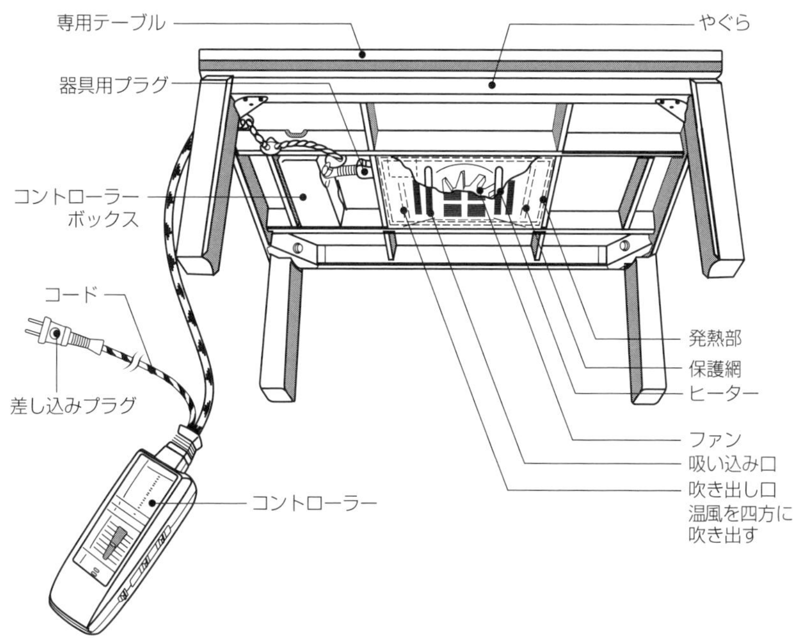

図24-9 温風式やぐらこたつの構造（例）

2. 仕組み

こたつはやぐら部とヒーター部で構成されており、発熱体の材質に遠赤外線を放射するタイプや、消臭効果のある触媒を利用したタイプも商品化されており、速熱性もある。また、ヒーターと組み合わせた送風機構を取り付け、むらなく暖めるようにした温風式も多くなっている。

(1) 発熱体（ヒーター）の種類

ヒーターには、表24-3のような種類がある。

表24-3　ヒーターの種類と特徴

ヒーターの種類	特　徴
赤外線ランプヒーター	速熱性があり、ガラス部が赤色に着色されているので、視覚的にも暖かさを感じる。しかし、形状が大きく薄型ユニットには不向きである。
クォーツランプヒーター	クォーツランプヒーターは、石英ガラス管を利用したランプヒーターで、視覚的な暖かさを持つ。また、振動や衝撃に強く、外径も小さいことからヒーターユニットの厚さも薄くすることができる。
石英管ヒーター	石英管の中にニクロム線を入れて赤熱させるタイプで、オーブントースターなどにも使われている。また、クォーツランプヒーターに比べ輝度（明るさ）は低めである。

(2) 温度制御

温度制御には、表24-4のような方式がある。

表24-4　温度制御方式と特徴

制御方式	特　徴
サーモスタット方式	材質の異なる金属を2枚合わせ、互いの熱膨張率の違いを利用した「バイメタル」式のもので、シンプルな構造である。機械式のため、ディファレンシャル（通電がONになる温度とOFFになる温度の差）が大きいので、こたつの中の温度変動幅が大きめになる。
電子コントローラー式	サーミスターで温度を検出して半導体で入・切するため、磨耗する接点もなくきめ細かく温度を制御できるので、温度変動幅が小さい。
マイコン式	サーミスターで温度検出するところは同じであるが、室内温度や体感温度を考慮したマイコン制御により、快適な温度制御をしている。

3. 上手な使い方

①上掛けやマットを敷くことによって暖気を逃がさず、消費電力を少なくおさえることができる。

②テーブル板の裏面に水滴が付く場合には、ふとんをよく乾燥させるか、木綿のこたつ掛けやバスタオルを敷くとよい。

4. 安全上の注意

①電源コードの無理な巻きつけやコードの引っ張りはプラグやコードをいためる。電源プラグに異常があると、発熱、感電、漏電などの危険が生じる。

②こたつ内で、衣類の乾燥をすると火災の原因となる。

③複数のこたつがある場合、コントローラーとこたつの組み合わせを間違えると、事故の原因になる。

④脚を外して使うと、安全装置や温度制御が正常に働かず、火災ややけどの原因となる。

⑤就寝用の暖房器具としては使用しない。低温やけどになるおそれがある。

赤外線とは

赤外線は電磁波の一種で、波長はおよそ 0.7 μm～1000 μm の範囲のものをさす。いずれも目に見えない不可視光線で、赤外線ランプなどの赤い色は赤外線ではない。さらに分類した内容を表 24-A に示す。

表 24-A 赤外線の分類

分類	波長の範囲	特性および用途
近赤外線	およそ 0.7 μm～2.5 μm	皮膚表面から数ミリメートルの深さまで浸透することを利用し、指や手のひらの静脈模様を調べることができるので、静脈認証などに応用される。また、赤外線カメラ、暗視装置、家電用リモコンなどに使われている。
中赤外線	およそ 2.5 μm～4 μm	有機化学物質などの分光分析に利用される。
遠赤外線	およそ 4 μm～1000 μm	皮膚の下 0.2mm ぐらいでほとんど吸収され熱になり、この熱は血液の循環などで体の内部に伝わり体を温める。物質に照射された遠赤外線は共鳴吸収され、形成する分子の振動を活発にして温度が上がる。物質の固有振動が遠赤外線の振動数と共鳴することを利用して、加熱乾燥分野で広く利用されている。セラミックスや金属の酸化物は一般に遠赤外域の波長での放射率が高く、与えたエネルギーを有効に相手側に放射伝熱できる。

25章 理美容家電

理美容家電の市場が堅調な伸びを見せている。ここではドライヤー、電動歯ブラシ、電気シェーバーについて記述する。

25.1 ドライヤー

1. 髪の性質

毛髪の名称と性質を図 25-1 に示す。髪の本数は平均約 10 万本である。1 本の髪は月に約 1cm 成長するが、平均寿命は男性で 3 年～5 年、女性では 4 年～6 年といわれている。健康な髪は 11％～13％の水分を含んでおり、水分量をキープするのが美しい髪を保つうえでのポイントである。髪は pH4.5～5.5 の弱酸性であり、酸には比較的強く、アルカリには弱い。日本産業規格（JIS C 9613「ヘヤドライヤ」）では、室温 30℃で吹き出し口から 3cm のところの温度が 70℃以上 140℃以下と決められている。

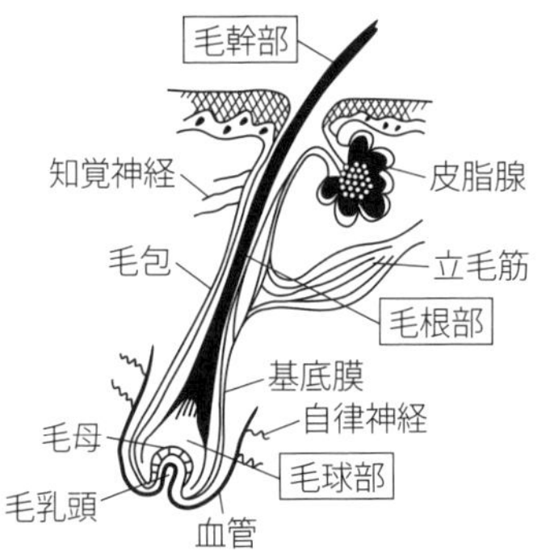

毛幹部：皮膚より上に出ている部分
毛根部：皮膚の中に埋もれている部分

髪の全体数	6万～15万本 平均 約10万本
髪の成長	1か月に約1cm 1日に約0.35mm
平均寿命	男性 3年～5年 女性 4年～6年
PH	酸に比較的強くアルカリに弱い性質
健康な髪の水分率	11%～13%
耐熱性	健康な髪であれば140℃の熱に耐えられる（短時間）

図 25-1　毛髪の名称と性質

2. 髪の構造とドライヤーの必要性

毛髪の構造を図 25-2 に示す。髪をきれいに、また健康に保つのに一番大事な要素は、髪の一番外側を構成する「キューティクル」であるといわれている。鱗（うろこ）状のキューティクルがしっかり引き締まっていると、髪の中の水分が逃げなかったり、見た目のツヤやまとまりが増したり、紫外線などの外的な刺激から守る働きをする。「何故ドライヤーが必要なのか」という点もキューティクルと関係している。ぬれた髪はキューティクルが開き、髪表面の摩擦抵抗が大きい状態である。そのため十分に乾き切らない状態でブラッシングを行ったり、髪がすれ合ったりすると、キューティクルが剥がれるなどのダメージを受けやすくなる。ドライヤーを正しく使うこと（速く乾かすこと）により、キューティクルを引き締めながら髪を乾かすことができる。

毛髪は3層のタンパク質から構成され、髪のツヤや手触りに関する"キューティクル"は、一番外層にあり、ウロコ状に髪の表面を覆っている。

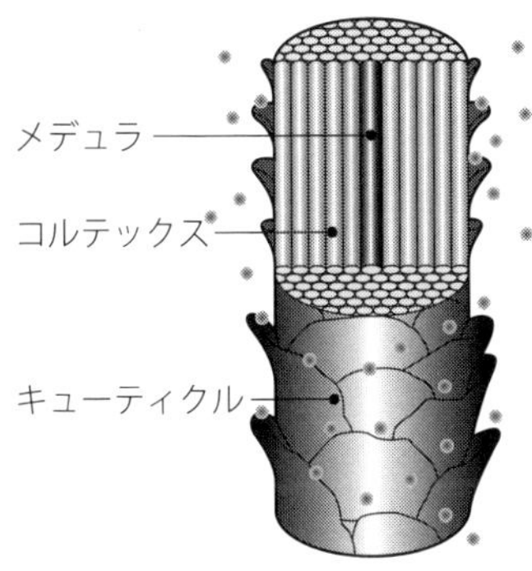

髪の部分	構成比	性質	はたらき
キューティクル（毛表皮）	約15%	• 髪の一番外側で、5〜10層のウロコ状 • 硬いが物理的な負担にもろい	髪の保護 ツヤ くし通りを決定
コルテックス（毛皮質）	約82%	• 弾力のある柔らかいタンパク質 • メラニン顆粒を含んでいる • この部分に含まれる水分量が、髪の柔軟性に影響する	髪の太さ、柔らかさ、色調、弾力強度などを決定
メデュラ（ズイ質）	約3%	• 髪の中心部 • 多孔質の非常に柔らかいタンパク質 • メラニン顆粒を含んでいる	

図 25-2　毛髪の構造

髪を傷める原因を**表 25-1** に示す。髪は爪と同じで皮膚が変化したものであるが、皮膚と違って一度傷つくと修復できない。傷めた髪が完全に健康な状態を取り戻すには、男性で３年〜５年、女性では４年〜６年もかかる。日常の洗髪やブラッシング時に過度な摩擦や引っ張りが加わらないよう注意するとともに、パーマ・ヘアーカラーや日光・海水なども髪を傷める要因なので、十分注意する必要がある。

表 25-1　髪を傷める原因

損傷原因		損傷因子	作用機構	損傷の部位と変形	対策方法
日常のお手入れ	• 洗髪 • 過度のブラッシング	シャンプー剤 摩擦力 引っ張り荷重（切断力）	化学的変化（組織別変化） 物理的変化（機械的破壊）	• キューティクルの開き • キューティクルの脱落 • キューティクルの欠損 • コルテックスの裂傷	• 弱酸性化（キューティクル引き締め） • コーティング（キューティクル補修）
	• 過度のブロー仕上げ	摩擦力 切断力 過乾燥			
化学処理	• パーマ • ヘアーカラー • ブリーチ	アルカリ剤 酸化剤 還元剤	化学的変化（組織別変化） 酸化 還元 膨潤 浸透 脱色	• タンパク質の変性 • タンパク質の溶出	• 弱酸性化（残留アルカリ剤の中和） • UV対策
環境	• 日光	紫外線			
	• 海水	塩分			
	• プール	塩素			
新陳代謝	• 皮脂汚れ	皮脂の分泌物過多	生理的変化	• 頭皮の赤み（炎症）	• 余分な皮脂低減

3. ドライヤーに必要な要素

ドライヤーの断面図（例）を**図 25-3** に示す。ドライヤーは主に電源コード・スイッチ・ヒーター・ファンで構成されている。直流モーターを使用しており、吹き出し口側に交流を直流に変換する整流器がある。コイルヒーターまたは遠赤外線ヒーターを使用し、安全装置（サーモスイッチと温度ヒューズ）を備えている。

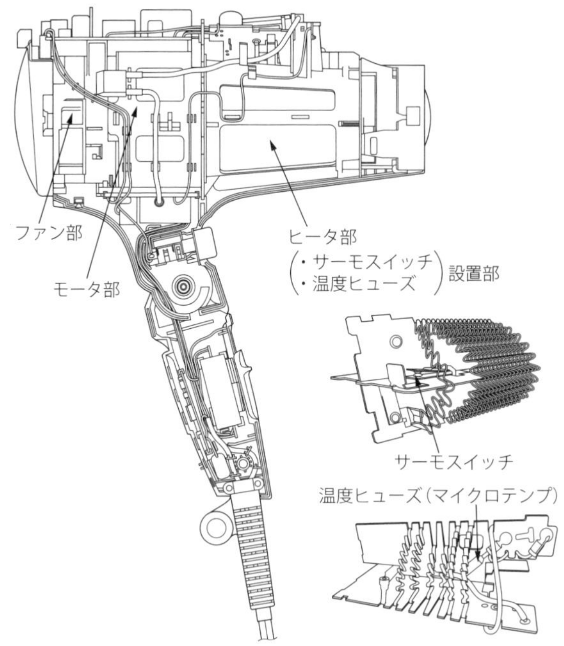

図 25-3　ドライヤーの断面図（例）

ドライヤーは「髪を乾かす商品」なので、特に髪の長い（乾かすのに時間がかかる）女性にとっては「速く乾くこと（速乾性）」が大事である。また、「髪や地肌によりやさしく乾かす」ニーズも高い。この 2 つの機能について、基本的な知識を持っておく必要がある。

(1) 速乾性

髪を速く乾かすには、風の「量」と「温度」と「圧力」が深く関わる。

- 「風量※1」は、「入り口と出口の大きさ」、「モーターやファンの力」、「本体内部の構造」によって変わってくる。
- 「風の温度」については、各社がカタログで数値を表記している場合が多い。風量が多いと風の温度は下がる。
- 「風圧」の理屈は、ホースから出る水に例えると理解しやすい。何もせずに出る水と、ホースの先を少しつまんで出る水では、その勢いが違うように、風の場合も、出口を絞ることにより風圧が大きくなる。

(2) 髪や地肌へのやさしさ

髪に近づけすぎずに、適度な温度で髪の根元や地肌までしっかり乾かすことが基本である。マイナスイオンや特殊イオンを放出するタイプについて以下にまとめる。

- 一般的に「マイナスイオン放出タイプ」は、ノーマルなドライヤーに比べて乾いたときの髪がしっとりまとまりやすくなる。これは、マイナスイオンが空気中の水分を引き寄せ、それが髪の中まで浸透するためである。また、マイナスイオンは髪の毛に付着した静電気

※1：風量は、一般社団法人 日本電機工業会の規格「ヘヤドライヤの風量測定方法（2015 年 4 月制定）」に基づいて測定される。適用範囲は、“定格消費電力 1500W 以下の手持形のヘヤドライヤ（スチーム式、アイロン式を除く）”であり、測定条件は温度 20 ± 15℃、湿度 65 ± 20%となっている。

（人体なのでプラスに帯電）を抑制してくれるので、髪の毛がまとまりやすくなる。

- ナノイーやプラズマクラスターなどの特殊イオン放出タイプについては、各社カタログなどに記載されている効果・効能をしっかりと把握する必要がある。その際、効果・効能は「試験した条件（使う時の条件）」を必ず確認する。

なお、一般社団法人 日本電機工業会で設定された「ドライヤーの髪への効果・効能を試験する際の“標準”条件」は以下のとおりである。（標準条件なので例外あり。その場合は必ず訴求に近接表示とする）

- 1回当たりの使用時間：5分～10分
- 1日当たりの使用回数：1回
- 使用距離　　　　　　：5cm～20cm
- 使用温度・湿度　　　：20℃～25℃、50％～60％
- サンプル数　　　　　：統計的手法に基づき、合理性のある数

最近のドライヤーには、髪だけでなく頭皮のダメージを極力抑えるために約50℃～60℃（室温30℃のとき）の温風で髪を乾かす“スカルプモード”を搭載している製品もある。

4. 安全上の注意

（1）使用上の注意

①髪に近づけすぎずに、髪の根元や頭皮も含めて全体が十分乾くまで使用する。

- 乾燥中に髪がドライヤーに巻き込まれないよう、吸い込み口から最低でも10cm以上離して使用する。
- 乾燥する際は吹き出し口から最低でも3cm以上離して使用する。また、同じ場所へ当てすぎると、髪が焦げたり、やけどの原因になったりする。

②吸い込み口や吹き出し口はこまめに手入れを行う。ホコリや髪の毛などが付着して目詰まりすると、性能が低下するとともに下記のような症状の原因になる。

- 温風で使用中、内部に火花が見える。（火花は保護装置の動作によるもの）
- 温風が頻繁に冷風に切り替わる。
- 温風が異常に熱くなる。

③吸い込み口や吹き出し口を塞いだり、ヘアピン等の異物を入れたりしない。感電したり、異常過熱により発火したりすることがある。

④使用中に吹き出し口は高温になるので触れない。やけどの原因になる。（使用後もしばらくは熱くなっているので注意する）

⑤以下のような使用は避ける。

- 「人に比べて毛が飛び散りやすいペットへの使用」
- 「吹き出し口を塞いでしまう使い方（靴の中を乾かすなど）」
- 「濡れた手での使用（感電のおそれ）」「整髪料などの付いた手での使用（成型部品の破損のおそれ）」

（2）電源コードについての注意

①コードを傷つけたり、無理に曲げたり、引っ張ったり、ねじったり、束ねたり、高温部に近づけたり、重い物をのせたり、挟み込んだり、加工したりしない。火災や感電の原因となる。

②使用後、コードをねじれたままにしたり、本体にコードを巻きつけたりして保管しない。断線しショートの原因になる。

③コードの一部が異常に熱い、電源プラグの部分やコードの根元等に破損を見つけた場合は、使用を中止し、電源プラグをコンセントから抜いて販売店に相談する。

25.2 電動歯ブラシ

いつまでも健康な歯を保つためには「虫歯」と「歯周病」のケアが大事で、しっかり「歯垢（しこう）除去」すると同時に「歯茎（はぐき）を傷つけない」ケアが必要である。また、「口臭予防」や「歯を白く保つ」ニーズも多く、「舌のケア」や「ステインケア」等の必要性も高まっている。

- 歯周辺の構造は、「歯」の硬い組織と「歯茎」の軟らかい組織で形成されている。よって、「歯垢をしっかり落とす」と同時に、「軟らかい歯茎を傷つけない」ことが重要である。
- 歯垢除去については、歯の側面（歯面）、歯と歯の間（歯間）、歯と歯茎の間（歯周ポケット）、それぞれの箇所で除去することが重要である。ブラシの動かし方や形状によって、どの箇所の除去に優れているかは異なってくる。
- 一般的に欧米人と比べ体型の小さい日本人の歯は、「歯並びが曲線的」「歯面が丸い（歯に隙間（すきま）ができやすい）」などの特徴がある。よって、歯の隅々まで届きやすい毛先形状や、1本1本の歯に当てやすいブラシヘッドの大きさを考慮する必要がある。また、年齢によっても「虫歯ケア」や「歯周病ケア」「ステインケア※2」などお客様の悩みは異なる。

1. 電動歯ブラシの種類と特徴

人の手ではできない「高速で微細な動き」によって、「つるつる感の味わえる歯磨き」が実現できるのが、電動ハブラシの特徴である。電動歯ブラシの断面図（例）を図25-4に示す。蓄電池としてニッケル水素電池やリチウムイオン電池などが使われている。また、乾電池式もある。

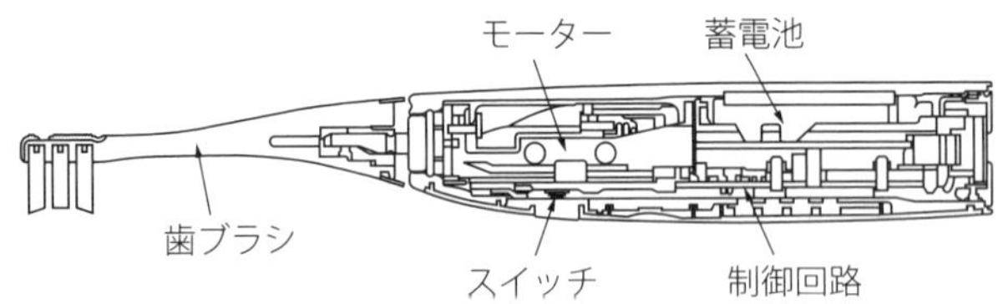

図25-4　電動歯ブラシの断面（例）

電動歯ブラシの駆動方式として「振動式」、「音波振動式」、「超音波式」があるが、市場で主流となっているのは「音波振動式」である。

「音波振動式」はリニアモーター※3や回転モーターを使った高速電動歯ブラシであり、「振

※2：ステインとは、コーヒー、紅茶、タバコのヤニなどにより付いた歯の着色汚れのこと。

※3：一般的なモーターは回転運動を行うが、リニアモーターは（運動の軸がなく）基本的に直線運動を行う。

動式」に比べて数倍以上の振動数で動くため、歯垢を楽に除去できる。最近は、モーターを2個搭載し、従来の横振動に加えて、たたき振動をすることにより歯垢の除去能力を高めたタイプも出ている。

「超音波式」は、超音波発振子をヘッド部分に内蔵しており、超音波の微振動で細菌の構造や不溶性グルカン※4を破壊するものであるが、ブラシはほとんど振動しないので手磨きをする必要がある。

一口メモ　歯ブラシの動かし方の種類

歯ブラシの動かし方を表25-Aに示す。1つの方法だけでなく、いくつかの方法を組み合わせて磨き残しがないようにする必要がある。

表25-A　歯ブラシの動かし方

種　類	イメージ図	動かし方
バス法		歯ブラシを歯と歯茎の境目に45度の角度で当てて左右に細かく動かす。歯茎はよく磨けるが、歯自体は他の磨き方と組み合わせて磨く。歯周病の予防にも有効。
スクラッピング法		歯ブラシを歯面に直角に当てて小刻みに動かす。
フォーンズ法		歯を噛み合わせて、歯ブラシを歯面に直角に当て、歯面で円を描くように磨く。
ローリング法		ブラシの側面を歯茎に当ててなでるように磨く。前歯の裏側は前にかき出すように磨き、奥歯の噛み合わせ部分は噛み合わせ面にブラシを当てて前にかき出すように磨く。

2.　上手な使い方（音波振動式）

電動歯ブラシの動かし方は、メーカーが取扱説明書で推奨している方法で行う必要がある。基本的には、電動ハブラシを歯に当てて1本1本移動させる（1本当たりの時間は約2秒～3秒）。なお、以下の注意が必要である。

①電動ハブラシではゴシゴシ磨かないようにする。余計な力を入れずに磨ける方法として、鉛筆を持つような持ち方（ペングリップ方式）がよい。

②ブラシの交換について、メーカーが推奨している年数は約3か月である。目視での目安は、通常の歯ブラシと同様、毛先が広がってくれば交換のタイミングとなる。

※4：口腔内細菌（ミュータンス菌）がショ糖を基質として作り出す粘着性の物質であり、歯垢の元となる。

25.3 電気シェーバー

カミソリの場合、水や泡を使うので洗面台で行う必要があるが、電気シェーバー（以下、シェーバー）は、場所を選ばずにヒゲ剃りを行うことができるという利点がある。準備や片づけも簡単で、時間も短くて済む。

1. ヒゲの性質

ヒゲは、1日平均0.2mm～0.4mm伸びるといわれている。1日のうちで一番伸びるのは朝方（AM6時～10時ごろ）で、一番伸びが悪いのは昼間である。時間別のヒゲの伸びを図25-5に示す。ヒゲの生える部位は多くなる。ヒゲの濃い人は、顎下（あごした）、頬、喉にまで生えてくる。また、図25-7に示すように、部位によってヒゲの生え方は異なる。顎下や喉に生えるヒゲは角度が小さいため、剃りにくく、剃り残し比率が高くなっていることが分かる。

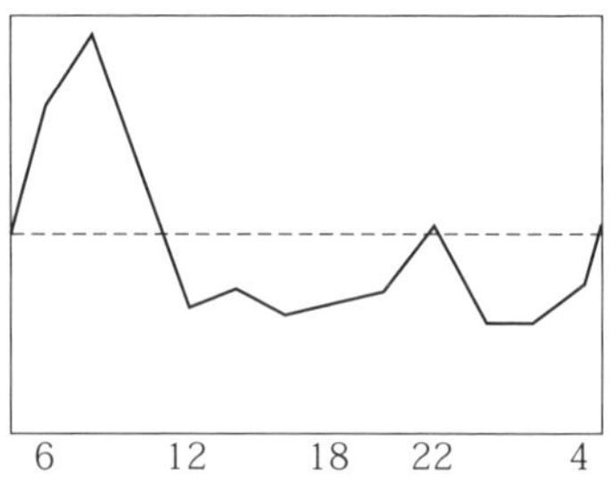

図25-5　時間別のヒゲの伸び

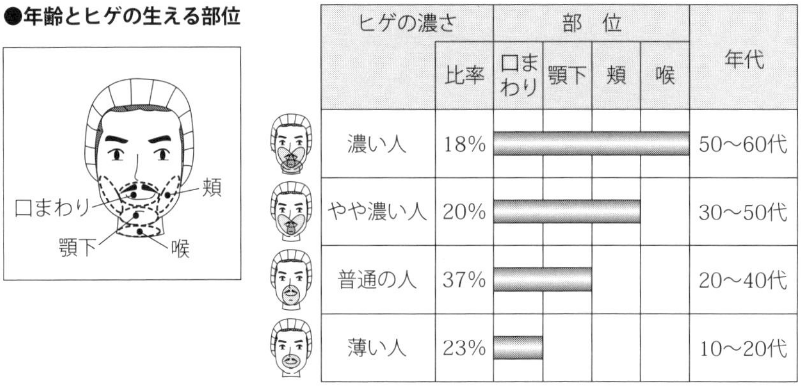

●年齢とヒゲの生える部位

口まわり　頬　顎下　喉

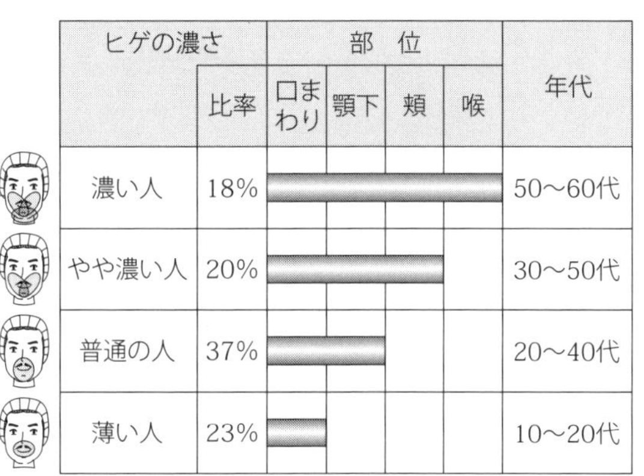

ヒゲの濃さ	比率	部位：口まわり	部位：顎下	部位：頬	部位：喉	年代
濃い人	18%					50～60代
やや濃い人	20%					30～50代
普通の人	37%					20～40代
薄い人	23%					10～20代

図25-6　年齢とヒゲの生える部位の関係

	鼻下	顎	顎下	頬	喉
ヒゲの角度	80°	70°	25°	55°	15°
剃り残しの構成比	0%	1%	38%	1%	60%

図25-7　部位別のヒゲの角度

2. シェーバーの構造と特徴

ヒゲの主成分は「爪」と同じケラチンで、同じ太さの「銅線」と同様の硬さを持っているため、ヒゲを剃るときには「鋭い内刃でカットする」、「内刃を高速かつパワフルに動かす」ことが必要である。したがって、シェーバーとしては「内刃の先端の断面角度」や「モーターの動力」が重要である。

シェーバーの外観（往復式の例）を**図 25-8** に示す。リニアモーターにより毎分約 14,000 ストロークの高速で内刃を駆動させる製品もある。シェーバーの刃は基本的に「外刃」と「内刃」で構成され、外刃が肌をガードしながらヒゲをとらえて、駆動する内刃との交錯でヒゲを切る仕組みである。T 字型カミソリ等と違い、ヒゲを切る刃（＝内刃）が直接肌に当たらないので、角質を削ってしまうなどの余計な負担をかけずにヒゲを剃ることができる。

また、一般的に、年齢を重ねるごとにヒゲは「太く」「多く」なる。シェーバーとしては、太いヒゲでも肌にやさしく、時間をかけずに剃ることができるように、また、顎下などいろいろな部位に広がる（かつ、いろいろな角度や方向に生える）ヒゲに対応できるようにする必要がある。

ヒゲを剃るという基本機能以外に、シェーバーの清潔性を保つことも求められる。JIS 規格の防浸構造（IPX7 ※5）に適合し、シェーバーを丸ごと水洗いできる製品や、洗顔料などを使って「風呂剃り」できる製品もある。

電圧 AC100V ~ 240V（自動電圧切替付）に対応し、国内でも海外でも使える製品もある。蓄電池としては、リチウムイオン電池やニッケル水素電池などが使用されている。また、乾電池式もある。

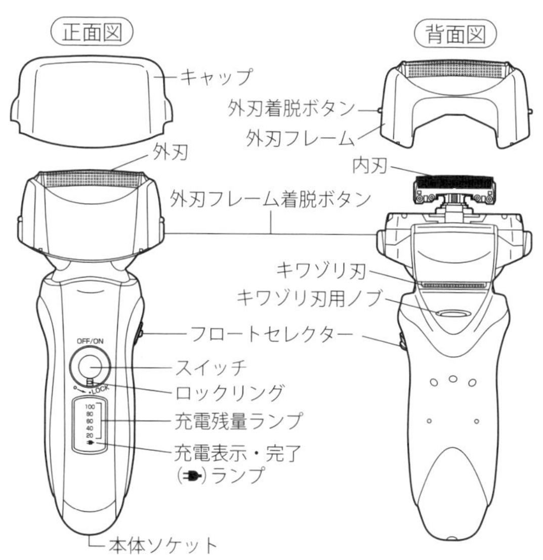

図 25-8 シェーバー外観（例）

3. シェーバーの種類（ヒゲを剃る方式）

シェーバーの種類として、基本的に 3 つの方式（回転式・往復式・ロータリー式）がある。各方式の特徴（相対比較）を**表 25-2** に示す。

※5：JIS C 0920：2003「電気機械器具の外郭による保護等級（IP コード）」により「規定の圧力及び時間で外郭を一時的に水中に沈めたとき、有害な影響を生じる量の水の浸入があってはならない」と規定されている。

表 25-2　回転式・往復式・ロータリー式の特徴

	回転式	往復式	ロータリー式
刃の形状	外刃 内刃	外刃 内刃	外刃 内刃
長所	① 振動が少なく、音も静か。 ② 内刃に鋭い刃先角があり切れ味がシャープである。	① 刃幅が広く早剃りができる。 ② 外刃が薄く（約0.05mm）、深剃りができる。	① 停止点がなく、連続的なシェービングができる。 ② 振動が少なく音も静か。
短所	① 中心部に内刃が無くスピードも遅いため、早剃りできない。 ② 外刃が厚く（約0.1mm）、深剃りができない。	① 内刃速度が0となる点（停止点）が1往復に二度ある。	① 1方向しか剃れない。

4.　ヒゲを剃る仕組み

電気シェーバーの外刃の「穴」や「溝」には、以下の役割と特徴がある。

- 「穴」は1本1本のヒゲをとらえ、入り込んだヒゲを絞り出す効果があり、より短くヒゲを剃ることができる。「穴」に入り込みやすいのは直線的な毛（直毛）なので、比較的直毛の多い日本人のヒゲに適している。
- 「溝」はそこを通過するヒゲをとらえて剃る仕組みで、ある程度伸びたヒゲやカールしたヒゲも剃りやすくしている。数日伸ばしたヒゲを粗剃りするための「スリット刃」も同じ構造・特徴となっている。

肌をいたわる効果的なシェービング方法を図 25-9 に示す。シェーバーを肌に押しつけすぎると、深剃りはできるが、肌が削られ傷めることになる。逆にシェーバーを肌に押しつける力が弱いと、肌は削られないが、きれいに剃れないことになる。

標準的な力でシェーバーを押し当てると…

肌が盛り上がりヒゲが適度に
絞り出されて深剃りが可能になる

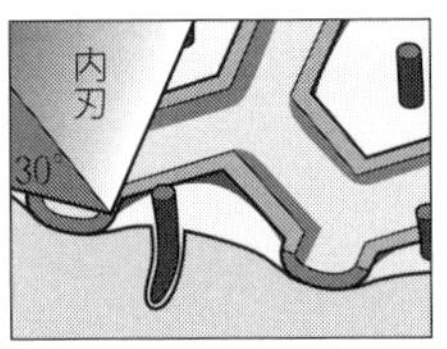

シェーバーを肌に押しつけすぎると…

ヒゲはさらに絞り出されて
より深剃りできるが、肌も削られて
ヒリつきや出血の原因になる

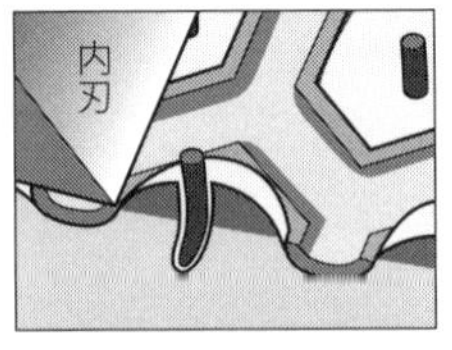

逆にシェーバーを肌に押しつける力が弱いと…

肌はけずられないが、
ヒゲの絞り出しが弱く、深剃りができない

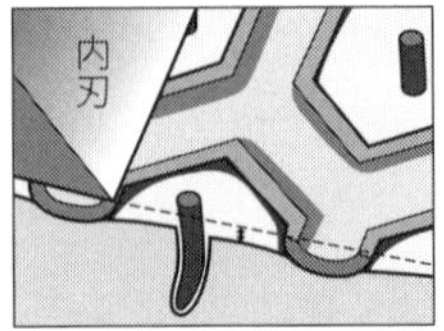

図 25-9　肌をいたわる効果的なシェービング方法

また、シェーバーを1回動かしたときに剃れる量は、「3枚刃」や「5枚刃」といった刃の枚数が多いほうが多い。よって刃の枚数の多いほうが、剃る時間を短くでき、肌への負担は小さい。また、刃の枚数の多いほうが、刃の面積も大きく、肌にあたる圧力が分散され、肌への負担が小さい。

5. 上手なシェービング方法

上手なシェービング方法を図25-10に示す。シェーバーをゴシゴシと強く肌に当てないこと、肌を伸ばしてヒゲを立たせ、ヒゲの向きと逆向きにシェーバーを動かすことが、効果的にヒゲ剃りを行うコツである。

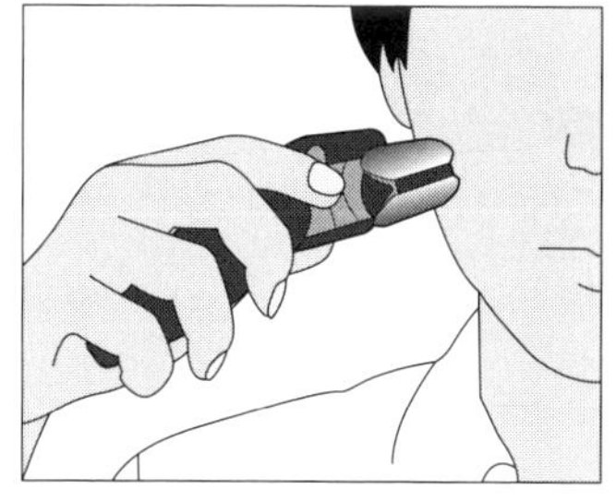

1 直角に刃を当てる。

シェーバーは本体を挟むようにして持ち、肌に対して直角に網刃を当てて剃る。

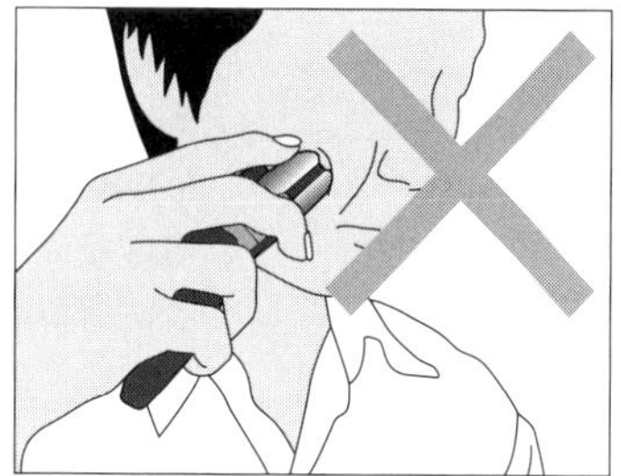

2 ゴシゴシ当てない。

シェーバー本体の重さ程度の押しつけ力が理想。あまり強く当てると肌を傷つける原因になる。軽く刃を滑らせるように剃るのがコツ。

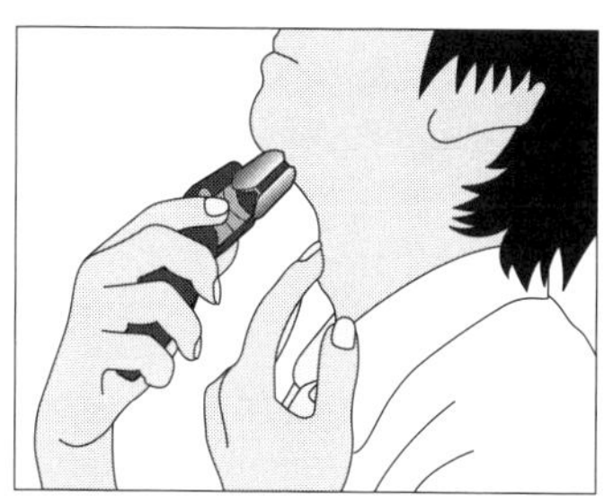

3 肌を伸ばし、ヒゲを立たせる。

顎下などの寝たヒゲは、外刃の刃穴に入りにくいもの。シェーバーを持っていないほうの手で肌を伸ばし、ヒゲを立たせながら剃ると剃りやすくなる。

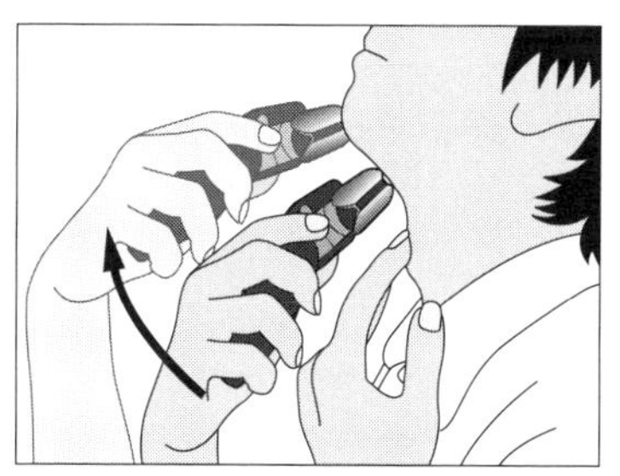

4 ゆっくりと滑らせるように逆剃り。

シェーバーを早く動かすとヒゲが刃穴に入らない。ゆっくりと刃穴に入るように動かす。顎下のヒゲの生える方向は部位によってさまざまなので、ヒゲの流れと逆向きに動かすことがポイント。

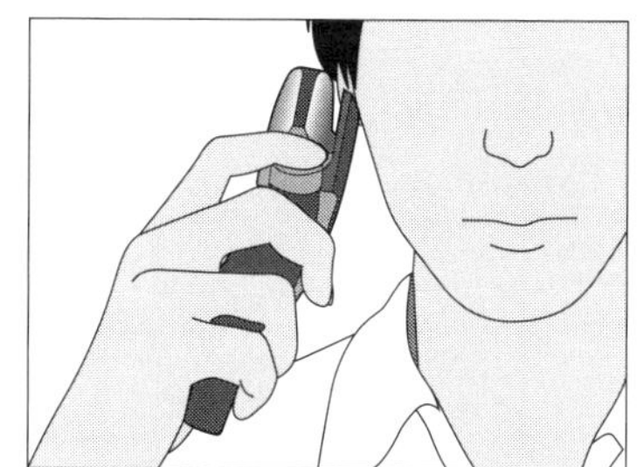

5 もみあげ部分はキワゾリ刃で。

もみあげなどの長い毛は刃穴に入りにくいため、本体背面のキワゾリ刃でカットする。

図25-10 上手なシェービング方法

索　引

配列は、五十音順

【あ行】

【か行】

【さ行】

【た行】

【な行】

【は行】

【ま行】

【や行】

【ら行】

【英数字】

一般財団法人 家電製品協会認定の「家電製品アドバイザー試験」について

一般財団法人 家電製品協会が資格を認定する「家電製品アドバイザー試験」は次により実施しています。

1．一般試験

1）受験資格

特に制約はありません。

2）資格の種類と資格取得の要件

① 家電製品アドバイザー（AV 情報家電）

「AV 情報家電 商品知識・取扱」および「CS・法規」の２科目ともに所定の合格点に達すること。

② 家電製品アドバイザー（生活家電）

「生活家電 商品知識・取扱」および「CS・法規」の２科目ともに所定の合格点に達すること。

③ 家電製品総合アドバイザー

「AV 情報家電 商品知識・取扱」、「生活家電 商品知識・取扱」および「CS・法規」の３科目ともに所定の合格点に達すること。

〈エグゼクティブ等級（特別称号制度）〉

上記①～③の資格取得のための一般試験において、極めて優秀な成績で合格された場合、①と②の資格に対しては「ゴールドグレード」、③に対しては「プラチナグレード」という特別称号が付与されます（資格保有を表す「認定証」も特別仕様となります）。

3）資格の有効期限

資格の有効期間は、資格認定日から「５年間」です。

ただし、資格の「更新」が可能です。所定の学習教材を履修の上、「資格更新試験」に合格されますと新たに５年間の資格を取得できます。

4）試験の実施概要

①試験方式

CBT 方式試験で実施しています。

※CBT（Computer Based Testing）方式試験は、CBT 専用試験会場でパソコンを使用して受験するテスト方式です。

②実施時期と受験期間

毎年、「３月」と「９月」の２回、試験を実施しています。それぞれ、約２週間の受験期間を設けています。

③会　　場

全国の CBT 専用試験会場にて実施しています。

④受験申請

３月試験は１月下旬ごろより、９月試験は７月下旬ごろより、家電製品協会認定センターのホームページ（https://www.aeha.or.jp/nintei-center/）から受験申請の手続きができます。

注）上記の②、③、④については、感染症の状況などにより変更する場合があります。最新の情報については、認定センターのホームページをご参照ください。

5）試験科目免除制度（科目受験）

受験の結果、（資格の取得にはいたらなかったものの）いずれかの科目に合格された場合、その合格実績は１年間（２回の試験）留保されます（再受験の際、その科目の試験は免除されます）。したがって、資格取得に必要な残りの科目に合格すれば、資格を取得できることになります。

2. エグゼクティブ・チャレンジ

既に資格を保有されている方が、前述の「エグゼクティブ等級」の取得に挑戦していただけるように、一般試験の半額程度の受験料で受験していただける「エグゼクティブ・チャレンジ」という試験制度を設けています。ぜひ、有効にご活用され、さらなる高みを目指してください。なお、試験の内容や受験要領は一般試験と同じです。

以上の記述内容につきましては、下欄「家電製品協会 認定センター」のホームページにて詳しく紹介していますので併せてご参照ください。

資格取得後も続く学習支援

〈資格保有者のための「マイスタディ講座」〉

家電製品協会 認定センターのホームページの「マイスタディ講座」では、資格を保有されている皆さまが継続的に学習していただけるように、毎月、教材や情報の配信による学習支援をしています。

一般財団法人 家電製品協会　認定センター

〒100-8939　東京都千代田区霞が関三丁目７番１号 霞が関東急ビル５階

電話：03（6741）5609　　FAX：03（3595）0766

ホームページURL　https://www.aeha.or.jp/nintei-center/

●装幀／本文デザイン：
稲葉克彦
●ＤＴＰ／図版・表組作成：
(有)新生社
●編集協力：
秦 寛二

家電製品協会 認定資格シリーズ
家電製品アドバイザー資格
生活家電 商品知識と取扱い 2022年版

2021年12月10日 第1刷発行
2022年 7 月25日 第2刷発行

編 者 一般財団法人 家電製品協会

発行者 土井成紀
発行所 NHK出版
〒150-8081 東京都渋谷区宇田川町41－1
TEL 0570-009-321（問い合わせ）
TEL 0570-000-321（注文）
ホームページ https://www.nhk-book.co.jp
振替 00110-1-49701
印 刷 亨有堂印刷所／大熊整美堂
製 本 藤田製本

ISBN978-4-14-072163-6 C2354